河南省“十四五”普通高等教育规划教材

河 南 省 应 用 型 本 科 规 划 教 材

化工原理

（上册）

主编　徐绍红　唐四叶　张 伟

郑州大学出版社

图书在版编目(CIP)数据

化工原理:全二册/徐绍红,唐四叶,张伟主编.—郑州 :郑州大学出版社,2022.8(2023.8 重印)

ISBN 978-7-5645-8433-7

Ⅰ.①化… Ⅱ.①徐… ②唐… ③张… Ⅲ.①化工原理-高等学校-教材 Ⅳ.①TQ02

中国版本图书馆 CIP 数据核字(2022)第 008590 号

化工原理:全二册

HUAGONG YUANLI:QUAN ER CE

策划编辑	祁小冬	封面设计	苏永生
责任编辑	刘永静 李 蕊	版式设计	凌 青
责任校对	王红燕	责任监制	李瑞卿

出版发行	郑州大学出版社	地 址	郑州市大学路 40 号(450052)
出 版 人	孙保营	网 址	http://www.zzup.cn
经 销	全国新华书店	发行电话	0371-66966070
印 刷	河南龙华印务有限公司		
开 本	787 mm×1 092 mm 1/16		
总 印 张	43.75	总 字 数	1 090千字
版 次	2022 年 8 月第 1 版	印 次	2023 年 8 月第 2 次印刷

书 号	ISBN 978-7-5645-8433-7	总 定 价	72.50 元(共 2 册)

本书如有印装质量问题,请与本社联系调换。

编者名单

主　编　徐绍红　唐四叶　张　伟

副主编　王晓钰　李红玲

参　编　马国扬　王　攀　刘振锋
张　丽　张广瑞　张景迅
陈　垒　郎五可　胡利强
康　乐　曾　艳

前言

根据新时代飞速发展的化学工业对应用型人才“知识、能力和综合素质”的要求，急需以应用型为办学定位的地方本科院校为社会经济和行业发展培养大批应用型人才。目前，应用型本科院校专业课教材普遍沿用传统教材，存在理论性较强等问题。本书是根据河南省应用技术类型本科院校“十四五”规划（示范）教材建设项目编写要求，面向应用型本科院校化工与制药类及相关专业（材料、冶金、食品等）的课程教材。

本教材以工程应用为背景，以基本化工单元操作为主线，以适应工作岗位要求的高技能和高素质应用型人才培养为目的，以学生自身发展为中心，以适应学生职业要求为导向，编入适量具有工程背景的实例、习题和思考题，紧贴生产、管理一线需求，突出实用性；融入企业新技术、新工艺、新操作方面的内容，力求拓宽知识和应用领域；植入二维码，丰富教材内容，渗透我国相关单元操作的发展历史和最新成就，激发学生的民族自豪感和爱国情怀，提高学生学习的兴趣和主动性，满足应用型人才培养目标要求，体现新工科教育特点。

本教材分上、下两册。上册主编新乡学院徐绍红、张伟，副主编新乡学院李红玲，参加编写工作的有新乡学院胡利强、刘振锋、洛阳师范学院张丽，内容包括绪论、流体流动、流体输送机械、非均相混合物的分离及固体流态化、传热、蒸发与结晶技术；下册主编洛阳师范学院唐四叶，副主编新乡学院王晓钰，参加编写工作的有新乡学院曾艳、郎五可、马国扬，黄淮学院张景迅，河南工程学院陈垒，内容包括气体吸收、蒸馏、气液传质设备、固体物料的干燥、液-液萃取、其他新型分离方法。本书的部分生产实例由河南心连心化学工业集团股份有限公司张广瑞、王攀，河南省中原大化集团有限责任公司康乐编写。

本教材在编写过程中，参考了国内许多优秀教材，得到了河南省应用型本科院校教材建设联盟、郑州大学出版社的大力支持，郑州大学、河南心连心化学工业集团、河南豫辰药业股份有限公司、新乡市常乐制药有限公司有关专家提出了不少宝贵意见和建议，在此表示衷心的感谢。

由于水平有限，在编写教材方面缺乏经验，书中不妥之处在所难免，敬请同仁和读者提出宝贵意见和建议，以便在本书修订时改进。

编 者

2022年6月

目录

绪　论

学习要求

1.掌握

化工单元操作的概念、分类及特点。

2.理解

化工生产过程的构成与分类特征;单元操作的概念、单元操作计算的一般内容及其依据的基本规律与基本关系;量纲与量纲一致性、单位与单位一致性。

3.了解

化工原理课程的性质、地位和作用;单元操作与“三传”过程。

一、化工原理课程的性质、地位和作用

化工原理是化工与制药类及其相近专业的一门技术基础课程和主干课程,它在整个专业培养过程中有以下特殊的地位和作用。

在教学计划中,这门课程是承前启后、由理及工的桥梁,是高等数学、大学物理、物理化学等基础课的后续课程,又是各种化工与制药类专业课程的前修课程。先行的数学、物理、化学等课程主要是了解自然界的普遍规律,属于自然科学的范畴,而化工原理则属于工程技术科学的范畴,学生将从本课程开始运用这些普遍规律,进入化工专业领域的学习。

从学科性质看,化工原理是化学工程学的一个分支,主要研究化工过程中各种单元操作,它来自化工生产实践,又面向化工生产实践。因此,化工技术工作者无论是从事化工过程的开发、设计还是生产,都经常会遇到各种单元操作问题,这就要求他们必须熟练掌握化工原理的基本概念、基本原理和基本方法,并能运用这些原理和方法解决实际生产中遇到的相关问题。

化工原理是一门实践性很强的课程,所讨论的每一单元操作都有其应用背景,并与生产实践紧密相连,既讨论单元操作的基本原理,又讨论如何应用基本原理分析和设计计算单元操作过程及设备。因此,分析和处理问题的观点和方法也就与理科课程不同,同时,它又是一门计算性较强的课程,要通过一定数量的习题和课程设计以得到工程计算的实际训练。

二、化工过程与单元操作

(一)化工过程的特征与构成

化工过程是指有目的地使原料经过一系列的化学或物理变化,以获得产品的工业

过程,该过程可以看成是由原料预处理过程、化学反应过程和反应产物后处理过程三个基本环节构成的。其中,化学反应过程是在各种反应器中进行的,它是化工过程的核心。

化学反应过程在某种适宜条件下才能顺利进行,因此,需要对反应前的原料进行必要的预处理,使之达到规定的纯度,同时化学反应要维持在一定的温度、压强和反应器内的适宜流动状况下进行,需要在反应过程中进行加热或冷却等。同样,化学反应过程不可避免地有副反应发生,反应产物除了目标产物外还有副产物和未反应的原料等组分,因此,要获得符合质量要求的产品,必须对产物进行精制与纯化,即反应产物的后处理过程,并使排放到环境中的废料达到环保的规定要求。所以,化工生产过程不但包括化学反应过程,也包括混合物的分离、精制以及加热、冷却和物料的输送等物理过程,这些物理过程一般称为“单元操作”。

例如,乙烯是石油化工的主要产品或原料,在石油化工中居主导地位,而生产乙烯的主要原料是石油炼制过程中的炼厂气和石脑油或轻质油经高温裂解的裂解气,无论是炼厂气还是裂解气,要获得聚合级的乙烯或丙烯,都需要进行一系列的分离操作。如图 0-1 为乙烯生产过程示意图。图 0-2 为典型的裂解气深冷分离流程示意图。

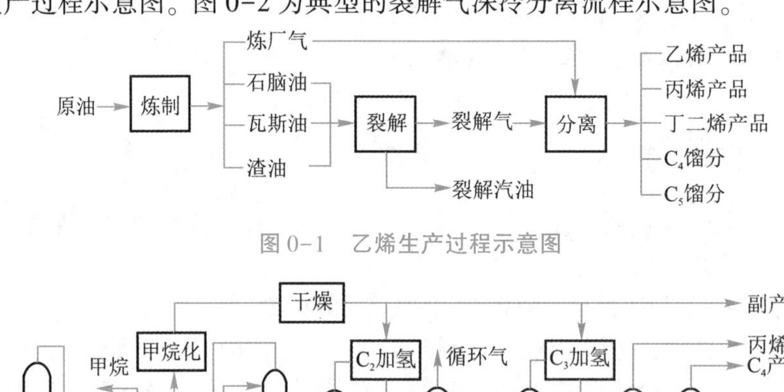

图 0-1　乙烯生产过程示意图

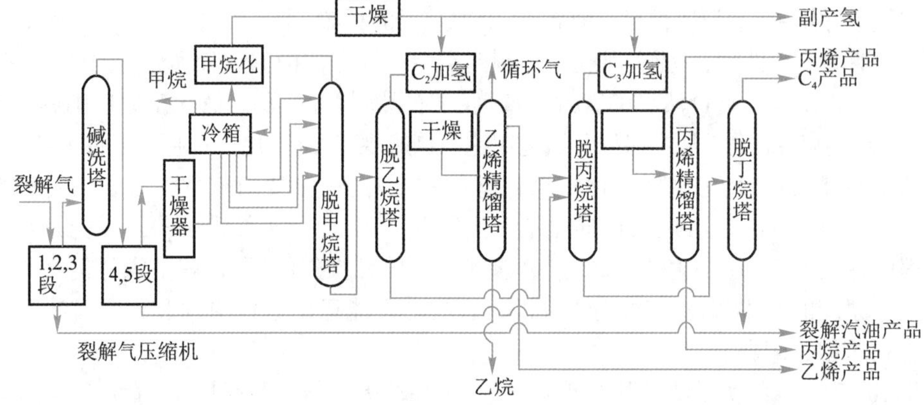

图 0-2　裂解气深冷分离流程示意图

上述生产过程除裂解属化学反应过程外,原油炼制和裂解气分离都是物理加工过程。

一个现代化的化工厂,化学反应设备并不多。绝大多数的设备都是进行原料、中间产物及产物的提纯与精制过程,而且占工厂的大部分投资和操作费用。据统计,化学和石油化学工业中反应设备投资约占总设备投资的 11%,而其他单元操作的设备投资约占 89%;制药工业中反应设备投资约占总设备投资的 10%,而其他单元操作的设备投资约占 90%,这说明单元操作在化工及其相近工业中起着重要的作用。

由图 0-1 和图 0-2 可见,除反应过程外,流程中包括了流体流动、流体输送、混合、汽化、冷却、加热、吸收、精馏、干燥等物理过程,这些过程都是在特定的设备中进行的。因此也可以说,任何一个化工生产过程都是由若干种完成特定任务的设备(包括反应器、完成各单元操作的设备和储料设备)按一定顺序、由各种管道和输料装置连接起来的组合体。

(二)单元操作分类和特点

1.单元操作分类

各种单元操作根据不同的物理化学原理,采用相应的设备,达到各自的工艺目的。对于单元操作,可从不同角度加以分类。根据各单元操作所遵循的基本原理和规律,将其划分为如下类型,见表 0-1,即:

(1)遵循流体动力学基本规律的单元操作,包括流体输送、沉降、过滤、物料混合(搅拌)。

(2)遵循热量传递基本规律的单元操作,包括加热、冷却、冷凝、蒸发等。

(3)遵循质量传递基本规律的单元操作,包括蒸馏、吸收、萃取、吸附、膜分离等。从工程目的来看,这些操作都可将混合物分离,故又称之为分离操作。

(4)同时遵循热、质传递规律的单元操作,包括气体的增湿与减湿、结晶、干燥等。

另外,还有热力过程(制冷)、颗粒分级、流态化等单元操作。

表 0-1 单元操作的名称及分类

基本过程	单元操作名称	原则及作用
流体动力过程(动量传递过程)	流体输送	利用外力做功将一定量流体由一处输送到另一处
	沉降	对由流体(气体或液体)与悬浮物(液体或固体)组成的悬浮体系,利用其密度差在力场中发生的非均相分离操作
	过滤	使液、固或气、固混合体系中的流体强制通过多孔性过滤介质,将悬浮的固体物截留而实现的非均相分离过程
	搅拌	搅动物料使之发生某种方式的循环流动,使物料混合均匀或使过程加速
	混合	使两种或两种以上的物料相互分散,以达到一定的均匀程度的操作
	流态化	利用流体运动使固体粒子群发生悬浮并使之带有某些流体的表观特征,以实现某种生产过程的操作
传热过程(热量传递过程)	换热	使冷、热物料间由于温度差而发生热量传递,以改变物料的温度或相态
	蒸发	使溶液中的溶剂受热汽化而与不挥发的溶质分离,从而得到高浓度溶液

续表 0-1

基本过程	单元操作名称	原则及作用
传质分离过程(质量传递过程)	吸收	利用气体组分在液体溶剂中的溶解度不同以实现气体混合物分离
	蒸馏	利用均相液体混合物中各组分的挥发度不同使液体混合物分离
	萃取	利用液体混合物中各组分在液体萃取剂中的溶解度不同而分离液体混合物
	浸取	用溶剂浸渍固体物料,将其中的可溶组分与固体残渣分离
	吸附	利用流体中各组分对固体吸附剂表面分子结合力的不同,将其中一种或几种组分进行吸附分离的操作
	离子交换	用离子交换剂从稀溶液中提取或除去某种离子
	膜分离	利用流体中各组分对膜的透过能力的差别,用固体膜或液体膜分离气体、液体混合物
热、质传递过程	干燥	加热湿固体物料,使所含湿分(水分)汽化而得到干固体物料
	增(减)湿	通过热量传递以及水分在液相与气相间的传递,以控制气体中的水汽含量
	结晶	从气体或液体(溶液或熔融物)混合物中析出晶态物质
热力过程	制冷	加入功使热量从低温物体向高温物体转移的热力学过程
粉体工程	颗粒分级	将固体颗粒分成大小不同的部分
	粉碎	在外力作用下使固体物料变成尺寸更小的颗粒

单元操作的研究包括“过程”和“设备”两个方面的内容,故单元操作又称为化工过程和设备。化工原理是研究诸单元操作共性的课程。

“三传”(即动量传递过程、热量传递过程、质量传递过程)理论的建立是单元操作在理论上的进一步发展和深化。传递过程是联系各单元操作的一条主线。

根据操作方式,又可将单元操作分为连续操作和间歇操作两类。

在连续操作中,物料与能量连续地进入设备,并连续地排出设备,过程的各个阶段是在同一时间、在设备的不同空间位置上进行的。

间歇操作的特点是操作的周期性。物料在某一时刻加入设备进行某种过程,过程完成后将物料一次卸出,然后开始新的周期。间歇过程的各个阶段是在同一设备空间而在不同时间进行的。如水壶中烧开水是间歇操作,而工业锅炉中产生水蒸气则是连续操作。连续操作适于大规模生产,其原料消耗、能量损失和劳动力投入都相对较少,因而操作成本也相应较低,同时也较易实现操作控制与生产自动化。间歇操作的设备比较简单,因而设备的投资较低,操作灵活性较大,适于小批量规模的生产以及某些原料或产品品种与组成多变的场合。

根据设备中各种操作参数随时间的关系,又可将单元操作分为非定态操作与定态操作两类。在非定态操作中,设备中各部分的操作参数随时间而不断变化。这种情况通常是由于同一时间内进入和离开设备的物料量和能量并不相同,且随时间而变化,因而导致设备内部发生物料和能量的正的或负的积累。定态操作时,设备内各种操作参数不随时间而变。对定态操作的物理过程而言,进、出设备的物料量或能量应相等,且不随时间而变,设备内部也不发生物料或能量的积累。

间歇操作和连续操作设备的开、停工阶段或处理量变化时都属于非定态操作。定态操作的计算比较简单,在本书中不作特殊说明时,讨论对象均为定态操作。

2.单元操作特点

(1)所有单元操作均为物理过程。

(2)同一单元操作在不同的化工生产中遵循相同的过程规律,但在操作条件及设备类型(或结构)方面可能会有较大差别。

(3)对同样的工程目的,可采用不同的单元操作来实现。

3.开发新的单元操作

随着新产品、新工艺的开发或为实现绿色化工生产,对物理过程提出了一些特殊要求,要不断地发展出新的单元操作或化工技术,如膜分离、参数泵分离、电磁分离、超临界技术等。同时,以节约能耗、提高效率或洁净无污染生产的集成化工艺(如反应精馏、反应膜分离、萃取精馏、多塔精馏系统的优化热集成等)将是未来的发展趋势。

三、本课程研究方法

本课程是一门实践性很强的工程学科,在长期的发展过程中,形成了两种基本研究方法。

(1)实验研究方法(经验法)　该方法一般以因次分析和相似论为指导,依靠实验来确定过程变量之间的关系,通过无因次数群(或称准数)构成的关系式来表达,是一种工程上通用的基本方法。

(2)数学模型法(半经验半理论方法)　该方法是在对实际过程的机制深入分析的基础上,在抓住过程本质的前提下,作出某种合理简化,建立物理模型,进行数学描述,得出数学模型,通过实验确定模型参数。

如果一个物理过程的影响因素较少,各参数之间的关系比较简单,能够建立数学方程并能直接求解,则称为解析法。

研究工程问题的方法论是联系各单元操作的另一条主线。

四、化工过程计算的理论基础

化工过程计算可分为设计型计算和操作型计算两类,其在不同计算中的处理方法各有特点,但是不管何种计算都是以质量守恒、能量守恒、平衡关系和速率关系为基础的。

(1)物料衡算　它是以质量守恒定律为基础的计算。用来确定进、出单元设备(过程)的物料量和组成间的数量关系,了解过程中物料的分布与损耗情况,是进行单元设备其他计算的依据。

(2)能量衡算　它是以热力学第一定律即能量守恒定律为基础的计算。用来确定进、出单元设备(过程)的各项能量间的数量关系(包括各种机械能形式的相互转化关系),为完成指定任务需要加入或移走的功量和热量、设备的热量损失、各项物流的焓值等。

(3)过程速率计算　由表0-1可知,在各种单元操作中进行的基本过程主要是动量传递过程、热量传递过程和质量传递过程。这三种传递过程往往是同时进行并相互影响的。通常把流体流动过程看成是动量传递过程,而大部分单元操作都涉及流体系统,显然,流体的流动情况对热量传递和质量传递的速率以及流动过程中的能量损耗都有显著影响。因此,在各类单元操作设备中,合理地组织这三种传递过程,达到适宜的传递速率,是使这些设备高效而经济地完成特定任务的关键所在,也是改进设备、强化过程的关键所在。

传递过程速率的大小决定过程进行的快慢,其通用表示式如下:

$$\text{传递过程速率}=\frac{\text{传递过程推动力}}{\text{传递过程阻力}} \tag{0-1}$$

对于不同的传递过程,其速率、推动力和阻力的内涵及其具体表达式是不同的。例如在传热过程中,传热速率是用单位时间传递的热量来表示,而传热推动力则用温度差来表示。

各种单元操作中传递速率的计算是本课程要解决的重要内容,将在有关章节逐一讨论。实际上,物料衡算、能量衡算和过程速率计算三者的结合构成了各种单元操作工艺计算的主要部分。

(4)过程的热力学极限　当设备或系统内过程达到热力学平衡时,过程就停止了,平衡状态是过程进行的热力学极限。

处于平衡状态的单相物流,内部各处的热力学强度性质均一,不再存在温度、浓度与压强的差异,宏观的传递过程不再进行。平衡状态下的气相,可以用状态方程来表达其热力学性质间的关系。

两相物流间达到平衡时,一般有:平衡两相的温度和压强必定相同;平衡两相各组分的组成间存在确定的相平衡函数关系。这时两相间不发生宏观的质量传递与热量传递。

在传质分离过程和热、质传递过程的各单元操作计算中,相间平衡关系计算是十分重要的。对于理想体系的相间平衡关系计算,要用到物理化学中熟知的理想气体状态方程、相律、拉乌尔定律、亨利定律等基本定律和关系式。

(5)物性计算　上述各项计算中都会涉及物系的某些物理和化学性质,它们既随不同物系而变化,又随物系的相状态、温度、压强而变化。不同物系的物性,有的可从有关手册上查得(参见本书部分附录),有的需用各种物性关系式来进行估算。一般在进行单元操作计算时,应先将各已知操作条件范围内的有关物性查算出来。

五、单位制度及单位换算

任何物理量的大小都是由数字和单位联合来表达的,二者缺一不可。

(一)单位制度

在工程和科学中,单位制度有不同的分类方法。

(1)基本单位和导出单位　一般选择几个独立的物理量(如质量、长度、时间、热力学温度等),根据使用方便的原则规定出它们的单位,这些选择的物理量称为基本物理量,其单位称为基本单位。其他的物理量(如速度、加速度、密度等)的单位则根据其本身的物理意义,由有关基本单位组合而成。这种组合单位称为导出单位。

(2)绝对单位制和重力单位(工程单位)制　绝对单位制以长度、质量、时间为基本物理量,力是导出物理量,其单位为导出单位;重力单位制以长度、时间和力为基本物理量,质量是导出物理量,其单位为导出单位。力和质量的关系用牛顿第二运动定律相关联。

上述两种单位制度中又有米制单位与英制单位之分。两种单位制度中米制与英制的基本单位列于表 0-2。

表 0-2　两种单位制度中的米制与英制的基本单位

基本物理量单位制度		长度(L)	时间(T)	质量(M)	力或重力(F)
绝对单位制	厘米-克-秒制	cm	s	g	—
	米-千克-秒制	m	s	kg	—
	英制	ft	s	lb	—
重力单位(工程单位)制	米制	m	s	—	kgf
	英制	ft	s	—	lb(f)

(3)国际单位制度(SI 制)　1960年 10 月第十一届国际计量大会通过了一种新的单位制度,称为国际单位制度,其代号为 SI,它是 mks(米-千克-秒)制的引伸。

由于 SI 制的"统用性"和"一贯性"的优点,在国际上迅速得到推广。

(4)《中华人民共和国法定计量单位》(简称法定单位制)　中华人民共和国法定计量单位制的内容见附录一。

(二)单位换算

换算因子——彼此相等而单位不同的两个同名物理量(包括单位在内)的比值称为换算因子。如 1 m 和 100 cm 的换算因子为 100 cm/m。

(1)物理量的单位换算　同一物理量,若采用不同的单位则数值就不相同。例如最简单的一个物理量,圆形反应器的直径为 1 m,在物理单位制度中,单位为 cm,其值为 100;而在英制中,其单位为 ft,其值为3.280 8。它们之间的换算关系为:

反应器的直径 $D=1\ \text{m}=100\ \text{cm}=3.280\ 8\ \text{ft}$

同理,重力加速度 g 不同单位制之间的换算关系为:

重力加速度 $g=9.81\ \text{m/s}^2=981\ \text{cm/s}^2=32.18\ \text{ft/s}^2$

常用物理量的单位换算关系可查附录一。

若查不到一个导出物理量的单位换算关系,则从该导出单位的基本单位换算入手,采用单位之间的换算因数与基本单位相乘或相除的方法,以消去原单位而引入新单位。

(2)经验公式(或数字公式)的单位换算　化工计算中常遇到的公式有两类:

一类为物理方程,它是根据物理规律建立起来的,如前述的式(0-1)。物理方程遵循单位或因次一致的原则。同一物理方程中绝不允许采用两种单位制度。

用一定单位制度的基本物理量来表示某一物理量,称为该物理量的因次。在 mks 单位制度中,基本物理量质量、长度、时间、热力学温度的量纲分别用 M、L、T 与 Θ 表示,力的量纲为 MLT^{-2};在重力单位制度中,力为基本量,其量纲用 F 表示,质量的量纲则变为:FT^2L^{-1}。量纲一致的原则是量纲分析方法的基础。

另一类为经验方程,它是根据实验数据整理而成的公式,式中各物理量的符号只代表指定单位制度的数据部分,因而经验公式又称数字公式。当所给物理量的单位与经验公式指定的单位制度不相同时,则需要进行单位换算。可采取两种方式进行单位换算:将诸物理量的数据换算成经验公式中指定的单位后,再分别代入经验公式进行计算;若经验公式需经常使用,对大量的数据进行单位换算很烦琐,则可将公式加以变换,使式中各符号都采用所希望的单位制度。

思考题

1-1　指出下列各组中的概念的内容、基本特点和区别:①连续操作与间歇操作;②定态操作与非定态操作;③量纲与单位;④设计型计算与操作型计算;⑤热力学极限与动力学极限。

1-2　什么是单元操作?化工生产中常用的单元操作有哪些?

1-3　“三传”理论是指什么?与单元操作有什么关系?

1-4　如何理解单元操作中常用的几个基本概念;物料衡算、能量衡算、过程速率、平衡关系。

1-5　举例说明“三传”理论在实际工作中的应用。

1-6　下列概念的意义是什么?

单元操作;基本量纲与量纲一致性;传递过程速率

1-7　从基本单位换算入手,将下列物理量的单位换算为 SI 单位。

(1)水的黏度 $\mu=0.008\ 56\ \mathrm{g/(cm\cdot s)}$

(2)密度 $\rho=138.6\ \mathrm{kgf\cdot s^2/m^4}$

(3)某物质的比热容 $c_p=0.24\ \mathrm{Btu/(lb\cdot {}^\circ F)}$

(4)传质系数 $K_G=34.2\ \mathrm{kmol/(m^2\cdot h\cdot atm)}$

(5)表面张力 $\sigma=74\ \mathrm{dyn/cm}$

(6)导热系数 $\lambda=1\ \mathrm{kcal/(m\cdot h\cdot {}^\circ C)}$

第一章
流体流动

1.掌握

流体的重要性质,流体静力学方程及其应用;流体流动的若干基本概念;管路连续性方程、机械能衡算方程的适用条件及其应用;管路系统的直管阻力、局部阻力和总阻力的计算方法;简单管路的特点、分析及计算。

2.理解

牛顿黏性定律及其物理意义;边界层与边界层分离现象;流体流动型态及雷诺数;流体在圆形管内层流流动时的速度分布方程及形状;并联管路、分支管路的特点及设计;皮托管、文丘里流量计、孔板流量计、转子流量计的测流量原理及安装使用注意事项。

3.了解

流体内部涡流动量传递原理及特点,流体与壁面之间的对流动量传递原理;非牛顿型流体的特点及分类。

第一节　概　述

流体是气体与液体的总称。化工生产过程中所处理的物料大多数为流体(气体和液体)。按化工生产工艺要求,物料由一个设备送往另一个设备,从上一道工序转移到下一工序,逐步完成各种物理变化和化学变化,得到所想要的化工产品。因此,化工过程的实现都会涉及流体输送、流量测量、流体输送机械所需功率的计算及其选型等问题,要解决这些问题必须掌握流体流动的基本原理、基本规律和有关的实际知识。同时,多数单元操作都与流体流动密切相关,传热、传质过程也大都是在流体流动条件下进行的。因此,流体流动是本课程中的一个重要基础内容。

(1)连续介质假定　流体由许多离散的即彼此间有一定间隙的分子所组成,每个分子都处于永不停息的随机热运动和相互碰撞之中。因此,表征流体物理性质和运动参数的物理量在空间和时间上的分布是不连续的。但从工程实际出发讨论流体流动问题时,常把流体当作无数流体质点组成的、完全充满所占空间的连续介质,流体质点之间不存在间隙,因而质点的性质是连续变化的。这里所谓质点,是由大量分子构成的流体集团(或称流体微团),其大小与容器或管道的尺寸相比是微不足道的,但比分子平均自由程要大得多。这些质点在流体内部紧紧相连,彼此间没有间隙,即流体充满所占空间,为连续介质。对流体做这样的连续性假定后,才能把研究流体的起点放在流体“质点”上,可以运用连续函数和微积分工具来描述流体的物性及其运动参数。需要指出,这种假定对高真空稀薄气体或流体通道极小(如固体催化剂中的微孔)的情况就不适用了。

(2)流体主要特征　具有流动性;无固定形状,随容器形状而变化;受外力作用时内部产生相对运动。

第二节　流体的重要性质

一、流体的密度

(一)密度与比体积的定义

单位体积流体所具有的质量称为流体的密度,其表示式为

$$\rho = \frac{m}{V} \tag{1-1}$$

式中　ρ——流体的密度,kg/m^3;

m——流体的质量,kg;

V——流体的体积,m^3。

对一定的流体,其密度是压力和温度的函数,即

$$\rho = f(p, T)$$

单位质量流体具有的体积称为比体积(比容),是密度的倒数,单位为 m^3/kg。

$$\nu = \frac{V}{m} = \frac{1}{\rho}$$

式中　ν——比体积,m^3/kg;

V——流体的体积,m^3;

m——流体的质量,kg。

(二)纯组分流体的密度

(1)纯液体的密度　通常液体可视为不可压缩流体,液体的密度随压强变化很小,常可忽略其影响;但温度变化的影响不可忽略,水的密度随温度的变化关系可参见附录五。

(2)纯气体的密度　其值随温度、压强有较大的变化。一般在温度不太低、压强不太高的情况下,气体的密度与温度、压强间的关系近似可用理想气体状态方程表示。

$$\rho = \frac{pM}{RT} \tag{1-2}$$

式中　ρ——气体的密度,kg/m^3;

p——气体的绝对压强,Pa;

M——气体的摩尔质量,kg/kmol;

T——热力学温度,K;

R——气体常数,其值为8.314 J/(mol·K)。

一般在手册中查得的气体密度都是在一定压强与温度下的，若条件不同，则密度需进行换算。

当已知某气体在指定条件(p_0，T_0)下的密度ρ_0后，可以使用下式换算为操作条件(p，T)下的密度ρ：

$$\rho = \rho_0 \times \frac{T_0}{T} \times \frac{p}{p_0} \tag{1-3}$$

化工生产中遇到的流体，大多为几种组分构成的混合物，而通常手册中查得的是纯组分的密度，混合物的平均密度ρ_m可以通过纯组分的密度进行计算。

(三)混合物的密度

化工生产中常遇到各种气体或液体混合物，在无实测数据时，可用一些近似公式进行估算。

液体混合物的密度 对于液体混合物，其组成通常用质量分数表示。假设各组分在混合前后体积不变，则有

$$\frac{1}{\rho_m} = \frac{a_1}{\rho_1} + \frac{a_2}{\rho_2} + \cdots + \frac{a_n}{\rho_n} \tag{1-4}$$

式中 $a_1, a_2, \cdots, a_n$ ——液体混合物中各组分的质量分数；

$\rho_1, \rho_2, \cdots, \rho_n$ ——各纯组分的密度，kg/m^3。

气体混合物的密度 对于气体混合物，其组成通常用体积分数表示。各组分在混合前后质量不变，则有

$$\rho_m = \rho_1\phi_1 + \rho_2\phi_2 + \cdots + \rho_n\phi_n \tag{1-5}$$

式中 $\phi_1, \phi_2, \cdots, \phi_n$ ——气体混合物中各组分的体积分数。

气体混合物的平均密度ρ_m也可用式(1-2)计算，但式中的摩尔质量M应用混合气体的平均摩尔质量M_m代替，即

$$\rho_m = \frac{pM_m}{RT} \tag{1-6}$$

而

$$M_m = M_1y_1 + M_2y_2 + \cdots + M_ny_n \tag{1-7}$$

式中 $M_1, M_2, \cdots, M_n$ ——各纯组分的摩尔质量，kg/kmol；

$y_1, y_2, \cdots, y_n$ ——气体混合物中各组分的摩尔分数。

对于理想气体，其摩尔分数y与体积分数ϕ相等。

【例1-1】求干空气在常压(p=101.3 kPa)、20 ℃下的密度。

解：方法一：直接由附录四查得20 ℃下空气的密度为1.205 kg/m^3。

方法二：按式(1-2)计算

由手册查得空气的千摩尔质量M=28.95 kg/kmol

$$\rho = \frac{pM}{RT} = \frac{101.3 \times 28.95}{8.314 \times (273 + 20)} = 1.204\ kg/m^3$$

方法三：由附录四查得101.3 kPa、0 ℃下空气的密度ρ_0=1.293 kg/m^3，可按式(1-3)换算为20 ℃下值。

$$\rho = \rho_0 \times \frac{T_0}{T} \times \frac{p}{p_0} = 1.293 \times \frac{273}{293} = 1.205\ \text{kg/m}^3$$

方法四:若把空气看作是由21%氧气和79%氮气组成的混合气体时,则可按式(1-6)计算:用下标1表示氧气,下标2表示氮气,则干空气的平均千摩尔质量M_m由式(1-7)求得:

$$M_m = M_1 y_1 + M_2 y_2 = 32 \times 0.21 + 28 \times 0.79 = 28.84\ \text{kg/kmol}$$

则 $$\rho_m = \frac{pM_m}{RT} = \frac{101.3 \times 28.84}{8.314 \times 293} = 1.200\ \text{kg/m}^3$$

由上述计算结果可知,前三种结果相近,第四种解法中把空气当作只有氧气和氮气两组分组成的混合气体,忽略了空气中其他微量组分,对氮气的相对分子质量也做了圆整,使M_m值偏低,但误差仍很小,可以满足工程计算要求。

【例1-2】由A和B组成的某理想混合液,其中A的质量分数为0.40。已知常压、20 ℃下A和B的密度分别为879 kg/m³和1 106 kg/m³。试求该条件下混合液的密度。

解:混合液为理想溶液,可按式(1-4)计算:

$$\frac{1}{\rho_m} = \frac{a_1}{\rho_1} + \frac{a_2}{\rho_2} = \frac{0.40}{879} + \frac{1-0.40}{1\ 106} = 9.98 \times 10^{-4}\ \text{m}^3/\text{kg}$$

$$\rho_m = 1\ 002\ \text{kg/m}^3$$

二、压力

(一)压力的定义及单位

流体垂直作用于单位面积上的力,称为流体的静压强,简称压强,习惯上又称为压力。在静止流体中,作用于任意点不同方向上的压力在数值上均相同。

在SI单位中,压力的单位是N/m²,称为帕斯卡,以Pa表示。此外,压力的大小也间接地以液体柱高度表示,如用米水柱或毫米汞柱等。若液体的密度为ρ,则液柱高度h与压力p的关系为

$$p = \rho g h \tag{1-8}$$

注意:用液柱高度表示压力时,必须指明流体的种类,如600 mmHg、10 mH_2O等。

标准大气压有如下换算关系:

$$1\ \text{atm} = 1.013 \times 10^5\ \text{Pa} = 760\ \text{mmHg} = 10.33\ \text{mH}_2\text{O}$$

(二)压力的表示方法

压力的大小常以两种不同的基准来表示:一种是绝对真空,另一种是大气压力。基准不同,表示方法也不同。以绝对真空为基准测得的压力称为绝对压强,是流体的真实压力;以大气压为基准测得的压力称为表压强或真空度。

(1)绝对压强(简称绝压) 指流体的真实压强。更准确地说,它是以绝对真空为基准测得的流体压强。

(2)表压强(简称表压) 指工程上用测压仪表以当时当地大气压强为基准测得的流体压强值,它是流体的真实压强与外界大气压强的差值,即

$$表压强=绝对压强-当地(外界)大气压强$$

(3)真空度　当被测流体内的绝对压强小于当地(外界)大气压强时,使用真空表进行测量时,真空表上的读数称为真空度。真空度表示绝对压强比当地(外界)大气压强小了多少,即

$$真空度=当地(外界)大气压强-绝对压强$$

在这种条件下,真空度值相当于负的表压值。

绝对压强与表压、真空度的关系如图 1-1 所示。

一般为避免混淆,通常对表压、真空度等加以标注,如 2000 Pa(表压)、10 mmHg(真空度)等,还应指明当地大气压力。

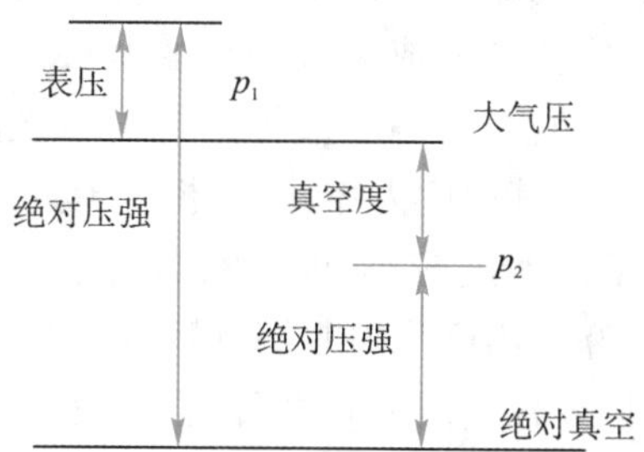

图 1-1　绝对压强、表压与真空度的关系

【例 1-3】某离心水泵的入、出口处分别装有真空表和压强表,现已测得真空表上的读数为 210 mmHg,压强表上的读数为 150 kPa。已知当地大气压强为 100 kPa。试求:(1)泵入口处的绝对压强(kPa);(2)泵出、入口间的压强差(kPa)。

解:已知当地大气压强 $p_0=100$ kPa,泵入口处的真空度为 210 mm Hg,由附录一查得:1 mm Hg=133.3 Pa,故真空度为 210×133.3=28.0 kPa。

(1)泵入口处的绝对压强为:

$$p_1(绝压)=p_0-真空度=100-28.0=72.0\ \text{kPa}$$

(2)泵出、入口间的压强差

$$\Delta p=p_2(绝压)-p_1(绝压)$$

而泵出口处的绝压为:

$$p_2(绝压)=p_2(表压)+p_0=150+100=250\ \text{kPa}$$

所以

$$\Delta p=250-72=178\ \text{kPa}$$

因此,由测压表或真空表上得出的读数必须根据当时当地的大气压强进行校正,才能得到被测点的绝压值。如在海平面处测得某密闭容器内表压强为 5 Pa,另一容器内的真空度为 5 Pa,若将此二容器连同压强表和真空表一起移到高山顶上,测出的表压强和真空度都会有变化,读者可自行分析。

三、流体的黏度

(一)牛顿黏性定律

流体与固体的一个显著差别是流体具有流动性,它无固定的形状,随容器的形状而变化。但不同流体的流动性即黏性是不同的,气体的黏性比液体要小,流动性比液体要好;油和水同是液体,油的黏性要比水大,流动性比水差。可见,流体的黏性只有在流体

流动时才能显现出来。

流体黏性的大小与哪些因素有关呢？可通过牛顿黏性定律加以说明。

流体的典型特征是具有流动性,但不同流体的流动性能不同,这主要是因为流体内部质点间做相对运动时存在不同的内摩擦力。这种表明流体流动时产生内摩擦力的特性称为黏性。黏性是流动性的反面,流体的黏性越大,其流动性越小。流体的黏性是流体产生流动阻力的根源。

如图 1-2 所示,设有上、下两块面积很大且相距很近的平行平板,板间充满某种静止液体。若将下板固定,而对上板施加一个恒定的外力,上板就以恒定速度 u 沿 x 方向运动。若 u 较小,则两板间的液体就会分成无数平行的薄层而运动,黏附在上板底面下的一薄层流体以速度 u 随上板运动,其下各层液体的速度依次降低,紧贴在下板表面的一层液体,因黏附在静止的下板上,其速度为零,两平板间流速呈线性变化。对任意相邻两层流体来说,上层速度较大,下层速度较小,前者对后者起带动作用,而后者对前者起拖曳作用,流体层之间的这种相互作用产生内摩擦,而流体的黏性正是这种内摩擦的表现。各层静止液层之所以被拖动以及各层液体间之所以发生相对运动,是由于各层液体间发生了水平方向的作用力与反作用力,运动较快的上层液体对相邻的下层液体施加一个 x 向的正向力,拖动运动较慢的下层液体,依据牛顿第三定律,下层液体层必对上层液体层施加一个反作用力,制约其运动,这种作用于运动着的流体内部相邻平行流动层间、方向相反、大小相等的相互作用力称为流体的内摩擦力,这种内摩擦力正是由于流体的黏性而产生的,故又称黏滞力。从作用方向上看,这种内摩擦力总是起着阻止流体层间发生相对运动的作用。

平行于平板间的流体,流速分布为直线,而流体在圆管内呈层流流动时,速度分布呈抛物线形,如图 1-3 所示。

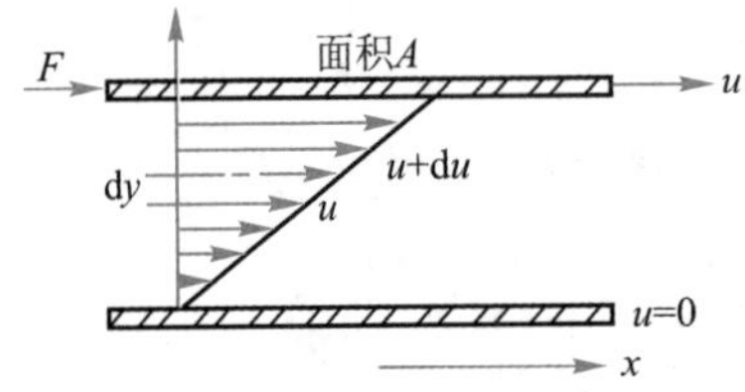

图 1-2　平板间液体速度变化

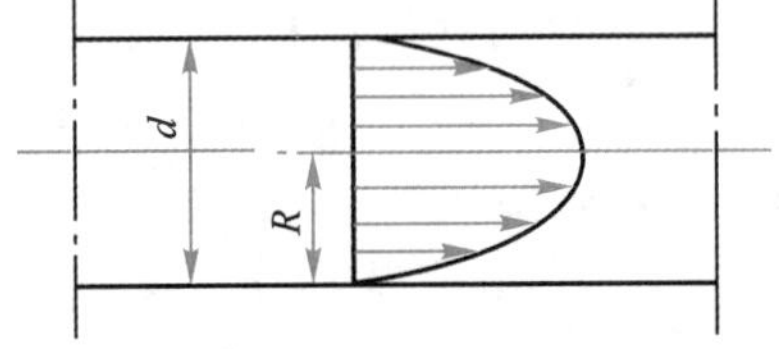

图 1-3　实际流体在管内的速度分布

实验证明,对于一定的流体,内摩擦力 F 与两流体层的速度差 $\mathrm{d}u$ 成正比,与两层之间的垂直距离 $\mathrm{d}y$ 成反比,与两层间的接触面积 A 成正比,即

$$F = \mu A \frac{\mathrm{d}u}{\mathrm{d}y} \tag{1-9}$$

式中　F——内摩擦力,N;

$\frac{\mathrm{d}u}{\mathrm{d}y}$——法向速度梯度,即在与流体流动方向相垂直的 y 方向流体速度的变化率,1/s;

μ——比例系数,称为流体的黏度或动力黏度,Pa · s。

单位面积上的内摩擦力称为剪应力,以 τ 表示,单位为 Pa,则式(1-9)变为

$$\tau = \mu \frac{du}{dy} \tag{1-9a}$$

式(1-9)、式(1-9a)称为牛顿黏性定律,表明流体层间的内摩擦力或剪应力与法向速度梯度成正比。

剪应力与速度梯度的关系符合牛顿黏性定律的流体,称为牛顿型流体,包括所有气体和大多数液体;不符合牛顿黏性定律的流体称为非牛顿型流体,如高分子溶液、胶体溶液及悬浮液等。本章讨论的均为牛顿型流体。

(二)流体的黏度

1.黏度的物理意义

流体流动时,在与流动方向垂直的方向上产生单位速度梯度所需的剪应力。由式(1-9a)可知,当$\frac{du}{dy}=1$时,由于流体的黏性所引起的流体层间单位面积上的内摩擦力$\frac{F}{A}$在数值上等于流体的黏度μ。很明显,在相同的流动情况下,μ愈大的流体产生的τ也愈大,即流动时的阻力也愈大,需要用更大的外力来维持一定的速度梯度。反过来,在一定τ下,μ愈大则速度梯度愈小,说明流体层间相对运动受到更大的阻滞。因此,流体的黏性可用其黏度来表征,它是流体的物性。黏度是反映流体黏性大小的物理量。

2.黏度的单位及表示方法

(1)动力黏度　在国际单位制下,其单位为

$$[\mu] = \frac{[\tau]}{[du/dy]} = \frac{\text{Pa}}{\frac{\text{m/s}}{\text{m}}} = \text{Pa}\cdot\text{s}$$

在一些工程手册中,黏度的单位常用物理单位制下的cP(厘泊)表示,它们的换算关系为1 cP=10^{-3} Pa·s。

(2)运动黏度　黏度μ与密度ρ的比值,称为运动黏度,以符号ν表示,即

$$\nu = \frac{\mu}{\rho} \tag{1-10}$$

其SI单位为m^2/s,物理单位为cm^2/s,称为沲,以St表示。1 St=100 cSt=10^{-4} m^2/s。显然运动黏度也是流体的物理性质。

(3)恩氏黏度　符号为°E。

在一定温度t ℃下,从恩氏黏度计中通过2.8 mm的孔流出200 mL液体所需时间与20 ℃流出同体积蒸馏水所需时间之比即为液体在该温度下的恩氏黏度。

恩氏黏度为我国常用的相对黏度。

【例1-4】油在直径为100 mm的管内流动,在管截面上的速度分布大致用下式表示:$u=20y-200y^2$,式中y为截面上的任一点距管壁的径向距离,m,u为该点上的流速,m/s。

求:(1)求管中心的流速、管半径中点处的流速。

(2)求管壁处的剪应力及长100 m的管内壁面所作用的全部阻力F,油的黏度为50 cP。

解:(1)求流速

管中心　　$y=50\ \text{mm}=0.05\ \text{m}$

代入 $u=20y-200y^2$

得 $u=0.5\ \text{m/s}$

管半径中点处 $y=25\ \text{mm}=0.025\ \text{m}$

代入 $u=20y-200y^2$

得 $u=0.375\ \text{m/s}$

(2)求管壁处的剪应力及管壁阻力

由牛顿黏性定律可算出任一位置上的剪应力,计算时所需的速度梯度可对给出的速度分布式求导而得。

$$\frac{\mathrm{d}u}{\mathrm{d}y}=20-400y$$

管壁处,$y=0$,故

$$\left(\frac{\mathrm{d}u}{\mathrm{d}y}\right)_{y=0}=20\ \text{s}^{-1}$$

油的黏度$\mu=50\ \text{cP}=0.05\ \text{Pa}\cdot\text{s}$

故壁面上的剪应力为:$\tau_{\text{w}}=\mu\left(\frac{\mathrm{d}u}{\mathrm{d}y}\right)_{y=0}=0.05\times 20=1\ \text{N/m}^2$

100 m 长管壁面上的总阻力为:$F=\tau_{\text{w}}A=\tau_{\text{w}}\pi dl=31.4\ \text{N}$

(三)混合物的黏度

不同纯流体的黏度均由实验测取,可在附录九、附录十或有关手册中查得。工程实际中所遇到的流体多为含有若干组分的流体混合物。对于流体混合物的黏度,在缺乏实验数据时,可从文献中选用适当的经验公式进行估算。常用的经验公式如下:

(1)对不缔合的混合液体:

$$\lg\mu_{\text{m}}=\sum x_i\lg\mu_i \tag{1-11}$$

式中 μ_{m}——液体混合物的黏度,Pa · s;

x_i——混合液体中 i 组分的摩尔分数;

μ_i——混合物中 i 组分的黏度,Pa · s。

(2)对低压下的混合气体:

$$\mu_{\text{m}}=\frac{\sum y_i\mu_iM_i^{1/2}}{\sum y_iM_i^{1/2}} \tag{1-12}$$

式中 y_i——混合气体中 i 组分的摩尔分数;

M_i——混合气体中 i 组分的千摩尔质量,kg/kmol;

μ_{m}——气体混合物的黏度,Pa · s。

(四)黏度的影响因素

黏度也是流体的物性之一,其值由实验测定。液体的黏度随温度的升高而降低,压力对其影响可忽略不计。气体的黏度随温度的升高而增大,一般情况下也可忽略压力的影响,但在极高或极低的压力条件下需考虑其影响。气体的黏度比液体的黏度小得多,如 20 ℃下水的黏度为 1 cP(即 10^{-3} Pa · s),而空气的黏度为0.0181 cP(即1.81×10^{-5} Pa · s)。

四、流体的压缩性与膨胀性

流体的体积随压强变化的特性称为流体的压缩性，而随温度变化的特性则称为热膨胀性。由于液体的体积随压强变化很小，常把液体当作不可压缩流体。流体的热膨胀性可由其体积热膨胀系数 β 来衡量，β 的物理意义是在恒压下物体体积随温度的相对变化率，单位为℃$^{-1}$，即有

$$\beta = \frac{1}{V}\left(\frac{\partial V}{\partial T}\right)_p \tag{1-13}$$

它是温度的函数。对理想气体，$\beta = \frac{1}{V} \times \frac{nR}{p} = \frac{1}{T}$

当温度变化不太大时，可近似按下式计算流体体积随温度的变化关系：

$$\beta \approx \frac{1}{V_0} \times \frac{\Delta V}{\Delta t} = \frac{1}{V_0} \times \frac{V - V_0}{t - t_0}$$

故
$$V \approx V_0[1 + \beta(t - t_0)] \tag{1-13a}$$

或
$$\rho_0 \approx \rho[1 + \beta(t - t_0)] \tag{1-13b}$$

第三节 流体静力学

在重力场中，当流体处于静止状态时，流体除受重力(即地心引力)作用外，还受到压力的作用。流体处于静止是由于这些作用于流体上的力达到平衡的结果。流体静力学就是研究流体处于静止状态下的力的平衡关系。

一、流体的受力

如图 1-3 所示，在流动的流体(流场)中，任取一体积为 V 和封闭表面积为 A 的流体元，则该流体元受到的力有两种：体积力与表面力。

(一)体积力

体积力(body force)又称质量力，是指作用在流体元每一质点上的力。又可细分为两种：一是外界力场对流体的作用力，如重力、电磁力等；二是由于流体做不等速运动而产生的惯性力，如流体做直线加速运动时所产生的惯性力，流体绕固定轴旋转时所产生的惯性离心力等。

质量力的大小与流体的质量成正比。设图 1-3 中所取流体元的质量为 m，流体的密度为 ρ，则该流体元所受的质量力为

$$F_B = \rho V a = ma$$

式中 a——力场的加速度，也称单位质量流体所受的质量力，为向量，其单位为 $m \cdot s^{-2}$

a 由力场性质决定，如重力场中的加速度即为重力加速度 g，离心力场的加速度为离心加速度。

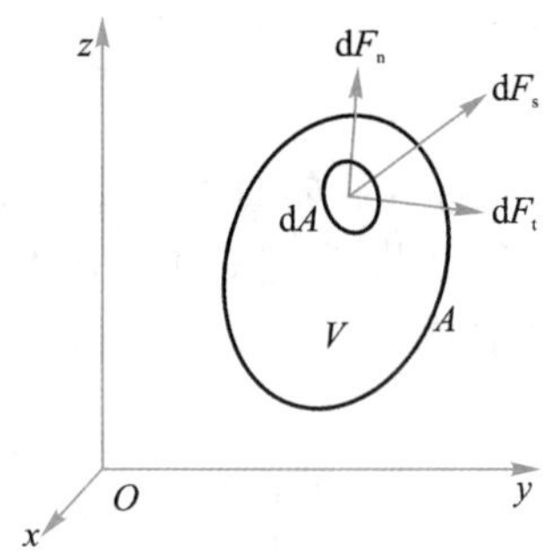

图 1-3 作用在流体上的力

(二)表面力

表面力(surface force)是指与流体元相接触的环境流体(有时可能是固体壁面)施加于该流体元上的力。表面力又称为机械力,与力所作用的面积成正比。单位面积上的表面力称为表面应力(N/m^2)。

如图 1-3 所示,在封闭表面积 A 上取一微元表面积 dA,则与之相邻的环境流体作用在 dA 上的表面力为 dF_s。dF_s 可分解为两个分量:一个与微元表面 dA 相切,称为切向表面力,以 dF_t 表示;另一个与微元表面 dA 垂直,称为法向表面力,以 dF_n 表示。相应的表面应力为 $\tau_t=\dfrac{dF_t}{dA}$(切向应力),$\tau_n=\dfrac{dF_n}{dA}$(法向应力)

通常规定,法向应力的方向为作用面法线的正方向(指向外)。

对于理想流体,由于流体层之间无剪切作用,故剪应力 $\tau_t=0$;流体静止时不能承受任何切向力,只存在法向应力 τ_n。

二、流体静力学平衡方程

(一)静力学方程的推导

如图 1-4 所示,容器内装有密度为 ρ 的液体,液体可认为是不可压缩流体,其密度不随压力变化。在静止液体中取一段液柱,其截面积为 A,以容器底面为基准水平面,液柱的上、下端面与基准水平面的垂直距离分别为 z_1 和 z_2,作用在上、下两端面的压力分别为 p_1 和 p_2。

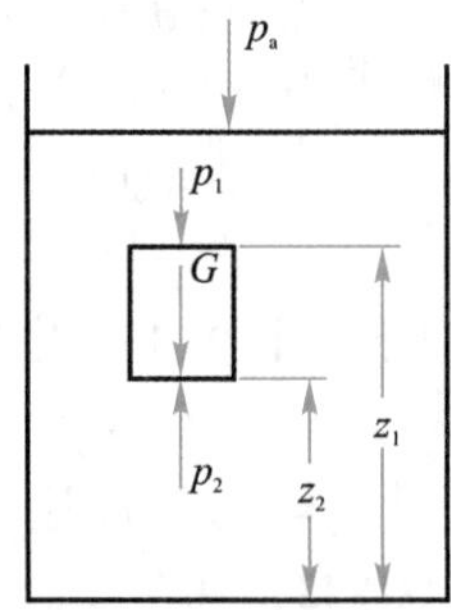

图 1-4 静力学方程的推导

重力场中,在垂直方向上对液柱进行受力分析:

上端面所受总压力 $p_1' = p_1A$,方向向下;下端面所受总压力 $p_2' = p_2A$,方向向上;液柱的重力 $G = \rho gA(z_1 - z_2)$,方向向下。液柱处于静止时,上述三项力的合力应为零,即

$$p_2A - p_1A - \rho gA(z_1 - z_2) = 0$$

整理并消去 A,得

$$p_2 = p_1 + \rho g(z_1 - z_2) \quad 压力形式 \tag{1-14}$$

变形得

$$\frac{p_1}{\rho} + z_1g = \frac{p_2}{\rho} + z_2g \quad 能量形式 \tag{1-14a}$$

若将液柱的上端面取在容器内的液面上,设液面上方的压力为 p_a,液柱高度为 h,则式(1-14)可改写为

$$p_2 = p_a + \rho gh \tag{1-14b}$$

式(1-14)、式(1-14a)及式(1-14b)均称为静力学基本方程。

静力学基本方程适用于在重力场中静止、连续的同种不可压缩流体,如液体。而对于气体来说,密度随压力变化,但若气体的压力变化不大,密度近似地取其平均值而视为常数时,式(1-14)、式(1-14a)及式(1-14b)也适用。

(二)静力学方程的讨论

(1)式(1-14)适用于重力场中 ρ 为常数的静止单相连续液体;气体具有较大的压缩性,在密度变化不大时,式(1-14)也可应用,此时 ρ 可用平均密度计算。

(2)在静止的、连续的同种液体内,处于同一水平面上各点的压力处处相等。压力相等的面称为等压面。在静止流体中,水平面即为等压面。

(3)压力具有传递性。液面上方压力变化时,液体内部各点的压力也将发生相应的变化。

(4)式(1-14a)中,zg、$\frac{p}{\rho}$分别为单位质量流体所具有的位能和静压能,此式反映出在同一静止流体中,处在不同位置流体的位能和静压能各不相同,但总和恒为常量。因此,静力学基本方程也反映了静止流体内部能量守恒与转换的关系。

式(1-14b)表明静止流体内部某处的压强大小仅与所处的垂直位置有关,而与水平位置无关。位置愈低,压强愈大。换言之,在同一静止连续流体内部同一水平面上各处的压强是相等的。而压强的指向仅随所取的作用面的方向而变。

(5)式(1-14b)可改写为

$$\frac{p_2 - p_a}{\rho g} = h$$

说明压力或压力差可用液柱高度表示,此为前面介绍压力的单位可用液柱高度表示的依据,但需注明液体的种类。

【例 1-5】一敞口贮槽内盛有油和水(如图 1-5 所示),油层密度和高度分别为 $\rho_1 = 800\ \text{kg/m}^3$、$h_1 = 2\ \text{m}$,水层密度和高度(指油、水界面与小孔中心的距离)分别为 $\rho_2 = 1000\ \text{kg/m}^3$、$h_2 = 1\ \text{m}$。(1)判断下列等式是否成立:$p_A = p_A'$,$p_B = p_B'$;(2)计算水在玻璃管内的高度 h。

解:(1)判断等式是否成立。如图 1-5 所示,A 与 A' 两点处于静止的、连通着的同一液体的同一水平面上,即为等压面,故 $p_A=p_A'$。

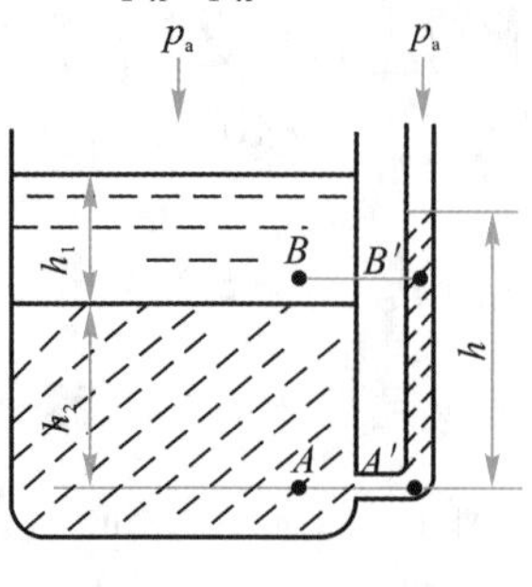

图 1-5 例 1-5 附图

又由于 B 与 B' 两点虽在静止液体的同一水平面上,但不是连通着的同一种液体,因此 $p_B \neq p_B'$。

(2)计算水在玻璃管内的高度。由于 $p_A=p_A'$,而 p_A 与 p_A' 都可以用流体静力学方程计算,即

$$p_A=p_a+\rho_1 gh_1+\rho_2 gh_2$$

$$p_A' = p_a + \rho_2 gh$$

于是

$$p_a + \rho_2 gh = p_a + \rho_1 gh_1 + \rho_2 gh_2$$

将已知量代入,得 $h=2.6$ m。

(三)静力学基本方程的应用

流体静力学基本方程常用于某处流体表压或流体内部两点的压强差的测量、贮罐内液位的测量、液封高度的计算、流体内物体受到的浮力以及液体对壁面作用力的计算等。

1.压力及压力差的测量

(1)普通 U 形压差计 U 形压差计的结构如图 1-6 所示。它是一根 U 形玻璃管,内装指示液。要求指示液与被测流体不互溶,不起化学反应,且其密度大于被测流体密度。常用的指示液有水银、四氯化碳、水和液体石蜡等,应根据被测流体的种类和测量范围合理选择指示液。

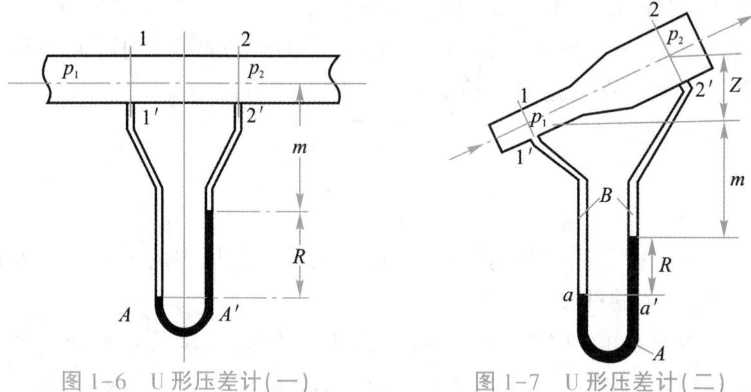

图 1-6 U 形压差计(一)　　图 1-7 U 形压差计(二)

当用 U 形压差计测量设备内两点的压差时,可将 U 形管两端与被测两点直接相连,利用 R 的数值就可以计算出两点间的压力差。

设指示液的密度为ρ_0，被测流体的密度为ρ。由图1-6可知，A点和A'点在同一水平面上，且处于连通的同种静止流体内，因此，A点和A'点的压力相等，即$p_A=p_A'$，

而
$$p_A = p_1 + \rho g(m + R)$$
$$p_A' = p_2 + \rho gm + \rho_0 gR$$

所以
$$p_1 + \rho g(m + R) = p_2 + \rho gm + \rho_0 gR$$

整理得
$$p_1 - p_2 = (\rho_0 - \rho)gR \tag{1-15}$$

若被测流体是气体，由于气体的密度远小于指示剂的密度，即$\rho_0-\rho\approx\rho_0$，则式(1-15)可简化为

$$p_1 - p_2 \approx Rg\rho_0 \tag{1-15a}$$

U形压差计也可测量流体的压力，测量时将U形管一端与被测点连接，另一端与大气相通，此时测得的是流体的表压或真空度。

思考：若将U形压差计安装在倾斜管路中，如图1-7所示，此时读数R反映了什么？(请自行推导)

$$p_1 - p_2 = (\rho_0 - \rho)gR + \rho zg$$

注意此时R显示的不是两截面间的压差Δp，只有当管路水平放置时，R显示的才是Δp。

【例1-6】如图1-8所示，水在水平管道内流动。为测量流体在某截面处的压力，直接在该处连接一U形压差计，指示液为水银，读数$R=250$ mm，$m=900$ mm。已知当地大气压为101.3 kPa，水的密度$\rho=1\ 000\ \mathrm{kg/m^3}$，水银的密度$\rho_0=13\ 600\ \mathrm{kg/m^3}$。试计算该截面处的压力。

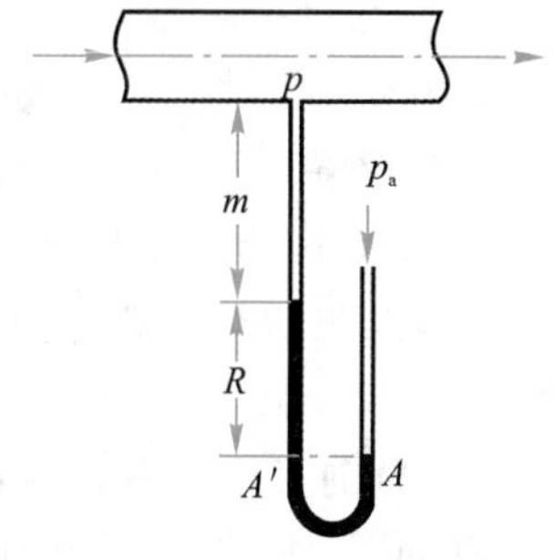

图1-8 例1-6附图

解：图中A-A'面为静止、连续的同种流体，且处于同一水平面，因此为等压面，即

$$p_A=p_A'$$

而
$$p_A=p_a$$
$$p_A = p + \rho gm + \rho_0 gR$$

于是
$$p_a = p + \rho gm + \rho_0 gR$$

则截面处绝对压力

$$\begin{aligned} p &= p_a - \rho gm - \rho_0 gR \\ &= 101\ 300 - 1\ 000 \times 9.81 \times 0.9 - 13\ 600 \times 9.81 \times 0.25 \\ &= 59\ 117\ \mathrm{Pa} \end{aligned}$$

或直接计算该处的真空度

$$\begin{aligned} p_a - p &= \rho gm + \rho_0 gR \\ &= 1\ 000 \times 9.81 \times 0.9 + 13\ 600 \times 9.81 \times 0.25 \\ &= 42\ 183\ \mathrm{Pa} \end{aligned}$$

由此可见，当U形管一端与大气相通时，U形压差计实际反映的就是该处的表压或真空度。U形压差计在使用时为防止水银蒸气向空气中扩散，通常在与大气相通的一侧水银液面上充入少量水，计算时其高度可忽略不计。

【例1-7】如图1-9所示，水在管道中流动。为测得A-A'、B-B'截面的压力差，在管

路上方安装一 U 形压差计，指示液为水银。已知压差计的读数 $R=150$ mm，试计算 $A-A'$、$B-B'$ 截面的压力差。已知水与水银的密度分别为1 000 kg/m^3 和13 600 kg/m^3。

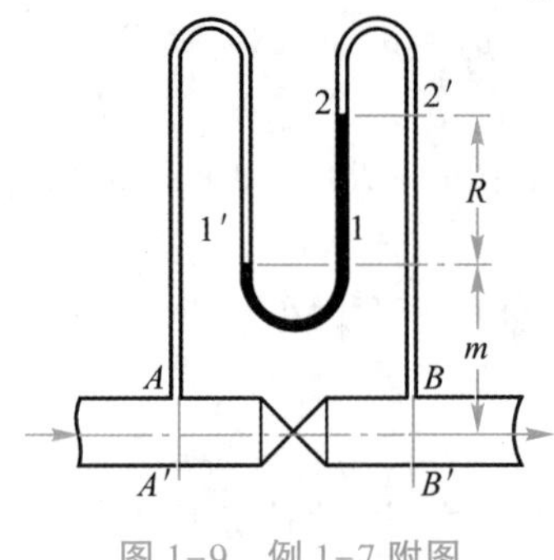

图 1-9　例 1-7 附图

解：图中，1-1′面与 2-2′面为静止、连续的同种流体，且处于同一水平面，因此为等压面，即 $p_1=p_1'$，$p_2=p_2'$

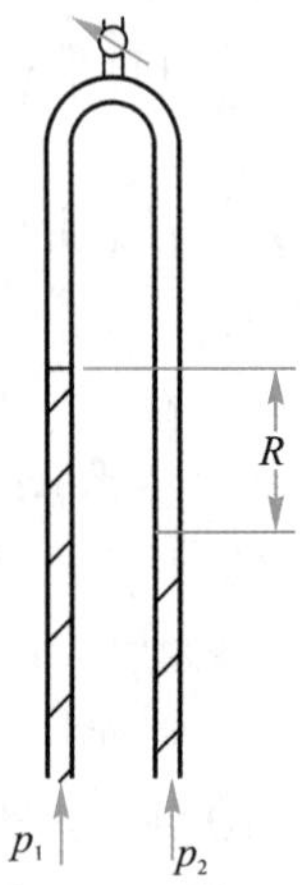

又
$$p_1'=p_A-\rho gm$$
$$p_1=p_2+\rho_0 gR=p_2'+\rho_0 gR$$
$$=p_B-\rho g(m+R)+\rho_0 gR$$

所以
$$p_A-\rho gm=p_B-\rho g(m+R)+\rho_0 gR$$

整理得
$$p_A-p_B=(\rho_0-\rho)gR$$

此结果与式(1-15)相同，由此可见，U 形压差计所测压差的大小只与被测流体及指示剂的密度、读数 R 有关，而与 U 形压差计放置的位置无关。

代入数据　$p_A-p_B=(13\ 600-1\ 000)\times 9.81\times 0.15=18\ 541$ Pa

(2)倒 U 形压差计　若被测流体为液体，也可选用比其密度小的流体(液体或气体)作为指示剂，采用如图 1-10 所示的倒 U 形压差计形式。最常用的倒 U 形压差计是以空气作为指示剂，此时

图 1-10　倒 U 形压差计

$$p_1-p_2=Rg(\rho-\rho_0)\approx Rg\rho \tag{1-15b}$$

(3)倾斜 U 形管压差计　当所测量的流体压力差较小时，可将压差计倾斜放置，即为斜管压差计，用以放大读数，提高测量精度，如图 1-11 所示。此时，R 与 R'的关系为

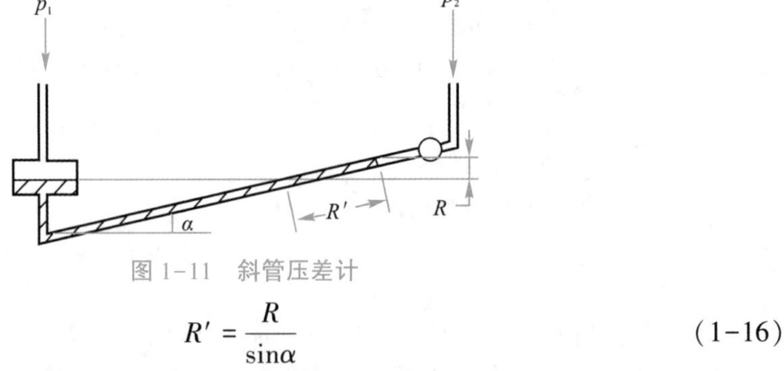

图 1-11　斜管压差计

$$R'=\frac{R}{\sin\alpha} \tag{1-16}$$

式中　α——倾斜角，其值越小，则读数放大倍数越大。

(4)双液柱 U 形管微压差计　又称为微压计，用于测量压力较小的场合。如图 1-12

所示，在U形管上增设两个扩大室，内装密度接近但不互溶的两种指示液A和C（$\rho_A > \rho_C$），扩大室内径与U形管内径之比应大于10。这样扩大室的截面积比U形管截面积大得多，即可认为即使U形管内指示液A的液面差R较大，但两扩大室内指示液C的液面变化微小，可近似认为维持在同一水平面。

于是有

$$p_1 - p_2 = Rg(\rho_A - \rho_C) \tag{1-17}$$

由上式可知，只要选择两种合适的指示液，使$(\rho_A - \rho_C)$较小，就可以保证较大的读数R。

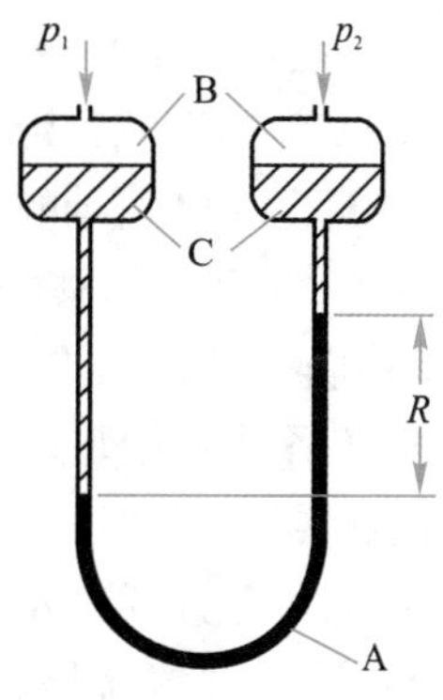

图1-12 双液柱U管微压差计

【例1-8】用U形压差计测量某气体流经水平管道两截面的压力差，指示液为水，密度为1 000 kg/m³，读数R为12 mm。为了提高测量精度，改为双液体U形管微压差计，指示液A为含40%乙醇的水溶液，密度为920 kg/m³，指示液C为煤油，密度为850 kg/m³。问读数可以放大多少倍？此时读数为多少？

解：用U形压差计测量时，被测流体为气体，可根据式(1-15a)计算

$$p_1 - p_2 \approx Rg\rho_0$$

用双液体U形管微压差计测量时，可根据式(1-17)计算

$$p_1 - p_2 = R'g(\rho_A - \rho_C)$$

因为所测压力差相同，联立以上两式，可得放大倍数

$$\frac{R'}{R} = \frac{\rho_0}{\rho_A - \rho_C} = \frac{1\ 000}{920 - 850} = 14.3$$

此时双液体U形管的读数为

$$R' = 14.3R = 14.3 \times 12 = 171.6\ \text{mm}$$

(5)复式压差计　复式压差计适用于压差较大的情况。

【例1-9】如图1-13所示压差计，■代表水。已知：$z_0 = 1.8$ m，$z_1 = 0.7$ m，$z_2 = 2.0$ m，$z_3 = 0.9$ m，$z_4 = 2.5$ m，求$p - p_a$。

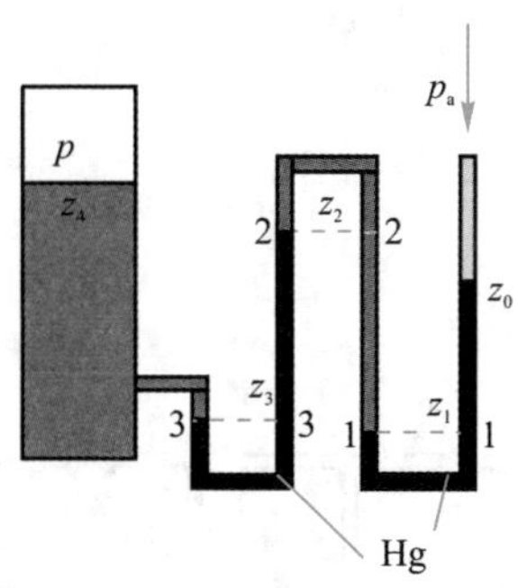

图1-13 例1-9图

解：依据流体静力学方程知，图上所标等压面1-1，2-2，3-3上的压力分别相等，则有：

$$p_1 = p_a + \rho_{Hg}g(z_0 - z_1) = p_2 + \rho g(z_2 - z_1)$$

$$p_3 = p_2 + \rho_{Hg}g(z_2 - z_3) = p + \rho g(z_4 - z_3)$$

上面两式对应相加，并整理得：

$$p - p_a = \rho_{Hg}g(z_2 - z_3 + z_0 - z_1) - \rho g(z_4 - z_3 + z_2 - z_1)$$

$$p - p_a = 2.65 \times 10^5 \text{ Pa}$$

2.液位测量

在化工生产中，经常要了解容器内液体的贮存量，或对设备内的液位进行控制，因此，常常需要测量液位。测量液位的装置较多，但大多数都遵循流体静力学基本原理。

图 1-14 所示的是利用 U 形压差计进行近距离液位测量装置。化工生产中常常需要测定各种容器内液体物料的液位。在 U 形管底部装入指示液 A，左端与被测液体 B 的容器底部相连($\rho_A > \rho_B$)，右端上方接一扩大室(平衡器)，与容器液面上方的气相支管(气相平衡管)相连，平衡器中装入一定量的液体 B，使其在扩大室内的液面高度维持在容器液面允许的最高位置。测量时，压差计中读数 R 指示容器内相应的液位高，显然容器内达到最高允许液位时，压差计读数 R 应为零；随容器内液位降低，读数 R 将随之增加。用一装有指示剂的 U 形压差计将容器和平衡器连通起来，压差计读数 R 即可指示出容器内的液面高度，关系为

$$h = \frac{\rho_A - \rho_B}{\rho_B} R \tag{1-18}$$

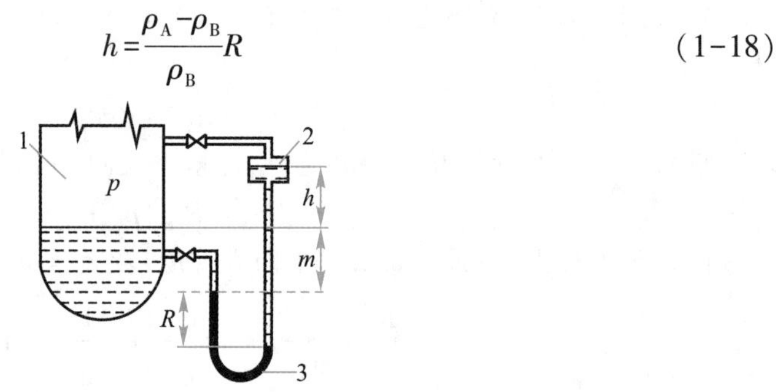

1—容器；2—平衡器；3—U 形压差计

图 1-14 压差法测量液位

若容器或设备的位置离操作室较远时，可采用图 1-15 所示的远距离液位测量装置。在管内通入压缩氮气，用调节阀 1 调节其流量，测量时控制流量，使在观察器中有少许气泡逸出。用 U 形压差计测量吹气管内的压力，其读数 R 的大小即可反映出容器内的液位高度，关系为：

$$h = \frac{\rho_0}{\rho} R \tag{1-19}$$

式中 ρ_0——指示液密度；

ρ——被测液体密度。

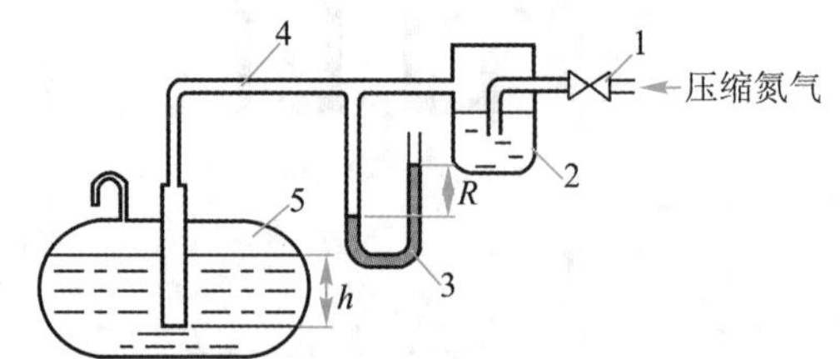

1—调节阀；2—鼓泡观察器；3—U 形压差计；4—吹气管；5—贮槽

图 1-15 远距离液位测量

3.液封高度的计算

在化工生产中，为了控制设备内气体压力不超过规定的数值，常常使用安全液封(或称水封)装置，如图 1-16 所示。作用：①当设备内压力超过规定值时，气体则从水封管排出，以确保设备操作的安全；②防止气柜内气体泄漏。

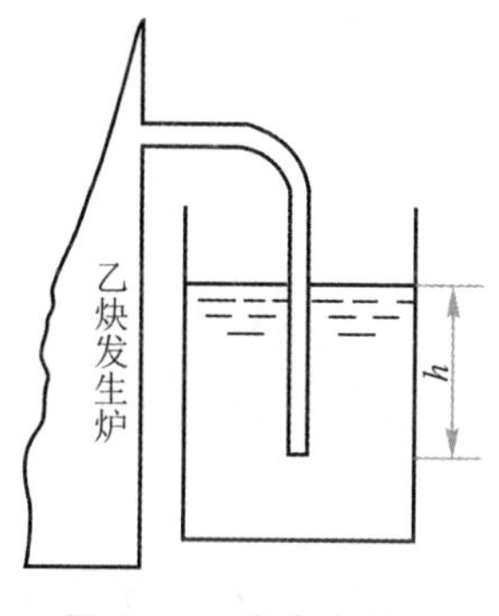

图 1-16　安全水封

对于常压操作的气体系统，常采用称为液封的附属装置。根据液封的作用不同，大体可分为以下三类，它们都是根据流体静力学原理设计的。

(1)安全液封　如图 1-17(a)所示，从气体主管道上引出一根垂直支管，插到充满液体(通常为水，因此又称水封)的液封槽内，插入口以上的液面高度 h 应足以保证在正常操作压强 p (表压)下气体不会由支管溢出，即有

$$h > \frac{p(\text{表压})}{\rho_L g}$$

式中　ρ_L—— 液体的密度，kg/m^3。

当由于某种不正常原因，系统内气体压强突然升高时，气体可由此处冲破液封泄出并卸压，以保证设备的安全。这种水封还有排出气体管中凝液的作用。

(2)切断水封　有些常压可燃气体贮罐前后安装切断水封以代替笨重易漏的截止阀，如图 1-17(b)所示。正常操作时，水封不充水，气体可以顺利绕过隔板出入贮罐；需要切断时(如检修)，往水封内注入一定高度的水，使隔板在水中的水封高度大于水封两侧最大可能的压差值。

(3)溢流水封　许多用水(或其他液体)洗涤气体的设备内，通常维持在一定压力 p 下操作，水不断流入同时必须不断排出，为了防止气体随水一起泄出设备，可采用图 1-17(c)所示的溢流水封装置。这类装置的型式很多，都可运用静力学方程来进行设计估算。

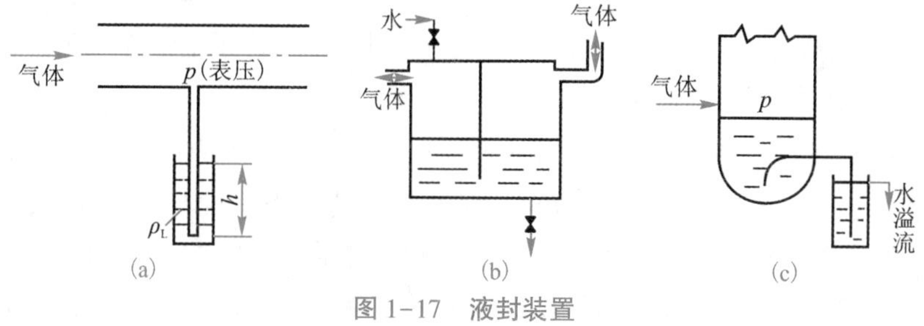

图 1-17　液封装置

图 1-16、图 1-17 中液封高度均可根据静力学基本方程计算。若要求设备内的压力不超过 p(表压)，则水封管的插入深度 h 为

$$h = \frac{p(\text{表压})}{\rho g} \tag{1-20}$$

在应用流体静力学方程时，应当注意以下几点：

①正确选择等压面。等压面必须在连续、相对静止的同种流体的同一水平面上。

②基准面的位置可以任意选取，选取得当可以简化计算过程，而不影响计算结果。

③计算时,方程中各物理量的单位必须一致。

第四节 流体流动概述

流体运动时所呈现的规律要比其静止时复杂得多,本节先介绍与流体流动有关的基本概念。

一、流动体系的分类

(一)定态流动与非定态流动

流体流动系统中,若各截面上的温度、压力、流速等物理量仅随位置变化,而不随时间变化,这种流动称为定态流动;若流体在各截面上的有关物理量既随位置变化,又随时间变化,则称为非定态流动。

如图1-18(a)所示,装置液位恒定,因而流速不随时间变化,为定态流动;图1-18(b)装置流动过程中液位不断下降,流速随时间而递减,为非定态流动。

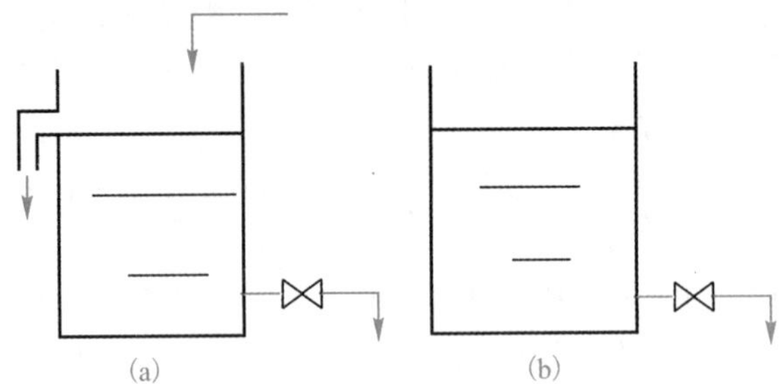

图1-18　定态流动与非定态流动

在化工厂中,连续生产的开、停车阶段,属于非定态流动,而正常连续生产,均属于定态流动。本章重点讨论定态流动问题。

(二)一维与多维流动

按照流体流动时流动参数所依赖的空间维数将其分为一维与多维流动。一般的流动都是在三维空间内的流动,运动参数是三个坐标的函数。例如在直角坐标系中,如果速度、压力等参数是 x,y 和 z 的函数,这种流动称为三维流动。依此类推,流动参数是两个坐标的函数称为二维流动,是一个坐标的函数称为一维流动。

在工程实际中,总是希望尽可能地将三维流动简化为二维流动乃至一维流动。例如,流体的输送多在封闭管道内进行,它是典型的一维流动。

(三)绕流与封闭管道内的流动

流体流动问题按其流动方式大致分为两类:流体的绕流流动与在封闭管道内的流动。所谓绕流流动系指流体绕过一个浸没的物体流动,故也称为外部流动。例如细颗粒物在大量流体中的沉降、在填充床内的流动等。另一类流体流动是在封闭管道内的流动。在化工等过程工业中，流体的输送大多是在管路中完成的，因此研究流体在管路中的流动规律是本章的重要内容。

二、流体的流量与流速

（一）流量

（1）体积流量　单位时间内流经管道任意截面的流体体积，称为体积流量，以 Q 表示，单位为 m^3/s 或 m^3/h。

（2）质量流量　单位时间内流经管道任意截面的流体质量，称为质量流量，以 W 表示，单位为 kg/s 或 kg/h。

体积流量与质量流量的关系为

$$W = \rho Q \tag{1-21}$$

应当注意，气体的体积随温度、压强而变化，所以使用体积流量时应注明所处的温度和压强值。

（二）流速

（1）平均流速　流速是指单位时间内流体质点在流动方向上所流经的距离。实验发现，流体质点在管道截面上各点的流速并不一致，而是形成某种分布，该速度称为质点的点速度。在工程计算中，为简便起见，常常用平均流速表征流体在该截面的流速。平均流速定义为流体的体积流量与管道截面积之比，即

$$u = \frac{Q}{A} \tag{1-22}$$

式中　u——平均流速，m/s。习惯上，平均流速简称为流速。

（2）质量流速　单位时间内流经管道单位截面积的流体质量，称为质量流速，以 G 表示，单位为 $kg/(m^2 \cdot s)$。

质量流速与流速的关系为

$$G = \frac{W}{A} = \frac{Q\rho}{A} = u\rho \tag{1-23}$$

流量与流速的关系为

$$W = Q\rho = uA\rho = GA \tag{1-24}$$

（三）管径的估算

一般化工管道为圆形，若以 d 表示管道的内径，则式（1-22）可写成

$$u = \frac{Q}{\frac{\pi}{4}d^2} = \frac{Q}{0.785\ d^2} \tag{1-25}$$

于是可得

$$d = \sqrt{\frac{4Q}{\pi u}} = \sqrt{\frac{Q}{0.785u}} \tag{1-26}$$

其中，d 单位为 m。

市场供应的管材均有一定的尺寸规格，所以在使用式（1-26）求得管径 d 后，应根据

给定的操作条件圆整到管子的实际供应规格(见附录十七)。

由式(1-26)可知,对一定的生产任务,即 Q 一定,管子直径 d 的大小取决于所选择的流速 u,流速选得愈大,所需管子的直径就愈小,即购买及安装管子的投资费用愈小,但输送流体的动力消耗和操作费用将增大,因此流速的选择要适当。生产中常用的流体流速范围列于表 1-1,可供参考选用。

适宜流速的选择应根据经济核算确定,通常可选用经验数据。一般情况下,密度大或黏度大的流体,流速取小一些;对于含有固体杂质的流体,流速宜取得大一些,以避免固体杂质沉积在管道中。

表 1-1 某些流体在管道中的常用流速范围

流体的类别及情况	流速范围/(m/s)	流体的类别及情况	流速范围/(m/s)
自来水 (3×10^5 Pa 左右)	1~1.5	高压空气	15~25
水及低黏度液体 ($1\times10^5\sim1\times10^6$ Pa)	1.5~3.0	一般气体(常压)	12~20
高黏度液体	0.5~1.0	鼓风机吸入管	10~15
工业供水 (8×10^5 Pa 以下)	1.5~3.0	鼓风机排出管	15~20
锅炉供水 (8×10^5 Pa 以上)	>3.0	离心泵吸入管 (水一类液体)	1.5~2.0
饱和蒸汽	20~40	离心泵排出管 (水一类液体)	2.5~3.0
过热蒸汽	30~50	液体自流速度 (冷凝水等)	0.5
蛇管、螺旋管内的冷却水	<1.0	真空操作下气体流速	<10
低压空气	12~15		

【例 1-10】某厂要求安装一根输水量为 30 m^3/h 的管道,试选择一合适的管子。

解:取水在管内的流速为1.8 m/s,由式(1-26)得

$$d=\sqrt{\frac{4Q}{\pi u}}=\sqrt{\frac{4\times30/3\ 600}{3.14\times1.8}}=0.077\ \text{m}=77\ \text{mm}$$

查附录十七低压流体输送用焊接钢管规格,选用公称直径 DN80 mm(英制 3″)的管子,或表示为 ϕ88.9×4 mm,该管子外径为88.9 mm,壁厚为 4 mm,则内径为

$$d=88.9-2\times4=80.9\ \text{mm}$$

水在管中的实际流速为

$$u=\frac{Q}{\frac{\pi}{4}d^2}=\frac{30/3\ 600}{0.785\times0.080\ 9^2}=1.62\ \text{m/s}$$

在适宜流速范围内,所以该管子合适。

【例 1-11】常温下密度为 870 kg/m^3 的甲苯流经 ϕ108×4 mm 热轧无缝钢管送入甲苯

贮罐。已知甲苯的体积流量为 10 L/s，求：甲苯在管内的质量流量(kg/s)、平均流速(m/s)、质量流速[kg/(m²·s)]。

解：甲苯的质量流量按式(1-24)得

$$W = Q\rho = 10 \times 10^{-3} \times 870 = 8.70\ \text{kg/s}$$

对于 $\phi108\times4$ mm 的热轧无缝管，其内径为

$$d = 108 - 2\times4 = 100\ \text{mm} = 0.100\ \text{m}$$

根据式(1-22)，甲苯在管内的平均流速为

$$u = \frac{Q}{\frac{\pi}{4}d^2} = \frac{10 \times 10^{-3}}{0.785 \times 0.100^2} = 1.274\ \text{m/s}$$

根据式(1-23)，甲苯在管内的质量流速为

$$G = u\rho = 1.274 \times 870 = 1\ 108\ \text{kg/(m}^2\cdot\text{s)}$$

三、流体的流动型态与雷诺数

(一)雷诺实验

讨论牛顿黏性定律时，板间液体是分层流动的，相互之间没有宏观扰动。实际上流体的流动型态并不都是分层流动。1883 年雷诺通过实验揭示了流体流动的两种截然不同的流动型态，图 1-19 为雷诺实验装置示意图。贮水槽中液位保持恒定，水槽下部插入一根带喇叭口的水平玻璃管，管内水的流速可用下游阀门调节。染色液从高位槽通过沿玻璃管轴平行安装的针形细管从玻璃管中心流出，染色液的密度与水应基本相同，其流出量可通过阀门调节，使染色液流出速度与管内水的流速基本一致。实验结果表明，在水温一定的条件下，当管内水的流速较小时，染色液在管内沿轴线方向成一条清晰的细直线，如图 1-20(a)所示；当开大调节阀，水流速度逐渐增至某一定值时，可以观察到染色细线开始呈现波浪形，但仍保持较清晰的轮廓，如图 1-20(b)所示；再继续开大阀门，可以观察到染色细流与水流混合，当水流速增至某一值以后，染色液体一进入玻璃管后即与水完全混合，如图 1-20(c)所示。

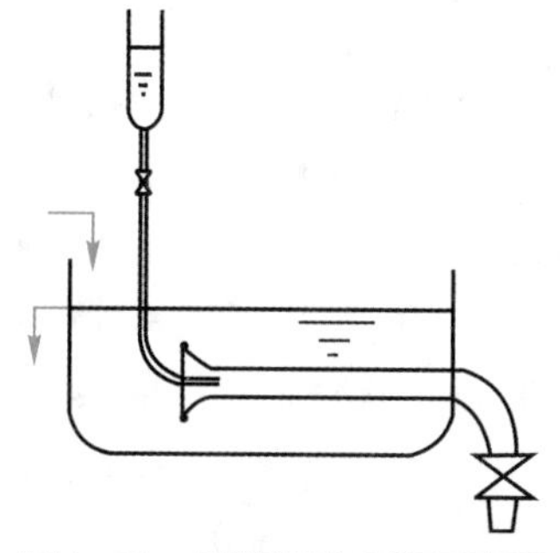

图 1-19　雷诺实验装置示意图

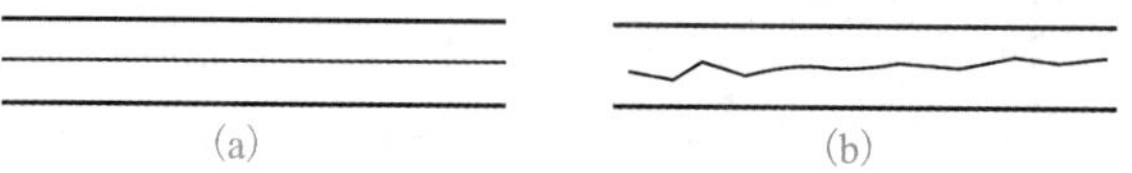

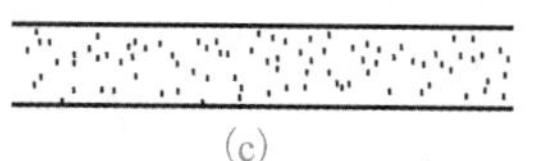

(a)　(b)　(c)

图 1-20　流体流动型态示意图

(二)流体流动类型

(1)层流(又称滞流)。如图1-20(a)所示,流体质点仅沿管轴线方向做直线运动,与周围流体间无宏观的混合。所以,实验中染色液体只沿管中心轴做直线运动,也可设想整个管内流体如同一层层的同心薄圆筒平行地分层流动着,这种分层流动状态称为层流。牛顿黏性定律就是在层流条件下得到的。层流时,流体各层间依靠分子的随机运动传递动量、热量和质量。自然界和工程上会遇到许多层流的情况,如管内的低速流动、高黏性液体的流动(如重油输送)、毛细管和多孔介质中的流体流动等。

(2)湍流(又称紊流)。如图1-20(c)所示,流体质点除了沿管轴方向向前流动外,还有径向脉动,各质点的速度在大小和方向上都随时变化,质点互相碰撞和混合。在这类流动状态下,流体内部充满大小不一的、在不断运动变化着的漩涡,流体质点除沿轴线方向做主体流动外,还在各个方向上做剧烈的随机运动。在湍流条件下,既通过分子的随机运动,又通过流体质点的随机运动来传递动量、热量和质量,它们的传递速率要比层流时高得多,所以,实验中的染色液与水迅速混合。化工单元操作中遇到的流动大都为湍流。

(三)流体流动类型判断

当采用不同管径和不同种类液体进行实验时,可以发现影响流体流动类型的因素有管内径 d、流体的流速 u、流体的密度 ρ 和流体的黏度 μ 四个物理量,雷诺将这四个物理量组成一个数群,称作雷诺数,用 Re 表示:

$$Re=\frac{du\rho}{\mu} \tag{1-27}$$

可见,Re 是一个无量纲数群(或无因次数)。当式中各物理量进行计算时,得到的是无单位的常数。

实验结果表明,对于圆管内的流动,当 $Re<2\ 000$时,流动总是层流;当 $Re>4\ 000$时,流动一般为湍流;当 $Re=2\ 000\sim4\ 000$时,流动为过渡流,即流动可能是层流,也可能是湍流,受外界条件的干扰而变化(如管道形体的变化、流向的变化、外来的轻微震动等都易促成湍流的发生)。所以,可用 Re 的数值来判别流体的流动类型。显然,对于管内流动,$Re=2\ 000$是一个临界点。

(四)雷诺数的物理意义

Re 反映了流体流动中惯性力与黏性力的对比关系,标志着流体流动的湍动程度。其值愈大,流体的湍动愈剧烈,内摩擦力也愈大。

【例1-12】求20 ℃时煤油在圆形直管内流动时的 Re 值,并判断其流动型态。已知管内径为50 mm,煤油在管内的流量为6 m³/h,20 ℃下煤油的密度为810 kg/m³,黏度为3 mPa·s。

解:已知 $d=0.05$ m,$\rho=810$ kg/m³,$\mu=3\times10^{-3}$ Pa·s,

煤油在管内的流速为:$u=\dfrac{Q}{0.785\ d^2}=\dfrac{6}{3\ 600\times0.785\times0.05^2}=0.849$ m/s

按式(1-27)得:$Re=\dfrac{du\rho}{\mu}=\dfrac{0.05\times0.849\times810}{3\times10^{-3}}=1.146\times10^4>4\ 000$

所以其流动型态为湍流。

Re 在许多单元操作的计算与分析中都要用到,必须熟练掌握其在不同条件下的计算方法与影响因素。例如,可分析下列这类问题:在一定直径的圆管中有气体流动,若其质量流量不变,但温度增加,管内的 *Re* 是否变化;若在该圆管内分别以相同的体积流量流过同温常压下的水和空气,其 *Re* 是否相同。

四、流体在圆管内的速度分布

流体在圆管内的速度分布是指流体流动时管截面上质点的速度随半径的变化关系。无论是层流或是湍流,管壁处质点速度均为零,越靠近管中心流速越大,管中心处速度最大。但两种流型的速度分布却不相同。

(一)层流时的速度分布

实验和理论分析都已证明,层流时的速度分布为抛物线形状,如图 1-21 所示。以下进行理论推导。

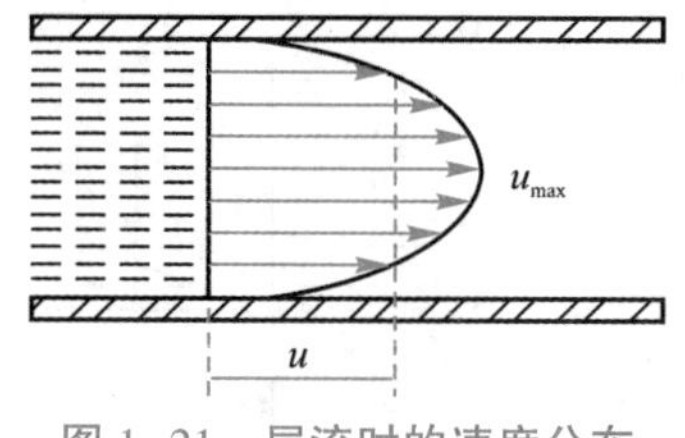

图 1-21　层流时的速度分布

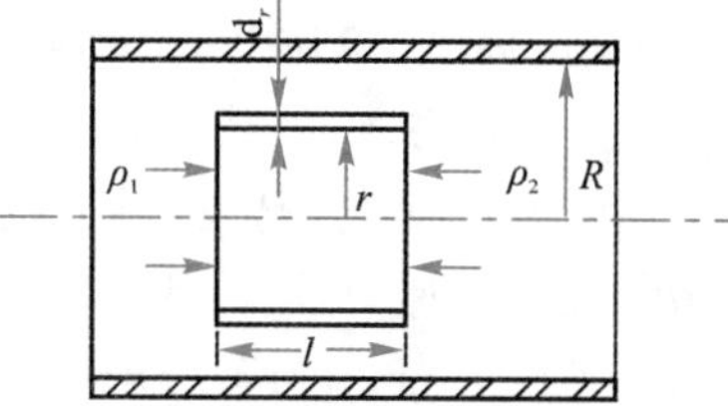

图 1-22　层流时管内流体柱受力分析

如图 1-22 所示,流体在圆形直管内做定态层流流动。在圆管内,以管轴为中心,取半径为 r、长度为 l 的流体柱作为研究对象。

由压力差产生的推力　　$(p_1 - p_2)\pi r^2$

流体层间内摩擦力　　$F = -\mu A \dfrac{d\dot{u}}{dr} = -\mu(2\pi r l)\dfrac{d\dot{u}}{dr}$

流体在管内做定态层流流动,根据牛顿第二定律,在流动方向上所受合力必定为零。即有

$$(p_1 - p_2)\pi r^2 = -\mu(2\pi r l)\frac{d\dot{u}}{dr}$$

整理得

$$\frac{d\dot{u}}{dr} = -\frac{(p_1 - p_2)}{2\mu l}r$$

利用管壁处的边界条件,$r=R$ 时,$\dot{u}=0$,积分可得速度分布方程

$$\dot{u} = \frac{(p_1 - p_2)}{4\mu l}(R^2 - r^2) \tag{1-28}$$

管中心流速为最大,即 $r=0$ 时,$\dot{u}=u_{max}$,由式(1-28)得

$$u_{max} = \frac{(p_1 - p_2)}{4\mu l}R^2 \tag{1-29}$$

将式(1-29)代入式(1-28)中,得

$$\dot{u} = u_{max}\left[1 - \left(\frac{r}{R}\right)^2\right] \tag{1-29a}$$

根据流量相等的原则,确定出管截面上的平均速度为

$$u = \frac{Q}{\pi R^2} = \frac{1}{2}u_{max} \tag{1-30}$$

即流体在圆管内做层流流动时的平均速度为管中心最大速度的一半。

(二)湍流时的速度分布

湍流时流体质点的运动状况较层流要复杂得多,截面上某一固定点的流体质点在沿管轴向前运动的同时,还有径向上的运动,使速度的大小与方向都随时间变化。湍流的基本特征是出现了径向脉动速度,使得动量传递较之层流大得多。此时剪应力不服从牛顿黏性定律表示,但可写成相仿的形式:

$$\tau = (\mu + \varepsilon)\frac{du}{dy} \tag{1-31}$$

式中,ε 称为湍流黏度,单位与 μ 相同。但二者本质上不同:黏度 μ 是流体的物性,反映了分子运动造成的动量传递;而湍流黏度 ε 不再是流体的物性,它反映的是质点的脉动所造成的动量传递,与流体的流动状况密切相关。

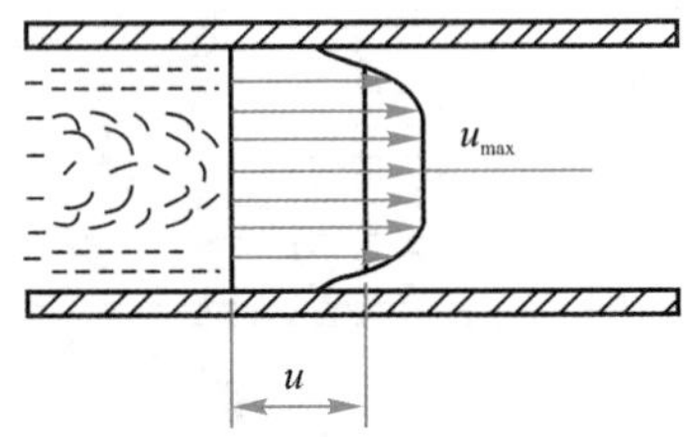

图 1-23　湍流时的速度分布

湍流时的速度分布目前尚不能利用理论推导获得,而是通过实验测定,结果如图1-23所示,其分布方程通常表示成如下形式

$$u = u_{max}\left(1 - \frac{r}{R}\right)^n \tag{1-32}$$

式中 n 与 Re 有关,取值如下:

$$4 \times 10^4 < Re < 1.1 \times 10^5, \qquad n = \frac{1}{6}$$

$$1.1 \times 10^5 < Re < 3.2 \times 10^6, \qquad n = \frac{1}{7}$$

$$Re > 3.2 \times 10^6, \qquad n = \frac{1}{10}$$

当 $n = \frac{1}{7}$ 时,推导可得流体的平均速度约为管中心最大速度的0.82倍,即

$$u \approx 0.82u_{max} \tag{1-33}$$

第五节　流体流动的基本方程

当流体发生运动时,流体既应满足质量守恒关系,也应满足能量守恒关系。本节讨论不同流体在不同运动条件下这些关系的具体表达式。

流体动力学主要研究流体流动过程中流速、压力等物理量的变化规律,研究所采用

的基本方法是通过守恒原理(包括质量守恒、能量守恒及动量守恒)进行质量、能量及动量衡算,获得物理量之间的内在联系和变化规律。

做衡算时,需要预先指定衡算的空间范围,称之为控制体,也叫衡算范围,而包围此控制体的封闭边界称为控制面。根据所研究问题的需要,既可以将控制体选择为一个具有宏观尺度的范围,进行总衡算或称宏观衡算;也可以选择一个运动流体的质点或微团,进行微分衡算。

一、定态流动系统的质量守恒——连续性方程

如图 1-24 所示的定态流动系统,流体连续地从 1-1′截面进入,从 2-2′截面流出,且充满全部管道。

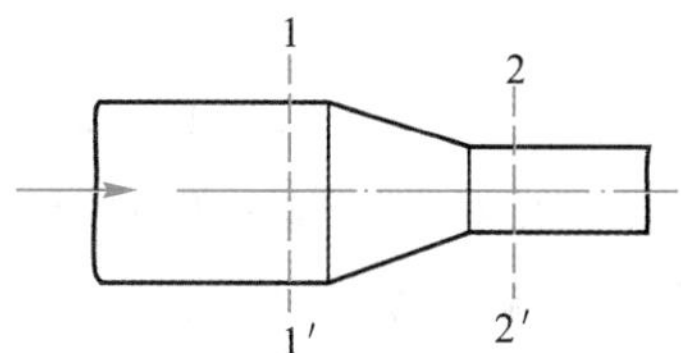

图 1-24　定态流动系统

以 1-1′、2-2′截面以及管内壁为衡算范围,在管路中流体没有增加和漏失的情况下,根据物料衡算,单位时间进入截面 1-1′的流体质量与单位时间流出截面 2-2′的流体质量必然相等,即

$$W_1 = W_2 \tag{1-34}$$

或

$$\rho_1 u_1 A_1 = \rho_2 u_2 A_2 \tag{1-34a}$$

推广至任意截面

$$\rho_1 u_1 A_1 = \rho_2 u_2 A_2 = \cdots = \rho u A = 常数 \tag{1-34b}$$

式(1-34)~式(1-34b)均称为连续性方程,表明在定态流动系统中,流体流经各截面时的质量流量恒定。

对不可压缩流体,ρ=常数,连续性方程可写为

$$Q = u_1 A_1 = u_2 A_2 = \cdots = uA = 常数 \tag{1-34c}$$

式(1-34c)表明不可压缩性流体流经各截面时的体积流量也不变,流速 u 与管截面积成反比,截面积越小,流速越大;反之,截面积越大,流速越小。

对于圆形管道,式(1-34c)可变形为

$$\frac{u_1}{u_2} = \frac{A_2}{A_1} = \left(\frac{d_2}{d_1}\right)^2 \tag{1-34d}$$

上式说明,不可压缩流体在圆形管道中,任意截面的流速与管内径的平方成反比。

式(1~34)~式(1-34d)是流体定态流动的物料衡算式,也称为连续性方程,它们反映了定态流动的管路系统中质量流量 W、体积流量 Q、平均流速 u、流体的密度 ρ、流动截面 A(或管径 d)之间的相互关系。

【例 1-13】如图 1-25 所示,管路由一段 $\phi89\times4$ mm 的管 1、一段 $\phi108\times4$ mm 的管 2 和两段 $\phi57\times3.5$ mm 的分支管 3a 及 3b 连接而成。若水以 9×10^{-3} m^3/s 的体积流量流动,且在两段分支管内的流量相等,试求水在各段管内的速度。

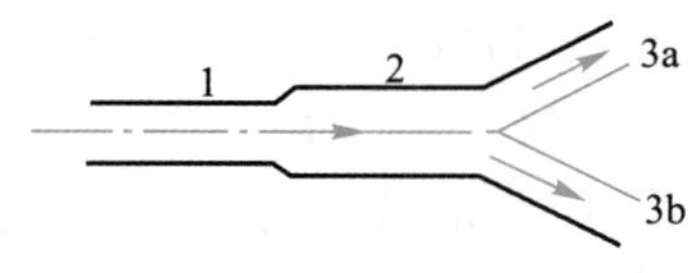

图 1-25　例 1-13 附图

解:管 1 的内径为

$$d_1 = 89 - 2 \times 4 = 81 \text{ mm}$$

则水在管 1 中的流速为

$$u_1 = \frac{Q}{\frac{\pi}{4}d_1^2} = \frac{9 \times 10^{-3}}{0.785 \times 0.081^2} = 1.75 \text{ m/s}$$

管 2 的内径为

$$d_2 = 108 - 2 \times 4 = 100 \text{ mm}$$

由式(1-34d),则水在管 2 中的流速为

$$u_2 = u_1\left(\frac{d_1}{d_2}\right)^2 = 1.75 \times \left(\frac{81}{100}\right)^2 = 1.15 \text{ m/s}$$

管 3a 及 3b 的内径为

$$d_3 = 57 - 2 \times 3.5 = 50 \text{ mm}$$

水在分支管路 3a、3b 中的流量相等,则有

$$u_2A_2 = 2u_3A_3$$

即水在管 3a 和 3b 中的流速为

$$u_3 = \frac{u_2}{2}\left(\frac{d_2}{d_3}\right)^2 = \frac{1.15}{2} \times \left(\frac{100}{50}\right)^2 = 2.30 \text{ m/s}$$

二、定态流动系统的机械能守恒——伯努利方程

伯努利方程反映了流体在流动过程中,各种形式机械能的相互转换关系。伯努利方程的推导方法有多种,以下介绍较简便的机械能衡算法。

(一)总能量衡算方程

如图 1-26 所示的定态流动系统中,流体从 1-1′截面流入,从 2-2′截面流出。

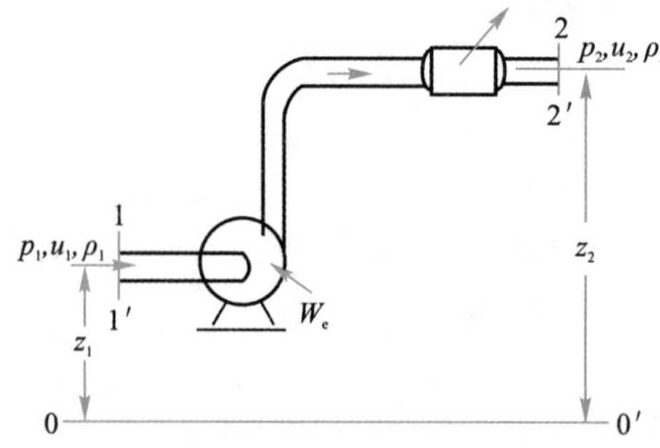

图 1-26　流动系统的总能量衡算

衡算范围:1-1′、2-2′截面以及管内壁所围成的空间;

衡算基准:1 kg 流体;

基准水平面:0-0′水平面。

流体流动具有的能量有以下几种形式:

(1)内能:贮存于物质内部的能量。设 1 kg 流体具有的内能为 U,其单位为 J/kg。

(2)位能:流体受重力作用在不同高度所具有的能量。将质量为 m kg 的流体自基准水平面 0-0′升举到 z 处所做的功,即为位能,位能 $=mgz$。1 kg 的流体所具有的位能为 zg,其单位为 J/kg。

(3)动能:流体以一定速度流动,便具有动能,动能 $=\frac{1}{2}mu^2$。1 kg 的流体所具有的动能为 $\frac{1}{2}u^2$,其单位为 J/kg。

(4)静压能:在静止流体内部,任一处都有静压力,同样,在流动着的流体内部,任一处也有静压力。如果在一内部有液体流动的管壁面上开一小孔,并在小孔处装一根垂直的细玻璃管,液体便会在玻璃管内上升,上升的液柱高度即管内该截面处液体静压力的表现,如图 1-27 所示。对于图 1-26 的流动系统,流体由于在 1-1′截面处流体具有一定的静压力 p_1,流体要流入 1-1′截面,必须克服该截面上的压力而做功,称为流动功。也就是说,流体在 p_1 下进入 1-1′截面时必然增加了与此流动功相当的能量,流动流体具有的这部分能量称为压强能。

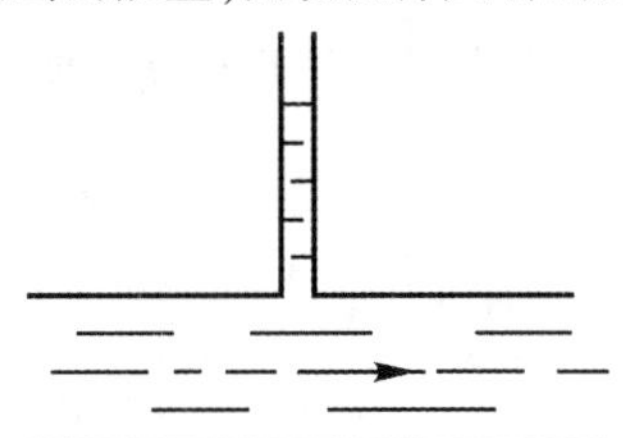

图 1-27　流动液体存在静压力的示意图

静压能也可以这样理解,质量为 W、体积为 Q_1 的流体,通过 1-1′截面所需的作用力 $F_1=p_1A_1$,流体推入管内所走的距离 $\frac{Q_1}{A_1}$,故与此功相当的静压能为

$$力\times距离=p_1A_1\frac{Q_1}{A_1}=p_1Q_1$$

1 kg 的流体所具有的静压能为 $\frac{p_1Q_1}{W}=\frac{p_1}{\rho_1}$,其单位为 J/kg。

以上三种能量(位能、动能、静压能)均为流体在截面处所具有的机械能,三者之和称为某截面上的总机械能。此外,流体在流动过程中,还有通过其他外界条件与衡算系统交换的能量:

(1)热:若管路中有加热器、冷却器等,流体通过时必与之换热。设换热器向 1 kg 流体提供的热量为 q_e,其单位为 J/kg。

(2)外功:在图 1-26 的流动系统中,流体输送机械(泵或风机)向流体作功,1 kg流体从流体输送机械所获得的能量称为外功或有效功,用 W_e 表示,其单位为 J/kg。

根据能量守恒原则,对于划定的流动范围,其输入的总能量必等于输出的总能量。在图 1-26 中,在 1-1′截面与 2-2′截面之间的衡算范围内,有

$$U_1 + z_1 g + \frac{1}{2}{u_1}^2 + p_1\nu_1 + W_e + q_e = U_2 + z_2 g + \frac{1}{2}{u_2}^2 + p_2\nu_2 \tag{1-35}$$

或

$$W_e + q_e = \Delta U + \Delta zg + \frac{1}{2}\Delta u^2 + \Delta p\nu \tag{1-35a}$$

应予指出,在做上述总能量衡算时,其中的动能项是按管截面上的平均速度计算的。实际上,由于流体的黏性作用,流体的速度沿管截面各点是变化的,即 $u_z = u_z(r)$,其中 u_z 为径向位置 r 的函数。因此,严格来说,在计算管截面的动能项时,应对管截面上的速度分布进行积分,以流体由截面 1-1′进入控制体为例,用平均流速 u 表示的动能为

$$\frac{1}{2}u^2 W = \frac{1}{2}\rho u^3 A_1$$

而实际上,由截面 1-1′进入控制体的真实动能应为

$$\iint_{A_1} \frac{1}{2}u_z^2 \mathrm{d}W = \frac{1}{2}\iint_{A_1} \rho u_z^3 \mathrm{d}A$$

显然

$$\frac{1}{2}\rho u^3 A_1 \neq \frac{1}{2}\iint_{A_1} \rho u^3 \mathrm{d}A$$

除非在理想的情况下,管路截面上各点速度相等,即 $u_z = u_1$,二者才相等。

为此,可引入一动能校正系数 α ,其定义为

$$\alpha = \frac{\frac{1}{2}\iint_A \rho u_z^3 \mathrm{d}A}{\frac{1}{2}\rho u^3 A} = \frac{\iint_A \rho u_z^3 \mathrm{d}A}{\rho u^3 A}$$

上式计算表明,除理想流体外,$\alpha>1$,即以平均流速表示的动能小于通过该截面的真实动能。

基于上述分析,总能量衡算方程式(1-35a)可写成

$$W_e + q_e = \Delta U + \Delta zg + \Delta \frac{\alpha}{2}u^2 + \Delta p\nu$$

α 值与管内的速度分布形状有关。对于管内层流, $\alpha = 2$;管内湍流时, α 值随 Re 变化,但接近于 1,过程工业中遇到的流体输送问题,流体的流动型态多为湍流,因此下面的讨论均令 $\alpha = 1$。

在以上能量形式中,可分为两类:①机械能(即位能、动能、静压能)及外功,可用于输送流体;②内能与热,不能直接转变为输送流体的机械能。

(二)实际流体的机械能衡算

(1)以单位质量流体为基准

假设流体不可压缩,则 $\nu_1 = \nu_2 = \dfrac{1}{\rho}$;流动系统无热交换,则 $q_e = 0$;流体温度不变,则

$U_1 = U_2$。

因实际流体具有黏性，在流动过程中必然消耗一定的能量。根据能量守恒原则，能量不可能消失，只能从一种形式转变为另一种形式，这些消耗的机械能转变成热能，此热能不能再转变为用于流体输送的机械能，只能使流体的温度升高。从流体输送角度来看，这些能量是"损失"掉了。将 1 kg 流体损失的能量用$\sum h_f$ 表示，其单位为 J/kg。

式(1-35)可简化为

$$z_1 g + \frac{1}{2}u_1^2 + \frac{p_1}{\rho} + W_e = z_2 g + \frac{1}{2}u_2^{\ 2} + \frac{p_2}{\rho} + \Sigma h_f \qquad (1-36)$$

式(1-36)称为不可压缩实际流体的机械能衡算式，其中每项的单位均为 J/kg。

(2)以单位重量流体为基准

将式(1-36)各项同除以重力加速度 g

$$z_1 + \frac{1}{2g}u_1^{\ 2} + \frac{p_1}{\rho g} + \frac{W_e}{g} = z_2 + \frac{1}{2g}u_2^{\ 2} + \frac{p_2}{\rho g} + \frac{\Sigma h_f}{g}$$

令

$$H_e = \frac{W_e}{g}\ ,\ H_f = \frac{\Sigma h_f}{g}$$

则

$$z_1 + \frac{1}{2g}u_1^{\ 2} + \frac{p_1}{\rho g} + H_e = z_2 + \frac{1}{2g}u_2^{\ 2} + \frac{p_2}{\rho g} + H_f \qquad (1-36a)$$

上式中各项的单位均为 $\mathrm{m}\left(\frac{\mathrm{J/kg}}{\mathrm{N/kg}} = \mathrm{m}\right)$，表示单位重量(1 N)流体所具有的能量。虽然各项的单位为 m，与长度的单位相同，其物理意义是指单位重量的流体所具有的机械能。习惯上将 z、$\frac{u^2}{2g}$、$\frac{p}{\rho g}$分别称为位压头、动压头和静压头，三者之和称为总压头，H_f 称为压头损失，H_e 为单位重量的流体从流体输送机械所获得的能量，称为外加压头或有效压头。

(三)理想流体的机械能衡算

理想流体是指没有黏性(即流动中没有摩擦阻力)的不可压缩流体。这种流体实际上并不存在，是一种假想的流体，但这种假想对解决工程实际问题具有重要意义。对于理想流体，当无外功加入时，式(1-36)、式(1-36a)可分别简化为

$$z_1 g + \frac{1}{2}u_1^{\ 2} + \frac{p_1}{\rho} = z_2 g + \frac{1}{2}u_2^{\ 2} + \frac{p_2}{\rho} \qquad (1-37)$$

$$z_1 + \frac{1}{2g}u_1^{\ 2} + \frac{p_1}{\rho g} = z_2 + \frac{1}{2g}u_2^{\ 2} + \frac{p_2}{\rho g} \qquad (1-37a)$$

通常将式(1-37)、(1-37a)称为伯努利方程式。

(四)伯努利方程的讨论

(1)如果系统中的流体处于静止状态，则 $u=0$，没有流动，自然没有能量损失，$\sum h_f=0$，当然也不需要外加功，$W_e=0$，则伯努利方程变为

$$z_1 g + \frac{p_1}{\rho} = z_2 g + \frac{p_2}{\rho}$$

上式即为流体静力学基本方程式。由此可见,伯努利方程除表示流体的运动规律外,还表示流体静止状态的规律,而流体的静止状态只不过是流体运动状态的一种特殊形式。

(2)伯努利方程式(1-37)、式(1-37a)表明理想流体在流动过程中任意截面上总机械能、总压头为常数,即

$$zg + \frac{1}{2}u^2 + \frac{p}{\rho} = 常数 \tag{1-37b}$$

$$z + \frac{1}{2g}u^2 + \frac{p}{\rho g} = 常数 \tag{1-37c}$$

但各截面上每种形式的能量并不一定相等,它们之间可以相互转换。图 1-28 清楚地表明了理想流体在流动过程中三种能量形式的转换关系。从 1-1′截面到 2-2′截面,由于管道截面积减小,根据连续性方程,速度增加,即动压头增大,同时位压头增加,但因总压头为常数,因此 2-2′截面处静压头减小,也即 1-1′截面的静压头转变为 2-2′面的动压头和位压头。

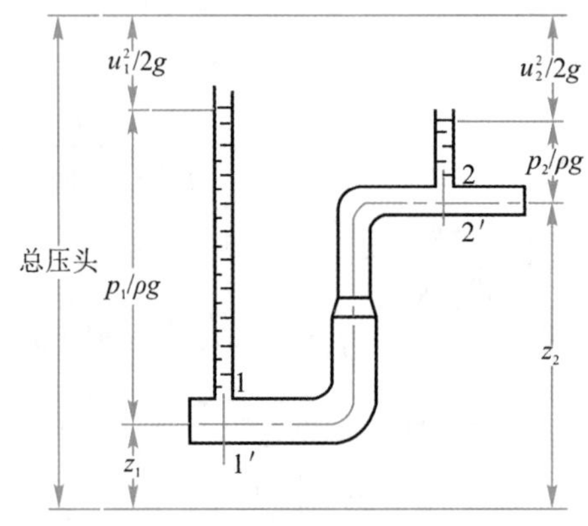

图 1-28 伯努利方程的物理意义

在机械能衡算式(1-36)中,zg、$\frac{1}{2}u^2$、$\frac{p}{\rho}$分别表示单位质量流体在某截面上所具有的位能、动能和静压能,也就是说,它们是状态参数;而 W_e、$\sum h_f$ 是指单位质量流体在两截面间获得或消耗的能量,可以理解为它们是过程的函数。W_e 是输送设备对 1 kg 流体所做的功,单位时间输送设备对流体所做的有效功称为有效功率。

$$N_e = WW_e \tag{1-38}$$

式中 N_e——有效功率,W;

W——流体的质量流量,kg/s。

实际上,输送机械本身也有能量转换效率,则流体输送机械实际消耗的功率应为

$$N = \frac{N_e}{\eta} \tag{1-39}$$

式中 N——流体输送机械的轴功率,W;

η——流体输送机械的效率。

式(1-36)、式(1-36a)适用于不可压缩性流体。对于可压缩性流体,当所取系统中两截面间的绝对压力变化率小于20%,即 $\frac{p_1 - p_2}{p_1} < 20\%$ 时,仍可用该方程计算,但式中的密度 ρ 应以两截面的平均密度 ρ_m 代替。

伯努利方程在实际生活中的应用

(五)机械能衡算式的应用

机械能衡算式与连续性方程是解决流体流动问题的基础,应用机械能衡算式,可以解决流体输送与流量测量等实际问题。在用伯努利方程解题时,一般应先根据题意画出流动系统的示意图,标明流体的流动方向,定出上、下游截面,明确流动系统的衡算范围。解题时需注意以下几个问题:

(1)截面的选取。

①与流体的流动方向相垂直;

②两截面间流体应是定态连续流动;

③截面宜选在已知量多、计算方便处。

(2)基准水平面的选取。

位能基准面必须与地面平行。原则上基准水平面可以随意选取,为计算方便,宜于选取两截面中位置较低的截面为基准水平面。若截面不是水平面,而是垂直于地面,则基准面应选过管中心线的水平面。

(3)计算中要注意各物理量的单位保持一致,尤其在计算截面上的静压能时,p_1、p_2 不仅单位要一致,同时表示方法也应一致,即同为绝压或同为表压。

【例1-14】容器间相对位置的计算

如图1-29所示,从高位槽向塔内进料,高位槽中液位恒定,高位槽和塔内的压力均为大气压。送液管为 $\phi 45 \times 2.5$ mm 的钢管,要求送液量为3.6 m^3/h。设料液在管内的压头损失为1.2 m(不包括出口能量损失),试问高位槽的液位要高出进料口多少米?

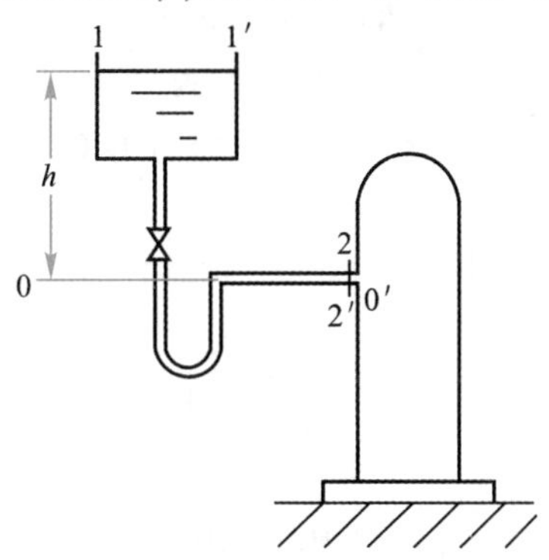

图1-29　例1-14附图

解:如图1-29所示,取高位槽液面为1-1′截面,进料管出口内侧为2-2′截面,以过2-2′截面中心线的水平面0-0′为基准面。在1-1′和2-2′截面间列伯努利方程

$$z_1 + \frac{1}{2g}u_1^2 + \frac{p_1}{\rho g} + H_e = z_2 + \frac{1}{2g}u_2^2 + \frac{p_2}{\rho g} + H_f$$

其中 $z_1=h$;因高位槽截面比管道截面大得多,故槽内流速比管内流速小得多,可以忽略不计,即 $u_1\approx 0$;$p_1=0$(表压);$H_e=0$,$z_2=0$;$p_2=0$(表压);$\Sigma H_f=1.2$ m。

$$u_2=\frac{Q}{\frac{\pi}{4}d^2}=\frac{3.6/3\ 600}{0.785\times 0.04^2}=0.796\ \text{m/s}$$

将以上各值代入上式中,可确定高位槽液位的高度

$$h=\frac{1}{2\times 9.81}\times 0.796^2+1.2=1.23\ \text{m}$$

计算结果表明,动能项数值很小,流体位能主要用于克服管路阻力。

解本题时注意,因题中所给的压头损失不包括出口能量损失,因此 2-2′截面应取管出口内侧。若选 2-2′截面为管出口外侧,计算过程有所不同。

【例 1-15】管内流体压力的计算

如图 1-30 所示,某厂利用喷射泵输送氨水。管中稀氨水的质量流量为 1×10^4 kg/h,密度为 1 000 kg/m^3,入口处的表压为 147 kPa。管道的内径为 53 mm,喷嘴出口处内径为13 mm,喷嘴能量损失可忽略不计,试求喷嘴出口处的压力。

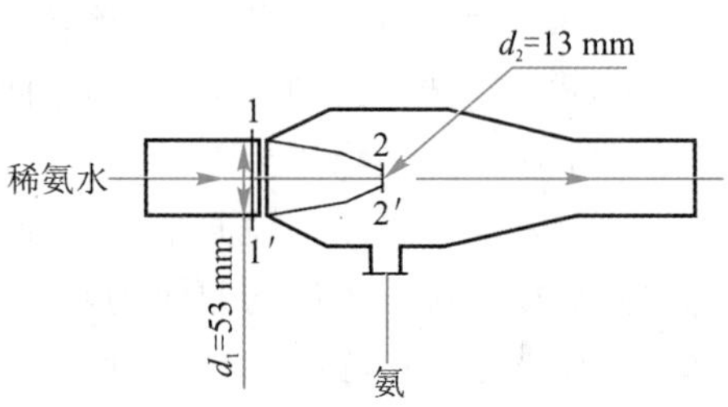

图 1-30　例 1-15 附图

解:取稀氨水入口为 1-1′截面,喷嘴出口为 2-2′截面,管中心线为基准水平面。在1-1′和 2-2′截面间列伯努利方程

$$z_1g+\frac{1}{2}{u_1}^2+\frac{p_1}{\rho}+W_e=z_2g+\frac{1}{2}{u_2}^2+\frac{p_2}{\rho}+\Sigma h_f$$

其中:

$$z_1=0;p_1=147\times 10^3\ \text{Pa}(\text{表压})$$

$$W_e=0;\Sigma h_f=0$$

$$u_1=\frac{W}{\frac{\pi}{4}d_1^2\rho}=\frac{10\ 000/3\ 600}{0.785\times 0.053^2\times 1\ 000}=1.26\ \text{m/s}$$

$z_2=0$;喷嘴出口速度 u_2 可直接计算或由连续性方程计算

$$u_2=u_1\left(\frac{d_1}{d_2}\right)^2=1.26\times\left(\frac{0.053}{0.013}\right)^2=20.94\ \text{m/s}$$

将以上各值代入上式

$$\frac{1}{2}\times 1.26^2+\frac{147\times 10^3}{1\ 000}=\frac{1}{2}\times 20.94^2+\frac{p_2}{1\ 000}$$

解得 $p_2=-71.45$ kPa(表压),即喷嘴出口处的真空度为71.45 kPa。

喷射泵是利用流体流动时静压能与动能的转换原理进行吸、送流体的设备。当一种流体经过喷嘴时,由于喷嘴的截面积比管道的截面积小得多,流体流过喷嘴时速度迅速增大,使该处的静压力急速减小,造成真空,从而可将支管中的另一种流体吸入,二者混合后在扩大管中速度逐渐降低,压力随之升高,最后将混合流体送出。

【例 1-16】流体输送机械功率的计算

某化工厂用泵将敞口碱液池中的碱液(密度为1 100 kg/m^3)输送至吸收塔顶,经喷嘴喷出,如图 1-31 所示。泵的入口管为 $\phi108\times4$ mm 的钢管,管中的流速为1.2 m/s,出口管为 $\phi76\times3$ mm 的钢管。碱液池中碱液的深度为1.5 m,池底至塔顶喷嘴入口处的垂直距离为 20 m。碱液流经所有管路的能量损失为30.8 J/kg(不包括喷嘴),在喷嘴入口处的压力为29.4 kPa(表压)。设泵的效率为 60%,试求泵所需的功率。

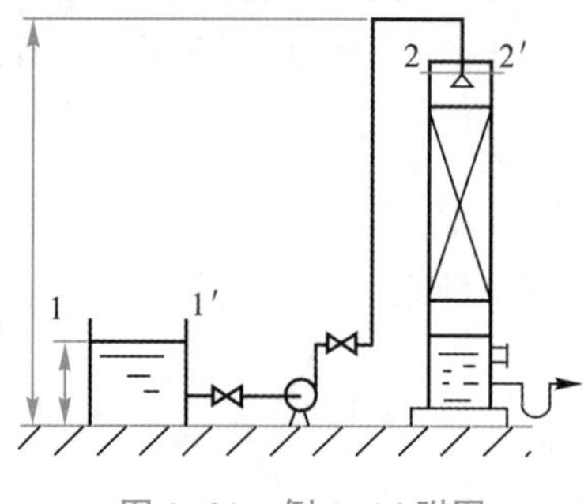

图 1-31　例 1-16 附图

解:如图 1-31 所示,取碱液池中液面为 1-1′截面,塔顶喷嘴入口处为 2-2′截面,并且以 1-1′截面为基准水平面。

在 1-1′和 2-2′截面间列伯努利方程

$$z_1 g + \frac{1}{2}u_1^{\ 2} + \frac{p_1}{\rho} + W_e = z_2 g + \frac{1}{2}u_2^{\ 2} + \frac{p_2}{\rho} + \Sigma h_f \qquad (a)$$

或

$$W_e = (z_2 - z_1)g + \frac{1}{2}(u_2^{\ 2} - u_1^{\ 2}) + \frac{p_2 - p_1}{\rho} + \Sigma h_f \qquad (b)$$

其中:$z_1=0$;$p_1=0$(表压);$u_1\approx0$,$z_2=20-1.5=18.5$ m;$p_2=29.4\times10^3$ Pa(表压)

已知泵入口管的尺寸及碱液流速,可根据连续性方程计算泵出口管中碱液的流速:

$$u_2 = u_入\left(\frac{d_入}{d_2}\right)^2 = 1.2 \times \left(\frac{100}{70}\right)^2 = 2.45 \text{ m/s}$$

$$\rho = 1\ 100 \text{ kg/m}^3, \Sigma h_f = 30.8 \text{ J/kg}$$

将以上各值代入(b)式,可求得输送碱液所需的外加能量

$$W_e = 18.5 \times 9.81 + \frac{1}{2} \times 2.45^2 + \frac{29.4 \times 10^3}{1\ 100} + 30.8 = 242 \text{ J/kg}$$

碱液的质量流量

$$W = \frac{\pi}{4}d_2^{\ 2}u_2\rho = 0.785 \times 0.07^2 \times 2.45 \times 1\ 100 = 10.37 \text{ kg/s}$$

泵的有效功率

$$N_e = W_e W = 242 \times 10.37 = 2\ 510 \text{ W} = 2.51 \text{ kW}$$

泵的效率为 60%,则泵的轴功率

$$N = \frac{N_e}{\eta} = \frac{2.51}{0.6} = 4.18 \text{ kW}$$

第六节　动量传递现象

前一节曾经指出,流体流动过程中产生的机械能损失$\sum h_f$是由流体的流动阻力引起的,而流体流动阻力的计算非常复杂,涉及流体内部以及流体与壁面间的动量传递的知识。本节先简要介绍有关黏性流体的动量传递现象,流动阻力求解方法留待下一节讨论。

一、层流——分子动量传递

对于牛顿不可压缩流体的层流流动,$\tau=\mu\dfrac{du_x}{dy}$

可以写成

$$\tau=\nu\frac{d(\rho u_x)}{dy} \tag{1-40}$$

$$[\tau]=\left[\frac{N}{m^2}\right]=\left[\frac{kg\cdot m/s^2}{m^2}\right]=\left[\frac{kg\cdot m/s}{m^2\cdot s}\right]=\frac{动量}{面积\times时间}$$

因此,τ除表示剪应力之外,还代表单位时间通过单位面积的动量,称为动量通量;

$$[\rho u]=\left[\frac{kg}{m^3}\cdot\frac{m}{s}\right]=\left[\frac{kg\cdot m/s}{m^3}\right]=\frac{动量}{体积}$$

乘积ρu_x意为单位体积具有的动量,称为动量浓度,$\dfrac{d(\rho u_x)}{dy}$为动量浓度梯度;

$$[\nu]=\left[\frac{\mu}{\rho}\right]=\left[\frac{kg}{m\cdot s}\cdot\frac{m^3}{kg}\right]=\left[\frac{m^2}{s}\right]$$

ν的量纲为m^2/s,其与分子扩散系数的量纲相同,故称ν为动量扩散系数。分子动量通量=动量扩散系数×动量浓度梯度。

现以图1-32所示的两平板间的层流流动讨论动量通量的意义。平板间沿x方向流动的任何毗邻的两层流体之间,都存在着剪应力τ的作用,这种作用的结果是两层流体之间在y方向上产生动量传递。究其原因,是由于两层流体的速度不同,其具有的动量也就不同。速度较大的流体层具有较高的动量浓度,而速度较小的流体层则具有较低的动量浓度。在动量梯度的作用下,流体的动量必自发地由高动量向低动量区转移。从微观上看,速度较高的流体层中的一些分子做随机运动,进入速度较慢的流体层中,与那里的低速分子碰撞与混合,使其加速;类似地,低速流体层中亦有等量随机运动的分子进入高速流体层中使其减速(注意,“快”与“慢”指流体层速度而非分子随机运动速度)。

图1-32的流体中,上板面上的流体层的动量最大,因而动量沿y的负方向依次向下传递直至到达固定的板面x。流体传给壁面的动量通量即壁面剪应力,亦即壁面拖曳流体层阻碍其运动的力或流动阻力。上板面上的流体层的动量最大,因而动量沿y的负方向依次向下传递直到固定的板面。

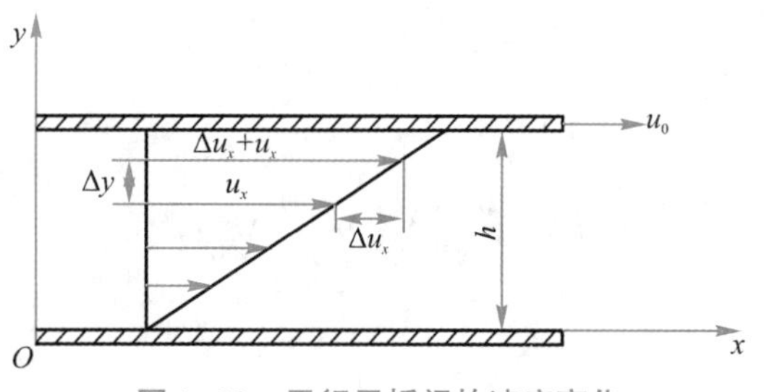

图 1-32　平行平板间的速度变化

二、湍流特性与涡流传递

以上对于动量传递机制的讨论,仅仅适用于规则的层流流动。在湍流流动中,不但存在这种由于分子随机运动产生的分子动量传递,还存在着大量流体质点脉动引起的所谓涡流动量传递。涡流传递的动量通量要比分子传递的通量大得多,亦即产生更大的流动阻力。

(一)湍流的特点与表征

由本章的雷诺实验可知,层流流动宏观上是一种规则的流体流动。也就是说,流体的质点是有规则地层层向下游流动;而湍流流体的质点除了向下游流动之外,在各个方向还杂乱无章地以大小不同的速度脉动,流体的质点发生强烈地混合。亦即在流动的任意空间位置上,流体的速度与压力等物理量均随时间 θ 呈随机的高频脉动。因此,质点的脉动是湍流最基本的特点。

其次,由于湍流流体质点之间相互碰撞,流体层之间的应力急剧增加。这种由于质点碰撞与混合所产生的湍流应力,较之由于流体黏性所产生的黏性应力要大得多。因此,湍流流动的阻力远远大于层流,这是湍流的又一特点。

湍流的第三个特点是由于质点的高频脉动与混合,使得在与流动垂直的方向上流体的速度分布较层流均匀。图 1-21、图 1-23 分别表示流体在圆管中做层流和湍流流动的速度分布。由图可见,在大部分区域,湍流速度分布较层流均匀,但在管壁附近,湍流的速度梯度又较层流陡峭。

(1)时均量与脉动量

如上所述,湍流中任一位置上的流体质点,除了在主流方向上的运动而外,还有附加的各个方向极不规则的脉动,且随时间而变。图 1-33 示出了这种流动的典型图形。图中曲线表示某一位置处流体质点的速度在 x 方向上的分量随时间的变化。其他两个方向的速度分量亦随时间而变。由图 1-33 可以看出,这种表面上似乎是杂乱无章的速度,若按一段时间(一般几秒即可)平均起来,则其值是恒定的,任一点上的速度在 x、y、z 方向上的分量,只是围绕着相应的平均值上下波动。据此可将任意一点的速度分解成两部分:一个是按时间平均而得的恒定值,称为时均速度;另一个是因脉动高于或低于时均速度的部分,称为脉动速度。在直角坐标系上,令 x、y、z 方向上流体质点的瞬时速度(instantaneous velocity)分别为 u_x、u_y、u_z,时均速度(time mean velocity)分别为 $\bar{u}_x$、$\bar{u}_y$、$\bar{u}_z$,脉动速度分别为 u'_x、u'_y、u'_z,则它们之间的关系如下:

$$u_x = \bar{u}_x + u'_x \quad (1\text{-}41a)$$

$$u_y = \bar{u}_y + u'_y \quad (1\text{-}41b)$$

$$u_z = \overline{u}_z + u'_z \tag{1-41c}$$

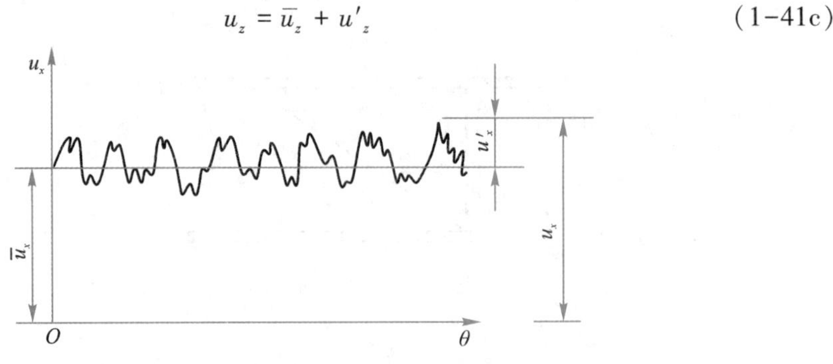

图 1-33　湍流中的速度脉动

除速度之外,湍流中的其他物理量,如温度、压力、密度等也都是脉动的,亦可采用同样的方法来表征。

上述时均速度的定义,可以用数学式表达。以 x 方向为例,$\overline{u}_x$ 可以表达为

$$\overline{u}_x = \frac{1}{\theta_1}\int_0^{\theta_1} u_x \mathrm{d}\theta \tag{1-42}$$

式中　θ_1——使$\overline{u}_x$ 不随时间而变的一段时间,由于湍流中速度脉动的频率很高,故一般只需数秒即可满足上述要求。

从微观上看,所有湍流流动均应属非定态过程,因为流场中各物理量均随时间而变。通常我们所说的定态湍流,系指这些物理量的时均值不随时间变化。

湍流瞬时速度可以用热线风仪或激光测速仪测定,而常规的速度测量仪表(如皮托管)只能测定时均速度。

(2)湍流强度

根据时均速度的定义式(1-41a)~(1-41c)可知,流体脉动速度的时均值为零,即

$$\overline{u}_x = \frac{1}{\theta_1}\int_0^{\theta_1} u_x \mathrm{d}\theta = \frac{1}{\theta_1}\int_0^{\theta_1} (u_x - \overline{u}_x) \mathrm{d}\theta = 0 \tag{1-43}$$

尽管如此,脉动速度的大小反映了湍流的一些重要特性。例如,在湍流流场的任一点上,单位体积流体所具有的平均动能为

$$\overline{E_K} = \frac{1}{2}\rho[\overline{x(\overline{u_x} + u'_x)^2 + (\overline{u_y} + u'_y)^2 + (\overline{u_z} + u'_z)^2}]$$

按时均值的定义,将上式展开并注意到 $\overline{u_x u'_x} = 0$,可得

$$\overline{E_K} = \frac{1}{2}\rho(\overline{u_x^2} + \overline{u_y^2} + \overline{u_z^2} + \overline{u'^2_x} + \overline{u'^2_y} + \overline{u'^2_z})$$

由此可见,湍流流体中任一点的平均动能不但与时均速度大小有关,还与脉动速度的大小有关。这表明脉动量的均方根 $(\overline{u'^2_x} + \overline{u'^2_y} + \overline{u'^2_z})^{\frac{1}{2}}$ 是一个重要的量。据此可引出下述湍流强度

$$I = \frac{\sqrt{(\overline{u'^2_x} + \overline{u'^2_y} + \overline{u'^2_z})/3}}{\overline{u}_x} \tag{1-44}$$

湍流强度是表征湍流特性的一个重要参数,其值因湍流状况不同而异。例如,流体

在圆管中流动时，I 值范围为0.01~0.1；而对于尾流、自由射流这样的高湍动情况，I 的数值有时可高达0.4。

（二）雷诺应力与涡流传递

层流时，牛顿流体服从牛顿黏性定律。湍流时，动量传递不仅起因于分子的随机运动，更重要的是来源于流体质点或微团在各个方向的随机脉动。后者引起的动量传递不再服从牛顿黏性定律。如仍希望以牛顿黏性定律的形式表达其关系，则应写成

$$\tau^{r} = \varepsilon \frac{\mathrm{d}(\rho \, \bar{u}_x)}{\mathrm{d}y} \tag{1-45}$$

式中　τ^{r} ——为湍流应力（雷诺应力）或湍流动量通量，$\mathrm{N/m^2}$；

ε——涡流运动黏度系数或涡流动量扩散系数，$\mathrm{m^2/s}$。

用文字表达为：涡流动量通量=涡流动量扩散系数×时均浓度梯度

式（1-45）仅是保留了牛顿黏性定律的形式而已。与运动黏度完全不同，涡流运动黏度 ε 不是流体物理性质的函数，而是随湍流强度、位置等因素改变。

湍流流动中的总动量通量可表示为

$$\tau^{t} = \tau^{r} + \tau = (\nu + \varepsilon)\frac{\mathrm{d}(\rho \, \bar{u}_x)}{\mathrm{d}y} \tag{1-46}$$

湍流中的动量传递现象可用图 1-34 解释。在流体中任取两个平行于 x 轴的流体层①与②，因 y 方向上存在速度的脉动，故在 y 截面的上、下两层流体①与②之间将交换动量而产生湍流应力。在①层中质量为 m 的流体微团沿 y 方向向下脉动且携带动量 $m\bar{u}_1$ 进入②层，另一方面，②层内的流体微团将携带动量 $m\bar{u}_2$ 进入①层。由于$\bar{u}_1>\bar{u}_2$，因此由于脉动产生的涡流传递通量的方向是由①层到②层，即动量梯度降低的方向。

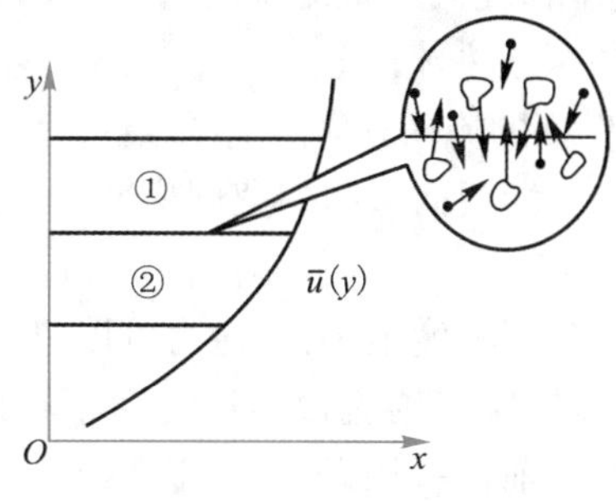

图 1-34　涡流动量传递

由于脉动微团或质点的尺度远远大于流体分子本身，因此涡流动量传递的通量要远远大于分子动量通量，这也意味着流动产生的流动阻力要比层流大得多。

三、边界层与边界层分离现象

如前所述，实际流体与固体壁面做相对运动时，流体内部都会有剪应力的作用。实验表明，对于雷诺数很高的流动问题，由于黏性应力引起的速度梯度集中在壁面附近，故剪应力也集中在壁面附近。远离壁面处的速度变化很小，作用于流体层间的剪应力变化也很小，这部分流体可视为理想流体。于是可将流动分成两个区域：远离壁面的大部分

区域和壁面附近的一层很薄的流体层。在远离壁面的主流区域,可按理想流体处理;而对于壁面附近的薄流体层,必须考虑黏性力的影响,这就是普朗特(Prandtl)提出的边界层理论(boundary layer theory)的主要思想。边界层理论不但在流体力学中非常重要,而且它还与传热、传质过程密切相关。

(一)边界层的形成与发展

1.平板上边界层的形成与发展

图 1-35 为一水平放置的大平板,一黏性流体以均匀一致的速度 u_∞ 流近平板,当到达平板前沿时,由于流体具有黏性且能完全湿润壁面,则紧贴壁面的流体附着在壁面上而"不滑脱",即在壁面上的速度为零。在壁面上静止流体层和与其相邻的流体层之间,由于剪切作用,使得相邻流体层的速度减慢,由壁面开始依次向流体内部传递。这种减速作用,由壁面开始依次向流体内部传递。离壁面愈远,减速作用愈小。实验发现,这种减速作用并不遍及整个流动区域,而是集中于壁面附近的流体层内。

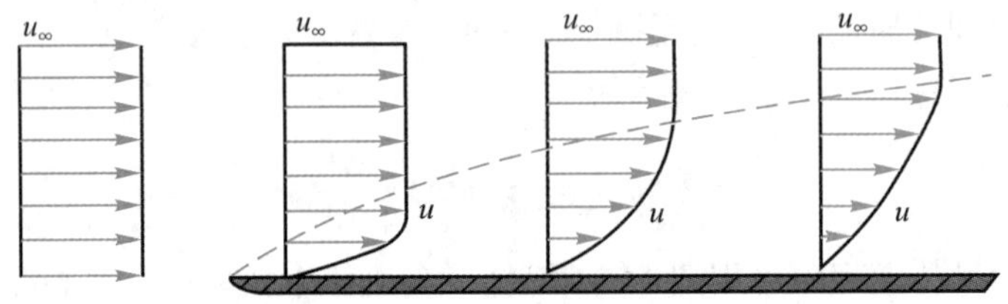

图 1-35　平板壁面上的边界层的形成

由此可知,流体流过平板壁面时,由于流体黏性的作用,在垂直于流动的方向上便产生了速度梯度。在壁面附近存在一薄层流体,速度梯度很大;而在此薄层之外,速度梯度很小,可视为零。壁面附近速度梯度大于主流区的流体层称为边界层,边界层之外,速度梯度接近于零的区域称为外流区或主流区。

由于边界层的形成,把沿壁面的流动分为两个区域:边界层区和主流区(见图 1-36)。

(1)边界层区(边界层内)　沿板面法向的速度梯度很大,需考虑黏度的影响,剪应力不可忽略。

(2)主流区(边界层外)　速度梯度很小,剪应力可以忽略,可视为理想流体。

边界层流型也分为层流边界层与湍流边界层。在平板的前段,边界层内的流型为层流,称为层流边界层。离平板前沿一段距离后,边界层内的流型转为湍流,称为湍流边界层。

随着流体的向前流动,边界层逐渐加厚。在平板前部的一段距离内边界层厚度较小,流体的流动为层流,该处的边界层称为层流边界层。随着流动距离的增加,边界层中流体的流动经过一个过渡后逐渐由层流转变为湍流,此情况下的边界层称为湍流边界层。在湍流边界层中,靠近壁面的一极薄流体层,仍然维持层流流动,称为层流内层或层流底层。在层流内层外缘处,有一层流体既非层流也非完全湍流,称为缓冲层。而后流体经缓冲层过渡到完全湍流,称为湍流主体或湍流核心。平板上边界层的发展如图 1-36 所示。

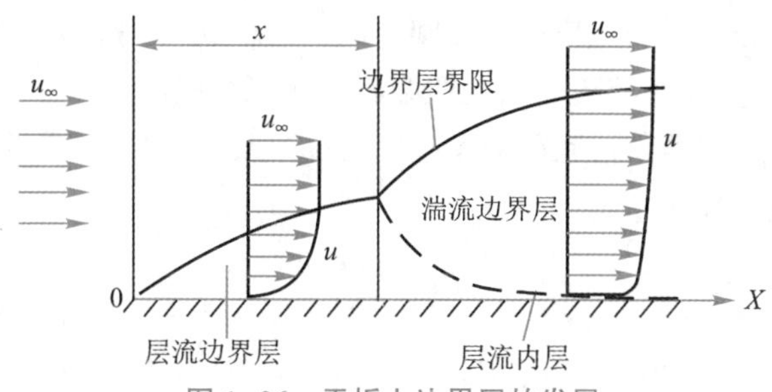

图 1-36　平板上边界层的发展

由层流边界层开始转变为湍流边界层的距离称为临界距离，以 x 表示。x 与壁面前沿的形状、壁面粗糙度、流体性质以及流速的大小等因素有关。对于平板壁面上的流动，雷诺数的定义为

$$Re_x=\frac{xu_\infty\rho}{\mu}$$

式中　x——由平板前沿算起的距离，m；

u_∞——主流区流体流速，m/s。

相应地，临界雷诺数定义为

$$Re_{x_c}=\frac{x_c u_\infty\rho}{\mu} \tag{1-47}$$

Re_{x_c} 需由实验确定。对于光滑的平板壁面，临界雷诺数的范围为 $2\times10^5<Re_{x_c}<3\times10^6$。

化工生产中经常遇到的是流体在管内的流动，流体在管内流动同样也形成边界层。

2.流体在圆管内流动时边界层的形成与发展

如图 1-37 所示，当黏性流体以均匀速度 u_0 流进水平圆管时，由于流体的黏性作用，在管内壁面上形成边界层并逐渐加厚。在距进口的某一位置处，边界层在管中心汇合，以后便占据管的全部截面。据此可将管内的流动分为两个区域：一个是边界层汇合以前的流动，称之为进口段流动；另一个是边界层汇合以后的流动，称之为充分发展的流动。由此可知，对于管流来说，只在进口段内才有边界层内外之分。在边界层汇合处，若边界层内的流动是层流，则以后的管内流动为层流；若在汇合之前边界层内的流动已经发展成湍流，则以后的管内流动为湍流。

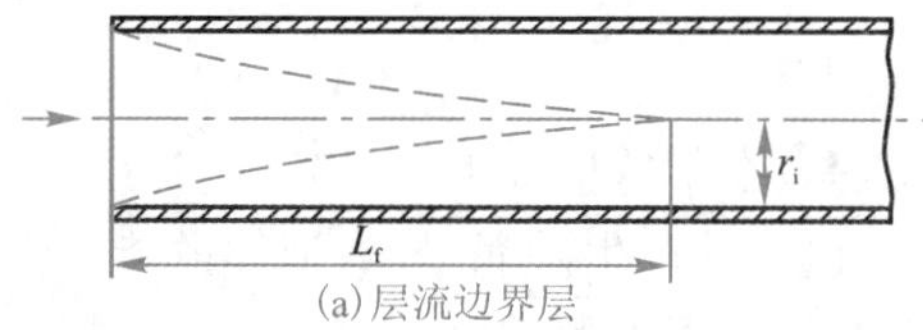

(a)层流边界层

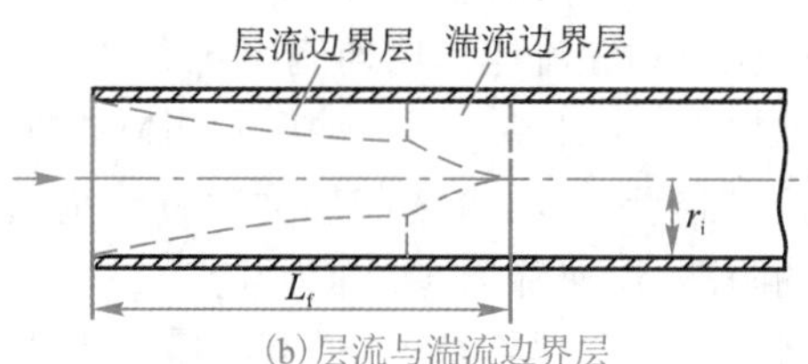

(b)层流与湍流边界层

图 1-37　圆管内的流动边界层

与平板壁面上的流动边界层类似,在圆管内的湍流边界层和充分发展的湍流流动区域内,径向上也存在着层流内层、缓冲层和湍流主体三个区域。

在管内流动充分发展以后,流动的型态不再随 x 改变,以 x 定义的雷诺数已不再有意义。此时,雷诺数的定义为

$$Re = \frac{du\rho}{\mu} \tag{1-48}$$

式中 d——圆管的直径,m;

u——流体的平均流速,m/s。

前已述及,当 $Re<2\ 000$时,管内流动维持层流;当 $Re>4\ 000$一般都为湍流。

流动进口段即通常所说的管道或设备的端效应。它对于流体流动以及传热、传质过程的速率有着重要的影响。

进口段长度:

层流:

$$\frac{L_f}{d} = 0.05Re \tag{1-49}$$

湍流:

$$\frac{L_f}{d} = 40 \sim 50 \tag{1-50}$$

式中 L_f——进口段长度,m

d——管道的内径,m;

Re——以管内平均流速和管内径表示的雷诺数。

当管内流体处于湍流流动时,由于流体具有黏性和壁面的约束作用,紧靠壁面处仍有一薄层流体做层流流动,亦称其为层流内层(或层流底层)。在层流内层与湍流主体之间还存在一过渡层,也即当流体在圆管内做湍流流动时,从壁面到管中心分为层流内层、过渡层和湍流主体三个区域。层流内层的厚度与流体的湍动程度有关,流体的湍动程度越高,即 Re 越大,层流内层越薄。在湍流主体中,径向的传递过程引起速度的脉动而大大强化,而在层流内层中,径向的传递过程依靠分子运动,因此层流内层成为传递过程的主要阻力。层流内层虽然很薄,但却对传热和传质过程都有较大的影响。

(二)边界层的分离与形体阻力

边界层的一个重要特点是,在某些情况下,会出现边界层与固体壁面相脱离的现象。此时边界层内的流体会出现倒流并产生漩涡,导致流体的能量损失。此种现象称为边界层分离,它是黏性流体流动时能量损失的重要原因之一。

以图 1-38 所示的不可压缩黏性流体以均匀流速 u_0 绕过一长圆柱体的流动为例进行分析(图 1-38 仅绘出了柱体的上半部)。当流体接近柱体时,在柱体表面上形成边界层,其厚度随着流过的距离而增加。流体的流速与压力随柱体周边不同位置而变化。当流体到达 A 点时,受到壁面的阻滞,流速降为零(称为驻点),在 A 点处,流体的动能全部转化为压力能,该点压力最高。在 A 点到 C 点的上游区,压力逐渐降低,相应的流速逐渐加大。因此在上游区,流体处于顺压梯度之下,即压力推动流体向前。流体压力能的降低,一部分转化为动能,另一部分由于流体的摩擦阻力而损失。

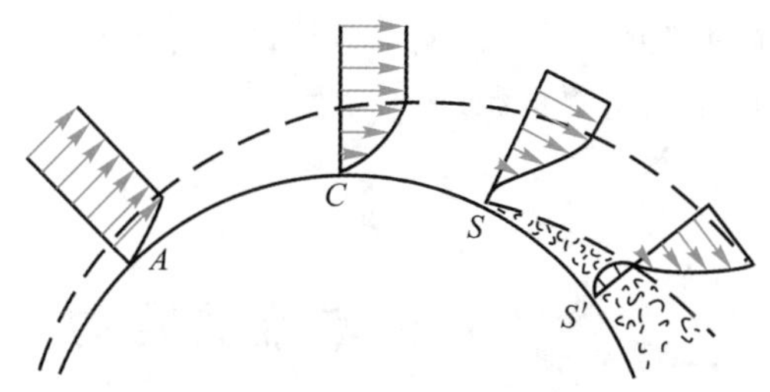

图 1-38　边界层分离示意图

至 C 点处,流速最大而压力降至最低。在 C 点之后的下游区,流速逐渐降低,压力逐渐升高,因此在下游区,流体处于逆压梯度之下,即压力阻止流体向前。在此区域内,流体的动能除一部分转化为压力能之外,另外仍需一部分克服摩擦阻力损失,在逆压和摩擦阻力的双重作用下,当流体流至某一点 S 处,其本身的动能将消耗殆尽而停止流动,形成了新的驻点。由于流体是不可压缩的,后续流体到达 S 点时,在较高压力作用下被迫离开壁面沿新的路径向下游流去。此种边界层脱离壁面的现象称为边界层分离,S 点则称为分离点。

在 S 点的下游,由于形成了流体的空白区,因此在逆压梯度作用下,必有倒流的流体来补充。这些流体当然不能靠近处于高压下的 S'点而被迫退回,产生漩涡。在主流与回流两区之间,存在一个分界面,称为分离面,如图 1-38 所示。在回流区,流体质点强烈碰撞与混合而消耗能量,这种能量损失是因固体表面的形状以及压力在物面上分布不均造成的,称为形体曳力。

由上述讨论可知,产生边界层分离的必要条件是:流体具有黏性和流动过程中存在逆压梯度。

$A \to C$:流道截面积逐渐减小,流速逐渐增加,压力逐渐减小(顺压梯度);

$C \to S$:流道截面积逐渐增加,流速逐渐减小,压力逐渐增加(逆压梯度);

S 点:物体表面的流体质点在逆压梯度和黏性剪应力的作用下,速度降为 0。

边界层分离的后果:①产生大量漩涡;②造成较大的能量损失。

当流体流经管件、阀门、流通截面突然变化等局部的地方,由于流向的改变和流道的突然改变,都会出现边界层分离现象,由此产生的阻力损失称为形体阻力或局部阻力,工程上,为减少边界层分离造成的流体能量损失,常常将物体做成流线形,如飞机的机翼、轮船的船体等均为流线形。

四、动量传递小结

由以上讨论可知,由于流体的黏性,当流体运动时内部存在着剪切应力。从分子运动论的观点来看,该剪切应力是流体分子在流体层之间做随机运动从而进行动量交换所产生的内摩擦的宏观表现,分子的这种摩擦与碰撞将消耗流体的机械能。在湍流情况下,除了分子随机运动要消耗能量外,流体质点的高频脉动与宏观混合还要产生比前者大得多的湍流应力,消耗更多的流体机械能。这二者便是摩擦阻力产生的主要根源。

另外,当产生边界层分离时,由于逆压作用的结果,流体将发生倒流形成尾涡,在尾涡区，流体质点因强烈碰撞与混合而消耗能量。局部产生倒流和尾涡以及压力分布不均是形体阻力或局部阻力产生的主要根源。

第七节　流体流动阻力

化工管路是由直管和各种部件(管件、阀门等)组合而成的。流体通过管内的流动阻力包括流体流经直管的阻力与流经各种管件、阀门的阻力两部分。因此，有必要了解化工管路构成的一些基本知识。

一、化工管路的构成

(一)化工用管

由于化工生产中的物料和所处的工艺条件各不相同，用于连接设备和输送物料的管子除满足强度和通过能力的要求外，还必须适应耐温(高温或低温)、耐压(高压或真空)、耐腐蚀(酸、碱等)、导热等性能的要求。这里简要介绍常见的化工用管的种类、用途及其连接方法。

1.种类及用途

(1)铸铁管　价格低廉，但强度较差，管壁厚而笨重。常用作埋于地下的污水管和低压给水管等。

(2)普通(碳)钢管　化工厂应用最广的一种管子。根据制造方法不同，它又分为焊接钢管和无缝钢管两大类。

①低压流体输送用焊接钢管：俗称水煤气管，适用于输送水、煤气、压缩空气(<1 MPa)、油和取暖蒸汽(<0.4 MPa)等一般无腐蚀性的低压流体。根据承受压强大小不同，分为普通管和加厚管，其极限工作压强分别为 1 MPa 和1.6 MPa(表压)，一般使用温度为 0~140 ℃(随使用温度增高，极限工作压强将随之下降)。根据是否镀锌，又分为镀锌管和黑管(不镀锌管)两种。其规格用公称口径 D_g 或 DN(mm)表示，它是内径的近似值，习惯上也用 in(英寸)表示。

②无缝钢管：分为热轧管和冷拔管两种，多用作较高压强和较高温度的无腐蚀性流体输送之用，其规格用外径×壁厚表示，单位为 mm(参见附录十七中的 2)。

③合金钢管：主要用于高温或腐蚀性强烈的流体。合金钢管种类很多，以镍铬不锈钢管应用最为广泛。不同合金钢材对被输送流体的耐蚀性能是不同的，应慎重选择。

④紫铜管和黄铜管：重量较轻，导热性好，低温下冲击韧性高，宜作热交换器用管及低温输送管(但不能作为氨的输送管)，适用温度小于等于 250 ℃。黄铜管可用于海水处理，紫铜管也常用于压力传递(如液压部件用管)。

⑤铅管：性软，易于锻制和焊接，但机械强度差，不能承受管子自重，必须铺设在支承托架上，能抗硫酸、60%的氢氟酸、浓度小于 80%的乙酸等，最高使用温度为 200 ℃。多用于硫酸工业及其他工业部门作耐酸管道，但硝酸、次氯酸盐和高锰酸盐类等介质不宜

使用。

⑥铝管:能耐酸腐蚀但不耐碱及盐水、盐酸等含氯离子的化合物,多用于输送浓硝酸、乙酸等,最高使用温度为 200 ℃(在受压时应小于等于 140 ℃),也可用于深冷设备。

这些有色金属管的规格一般也用外径和壁厚来表示。

(3)非金属管

①陶瓷管及玻璃管:耐腐蚀性好,但性脆,强度低,不耐压。陶瓷管多用于排出腐蚀性污水,而玻璃管由于透明,有时也用于某些特殊介质的输送。

②塑料管:种类很多,且应用日益广泛,常用的有聚氯乙烯(PVC)管、聚乙烯(PE)管、聚丙烯(PP)管、玻璃钢管等,质轻,抗腐蚀性好,易加工(可任意弯曲和拉伸),但一般耐热及耐寒性较差,强度较低,故不耐压。一般用于常压、常温下酸、碱液的输送,也用于蒸馏水或去离子水的输送,以避免污染。近来,铝芯夹塑管由于性能较好,施工也较方便,已大量用作建筑上水管,取代了镀锌管。

③橡胶管:能耐酸、碱,抗腐蚀性好,且有弹性,能任意弯曲,但易老化,只能用作临时性管道。

2.管路的连接

一般生产厂出厂的管子都有一定的长度,在管路的铺设中必然会涉及管路的连接问题,常见的管路连接方法有如下几种。

(1)螺纹连接 一般适用于管径小于等于 50 mm、工作压强低于 1 MPa、介质温度小于等于 100 ℃的黑管、镀锌焊接钢管或硬聚氯乙烯塑料管的管路连接。

(2)焊接连接 适用于有压管道及真空管道,视管径和壁厚的不同选用电焊或气焊。这种连接方式简单、牢固且严密,多用于无缝钢管、有色金属管的连接。此外,塑料管也经常使用热熔胶连接。

(3)承插连接 适用于埋地或沿墙铺设的低压给、排水管,如铸铁管、陶瓷管、石棉水泥管等,采用石棉水泥、沥青玛蹄脂、水泥砂浆等作为封口。

(4)法兰连接 广泛应用于大管径、耐温、耐压与密封性要求高的管路连接以及管路与设备的连接。法兰的型式和规格已经标准化,可根据管子的公称口径、公称压力、材料和密封要求选用。

(二)常用管件

管件主要用来连接管子,以达到延长管路、改变流向、分支或合流等目的。部分最基本的管件如图 1-39 所示。

(1)用以改变流向者 90°弯头、45°弯头、180°回弯头等。

(2)用以堵截管路者 管帽、丝堵(堵头)、盲板等。

(3)用以连接支管者 三通、四通,有时三通也用来改变流向,多余的一个通道接头用管帽或盲板封上,在需要时打开再连接一条分支管。

(4)用以改变管径者 异径管(大小头)、内外螺纹接头(补芯)等。

(5)用以延长管路者 管箍(束节)、螺纹短节、活接头、法兰等。在闭合管路上必须设置活接头或法兰,在需要维修或更换的阀门附近也宜适当设置,因为它们可以就地拆开,就地连接。法兰多用于焊接连接管路,而活接头多用于螺纹连接管路。

图 1-39　常用管件

(三)常用阀门

阀门是用来启闭或调节管路中流体流量的部件,种类繁多,在化工厂中被大量使用。必须根据流体特性和生产要求慎重选择阀门的材料和型式,选用不当,阀门会发生操作失灵或过早损坏,常会导致严重后果。此外,阀门常对流过的流体造成较大的阻力,增加了动力消耗和生产成本。因此,在可能条件下宜选用阻力较小、启闭方便的节能型阀门。常用的阀门有下列几种(如图 1-40)。

(1)闸阀　主要部分为一闸板,通过闸板的升降以启闭管路。这种阀门全开时流体阻力小,全闭时较严密,多用于大直径管路上作启闭阀,在小直径管路中也有用作调节阀的。但不宜用于含有固体颗粒或物料易于沉积的流体,以免引起密封面的磨损或影响闸板的闭合。

(2)截止阀　主要部分为阀瓣与阀座,流体自下而上通过阀座,其构造比较复杂,流体阻力较大,但密闭性与调节性能较好,不宜用于黏度大且含有易沉淀颗粒的介质。

如果将阀座孔径缩小配以长锥形或针状阀瓣插入阀座,则在阀瓣上下运动时,阀座与阀瓣间的流体通道变化比较缓慢而均匀,即构成调节阀或节流阀,后者可用于高压气体管路的流量和压强的调节。

(3)止回阀　一种根据阀前、阀后的压强差自动启闭的阀门,其作用是使介质只做一定方向的流动,它分为升降式和旋启式两种。升降式止回阀密封性较好,但流动阻力大;旋启式止回阀用摇板来启闭。安装时均应注意介质的流向与安装方位。止回阀一般适

用于清洁介质。

(4)球阀　阀芯呈球状，中间为一与管内径相近的连通孔，阀芯可以左右旋转以执行启闭，结构比闸阀、截止阀简单，启闭迅速，操作方便，体积小，质量轻，零部件少，流体阻力小，适用于低温、高压及黏度大的介质，因而，应用日益广泛。

(5)旋塞　其主要部分为一可转动的圆锥形旋塞，中间有孔道，当旋塞旋转至 90°时管流即全部停止。这种阀门的主要优点与球阀类似，但由于阀芯与阀体的接触面比球阀大，需要较大的转动力矩；温度变化大时容易卡死，也不能用于高压。

(6)隔膜阀　阀的启闭件是一块橡胶隔膜，位于阀体与阀盖之间，隔膜中间突出部分固定在阀杆上，阀体内衬有橡胶，由于介质不进入阀盖内腔，因此无须填料箱。这种阀结构简单，密封性能好，便于维修，流体阻力小，可用于温度小于 200 ℃、压强小于 10 MPa 的各种与橡胶膜无相互作用的介质和含悬浮物的介质。

较新型的节能型阀门，除球阀外尚有蝶阀、套筒阀等，它们的特点都是旋启式的，因此，在全开情况下流体是直通流过的。此外，按用途不同尚有减压阀、安全阀、疏水阀等，它们各有自己的特殊构造与作用。

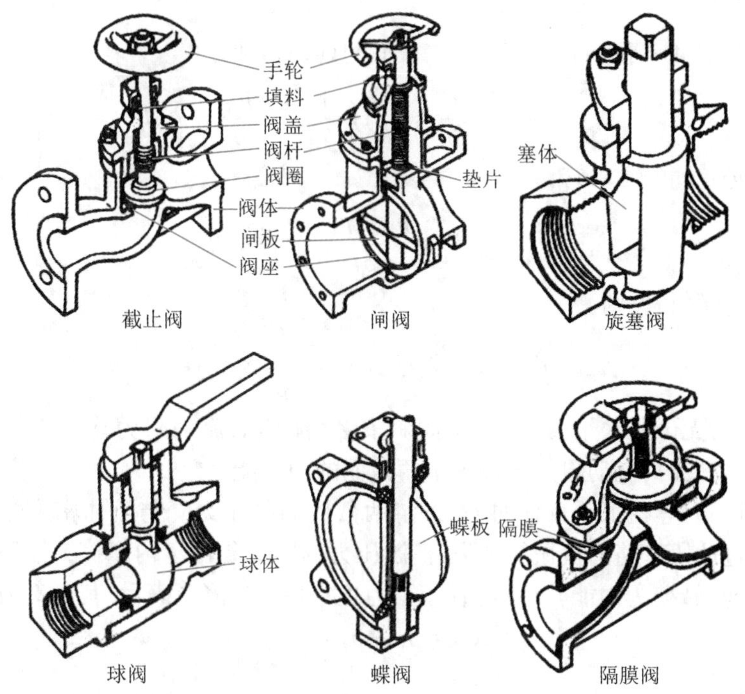

图 1-40　常用阀门

流动阻力的大小与流体本身的物理性质、流动状况及壁面的形状等因素有关。化工管路系统主要由两部分组成，一部分是直管，另一部分是管件、阀门等。相应流体流动阻力也分为两种：

①直管阻力：流体流经一定直径的直管时由于内摩擦而产生的阻力；

②局部阻力(形体阻力)：流体通过管路中的管件、阀门时，由于变径、变向等局部障碍，导致边界层分离产生漩涡而造成的能量损失。

从这些管件、阀门的基本构造可以看到,除了管箍、活接头和法兰等由于其中心轴与管轴重合,通孔与管路基本相同,基本上不影响流体的流速和流向,其阻力仍可认为是直管阻力外,其余的管件、阀门都会造成局部阻力,且阀门开启度不同,其阻力值也会随之变化。

二、流体阻力的表现形式及分类

(一)流体阻力的表现形式

当不可压缩流体定态下在等径水平直管中做定态流动,如图 1-41 所示。

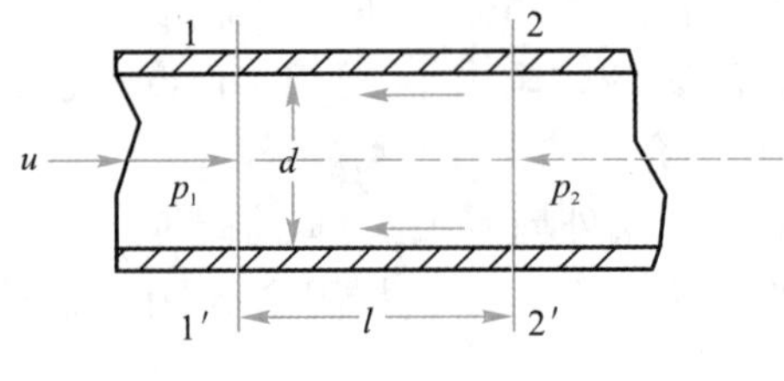

图 1-41　直管阻力

在图 1-41 所示的 1-1′和 2-2′截面间列伯努利方程

$$z_1g+\frac{1}{2}u_1^2+\frac{p_1}{\rho}=z_2g+\frac{1}{2}u_2^2+\frac{p_2}{\rho}+\sum h_f \tag{1-51}$$

因是直径相同的水平管, $u_1=u_2$

所以
$$\sum h_f=\frac{p_1-p_2}{\rho}=-\frac{\Delta p}{\rho} \tag{1-52}$$

若管道为倾斜管,则

$$\sum h_f=(\frac{p_1}{\rho}+z_1g)-(\frac{p_2}{\rho}+z_2g) \tag{1-53}$$

由此可见,无论是水平安装,还是倾斜安装,流体的流动阻力均表现为静压能的减少,仅当水平安装时,流动阻力恰好等于两截面的静压能之差。

由上式可知,等径水平直管的上、下游两截面间的压力降与流体密度之比即为单位质量流体通过此段管路的机械能损失,下游压力的降低是由于内摩擦力沿程做功消耗了流体的压力能(转变为内能)。因此管流阻力也常用压力降来表示,其定义为

$$\Delta p_f=p_1-p_2=-\Delta p \tag{1-54}$$

因此

$$\Delta p_f=\rho\sum h_f \tag{1-55}$$

Δp_f 的物理意义是单位体积($1\ m^3$)流体流动所产生的机械能损失,其单位为($J/m^3=1\ N/m^2$)。

而 $\sum h_f$ 表示单位质量(1 kg)流体流动所产生的机械能损失,其单位为 J/kg。

(二)流体阻力的分类

流体阻力分为直管阻力和局部阻力。前节所述的摩擦阻力也称为直管阻力,它是流体流经一定管径的直管时,由于流体内摩擦而产生的阻力。形体阻力亦称为局部阻力,

主要是由于流体流经管件、阀门以及管截面的突然扩大或缩小等局部地方引起边界层分离造成的阻力。故流体阻力包括直管阻力引起的压力降 ΔP_{sf} 和局部阻力引起的压力降 $\Delta p_f'$。

因此
$$\Delta p_f = \Delta p_{sf} + \Delta p'_f \tag{1-56}$$

相应地，机械能衡算方程中的 $\sum h_f$ 系指控制体内的总机械能损失，它既包括控制体内的直管阻力 h_f，也包括其内部的局部阻力 h'_f，即

$$\sum h_f = h_f + h'_f \tag{1-57}$$

二、直管阻力的计算

(一)直管阻力计算的通式——范宁公式

实际上，摩擦阻力产生的压力降 Δp_{sf} 起因于管壁对流体流动的曳力，即管壁处所作用的剪切力，通过下面的简单推导，可以获得压力降 Δp_{sf} 与管壁处剪应力的关系。

设流体在水平直圆管内定态流动流向如图 1-41 所示。在流体中取一长为 l，半径为 r 的流体元做受力分析，则在此流体元上作用着两个方向相反的力：一个是促使流动的推动力，$(p_1 - p_2)\pi r^2$，此力与流动方向一致；另一个是由剪应力而引起的摩擦阻力，$\tau 2\pi rl$，此力企图阻止流体的向前流动，其方向与流动方向相反。在定态流动的情况下，流体做匀速流动，故推动力与阻力在数值上相等，即 $(p_1 - p_2)\pi r^2 = \tau 2\pi rl$

$$\tau = -\frac{\Delta p}{2l}r \tag{1-58}$$

式(1-58)表明，流体在管内流动时，内摩擦力沿径向线性变化，在管中心内摩擦力为零，而在壁面处最大。这一规律对于层流和湍流均适用。

在壁面处，$r = r_1 = \dfrac{d}{2}$，式(1-58)变为

$$\tau_s = \frac{\Delta p}{4l}d = \Delta p_{sf}\frac{d}{4l}$$

$$\Delta p_{sf} = \tau_s \frac{4l}{d} \tag{1-59}$$

由于能量损失与动能的单位一致，将式(1-59)变形，把能量损失表示为动能 $\dfrac{u^2}{2}$ 的某一倍数。

$$\Delta p_{sf} = 8\left(\frac{\tau_s}{\rho u^2}\right)\left(\frac{l}{d}\right)\frac{\rho u^2}{2} \tag{1-60}$$

$$令\ \lambda = \frac{8\tau_s}{\rho u^2} \tag{1-61}$$

将式(1-61)代入式(1-60)得

$$\Delta p_{sf} = \lambda \frac{l}{d}\frac{\rho u^2}{2} \tag{1-62}$$

式(1-62)为流体在直管内流动阻力的通式,称为范宁(Fanning)公式。式中 λ 为无因次系数,称为摩擦系数或摩擦因数,与流体流动的 Re 及管壁状况有关。

根据伯努利方程的其他形式,也可写出相应的范宁公式表示式:

阻力损失 $$h_f = \lambda \frac{l}{d}\frac{u^2}{2} \tag{1-62a}$$

压头损失 $$H_f = \lambda \frac{l}{d}\frac{u^2}{2g} \tag{1-62b}$$

应当指出,范宁公式对层流与湍流均适用,只是两种情况下摩擦系数 λ 不同。以下对层流与湍流时摩擦系数 λ 分别讨论。

(二)层流时的直管阻力计算

流体在直管中做层流流动时,管中心最大速度如式(1-29)、式(1-29a)所示。

将平均速度 $u=\frac{1}{2}u_{max}$ 及 $R=\frac{d}{2}$ 代入式中,可得

$$(p_1-p_2)=\frac{32\mu lu}{d^2}$$

$$\Delta p_{sf}=\frac{32\mu lu}{d^2} \tag{1-63}$$

式(1-63)称为哈根-泊谡叶(Hagen-Poiseuille)方程,是流体在直管内做层流流动时压力损失的计算式。

该式表明,流体在圆管内流动时摩擦阻力与平均流速及管长的一次方成正比,与管内径的平方成反比。当管内流速一定,管路越长,管径越小,摩擦阻力越大。因此,在远距离输送流体时,可适当增加管径,以减少直管阻力损失。

因此,流体在直管内层流流动时能量损失或阻力的计算式为

$$h_f=\frac{32\mu lu}{\rho d^2} \tag{1-64}$$

$$h_f \propto \frac{Q}{d^4}$$

表明层流时阻力与速度或体积流量的一次方成正比;当体积流量一定时,h_f 与 d^4 成反比。

式(1-64)也可改写为

$$h_f=\frac{32\mu lu}{\rho d^2}=\frac{64\mu}{d\rho u}\cdot\frac{l}{d}\cdot\frac{u^2}{2}=\frac{64}{Re}\cdot\frac{l}{d}\cdot\frac{u^2}{2} \tag{1-64a}$$

将式(1-64a)与式(1-62a)比较,可得层流时摩擦系数的计算式

$$\lambda=\frac{64}{Re} \tag{1-65}$$

即层流时摩擦系数 λ 只是雷诺数 Re 的函数。

【例 1-17】20 ℃的水以0.02 kg/s 的质量流量流过内径为 20 mm 的水平管道。试求:(1)流动的摩擦系数 λ;(2)流体流过 20 m 管长的压力降 Δp_{sf} 及阻力损失 h_f。

解:20 ℃水的物性为 $\mu=1.0\times10^{-3}$ Pa·s, $\rho=1\ 000$ kg/m^3。

(1)摩擦系数 λ

$$u = \frac{0.02}{(\frac{\pi}{4}) \times (0.02)^2 \times 1\,000} = 0.0637 \text{ m/s}$$

$$Re = \frac{du\rho}{\mu} = \frac{0.02 \times 0.063\,7 \times 1\,000}{1.0 \times 10^{-3}} = 1274 < 2000$$

故为层流流动,由式(1-65)得

$$\lambda = \frac{64}{1\,274} = 5.02 \times 10^{-2}$$

(2)压力降 Δp_{sf}及机械能损失 h_f

$$\Delta p_{sf} = \lambda \frac{l}{d}\frac{\rho u^2}{2} = (5.02 \times 10^{-2} \times \frac{20 \times 1\,000 \times 0.063\,7^2}{0.02 \times 2}) = 101.8 \text{ Pa}$$

$$h_f = \frac{\Delta p_{sf}}{\rho} = \frac{101.8}{1\,000} = 0.102 \text{ J/kg}$$

(三)湍流时的直管阻力计算

由于湍流运动的复杂性,迄今还不能完全用理论分析方法求解。对于工程上常见的管内湍流,可采用半经验理论或试验结合量纲分析的方法建立摩擦系数的计算式。

1.管内湍流的速度结构

在本章讨论边界层理论时曾经指出,不管是平板壁面上还是管内形成的湍流边界层都是由三层构成的:层流内层、缓冲层和湍流核心。在层流内层内,速度梯度很大,故黏性力对流动起主导作用;而在湍流核心区,由于流体质点的高频脉动,速度分布趋于均匀化,流体黏性的影响相应变得很小。但因质点脉动引起的内摩擦力(雷诺应力)远远大于黏性力;而在过渡层,既存在雷诺应力,又有黏性力的影响。

层流底层的厚度 δ_b 与主流的湍动程度有关,即 Re 越大,δ_b 越小。实验研究表明,δ_b 可按下式计算

$$\delta_b = \frac{32.8d}{Re\sqrt{\lambda}} \tag{1-66}$$

式中　d——管径;

λ——湍流时的摩擦阻力系数。

2.管壁粗糙度对流动的影响

根据粗糙度来分,化工用管总的来说可以分为两大类:光滑管和粗糙管。玻璃管、铜管、铅管及塑料管等称为光滑管,钢管、铸铁管等称为粗糙管。

流体做湍流流动时,壁面的粗糙程度对于流动的影响很大,因而影响湍流摩擦系数的计算。任何一个管道,由于各种因素(如管子的材料、加工方法、使用条件及锈蚀等)的影响,管壁内表面总是凹凸不平的,管壁的粗糙程度可用绝对粗糙度和相对粗糙度表示。

管道壁面凸出部分的平均高度,称为绝对粗糙度,以 ε 表示。绝对粗糙度与管径的比值(即 ε/d),称为相对粗糙度。

实际上,即使是同一材质的管子,由于使用时间的长短不同,腐蚀与结垢的程度不

同,管壁的粗糙程度也会发生很大的差异。工业管道的绝对粗糙度数值见表 1-2。

表 1-2 某些工业管道的绝对粗糙度

分类	管道类别	绝对粗糙度 ε /mm
金属管	无缝黄铜管、铜管及铝管	0.01~0.05
	新的无缝钢管或镀锌铁管	0.1~0.2
	新的铸铁管	0.3
	具有轻度腐蚀的无缝钢管	0.2~0.3
	具有显著腐蚀的无缝钢管	0.5以上
	旧的铸铁管	0.85以上
非金属管	干净玻璃管	0.001 5~0.01
	橡皮软管	0.01~0.03
	木管道	0.25~1.2
	陶土排水管	0.45~6.0
	整平的水泥管	0.33
	石棉水泥管	0.03~0.8

管壁粗糙度对流动阻力或摩擦系数的影响,主要是由于流体在管道中流动时,流体质点与管壁凸出部分相碰撞而增加了流体的能量损失,其影响程度与管径的大小有关,因此在摩擦系数图中用相对粗糙度 ε/d,而不是绝对粗糙度 ε。

流体做层流流动时,流体层平行于管轴流动,层流层掩盖了管壁的粗糙面,同时流体的流动速度也比较缓慢,对管壁凸出部分没有什么碰撞作用,所以层流时的流动阻力或摩擦系数与管壁粗糙度无关,只与 Re 有关。

流体做湍流流动时,靠近壁面处总是存在着层流内层。如果层流内层的厚度 δ_b 大于管壁的绝对粗糙度 ε,即 $\delta_b>\varepsilon$ 时,如图 1-42(a)所示,此时管壁粗糙度对流动阻力的影响与层流时相近,此为水力光滑管。随 Re 的增加,层流内层的厚度逐渐减薄,当 $\delta_b<\varepsilon$ 时,如图 1-42(b)所示,壁面凸出部分伸入湍流主体区,与流体质点发生碰撞,使流动阻力增加。当 Re 大到一定程度时,层流内层可薄得足以使壁面凸出部分都伸到湍流主体中,质点碰撞加剧,致使黏性力不再起作用,而包括黏度 μ 在内的 Re 不再影响摩擦系数的大小,流动进入了完全湍流区,此为完全湍流粗糙管,此时,摩擦系数只与 ε/d 有关。

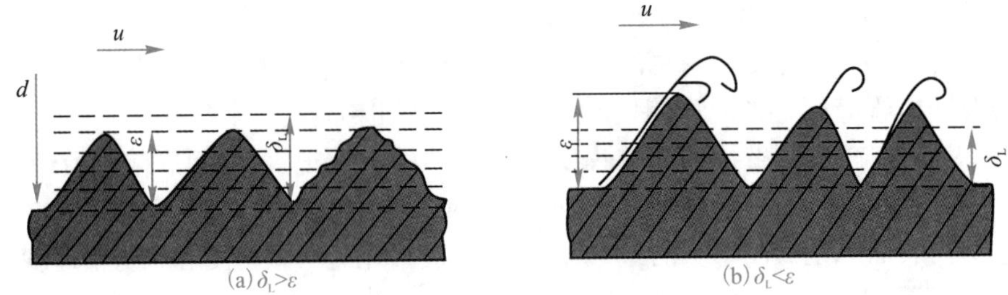

图 1-42 流体流过管壁面的情况

3.量纲分析的概念与白金汉 π 定理

层流时阻力的计算式是根据理论推导所得，湍流时由于情况要复杂得多，目前尚不能得到理论计算式，但通过实验研究，可获得经验关系式，这种实验研究方法是化工中常用的方法。在实验时，每次只能改变一个变量，而将其他变量固定，如过程涉及的变量很多，工作量必然很大，而且将实验结果关联成形式简单便于应用的公式也很困难。若采用化工中常用的工程研究方法——量纲分析法，可将几个变量组合成一个无因次数群（如雷诺数 Re 即是由 d、ρ、u、μ 四个变量组成的无因次数群），用无因次数群代替个别的变量进行实验，由于数群的数目总是比变量的数目少，可以大大减少实验的次数，关联数据的工作也会有所简化，而且可将在实验室规模的小设备中用某种物料实验所得的结果应用到其他物料及实际的化工设备中去。

量纲分析是指导实验的一种有力工具。物理量的量纲分为基本量纲和导出量纲。基本量纲是人为规定的独立量纲，而导出量纲是由基本量纲的乘幂组合而成的量纲。在流体力学研究中，将长度的量纲 L，时间的量纲 T 和质量的量纲 M 作为基本量纲，其他物理量的量纲均可用这三个基本量纲的组合来表示。如压力的量纲为 $L^{-1}MT^{-2}$，密度的量纲为 ML^{-3} 及黏度的量纲为 $\mu=ML^{-1}T^{-1}$。

量纲分析的基础是量纲一致原则。也就是说，任何由物理定律导出的方程，其各项的量纲是相同的。

量纲分析法的基本定理是白金汉（Buckinghan）的 π 定理：设影响某一物理现象的独立变量数为 n 个，这些变量的基本量纲数为 m 个，则该物理现象可用 $N=n-m$ 个独立的无量纲数群表示。

量纲分析法的主要步骤为：

①列出影响该物理过程的全部物理量 n 及其量纲，并从中确定基本量纲数 m；

②利用量纲分析法将变量组合成 N 个量纲为一数群之间的关联式；

③通过实验找出数群间的相互关系式。

4.湍流直管阻力的量纲分析

根据对摩擦阻力性质的理解和实验研究的综合分析，认为流体在湍流流动时，由于内摩擦力而产生的压力损失 Δp_{sf} 与流体的密度 ρ、黏度 μ、平均速度 u、管径 d、管长 l 及管壁的粗糙度 ε 有关，即

$$\Delta p_{sf}=f(\rho,\mu,u,d,l,\varepsilon) \tag{1-67}$$

7 个变量的因次分别为：

$[p]=MT^{-2}L^{-1}$　　$[\rho]=ML^{-3}$　　$[u]=MT^{-1}$　　$[d]=L$

$[l]=L$　　$[\varepsilon]=L$　　$[\mu]=MT^{-1}L^{-1}$

基本因次有 3 个。根据 π 定理，无因次数群的数目 $N=n-m=7-3=4$ 个。

将式（1-67）写成幂函数的形式：

$$\Delta p_{sf}=kd^a l^b u^c \rho^d \mu^e \varepsilon^f$$

因次关系式：

$$MT^{-2}L^{-1}=L^aL^b(LT^{-1})^c(ML^{-3})^d(ML^{-1}T^{-1})^eL^f$$

根据量纲一致性原则：

对于 M:$1=d+e$

对于 L:$-1=a+b+c-3d-e+f$

对于 T:$-2=-c-e$

设 b、e、f 已知,解得:

$$a=-b-e-f$$

$$c=2-e$$

$$d=1-e$$

$$\Delta p_{sf}=kd^{-b-e-f}l^{b}u^{2-e}\rho^{1-e}\mu^{e}\varepsilon^{f}$$

$$\frac{\Delta p_{sf}}{\rho u^2}=k\left(\frac{l}{d}\right)^{b}\left(\frac{d\rho u}{\mu}\right)^{-e}\left(\frac{\varepsilon}{d}\right)^{f}$$

即

$$\frac{\Delta p_{sf}}{\rho u^2}=\phi\left(\frac{d\rho u}{\mu},\frac{l}{d},\frac{\varepsilon}{d}\right) \tag{1-68}$$

式中 $\frac{d\rho u}{\mu}$——雷诺数 Re;

$\frac{\Delta p_{sf}}{\rho u^2}$——欧拉(Euler)准数,也是无因次数群;

$\frac{l}{d}$、$\frac{\varepsilon}{d}$——简单的无因次比值,前者反映了管子的几何尺寸对流动阻力的影响,后者称为相对粗糙度,反映了管壁粗糙度对流动阻力的影响。

式(1-68)具体的函数关系通常由实验确定。根据实验可知,流体流动阻力与管长 l 成正比,该式可改写为:

$$\frac{\Delta p_{sf}}{\rho u^2}=\frac{l}{d}\phi\left(Re,\frac{\varepsilon}{d}\right) \tag{1-69}$$

或

$$h_f=\frac{\Delta p_{sf}}{\rho}=\frac{l}{d}\phi\left(Re,\frac{\varepsilon}{d}\right)u^2 \tag{1-69a}$$

与范宁公式(1-62)相对照,可得

$$\lambda=\phi(Re,\frac{\varepsilon}{d}) \tag{1-70}$$

上式表明,管内流动的摩擦系数不仅与雷诺数有关,还与管壁的粗糙度有关。

层流时的摩擦等数也可以通过量纲分析法分析获得。

5.管内湍流的摩擦系数确定

管内湍流的摩擦系数求取方法有两种:经验公式法和查图法。

(1)经验公式法

按照式(1-70)将管内湍流的实验数据进行关联,可以得到各种形式的 λ 关系式。对于管内湍流,根据流动的 Re 和管壁粗糙度的不同,可将其区分为三个不同的区域,即湍流光滑区、完全粗糙区和湍流过渡区。

湍流光滑区(水力光滑管)

在此区域内,由于 Re 较小,层流底层厚度 $\delta_b>\varepsilon$,壁面虽呈现凹凸不平,但因其被层流底层所覆盖,因此管壁是水力光滑管,对湍流核心区的摩擦阻力不起作用。λ 仅与 Re 有关,而与壁面的相对粗糙度$\frac{\varepsilon}{d}$无关。湍流光滑区的摩擦系数可按如下两式计算:

尼古拉则(Nikurades)式

$$\frac{1}{\sqrt{\lambda}} = 2.0\lg(Re\sqrt{\lambda}) - 0.80 \tag{1-71}$$

适用条件:$Re>4\ 000$。

布拉修斯(Blasius)式

$$\lambda = 0.316Re^{-0.25} \tag{1-72}$$

适用条件:$4\ 000<Re<10^5$。

完全粗糙区(粗糙管)

在此区域内,由于 Re 较大及粗糙凸起的部分比层流底层高出很多,会不断产生尾流涡体促使湍动得以充分发展,黏性应力与湍流应力相比已微不足道,因此,λ 仅与壁面相对粗糙度$\frac{\varepsilon}{d}$有关,而与 Re 无关。

对于粗糙管,可采用尼古拉则与卡门(Karman)式计算

$$\frac{1}{\sqrt{\lambda}} = 1.74 - 2.0\lg(2\frac{\varepsilon}{d}) \tag{1-73}$$

适用条件:$\frac{\frac{d}{\varepsilon}}{Re\sqrt{\lambda}} > 0.005$。

湍流过渡区

在此区域内,壁面凸起的高度已不能被层流底层完全覆盖,但黏性应力也仍有一定的影响。

因此,λ 既是 Re 的函数,又是$\frac{\varepsilon}{d}$的函数。

湍流过渡区的摩擦系数可用何尔布鲁克(Colebrook)式计算

$$\frac{1}{\sqrt{\lambda}} = 1.74 - 2.0\lg(2\frac{\varepsilon}{d} + \frac{18.7}{Re\sqrt{\lambda}}) \tag{1-74}$$

适用条件:$\frac{\frac{d}{\varepsilon}}{Re\sqrt{\lambda}} < 0.005$。

由式(1-74)可知,当 Re 很大时,式(1-74)右端括号中第二项可忽略,于是该式简化为完全粗糙区的 λ 公式(1-73);而在湍流光滑区时,右端括号中第一项可忽略,该式简化为公式(1-72)。因此,式(1-74)是计算管内湍流摩擦系数的通式。

(2)查图法

为计算方便,以 Re 为横坐标,λ 为纵坐标,$\frac{\varepsilon}{d}$为参数,将式(1-74)制成如图 1-43 所

示的双对数坐标图,称为莫狄(Moody)摩擦系数图。图中也绘制出了层流区的摩擦系数计算式 $\lambda=\dfrac{64}{Re}$ 的图线。

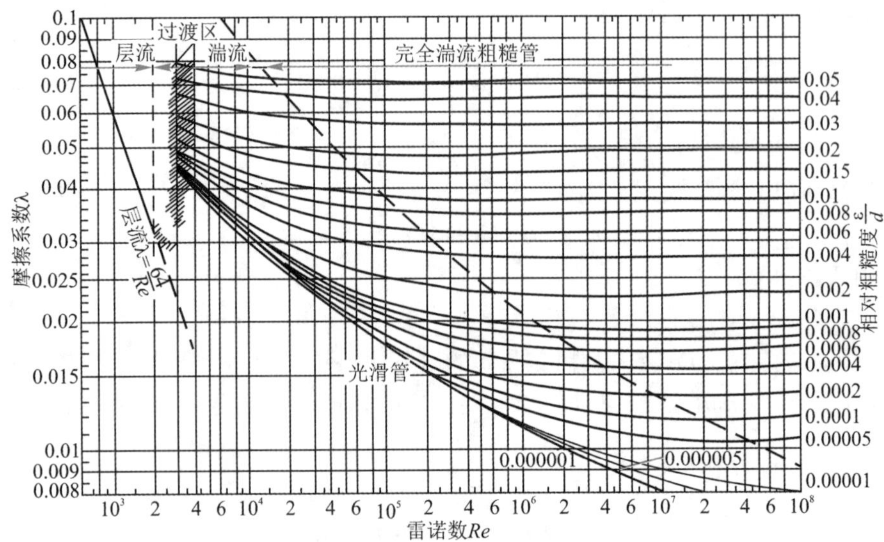

图 1-43　摩擦系数 λ 与雷诺数 Re 及相对粗糙度 ε/d 的关系

根据 Re 不同,图 1-43 可分为四个区域:

①层流区($Re\leqslant 2\,000$),λ 与 ε/d 无关,与 Re 为直线关系,即 $\lambda=\dfrac{64}{Re}$,此时 $h_f\propto u$,即 h_f 与 u 的一次方成正比。流量一定时,h_f 与管径的四次方成反比。请读者自行推导。

②过渡区($2\,000<Re<4\,000$),在此区域内层流或湍流的 $\lambda-Re$ 曲线均可应用,对于阻力计算,宁可估计大一些,一般将湍流时的曲线延伸,以查取 λ 值。

③湍流区($Re\geqslant 4\,000$以及虚线以下的区域),此时 λ 与 Re、ε/d 都有关,当 ε/d 一定时,λ 随 Re 的增大而减小,Re 增大至某一数值后,λ 下降缓慢;当 Re 一定时,λ 随 ε/d 的增加而增大。

④完全湍流区(虚线以上的区域),此区域内各曲线都趋近于水平线,即 λ 与 Re 无关,只与 ε/d 有关。对于特定管路,ε/d 一定,λ 为常数,根据直管阻力通式可知,$h_f\propto u^2$,所以此区域又称为阻力平方区。从图中也可以看出,相对粗糙度 ε/d 愈大,达到阻力平方区的 Re 值愈低。流量一定时,h_f 与管径的五次方成反比。(读者自行推导)

【例 1-18】分别计算下列情况下,流体流过 $\phi76\times3$ mm、长 10 m 的水平钢管的阻力损失、压头损失及压力损失。

(1)密度为 $\rho=910\ \text{kg/m}^3$、黏度为 72 cP 的油品,流速为1.1 m/s;

(2)20 ℃的水,流速为2.2 m/s。

解:(1)油品:

$$Re=\frac{d\rho u}{\mu}=\frac{0.07\times 910\times 1.1}{72\times 10^{-3}}=973<2000$$

流动为层流。摩擦系数可从图 1-43 上查取,也可用式(1-65)计算:

$$\lambda=\frac{64}{Re}=\frac{64}{973}=0.0658$$

所以阻力损失 $h_f=\lambda\frac{l}{d}\frac{u^2}{2}=0.065\ 8\times\frac{10}{0.07}\times\frac{1.1^2}{2}=5.69\ \text{J/kg}$

压头损失
$$H_f=\frac{h_f}{g}=\frac{5.69}{9.81}=0.58\ \text{m}$$

压力损失
$$\Delta p_f=\rho h_f=910\times5.69=5178\ \text{Pa}$$

(2)20 ℃水的物性：$\rho=998.2\ \text{kg/m}^3$，$\mu=1.005\times10^{-3}\ \text{Pa}\cdot\text{s}$

$$Re=\frac{d\rho u}{\mu}=\frac{0.07\times998.2\times2.2}{1.005\times10^{-3}}=1.53\times10^5$$

流动为湍流。求摩擦系数尚需知道相对粗糙度 ε/d，查表 1-2，取钢管的绝对粗糙度 ε 为0.2 mm，则$\frac{\varepsilon}{d}=\frac{0.2}{70}=0.002\ 86$

根据 $Re=1.53\times10^5$ 及 $\varepsilon/d=0.002\ 86$，查图 1-43，得 $\lambda=0.027$

所以阻力损失 $h_f=\lambda\frac{l}{d}\frac{u^2}{2}=0.027\times\frac{10}{0.07}\times\frac{2.2^2}{2}=9.33\ \text{J/kg}$

压头损失
$$H_f=\frac{h_f}{g}=\frac{9.33}{9.81}=0.95\ \text{m}$$

压力损失
$$\Delta p_f=\rho h_f=998.2\times9.33=9\ 313\ \text{Pa}$$

四、非圆形管道的流动阻力

在化工生产的流体输送中，经常会遇到非圆形管道，例如，有些气体的输送管道是矩形的，有时流体会在套管环隙间流动等。对于非圆形管道，如何求解流动的阻力呢？

对于非圆形管内的湍流流动，仍可用在圆形管内流动阻力的计算式，但需用非圆形管道的当量直径代替圆管直径。

当量直径定义为：

$$d_e=4\times\frac{\text{流通截面积}}{\text{润湿周边}}=4\times\frac{A}{\Pi}\tag{1-75}$$

对于套管环隙，当内管的外径为 d_1，外管的内径为 d_2 时，其当量直径为

$$d_e=4\times\frac{\frac{\pi}{4}(d_2^2-d_1^2)}{\pi d_2+\pi d_1}=d_2-d_1$$

对于边长分别为 a、b 的矩形管，其当量直径为

$$d_e=4\times\frac{ab}{2(a+b)}=\frac{2ab}{a+b}$$

在层流情况下，当采用当量直径计算阻力时，还应对式(1-65)进行修正，改写为

$$\lambda=\frac{C}{Re}\tag{1-76}$$

式中　C——无因次常数，随管道截面的形状而定，一些非圆形管的 C 值见表 1-3。

表 1-3　非圆形管的常数 C 值

非圆形管的截面形状	正方形	等边三角形	环形	长方形	
				长:宽=2:1	长:宽=4:1
常数 C	57	53	96	62	73

注:当量直径只用于非圆形管道流动阻力的计算,而不能用于流通面积及流速的计算。

五、管路上的局部阻力

流体在流动中由于流速的大小和方向发生改变而引起的阻力称为形体阻力,而流体与固体壁面间由于黏性而引起的阻力称为摩擦阻力。当流体流经管路上的局部部件,如各种管件、阀门、管入口、管出口等处时,必然发生流体的流速和流动方向的突然变化,流动受到干扰、冲击或引起边界层分离,产生漩涡并加剧湍动,使流动阻力显著增加,这类流动阻力统称为局部阻力。局部阻力有两种计算方法:阻力系数法和当量长度法。

(一)阻力系数法

克服局部阻力所消耗的机械能 h'_f 可以表示为动能的某一倍数,即

$$h'_{\mathrm{f}} = \zeta \frac{u^2}{2} \tag{1-77}$$

或

$$H'_{\mathrm{f}} = \zeta \frac{u^2}{2g} \tag{1-77a}$$

式中　ζ——局部阻力系数,一般由实验测定。

下面介绍几种常见的局部阻力系数的求法。

1.管道突然扩大

当流体由小直径管流入大直径管,管道突然扩大时[参见图 1-44(a)],流体脱离壁面形成一射流注入扩大了的截面中,射流与壁面之间的空间产生涡流,出现边界层分离现象。这种由于涡流而产生的能量损失可以按下式估算

$$\zeta_{\mathrm{e}} = \left(1 - \frac{A_1}{A_2}\right)^2 \tag{1-78}$$

式中　ζ_e——突然扩大时的阻力系数。

在计算突然扩大的局部阻力时,应注意按小管中的平均流速计算动能因子项。

2.管道突然缩小

当管道截面突然缩小时[参见图 1-44(b)],流体是在顺压梯度下流动,因而此处能量损失不明显。但由于流体的惯性作用,当流体进入收缩口以后,却不能立即充满小管的截面,而是继续缩小,当缩小至一最小截面(缩脉)之后,才逐渐充满小管的整个截面。在缩脉附近处,流体产生边界层分离和大的涡流阻力。

这种突然缩小引起的局部阻力系数,通常用以下经验公式求算

$$\zeta_{\mathrm{e}} = 0.5\left(1 - \frac{A_2}{A_1}\right) \tag{1-79}$$

注意:当管截面突然扩大和突然缩小时,式(1-77)及式(1-77a)中的速度 u 均以小管中的速度计。

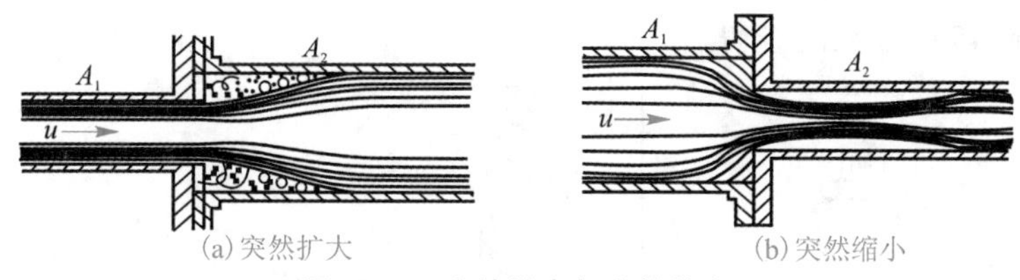

(a)突然扩大　　(b)突然缩小

图 1-44　突然扩大与突然缩小

3.管入口与管出口

当流体自容器进入管内，相当于突然缩小时，$A_1 \gg A_2$，即$\dfrac{A_2}{A_1} \approx 0$，由式(1-79)得$\zeta_{进口}=0.5$，称为进口阻力系数；当流体自管子进入容器或从管子排放到管外空间，相当于突然扩大时，$A_2 \gg A_1$，由式(1-78)得$\zeta_{出口}=1$，称为出口阻力系数。

当流体从管子直接排放到管外空间时，管出口内侧截面上的压强可取为与管外空间相同，但出口截面上的动能及出口阻力应与截面选取相匹配。若截面取管出口内侧，则表示流体并未离开管路，此时截面上仍有动能，系统的总能量损失不包含出口阻力；若截面取管出口外侧，则表示流体已经离开管路，此时截面上动能为零，而系统的总能量损失中应包含出口阻力。由于出口阻力系数$\zeta_{出口}=1$，两种选取截面方法计算结果相同。

4.管件与阀门

常用管件及阀门的局部阻力系数需由实验测定，见表 1-4。

表 1-4　常见管件与阀门的局部阻力系数

名称		阻力系数ζ	名称		阻力系数ζ
弯头，45°		0.35	标准阀	全开	6.0
弯头，90°		0.75		半开	9.5
三通		1	角阀	全开	2.0
回弯头		1.5	止逆阀	球式	70.0
管接头		0.04		摇摆式	2.0
活接头		0.04		水表，盘式	7.0
闸阀	全开	0.17			
	半开	4.5			

(二)当量长度法

将流体流过管件或阀门的局部阻力，折合成直径相同、长度为L_e的直管所产生的阻力，即

$$h'_f = \lambda \frac{L_e}{d}\frac{u^2}{2} \tag{1-80}$$

或

$$H'_f = \lambda \frac{L_e}{d}\frac{u^2}{2g} \tag{1-80a}$$

式中　L_e——管件或阀门的当量长度，m。它表示流体流过某一管件或阀门时的局部阻力相当于流过一段与其具有相同直径d、长度为L_e的直管阻力。

管件与阀门的当量长度需由实验测定。在湍流流动情况下，某些管件与阀门的当量

长度可由图 1-45 的共线图查得。

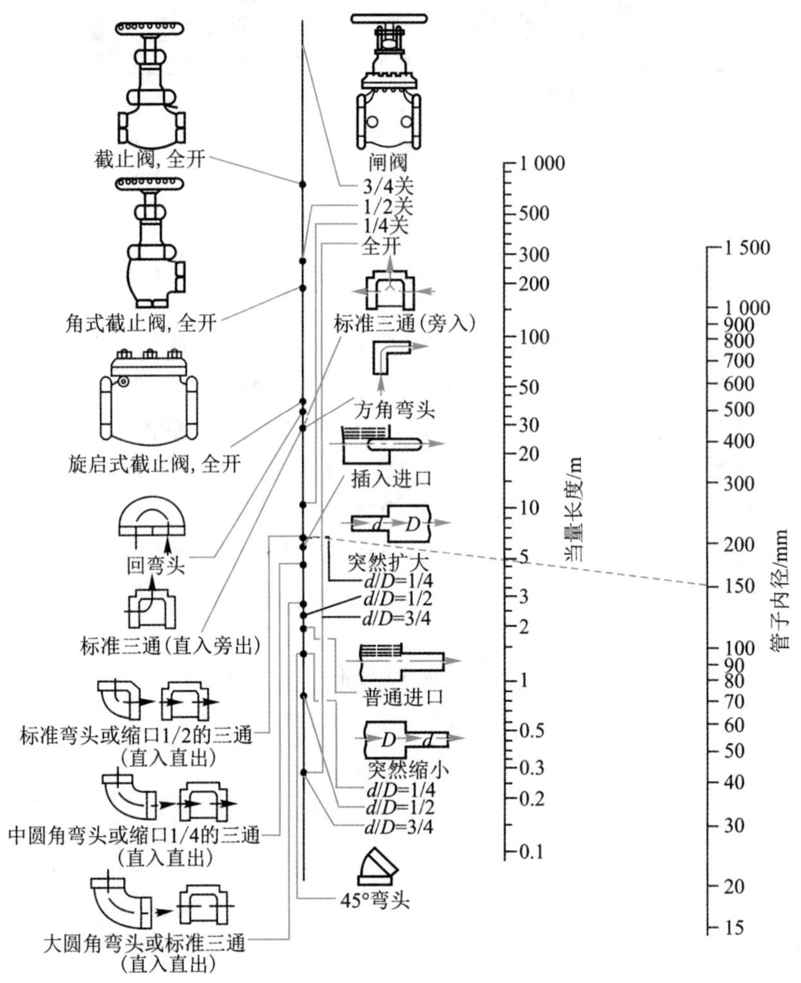

图 1-45　管件和阀件的当量长度共线图

应当指出,由于管件与阀门的构造细节及加工精度等的不同,即使规格尺寸相同,其当量长 L_e 及 ζ 值亦有很大差异。表 1-4 及图 1-45 中提供的数据只是 L_e 或 ζ 的粗略估计值。

六、流体在管路中的总阻力

前已说明,化工管路系统是由直管和管件、阀门等构成,因此流体流经管路的总阻力应是直管阻力和所有局部阻力之和。计算局部阻力时,可用局部阻力系数法,亦可用当量长度法。对同一管件,可用任一种计算,但不能用两种方法重复计算。

当管路直径相同时,总阻力:

$$\sum h_f = h_f + h'_f = \left(\lambda \frac{l}{d} + \sum \zeta\right)\frac{u^2}{2} \tag{1-81}$$

或

$$\sum h_f = h_f + h'_f = \lambda \frac{l + \sum l_e}{d}\frac{u^2}{2} \tag{1-81a}$$

式中　$\Sigma\zeta$、Σl_e——管路中所有局部阻力系数和当量长度之和。

当管路由若干直径不同的管段组成时，各段应分别计算，再加和。

【例 1-19】如图 1-46 所示，料液由敞口高位槽流入精馏塔中。塔内进料处的压力为 30 kPa（表压），输送管路为 $\phi45\times2.5$ mm 的无缝钢管，直管长为 10 m。管路中装有 180°回弯头一个，90°标准弯头一个，标准截止阀（全开）一个。若维持进料量为 5 m^3/h，问高位槽中的液面至少高出进料口多少米？操作条件下料液的物性：$\rho=890\ kg/m^3$，$\mu=1.3\times10^{-3}$ Pa·s。

解：如图 1-46 所示，取高位槽中液面为 1-1′面，管出口内侧为 2-2′截面，且以过 2-2′截面中心线的水平面为基准面。在 1-1′与 2-2′截面间列伯努利方程：

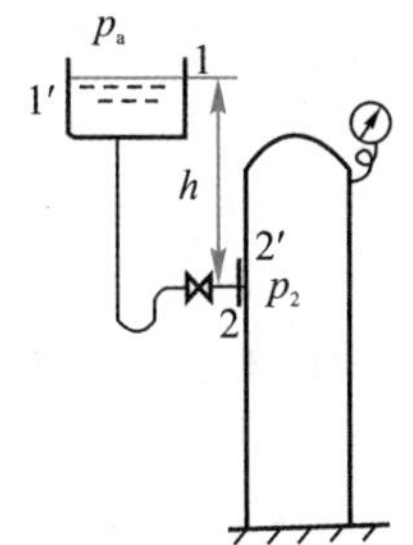

图 1-46　例 1-19 附图

$$z_1g+\frac{1}{2}u_1^{\ 2}+\frac{p_1}{\rho}=z_2g+\frac{1}{2}u_2^{\ 2}+\frac{p_2}{\rho}+\Sigma h_f$$

其中：$z_1=h$，$u_1\approx0$，$p_1=0$（表压）；$z_2=0$；$p_2=30$ kPa（表压）。则

$$u_2=\frac{Q}{\frac{\pi}{4}d^2}=\frac{5/3\ 600}{0.785\times0.04^2}=1.1\ m/s$$

管路总阻力

$$\sum h_f=h_f+h'_f=\left(\lambda\frac{l}{d}+\sum\zeta\right)\frac{u^2}{2}$$

$$Re=\frac{d\rho u}{\mu}=\frac{0.04\times890\times1.1}{1.3\times10^{-3}}=3.01\times10^4$$

取管壁绝对粗糙度 $\varepsilon=0.3$ mm，则 $\dfrac{\varepsilon}{d}=\dfrac{0.3}{40}=0.007\ 5$

从图 1-43 中查得摩擦系数 $\lambda=0.036$，由表 1-4 查得各管件的局部阻力系数：

进口突然缩小：$\zeta=0.5$

180°回弯头：$\zeta=1.5$

90°标准弯头：$\zeta=0.75$

标准截止阀（全开）：$\zeta=6.0$

$\therefore\ \Sigma\zeta=0.5+1.5+0.75+6.0=8.75$

$$\sum h_f=\left(\lambda\frac{l}{d}+\sum\zeta\right)\frac{u^2}{2}=\left(0.036\times\frac{10}{0.04}+8.75\right)\times\frac{1.1^2}{2}=10.74\ J/kg$$

所求位差

$$h=\left(\frac{p_2}{\rho}+\frac{u_2^2}{2}+\Sigma h_f\right)/g=\left(\frac{30\times10^3}{890}+\frac{1.1^2}{2}+10.74\right)/9.81=4.59\ m$$

本题也可将截面 2-2′取在管出口外侧,此时流体流入塔内,2-2′截面速度为零,无动能项,但应计入出口突然扩大阻力,又因为 $\zeta_{出口}=1$,所以两种方法的结果相同。

第八节 流体输送管路的计算

前面已导出了连续性方程、机械能衡算方程以及能量损失的计算式,据此可以进行不可压缩流体输送管路的计算。对于可压缩流体输送管路的计算,还需要表征流体性质的状态方程。

管路计算可分为设计型计算和操作型计算两类。设计型计算通常指对于给定的流体输送任务(一定的流体体积流量),选用合理且经济的管路和输送设备。操作型计算是指管路系统已定,要求核算在某些条件下的输送能力或某些技术指标。上述两类计算可归纳为下述三种情况的计算:

(1)欲将流体由一处输送至另一处,已规定出管径、管长、管件和阀门的设置,以及流体的输送量,要求计算输送设备的功率。这一类问题的计算比较容易。

(2)规定管径、管长、管件与阀门的设置以及允许的能量损失,求管路的输送量。

(3)规定管长、管件与阀门的设置、流体的输送量及允许的能量损失,求输送管路的管径。

对于第(2)种和第(3)种情况,流速 u 或管径 d 为未知量,无法计算 Re 以判别流动的型态,因此也就无法确定摩擦系数 λ。在这种情况下,需采用试差法求解。在进行试差计算时,由于 λ 值的变化范围较小,故通常将其作为迭代变量。将流动已进入阻力平方区的 λ 值作为计算的初值。

上述试差计算方法,是非线性方程组的求解过程。对非线性方程或方程组,目前已发展了多种计算方法,利用计算机很容易解决上述问题。

流体输送管路按其连接和配置情况大致可分为两类:一是无分支的简单管路;二是存在分支与合流的复杂管路。下面分别介绍。

一、简单管路

简单管路是指流体从入口到出口是在一条管路中流动,无分支或汇合的情形。整个管路直径可以相同,也可由内径不同的管子串联组成,如图 1-47 所示。

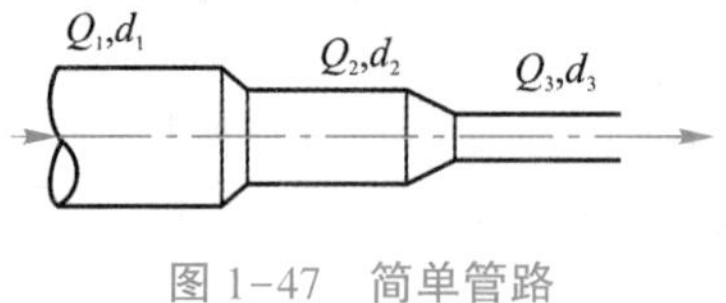

图 1-47 简单管路

特点:

(1)流体通过各管段的质量流量不变,对于不可压缩流体,则体积流量也不变,即

$$Q_1=Q_2=Q_3 \tag{1-82}$$

(2)整个管路的总能量损失等于各段能量损失之和,即

$$\sum h_f = h_{f1} + h_{f2} + h_{f3} \tag{1-83}$$

管路计算：

描述简单管路中各变量间关系的方程共有 3 个，即管路计算是连续性方程、伯努利方程及能量损失计算式在管路中的应用。

基本方程：

连续性方程　　$u_1A_1 = u_2A_2$

伯努利方程　　$\frac{u_1^2}{2} + \frac{p_1}{\rho} + z_1g + W_e = \frac{u_2^2}{2} + \frac{p_2}{\rho} + z_2g + (\lambda\frac{l}{d} + \Sigma\zeta)\frac{u^2}{2}$

摩擦系数　　$\lambda = \phi\left(\frac{du\rho}{\mu}, \frac{\varepsilon}{d}\right)$

物性 ρ,μ 一定时，需给定独立的 9 个参数，方可求解其他 3 个未知量。

根据计算目的，通常可分为设计型计算和操作型计算两类。

（一）设计型计算

（1）设计要求：规定输液量 Q，确定一经济的管径及供液点提供的位能 z_1（或静压能 p_1）。

（2）给定条件：①供液与需液点的距离，即管长 l；②管道材料与管件的配置，即 ε 及 $\Sigma\zeta$；③需液点的位置 z_2 及压力 p_2；④输送机械 W_e。

此时一般应先选择适宜流速，再进行设计计算。

（二）操作型计算

对于已知的管路系统，核算给定条件下的输送能力或某项技术指标。通常有以下两种类型：

（1）已知管径（d）、管长（l）、管件和阀门（$\sum\zeta$）、相对位置（Δz）及压力（p_1、p_2）等，计算管道中流体的流速 u 及供液量 Q；

（2）已知流量（Q）、管径（d）、管长（l）、管件和阀门（$\sum\zeta$）及压力（p_1、p_2）等，确定设备间的相对位置 Δz 或完成输送任务所需的功率等。

对于操作型计算中的第二种类型，过程比较简单，一般先计算管路中的能量损失，再根据伯努利方程求解。而对于设计型计算求 d 及操作型计算中的第一种类型求 u 时，会遇到这样的问题，即在阻力计算时，需知摩擦系数 λ，而 $\lambda = \phi(Re, \varepsilon/d)$ 与 u、d 有关，因此无法直接求解，此时工程上常采用试差法求解。试差法计算流速的步骤：

（1）根据伯努利方程列出试差等式；

（2）试差：

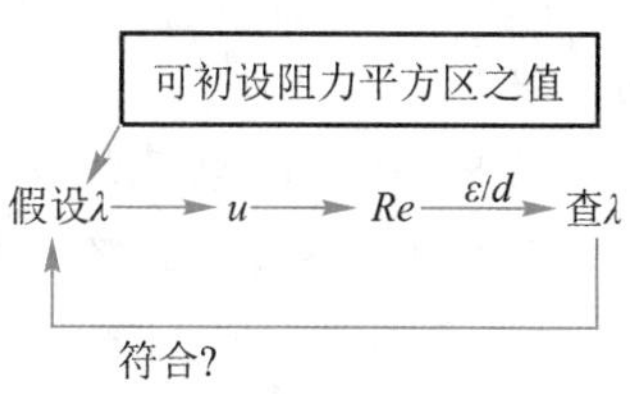

图 1-48

若已知流动处于阻力平方区或层流区,则无须试差,可直接由解析法求解。

【例 1-20】常温水在一根水平钢管中流过,管长为 80 m,要求输水量为 40 m^3/h,管路系统允许的压头损失为 4 m,取水的密度为1 000 kg/m^3,黏度为 1×10^{-3} Pa·s,试确定合适的管子。(设钢管的绝对粗糙度为0.2 mm)

解:水在管中的流速
$$u=\frac{Q}{\frac{\pi}{4}d^2}=\frac{40/3\ 600}{0.785d^2}=\frac{0.014\ 15}{d^2}$$

代入范宁公式
$$H_f=\lambda\frac{l}{d}\frac{u^2}{2g}$$

$$4=\lambda\frac{80}{d}\frac{1}{2\times9.81}\left(\frac{0.014\ 15}{d}\right)^2$$

整理得:
$$d^3=2.041\times10^{-4}\lambda$$

即为试差方程。

由于 $d(u)$ 的变化范围较宽,而 λ 的变化范围小,试差时宜先假设 λ 进行计算。具体步骤:先假设 λ,由试差方程求出 d,然后计算 u、Re 和 ε/d,由图 1-43 查得 λ,若与原假设相符,则计算正确;若不符,则需重新假设 λ,直至查得的 λ 值与假设值相符为止。

实践表明,湍流时 λ 值多在0.02~0.03,可先假设 $\lambda=0.023$,由试差方程解得
$$d=0.086\ \text{m}$$

校核 λ:$u=\frac{0.014\ 15}{d^2}=\frac{0.014\ 15}{0.086^2}=1.91\ \text{m/s}$

$$Re=\frac{d\rho u}{\mu}=\frac{0.086\times1\ 000\times1.91}{1\times10^{-3}}=1.64\times10^5$$

$$\frac{\varepsilon}{d}=\frac{0.2\times10^{-3}}{0.086}=0.002\ 3$$

查图 1-43,得 $\lambda=0.025$,与原假设不符,以此 λ 值重新试算,得

$d=0.087\ 4$ m,$u=1.85$ m/s,$Re=1.62\times10^5$

查得 $\lambda=0.025$,与假设相符,试差结束。

由管内径 $d=0.087\ 4$ m,查附录十七,选用 $\phi114\times4$ mm 的低压流体输送用焊接钢管,其内径为 106 mm,比所需略大,则实际流速会更小,压头损失不会超过 4 m,可满足要求。

试差法不但可用于管路计算,而且在以后的一些单元操作计算中也经常会用到。由上例可知,当一些方程关系较复杂,或某些变量间关系不是以方程的形式而是以曲线的形式给出时,需借助试差法求解。但在试差之前,应对要解决的问题进行分析,确定一些变量的可变范围,以减少试差的次数。

【例 1-21】黏度为 30 cP、密度为 900 kg/m^3 的某油品自容器 A 流过内径 40 mm 的管路进入容器 B。两容器均为敞口,液面视为不变。管路中有一阀门,阀前管长 50 m,阀后管长 20 m(均包括所有局部阻力的当量长度)。当阀门全关时,阀前后的压力表读数分别为8.83 kPa 和4.42 kPa。现将阀门打开至 1/4 开度,阀门阻力的当量长度为 30 m。试求:管路中油品的流量。

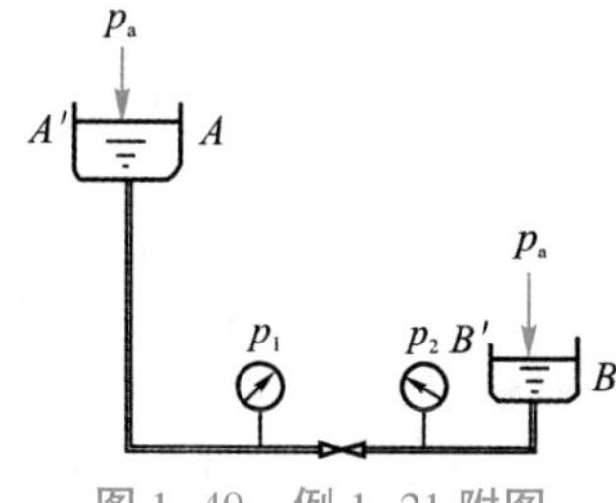

图 1-49　例 1-21 附图

解：阀关闭时流体静止，由静力学基本方程可得

$$z_A = \frac{p_1 - p_a}{\rho g} = \frac{8.83 \times 10^3}{900 \times 9.81} = 1.0 \text{ m}$$

$$z_B = \frac{p_2 - p_a}{\rho g} = \frac{4.42 \times 10^3}{900 \times 9.81} = 0.5 \text{ m}$$

当阀打开 1/4 开度时，在 A-A′与 B-B′截面间列伯努利方程：

$$z_A g + \frac{1}{2}u_A^2 + \frac{p_A}{\rho} = z_B g + \frac{1}{2}u_B^2 + \frac{p_B}{\rho} + \Sigma h_f$$

其中 $p_A = p_B = 0$（表压），$u_A = u_B = 0$

则有

$$(z_A - z_B)g = \Sigma h_f = \lambda \frac{l + \Sigma l_e}{d} \frac{u^2}{2} \quad \text{(a)}$$

由于该油品的黏度较大，可设其流动为层流，则

$$\lambda = \frac{64}{Re} = \frac{64\mu}{d\rho u}$$

代入式(a)，有 $(z_A - z_B)g = \frac{64\mu}{d\rho u} \frac{l + \Sigma l_e}{d} \frac{u^2}{2} = \frac{32\mu(l + \Sigma l_e)u}{d^2\rho}$

$$\therefore u = \frac{d^2\rho(z_A - z_B)g}{32\mu(l + \Sigma l_e)} = \frac{0.04^2 \times 900 \times (1.0 - 0.5) \times 9.81}{32 \times 30 \times 10^{-3} \times (50 + 30 + 20)} = 0.0736 \text{ m/s}$$

校核：

$$Re = \frac{d\rho u}{\mu} = \frac{0.04 \times 900 \times 0.0736}{30 \times 10^{-3}} = 88.32 < 2000$$

假设成立。

油品的流量：

$$Q = \frac{\pi}{4}d^2 u = 0.785 \times 0.04^2 \times 0.0736 = 9.244 \times 10^{-5} \text{m}^3/\text{s} = 0.3328 \text{ m}^3/\text{h}$$

（三）阻力对管内流动的影响

如图 1-50 所示，阀门开度减小时：

（1）阀关小，阀门局部阻力增大，流速 $u\downarrow$，即流量下降。

（2）在 1-1 与 A-A 截面间列伯努利方程：

$$z_1 g + \frac{1}{2}{u_1}^2 + \frac{p_1}{\rho} = z_A g + \frac{1}{2}{u_A}^2 + \frac{p_A}{\rho} + \Sigma h_{f1-A}$$

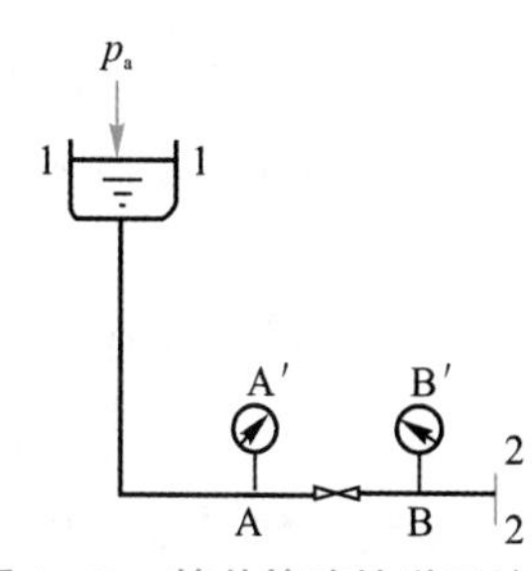

图 1-50　简单管路输送系统

简化得
$$z_1 g = \frac{1}{2}u_A^2 + \frac{p_A}{\rho} + \Sigma h_{f1-A}$$

或
$$z_1 g = \frac{p_A}{\rho} + (\lambda \frac{l_{1-A}}{d} + 1)\frac{u_A^2}{2}$$

显然,阀关小后 $u_A \downarrow$,$p_A \uparrow$,即阀前压力增加。

(3)同理,在 B-B′与 2-2′截面间列伯努利方程,可得:

阀关小后 $u_B \downarrow$,$p_B \downarrow$,即阀后压力减小。

由此可得结论:

①当阀门关小时,其局部阻力增大,将使管路中流量减小;

②下游阻力的增大使上游压力增加;

③上游阻力的增大使下游压力下降。

可见,管路中任一处的变化,必将带来总体的变化,因此必须将管路系统当作整体考虑。

二、复杂管路

管路中存在分支与合流时,称为复杂管路。如图 1-51 所示,在主管路 A 处分两个或多个支路,然后在 B 处又汇合为一的管路,称为并联管路,又如图 1-52 所示在主管路的 *O* 点分成两支路 *A* 和 *B* 后,不再汇合,称为分支管路。

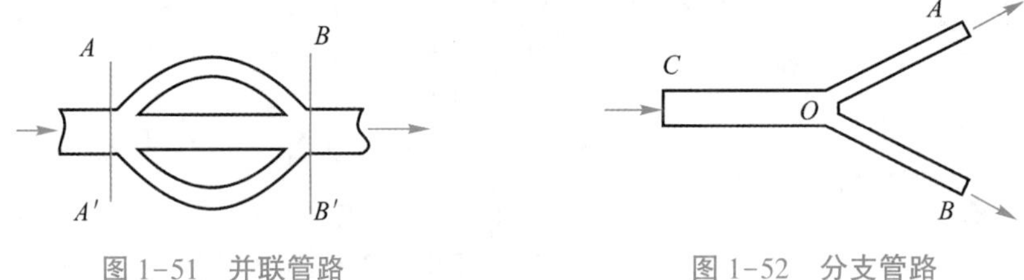

图 1-51　并联管路　　　图 1-52　分支管路

并联管路与分支管路中各支管的流量彼此影响,相互制约。其流动规律虽比简单管路复杂,但仍满足连续性和能量守恒原理。

并联管路与分支管路计算的主要内容为:①规定总管流量和各支管的尺寸,计算各支管的流量;②规定各支管的流量、管长及管件与阀门的设置,选择合适的管径;③在已知的输送条件下,计算输送设备应提供的功率。

(一)并联管路

如图 1-51 所示,在主管某处分成几支,然后又汇合到一根主管。其特点为:

(1)主管中的流量为并联的各支路流量之和,对于不可压缩性流体,则有

$$Q = Q_1 + Q_2 + Q_3 \tag{1-84}$$

(2)并联管路中各支路的能量损失均相等,即

$$\sum h_{f1} = \sum h_{f2} = \sum h_{f3} = \sum h_{fAB} \tag{1-85}$$

图 1-51 中,*A*-*A*′~*B*-*B*′两截面之间的机械能差,是由流体在各个支路中克服阻力造成的,因此,对于并联管路而言,单位质量的流体无论通过哪一根支路,能量损失都相等。

所以,计算并联管路阻力时,可任选任一支路计算,而绝不能将各支管阻力加和在一起作为并联管路的阻力。

并联管路的流量分配:

$$\sum h_{fi} = \lambda_i \frac{(l + \Sigma l_e)_i}{d_i} \frac{u_i^2}{2}, u_i = \frac{4Q}{\pi d_i^2}$$

$$\sum h_{fi} = \lambda_i \frac{(l + \Sigma l_e)_i}{d_i} \frac{1}{2} \left(\frac{4Q_i}{\pi d_i^2} \right)^2 = \frac{8\lambda_i Q_i^2 (l + \Sigma l_e)_i}{\pi^2 d_i^5}$$

$$Q_1 : Q_2 : Q_3 = \sqrt{\frac{d_1^5}{\lambda_1 (l + \Sigma l_e)_1}} : \sqrt{\frac{d_2^5}{\lambda_2 (l + \Sigma l_e)_2}} : \sqrt{\frac{d_3^5}{\lambda_3 (l + \Sigma l_e)_3}}$$

由此可知:支管越长、管径越小、阻力系数越大,流量越小;反之,流量越大。

(二)分支管路

分支管路是指流体由一根总管分流为几根支管的情况,如图 1-52 所示。其特点为:

(1)总管内流量等于各支管内流量之和,对于不可压缩性流体,有

$$Q = Q_1 + Q_2 \tag{1-86}$$

(2)虽然各支路的流量不等,但在分支处 O 点的总机械能为一定值,表明流体在各支管流动终了时的总机械能与能量损失之和必相等。

$$\frac{p_B}{\rho} + z_B g + \frac{1}{2}u_B^2 + \sum h_{fOB} = \frac{p_A}{\rho} + z_A g + \frac{1}{2}u_A^2 + \sum h_{fOA} \tag{1-87}$$

【例 1-22】如图 1-53 所示,从自来水总管接一管段 AB 向实验楼供水,在 B 处分成两路各通向一楼和二楼。两支路各安装一球形阀,出口分别为 C 和 D。已知管段 AB、BC 和 BD 的长度分别为 100 m、10 m 和 20 m(仅包括管件的当量长度),管内径皆为 30 mm。假定总管在 A 处的表压为0.343 MPa,不考虑分支点 B 处的动能交换和能量损失,且可认为各管段内的流动均进入阻力平方区,摩擦系数皆为0.03,试求:

(1)D 阀关闭,C 阀全开(ξ=6.4)时,BC 管的流量为多少?

(2)D 阀全开,C 阀关小至流量减半时,BD 管的流量为多少?总管流量又为多少?

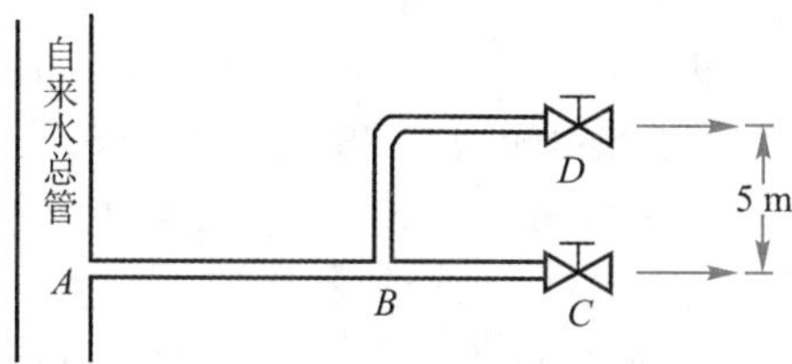

图 1-53　例 1-22 附图

解:(1)在 A-C 截面(出口内侧)列机械能衡算式

$$gz_A + \frac{p_A}{\rho} + \frac{u_A^2}{2} = gz_C + \frac{p_C}{\rho} + \frac{u_C^2}{2} + \sum h_{f,A-C}$$

$$\because\ z_A = z_C, u_A \approx 0, p_C = 0\ (\text{表压}),$$

$$\sum h_{f,A-C} = (\lambda \frac{l_{AB} + l_{BC}}{d} + \xi_{入口} + \xi_{阀}) \frac{u_C^2}{2}$$

$$\frac{p_A}{\rho}=(\lambda\frac{l_{AB}+l_{BC}}{d}+\xi_{入口}+\xi_{阀}+1)\frac{u_C^2}{2}$$

$$u_C=\sqrt{\frac{3.43\times10^5\times2}{1\ 000}/(0.03\frac{100+10}{0.03}+0.5+6.4+1)}=2.41\ \mathrm{m/s}$$

$$Q_C=u_C\frac{\pi}{4}d^2=2.41\frac{0.03^2\pi}{4}=1.71\times10^{-3}\ \mathrm{m^3/s}$$

(2)D阀全开,C阀关小至流量减半时:

在$A\sim D$截面(出口内侧)列伯努利方程(不计分支点B处能量损失)

$$gz_A+\frac{p_A}{\rho}+\frac{u_A^2}{2}=gz_D+\frac{p_D}{\rho}+\frac{u_D^2}{2}+\sum h_{\mathrm{f},A-D}$$

其中: $z_A=0,z_D=5\ \mathrm{m},u_A\approx0,p_D=0$(表压),

$$\sum h_{\mathrm{f},A-D}=(\lambda\frac{l_{AB}}{d}+\xi_{入口})\frac{u^2}{2}+(\lambda\frac{l_{BD}}{d}+\xi_{阀})\frac{u_D^2}{2}$$

$$\frac{p_A}{\rho}=5g+(\lambda\frac{l_{AB}}{d}+\xi_{入口})\frac{u^2}{2}+(\lambda\frac{l_{BD}}{d}+\xi_{阀}+1)\frac{u_D^2}{2}$$

$$u_D=\frac{Q_D}{\frac{\pi}{4}d^2}=\frac{4Q_D}{0.03^2\pi}=1\ 414.7Q_D$$

$$u=\frac{\frac{Q_C}{2}+Q_D}{\frac{\pi}{4}d^2}=\frac{0.85\times10^{-3}+Q_D}{\frac{\pi}{4}(0.03)^2}=1\ 414.7Q_D+1.20$$

$$\frac{3.43\times10^5}{1\ 000}=5\times9.81+(0.03\frac{100}{0.03}+0.5)\frac{(1\ 414.7Q_D+1.20)^2}{2}+(0.03\frac{20}{0.03}+6.4+1)\frac{(1\ 414.7Q_D)^2}{2}$$

化简得: $1.28\times10^8Q_D^2+1.7\times10^5Q_D-221.59=0$

解得: $Q_D=8.10\times10^{-4}\ \mathrm{m^3/s}$

总管流量 $Q=Q_C+Q_D=8.5\times10^{-4}+8.1\times10^{-4}=1.66\times10^{-3}\ \mathrm{m^3/s}$

讨论:对于分支管路,调节支路中的阀门(阻力),不仅改变了各支路的流量分配,同时也改变了总流量。但对于总管阻力为主的分支管路,改变支路的阻力,总流量变化不大。

【例1-23】如图1-54所示,贮槽内有40 ℃的粗汽油(相对密度0.71),液面维持恒定,用泵抽出,流经三通后分成两路。一路送到分馏塔顶部,最大流量为10 800 g/h,另一路送到吸收解吸塔中部,最大流量为6 400 kg/h。已估计出:管路的压头损失自①至③为2 m,自③至④为6 m,自③至⑤为5 m。这都是假定管路上的阀门全开,且流量达到规定的最大值时,所算出的值。粗汽油在管内流动时的动压头很小,可以忽略。求:泵所需提供的外加压头。

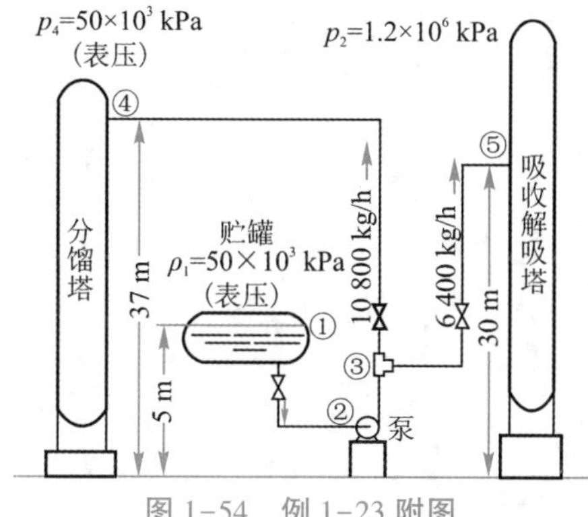

图 1-54 例 1-23 附图

解：截面④、⑤的总压头：

$$h_4 = z_4 + \frac{p_4}{\rho g} = 37 + \frac{50 \times 10^3}{710 \times 9.81} = 44.2\ \text{m}$$

$$h_5 = z_5 + \frac{p_5}{\rho g} = 30 + \frac{1.2 \times 10^6}{710 \times 9.81} = 202.3\ \text{m}$$

要保证将汽油自③送到④⑤达到规定的值，三通处的总压头应为：

$$h_3 = h_4 + \sum h_{f3\to4} = 44.2 + 6 = 50.2\ \text{m}$$

$$h_3 = h_5 + \sum h_{f3\to5} = 202.3 + 5 = 207.3\ \text{m}$$

比较后得知：必须保证 $h_3 = 207.3$ m

自容器内液面①至三通③列机械能衡算式：

$$z_1 + \frac{u_1^2}{2g} + \frac{p_1}{\rho g} + h_e = h_3 + \sum h_{f1\to3}$$

代入数据整理得所需的外加压头为：$h_e = 197.1$ m。

【例 1-24】如图 1-55 所示，用长度 $l = 50$ m 直径、$d_1 = 25$ mm 的总管，从高度 $z = 10$ m 的水塔向用户供水，在用水处水平安装 $d_2 = 10$ mm 的支管 10 个，设总管的摩擦系数 $\lambda = 0.03$，总管的局部阻力系数 $\sum \zeta_1 = 20$。支管很短，除阀门外其他阻力可以忽略，试求：

(1) 当所有阀门全开时($\xi = 6.4$)，总流量为多少？

(2) 再增加同样支路 10 个，各支路阻力同前，总流量有何变化？

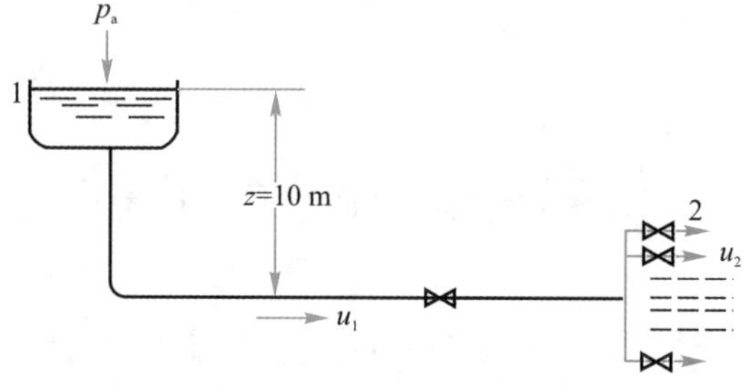

图 1-55 例 1-24 附图

解：(1) 忽略分流点阻力，在液面 1 与支管出口端面 2 间(或分支处)列机械能衡算式得：

$$gz_1=(\lambda\frac{l}{d_1}+\sum\zeta_1)\times\frac{u_1^2}{2}+\xi\frac{u_2^2}{2}+\frac{u_2^2}{2} \tag{a}$$

由质量衡算式得:

$$u_1=\frac{10d_2^2u_2}{d_1^2}=1.6u_2 \tag{b}$$

将(b)式代入(a)式:

$$u_2=\sqrt{\frac{2gz_1}{\left(\lambda\frac{l}{d_1}+\sum\xi_1\right)\times1.6^2+\xi+1}}=0.962\ \text{m/s}$$

$$Q=7.56\times10^{-4}\ \text{m}^3/\text{s}$$

(2)如增加10个支路,则:

$$u'_1=\frac{20d_2^2u'_2}{d_1^2}=3.2\ u'_2$$

$$u'_2=\sqrt{\frac{2gz_1}{\left(\lambda\frac{l}{d_1}+\sum\zeta_1\right)\times3.2^2+\xi+1}}=0.487\ \text{m/s} \tag{c}$$

$$Q'=7.65\times10^{-4}\ \text{m}^3/\text{s}$$

支路数增加一倍,总流量只增加1.2%,这是由于总管阻力起决定作用的缘故。反之,当以支管阻力为主时,情况则大不相同,由式(c)可知,当总管阻力很小时,式(c)分母中的$\xi+1$占主要地位,则u_2接近一常数,总流量几乎与支路的数目成正比。

分析流体由一条总管分流至两支管的情况,阀A和阀B分别装在两分支管路上。如将某一支管的阀门关小,则该支管流量下降,与之平行的支管内流量上升,但总管的流量减小了。上述为一般情况,下面为两种极端情况:

(1)总管阻力可以忽略,支管阻力为主:阀A关小仅使该支管的流量发生变化,对支管B的流量几乎无影响。城市供水、供气管线的铺设尽可能属于这种情况。

(2)总管阻力为主,支管阻力可以忽略:总管中的总流量不因支管情况而变。阀A的启闭不影响总流量,仅改变了各支管间的流量分配。城市供水、供气管线的铺设不希望出现的情况。

第九节 流量的测量

在化工生产过程中,常常需要测定流体的流速和流量。测量装置的型式很多,这里介绍的是以流体机械能守恒原理为基础、利用动能变化和压强能变化的关系来实现流量测量的装置,因而本节也是伯努利方程的某种应用实例。这些装置又可分为两类:一类是定截面、变压差的流量计或流速计,它的流道截面是固定的,当流过的流量改变时,通过压力差的变化反映其流速的变化，皮托测速管、孔板流量计和文丘里流量计均属此类；另一类是变截面、定压力差式的流量计，即流体通道截面随流量大小而变化，而流体通过装置流道截面的压力降则是固定的，如常用的转子流量计。

一、测速管（皮托管）

1.结构和原理

如图 1-56 所示，是由两根弯成直角的同心圆管组成，管子的直径很小。同心圆管的内管前端敞开，正对流体流动方向（即其轴向与流体流动方向平行）；外管前端封死，在离端点一定距离 B 处开有若干测压小孔，流体从小孔旁流过；内外管的另一端分别与 U 形管压差计的两端相连接。

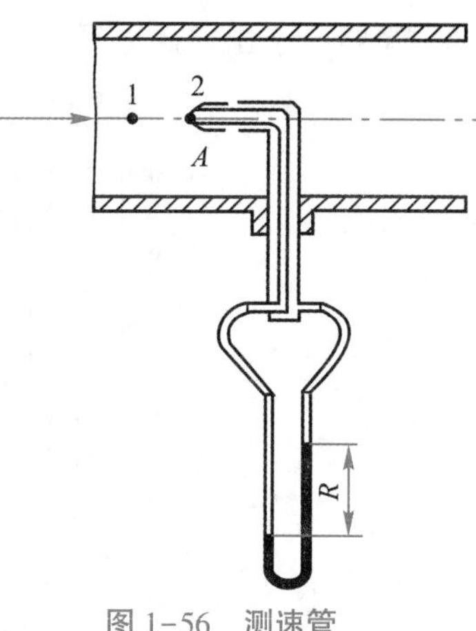

图 1-56　测速管

若在水平管路截面上任一点（如图 1-56 所示为管中心）处安装皮托管，内外管中均充满被测流体。压强 p_1 的流体以局部流速 u_1 流向皮托管，当流体流至前端点 A 时，流体被截，使 $u_A=0$，于是流体的动能在 A 点全部转化为压强能，A 点的压强 p_2 将通过皮托管的内管传至 U 形压差计的左端。A 点处单位质量流体的压强能可表示为

$$\frac{p_2}{\rho}=\frac{p_1}{\rho}+\frac{u_1^2}{2} \tag{1-88}$$

而流体沿皮托管外壁平行流过测压小孔时，由于皮托管直径很小，u 可视为未变，压强 p_1 通过外管侧壁小孔传至 U 形管压差计的右端。若连接管内充满被测流体，则 U 形压差计上的读数反映的是 p_2 和 p_1 的差值，即

$$\frac{p_2-p_1}{\rho}=\frac{u_1^2}{2}=\frac{Rg(\rho_0-\rho)}{\rho} \tag{1-89}$$

式中　ρ_0——指示液的密度，kg/m^3；

ρ——被测流体的密度，kg/m^3；

R——U 形压差计上的读数，mm。

由式（1-88）、式（1-89）可得该处的局部流速为

$$u_r=\sqrt{\frac{2gR(\rho_0-\rho)}{\rho}} \tag{1-90}$$

若测气体：

$$u_r=\sqrt{\frac{2gR\rho_0}{\rho}} \tag{1-91}$$

式中　u_r——待测点的点速度。

测速管的测量准确度与其制造精度有关。一般情况下，需引入一个校正系数 C，即

$$u_r=C\sqrt{\frac{2gR(\rho_0-\rho)}{\rho}} \tag{1-92}$$

通常 $C=0.98\sim1.00$,但有时为了提高测量的准确度,C 值应在仪表标定时确定。

测速管测定的流速是管道截面上某一点的局部值,称为点速度。欲获得管截面上的平均流速 u,需测量径向上若干点的速度,而后按 u 的定义用数值法或图解法积分求得平均流速。

对于内径为 d 的圆管,可以只测出管中心点的速度 u_{max},然后根据 u_{max} 与平均流速 u 的关系将 u 求出。此关系随 Re 改变,如图 1-57 所示。

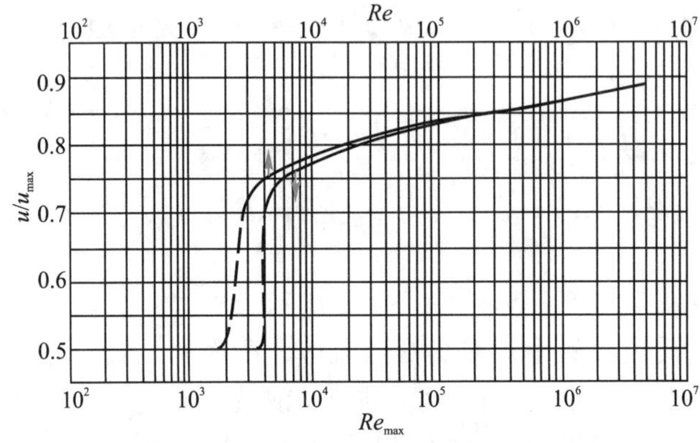

图 1-57　圆管中 u 与 u_{max} 的关系图

【例 1-25】用皮托管测量内径 300 mm 管道内空气的流量,将皮托管插至管道的中心线处。已知测量点处的温度为 20 ℃,真空度为 490 Pa,当地大气压力为 98.66×10^3 Pa。U 形压差计的指示液为水,密度为 998 kg/m³,测得的读数为 100 mm。试求空气的质量流量。

解:在测量点处,温度为 20 ℃,压力为(98 660−490)Pa=98 170 Pa,则

$$\rho=\frac{29}{22.4}\times\frac{273}{273+20}\times\frac{98\ 170}{101\ 325}=1.17\ \mathrm{kg/m^3}$$

由式(1-90),可得管中心处空气的最大流速为

$$u_{max}=\sqrt{\frac{2(\rho_0-\rho)gR}{\rho}}=\sqrt{\frac{2\times(998-1.17)\times9.81\times0.1}{1.17}}=40.89\ \mathrm{m/s}$$

按最大流速计的雷诺数为

$$Re_{max}=\frac{du_{max}\rho}{\mu}=\frac{0.3\times40.89\times1.17}{1.81\times10^{-5}}=7.929\times10^5$$

由图 1-57 查得,当 $Re_{max}=7.929\times10^5$ 时,$\dfrac{u}{u_{max}}=0.852$,故气体的平均流速为

$$u=0.852u_{max}=0.852\times40.89=34.8\ \mathrm{m/s}$$

空气的质量流量为

$$W=3\ 600\times\frac{\pi}{4}d^2\times u\rho=3\ 600\times\frac{\pi}{4}\times0.3^2\times34.8\times1.17=1.04\times10^4\ \mathrm{kg/h}$$

2.应用

测速管的优点是流体的能量损失较小,通常适用于测量大直径管路中的气体流速,但不能直接测量平均流速,且压差读数较小,通常需配用微差压差计。当流体中含有固

体杂质时，会堵塞测压孔，不适用含有固体粒子的流体测定。

测速管对流体阻力小，一般无须校正。测速管管径越小越好，一般 $d_{外径}<D/50$。

二、孔板流量计

1.结构和原理

孔板流量计构造简单，使用可靠，是目前化工生产中应用最多的一种流量测量仪表。

孔板流量计是利用孔板对流体的节流作用，使流体的流速增大，压力减小，以产生的压力差作为测量的依据。

如图 1-58 所示，在管道内与流动垂直的方向插入一片中央开圆孔的板，孔的中心位于管道的中心，即构成孔板流量计。

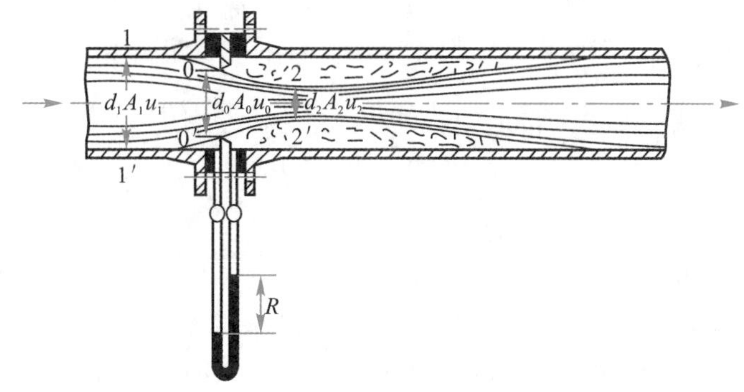

图 1-58　孔板流量计

当被测流体流过孔板的孔口时，流动截面收缩至小孔的截面积，在小孔之后流体由于惯性作用继续收缩一段距离，然后逐渐扩大至整个管截面。流动截面最小处（图中 2-2′截面）称为缩脉。这种由于孔板节流作用而产生的流速变化，必然引起流体压力的变化。在缩脉处，流速最大，流体的压力降至最低。当流体以一定的流量流经孔板时，流量越大，压力改变的幅度也越大，也就是说，压力变化的幅度反映了流体流量的大小。

需要指出，流体在孔板前后的压力变化，一部分是由于流速改变所引起的，还有一部分是由于流过孔板阻力造成。因此，当流速恢复到流经孔板以前的值时，其压力并不能复原，产生了永久压力降。

为了建立管内流量与孔板前后压力变化的定量关系，取孔板上游尚未收缩的流动截面为 1-1′，下游截面宜放在缩脉处，以便测得最大压差读数，但由于缩脉的位置及其截面积难于确定，故以孔口处为下游截面 0-0′，在 1-1′和 0-0′两截面之间列机械能衡算方程，$z_1+\frac{p_1}{\rho}+\frac{u_2^1}{2}+W_e=z_2+\frac{p_2}{\rho}+\frac{u_2^2}{2}\sum h_f$，其中由于水平管，$z_1=z_2, W_e=0, \sum h_f$ 暂时忽略，可得

$$\frac{p_1}{\rho}+\frac{u_1^2}{2}=\frac{p_0}{\rho}+\frac{u_0^2}{2} \tag{1-93}$$

或写成

$$\sqrt{u_0^2-u_1^2}=\sqrt{2(p_1-p_0)/\rho} \tag{1-94}$$

推导上式时,系假定流体流经孔板时无能量损失。实际上这一假定并不成立。为此,在式(1-94)中引入校正系数 C_1,以校正因忽略能量损失带来的偏差,则式(1-94)变为

$$\sqrt{u_0^2 - u_1^2} = C_1\sqrt{2(p_1 - p_0)/\rho} \tag{1-94a}$$

此外,由于孔板厚度很小,如标准孔板的厚度 $\leqslant 0.05d_1$,而测压孔的直径 $\leqslant 0.08d_1$,一般为 6~12 mm,故不能将下游测压口正好放在孔板上,比较常用的一种方法是将上、下游两个测压口装在紧靠着孔板前后的位置上,如图 1-58 所示。此种测压方法称为角接取压法,由此测出的压差便与式(1-94a)中的 p_1-p_0 有所区别。若以 p_a-p_b 表示角接取压法所测定的孔板前后的压差,以其代替式中的 p_1-p_0,并引入另一校正系数 C_2 以校正上、下游测压口的位置影响,则式(1-94a)可写成

$$\sqrt{u_0^2 - u_1^2} = C_1C_2\sqrt{2(p_1 - p_0)/\rho} \tag{1-94b}$$

令管道与孔板小孔的截面积分别为 A_1 和 A_0,将不可压缩流体的连续性方程

$Q = A_1u_1 = A_0u_0$ 代入上式,可得 $u_0 = \dfrac{C_1C_2\sqrt{2(p_a - p_b)/\rho}}{\sqrt{1 - (A_0/A_1)^2}}$ (1-95)

令 $C_0 = \dfrac{C_1C_2}{\sqrt{1 - (A_0/A_1)^2}}$,则上式变为

$$u_0 = C_0\sqrt{2(p_a - p_b)/\rho} \tag{1-96}$$

将上式两端同乘以孔板小孔的截面积,可得被测流体的体积流量为

$$Q = A_0u_0 = C_0A_0\sqrt{2(p_a - p_b)/\rho} \tag{1-97}$$

若上式两端同乘以流体密度 ρ,则得质量流量

$$W = \rho A_0u_0 = C_0A_0\sqrt{2(p_a - p_b)\rho} \tag{1-98}$$

当采用 U 形压差计测量 p_a-p_b,其读数为 R,指示液密度为 ρ_0,则

$$p_a - p_b = (\rho_0 - \rho)gR$$

将上式代入式(1-97)或式(1-98)中,可分别得

$$Q = A_0u_0 = C_0A_0\sqrt{2gR(\rho_0 - \rho)/\rho} \tag{1-99}$$

$$W = \rho A_0u_0 = C_0A_0\sqrt{2gR(\rho_0 - \rho)\rho} \tag{1-100}$$

式中的 C_0 称为流量系数或孔流系数,其值与 Re、面积比 A_0/A_1 以及取压法有关,需由实验测定。采用角接法时,流量系数 C_0 与 Re、A_0/A_1 的关系如图 1-59 所示。图中 $Re = \dfrac{d_1\rho u_1}{\mu}$ 为流体流经管路的雷诺数,A_0/A_1 为孔口截面积与管截面积之比。由图可见,对于任一 A_0/A_1 值,当 Re 超过某临界值 Re_c 后,C_0 即变为一个常数。流量计的测量范围最好落在 C_0 为常数的区域。设计合理的孔板流量计,C_0 在0.6~0.7为宜。

【例 1-26】为了测量某溶液在 $\phi 83\times 3.5$ mm 的钢管内流动的质量流量,在管路中装一标准孔板流量计,以 U 管水银压差计测量孔板前、后的压力差。溶液的最大流量为 36 m^3/h,希望在最大流速下压差计读数不超过 600 mm,采用角接取压法,试求孔板孔径。(已知溶液黏度为 1.5×10^{-3} Pa·s,密度为1 600 kg/m^3)

解:本题需采用试差法求解,设 $Re>Re_c$,并取 $C_0=0.65$,则由式(1-99),得

$$A_0=\frac{Q}{C_0}\sqrt{\frac{\rho}{2gR(\rho_0-\rho)}}=\frac{36}{0.65\times 3\ 600}\times\sqrt{\frac{1\ 600}{2\times 9.81\times 0.6\times(13\ 600-1\ 600)}}=0.001\ 64\ \text{m}^2$$

故相应的孔板孔径为

$$d_0=\sqrt{\frac{4A_0}{\pi}}=\sqrt{4\times\frac{0.001\ 64}{\pi}}=0.045\ 7\ \text{m}$$

于是

$$\frac{A_0}{A_1}=\left(\frac{d_0}{d_1}\right)^2=\left(\frac{45.7}{75}\right)^2=0.37$$

校核 Re 是否大于 Re_c。

$$u_1=\frac{Q}{A_1}=\frac{36}{3\ 600\times 0.075^2\times\frac{\pi}{4}}=2.26\ \text{m/s}$$

故

$$Re=\frac{d_1\rho u_1}{\mu}=\frac{0.075\times 2.26\times 1\ 600}{1.5\times 10^{-3}}=1.81\times 10^5$$

由图 1-59 可知，当 $\frac{A_0}{A_1}=0.37$ 时，上述 $Re>Re_c$，即 C_0 确为常数，其值仅由 $\frac{A_0}{A_1}$ 所决定，从图亦可查得 $C_0=0.65$，与原假定相符。因此，孔板的孔径 $d_0=45.7$ mm。

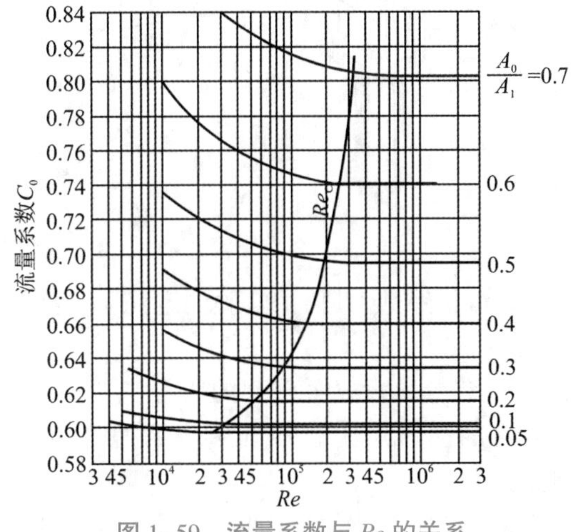

图 1-59　流量系数与 Re 的关系

2.应用及安装

在应用式(1-99)或式(1-100)时，需预先确定流量系数 C_0 的值。但由于 C_0 与 Re 及 A_0/A_1 有关，因此不论是设计型计算（确定孔板孔径 d）还是操作型计算（确定流量或流速）均需采试差法，具体步骤详见例 1-26。

为保证通过孔板之前流速分布稳定，孔板流量计安装位置的上、下游都要有一段内径不变的直管作为稳定段。根据经验，其上游直管长度至少应为 $10d_1$，下游长度至少为 $5d_1$。不得在此设弯头、阀门等管件。

孔板流量计制造简单，易调整，安装与更换方便，其主要缺点是流体的能量损失大，孔口边缘易腐蚀、磨损。A_0/A_1 越小，能量损失越大。

孔板流量计的永久能量损失,可按下式估算

$$h'_{\mathrm{f}}=\frac{p_{\mathrm{a}}-p_{\mathrm{b}}}{\rho}\left(1-\frac{1.1A_0}{A_1}\right) \tag{1-101}$$

式中 h'_{f}——孔板流量计的永久能量损失,J/kg。

三、文丘里流量计

为减少流体节流造成的能量损失,可用一段渐缩渐扩的短管代替孔板,这就构成了文丘里流量计,如图 1-60 所示。

当流体在渐缩渐扩段内流动时,流速变化平缓,涡流较少,于喉颈处(即最小流通截面处)流体的动能达最高。此后,在渐扩的过程中,流体的速度又平缓降低,相应的流体压力逐渐恢复。如此过程避免了涡流的形成,从而大大降低了能量的损失。

由于文丘里流量计的工作原理类似于孔板流量计,故流体的流量可按下式计算

$$Q=C_{\mathrm{V}}A_0\sqrt{\frac{2g(p_1-p_0)}{\rho}} \tag{1-102}$$

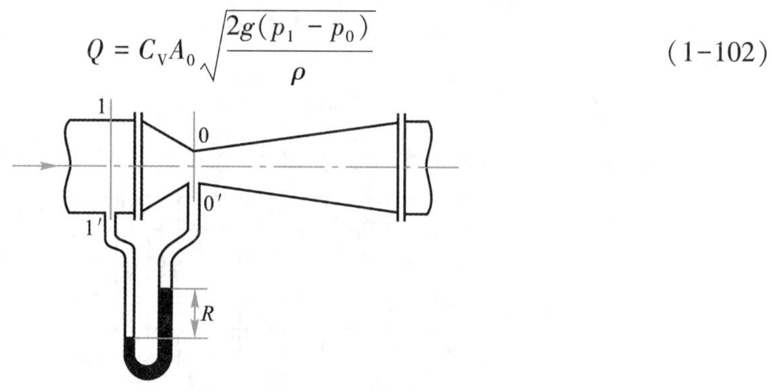

图 1-60 文丘里流量计

式中 C_{V}——文氏流量计的流量系数,其值由实验测定,C_{V} 一般为0.98~0.99;

A_0——喉颈处截面积;

p_1-p_0——上游截面 1-1′与喉管截面 0-0′的压力差。

通常文丘里流量计上游的测压点距管径开始收缩处的距离至少应为管径长度的1/2,而下游测压口设在喉颈处。

文丘里流量计的优点是能量损失小,但不如孔板那样容易更换以适用于各种不同的流量测量;文丘里管的喉颈是固定的,致使其测量的流量范围受到实际 Δp 的限制。

四、转子流量计

前述各流量计的共同特点是收缩口的截面积保持不变,而压力随流量的改变而变化,这类流量计统称变压差流量计。另一类流量计是压力差几乎保持不变,而收缩的截面积变化,这类流量计称为截面流量计,其中最为常见的是转子流量计。

1.结构

图 1-61 是转子流量计示意图,它由一个截面自下而上逐渐扩大的锥形垂直玻璃管和一个能够旋转自如的金属或其他材质的转子所构成。被测流体由底端进入,由顶端流出。

2.原理

当管中无流体通过时,转子沉于管底。当被测流体以某一流量流过该转子流量计时,转子受到两个力的作用:其一是垂直向上的推动力,其值为流体在转子上、下游的压力差;其二是与之方向相反的转子所受的净重力,其值为转子本身所受的重力减去流体对转子的浮力。

当被测流体以一定流量通过时,流体在环隙中的速度较大,压力减小,在转子的上下端面形成一个压差,转子将“浮起”。随着转子的上浮,环隙面积逐渐加大,环隙中的流速将减小,两端的压差随之降低。当转子上浮至某一定高度,转子上下端压差造成的升力等于转子的重力时,转子不再上升,悬浮于该刻度上。当流量增大,转子两端的压差也随之增大,转子在原来位置的力平衡被破坏,转子将上升至另一刻度,达到新的力平衡。转子的悬浮高度随流量而变,转子的位置一般是上端平面指示流量的大小。

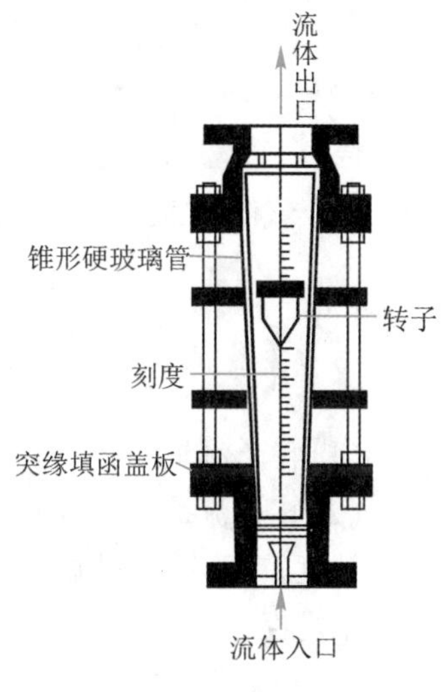

图 1-61　转子流量计

3.流量方程

设转子的体积为 V_f,密度为 ρ_f,其最大截面积为 A_f,被测流体的密度为 ρ,转子上下游流体的压力差为 p_1-p_2,则平衡时可写成

$$(p_1 - p_2)A_f = (\rho_f - \rho)V_f g$$

或写成

$$p_1 - p_2 = \frac{(\rho_f - \rho)V_f g}{A_f} \tag{1-103}$$

由此可见,对于特定的转子流量计,当待测流体给定后,式(1-103)的右侧各项均为定值,亦即 $p_1 - p_2$ 与流量大小无关。流量的大小仅仅取决于转子与玻璃管之间的环隙面积。此时,流体流经该环隙截面时,其流量与压力差的关系相当于流体流经孔板流量计孔口的情况,于是

$$Q = C_R A_R \sqrt{\frac{2(p_1 - p_2)}{\rho}} \tag{1-104}$$

将式(1-103)代入上式,可得

$$Q = C_R A_R \sqrt{\frac{2gV_f(\rho_f - \rho)}{A_f \rho}} \tag{1-105}$$

式中　A_R——转子与玻璃管之间环隙的截面积;

C_R——转子流量计的流量系数,其值与 Re 及转子形状有关,需由实验测定。

由式(1-105)可见,对于特定的转子流量计,如果在所测量的流量范围内,流量系数 C_R 不变,则流量仅随 A_R 而变。由于玻璃管为上大下小的锥体,故 A_R 值随转子所处的位置而变,因而转子所处位置的高低反映了流量的大小。

4.读数的校正

转子流量计由专门厂家生产。转子流量计上的刻度值一般是在出厂前用 20 ℃清水或常压的空气进行标定的,当被测流体与标定条件不相符时,应对原刻度加以校正。

用下标 1 表示读数,下标 2 表示校正值:

$$\frac{Q_1}{Q_2}=\sqrt{\frac{\rho_2(\rho_f-\rho_1)}{\rho_1(\rho_f-\rho_2)}} \tag{1-106}$$

对于气体,在同一刻度下,由于转子的密度比任何气体的密度要大得多,上式可简化为:

$$\frac{Q_1}{Q_2}=\sqrt{\frac{\rho_2}{\rho_1}} \tag{1-107}$$

5.安装及优缺点

(1)转子流量计必须垂直安装在管路上,而且流体必须下进上出。

(2)转子流量计读数方便,可以直接读出体积流量,且流动阻力较小,测量范围较宽,测量精度较高,对不同流体的适应性也较强,流量计前后不需要很长的稳定段,玻璃管的化学稳定性也较好。

(3)玻璃管不能经受高温和高压,在安装使用过程中玻璃容易破碎。所以在选用时应当注意使用条件,操作时也应缓慢启闭阀门,以防转子的突然升降而击碎玻璃管。

第十节　非牛顿流体*

在食品、造纸、高分子材料、环境工程和涂料等行业中经常碰到流体的剪应力不服从牛顿黏性定律,这类流体称为非牛顿流体。非牛顿流体剪应力 τ 与速度梯度(亦称剪切速率)$\frac{du}{dy}$的关系非简单的线性关系。对于大多数非牛顿流体,在很大范围的剪切速率下,τ 可用下列指数型方程表示

$$\tau=k\left(\frac{du}{dy}\right)^n \tag{1-108}$$

式中　k——稠度系数,$N\cdot s^n\cdot m^{-2}$;

　　n——流性指数。

与牛顿黏性定律相比,式(1-108)可写成

$$\tau=k\left(\frac{du}{dy}\right)^{n-1}\left(\frac{du}{dy}\right)=\mu_a\frac{du}{dy} \tag{1-109}$$

其中$\mu_a=k\left(\frac{du}{dy}\right)^{n-1}$,$\mu_a$ 与剪切速率$\frac{du}{dy}$有关,这与牛顿黏性定律中的黏度μ 有本质的区别,因此被称为表观黏度。根据表观黏度与剪切速率的关系,非牛顿流体主要有下列几种。

一、宾汉塑性流体

这类流体(如纸浆、污泥、泥浆、牙膏、肥皂等)流动时,剪应力必须超过一个初始剪应力才能产生剪切速率,如图 1-62 中通过 τ_0 的直线 2 所示。用数学式可表示为

$$\tau = \tau_0 + k\frac{du}{dy} \tag{1-110}$$

宾汉塑性流体的这种特性被解释为其具有三维结构,有足够的刚性抵抗一定的剪应力。

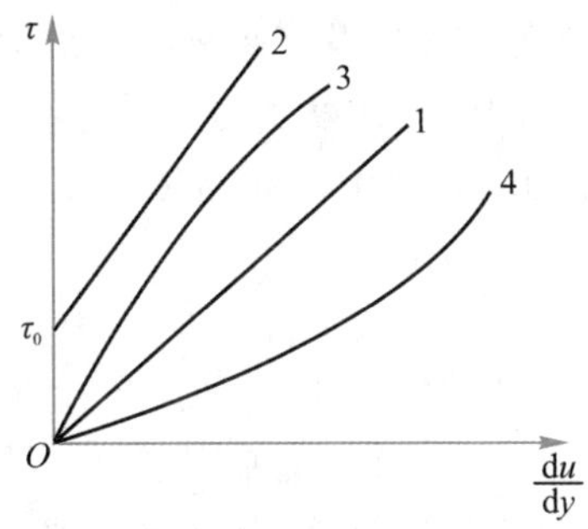

1—牛顿流体;2—宾汉塑性流体;3—假塑性流体;4—胀塑性流体

图 1-62　牛顿流体与非牛顿流体剪切图

二、假塑性流体

这类流体的剪应力在流性指数 $n<1$ 时,服从方程式(1-108),因此表观黏度值随剪切速率增大而减小,如图 1-62 中过原点向下弯的曲线 3 所示。多数非牛顿流体属于此类,如高分子溶液、油脂、油漆、涂料、淀粉溶液等。

三、胀塑性流体

式(1-108)中 $n>1$ 时,称为胀塑性流体。它与假塑性流体相反,其表观黏度随剪切速率的增大而增大,如图 1-62 中过原点向上弯的曲线 4 所示。这类流体如含细粉浓度很高的水浆,含硅酸钾、阿拉伯树胶等的水溶液等。

非牛顿流体与牛顿流体的流动特性有本质的区别,因此在流体阻力、传热、传质等方面也会表现出明显的差异。有关这方面的问题,可查看专门的书籍。

思 考 题

1-1　说明下列概念的意义。

定态流动　不可压缩流体　连续介质　比体积　牛顿黏性定律　速度梯度
体积流量　质量流量　位能　动能　层流　湍流　边界层　层流内层
边界层分离　管壁的绝对粗糙度与相对粗糙度　速度分布

1-2　推导理想流体的伯努利方程。

1-3　举例说明理想流体伯努利方程中三种能量的转换关系。

1-4　简述流体流动状态的判断方法及影响因素。

1-5　如何用实验方法判断流体的流型?

1-6　说明管壁的粗糙度对流体流动阻力的影响。

1-7 静力学方程的依据和使用条件是什么？应如何选择等压面？

1-8 连续性方程和伯努利方程的依据和应用条件是什么？应用伯努利方程时，为什么要选取计算截面和基准面？应如何选取？方程中动能与位能的转化条件是什么？

1-9 计算直管摩擦阻力系数的方法及其影响因素是什么？为什么在不同区域影响因素不同？不同区域的摩擦阻力损失与速度 u 的关系是什么？

1-10 为什么孔板流量计的应用范围都应当处于流量系数为常数的区域？它们的安装各有什么基本要求？

1-11 用U形压差计测量一楼处某常压氢气管道中某点的压强。为了操作方便，将U形压差计安装在三楼，这时应如何根据该压差计读数计算测点的实际绝对压强？

1-12 若设备内为真空系统，既要使设备底部液体不断排出，又要防止外界空气漏入以维持设备内的真空度。此时应当如何设计水封？试画出示意图。

1-13 虹吸是一种常用来在大气压强下，将容器A中的液体转移到容器B中的手段。产生虹吸的必要条件是：a.A容器中的液面应比虹吸管出口截面高；b.虹吸管内必须充满被输送液体。试分析：①上述两个条件为什么必须满足？②如本题附图所示，判断沿虹吸管各高度位置上压强的可能变化。③在相同水平面上，$a-a'$与$b-b'$两截面是否为等压面？

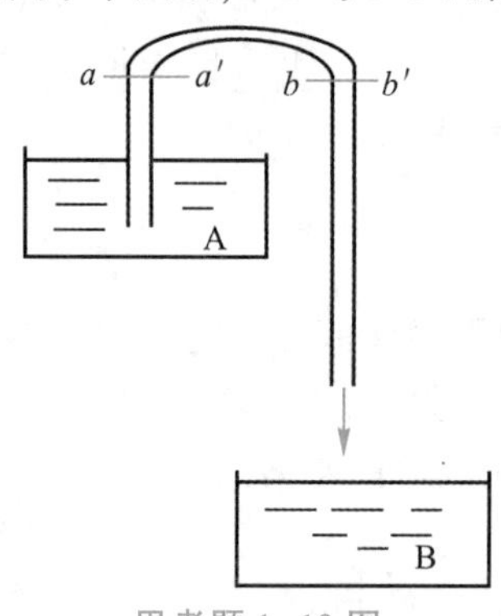

思考题 1-13 图

1-14 在生产中常通过改变管路上阀门的开启度来调节设备间的流量大小，能根据伯努利方程说明其原理吗？对闸阀来说，是在开启度较大时调节比较灵敏还是较小时调节比较灵敏？

1-15 如附图所示，高位槽A内的液体通过一等径管路注入槽B。在管线上装有阀门，阀前、后(1、2)处分别安装压力表。假设槽A、B液面维持不变，阀前、后管长分别为 L_1 和 L_2。现将阀门关小，试分析管内流量及1、2处压力表读数如何变化。

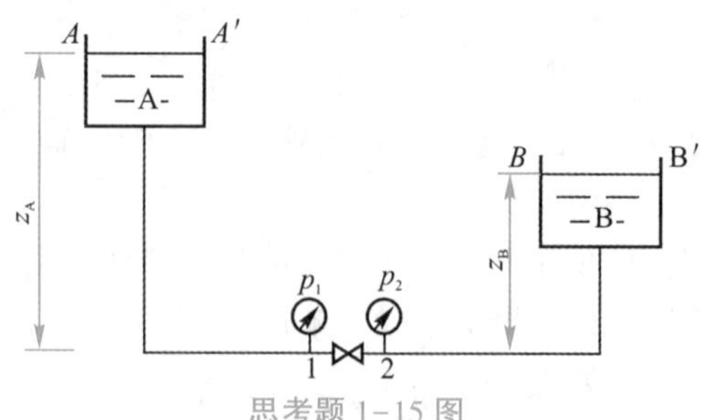

思考题 1-15 图

1-16 在计算非圆形管路的直管阻力损失时用到了一个当量直径的概念，在计算局部阻力时又用到了一个当量长度的概念，这种当量化的思路有什么特点和优点？

1-17 对孔板流量计，为什么 A_0/A_1 愈大，C_0 值也愈大？

1-18 有一转子流量计，原来用钢制的转子，现改用形状相同的塑料转子代替，此时，同刻度下的流量是增加还是减少？

习 题

1-1 试计算氨在2.55 MPa(表压)和 16 ℃下的密度。已知当地大气压强为100 kPa。

[答：18.75 kg/m^3]

1-2 某气柜内压强为0.075 MPa(表压)，温度为 40 ℃，混合气体中各组分的体积分数为：

气体	H_2	N_2	CO	CO_2	CH_4
$V_i/\%$	40	20	32	7	1

试计算混合气的密度。当地大气压强为 100 kPa。

[答：1.25 kg/m^3]

1-3 在大气压强为 100 kPa 地区，某真空蒸馏塔塔顶的真空表读数为 90 kPa。若在大气压强为 87 kPa 地区，仍要求塔顶绝压维持在相同数值下操作，问此时真空表读数应为多少？

[答：77 kPa]

1-4 计算 20 ℃下苯和甲苯等体积混合时的密度及平均相对分子质量。设苯-甲苯混合液为理想溶液。

[答：873 kg/m^3，84.4]

1-5 用普通 U 形压差计测量原油通过孔板时的压降，指示液为水银，原油的密度为860 kg/m^3，压差计上测得的读数为18.7 cm。计算原油通过孔板时的压强降(水银的密度可取为13 600 kg/m^3)。

[答：23.37 kPa]

1-6 一敞口烧杯底部有一层深度为 51 mm 的常温水，水面上方有深度为120 mm的油层，大气压强为 745 mmHg 柱，温度为 30 ℃，已知油的密度为 820 kg/m^3。试求烧杯底部所受的绝对压强。

[答：100.8 kPa]

1-7 用一串联 U 形压差计测量水蒸气锅炉水面上的蒸气压 p_1，U 形压差计指示液均为水银，连接两 U 形压差计的倒 U 形管内充满水，已知从右至左四个水银面与基准水平面的垂直距离分别为 $h_1=2.2$ m、$h_2=1$ m、$h_3=2.3$ m、$h_4=1.3$ m。锅炉水面与基准水平面的垂直距离为 $h_5=3$ m。求水蒸气锅炉水面上方的蒸气压 p_1。

[答：蒸气压6.46×10^5 Pa]

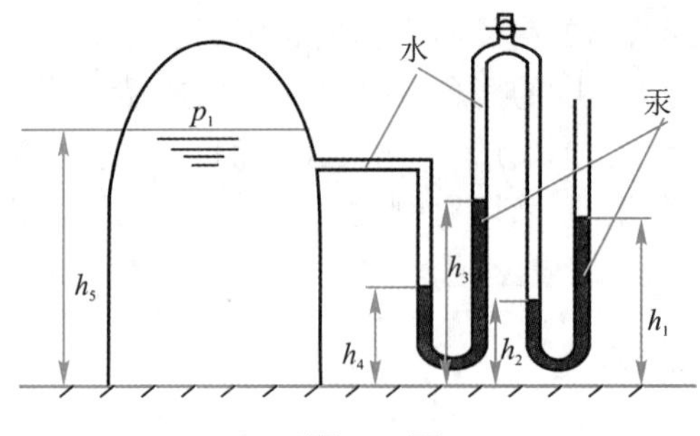

习题 1-7 图

1-8　试管内盛有 10 cm 高的水银,再于其上加入 6 cm 高的水。水银密度为 13 560 kg/m^3,温度为 20 ℃,当地大气压为 101 kPa。求试管底部的压强。

[答:1.15×10^5 Pa]

1-9　在压缩空气输送管道的水平段装设一水封设备如图,其垂直细支管(水封管)用以排出输送管道内的少量积水。已知压缩空气压强为 50 kPa(表压)。试确定水封管至少应插入水面下的最小深度 h。

[答:$h\geqslant5.1$ m]

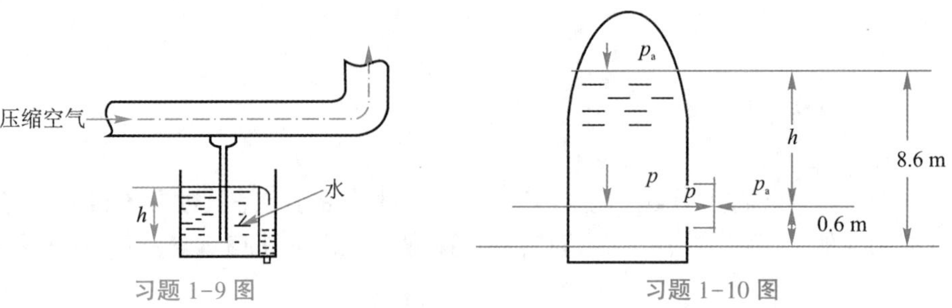

习题 1-9 图　　习题 1-10 图

1-10　贮油槽中盛有密度为 960 kg/m^3 的食用油,油面高于槽底9.6 m,油面上方通大气,槽侧壁下部开有一个直径为 500 mm 的圆孔盖,其中心离槽底 600 mm。求作用于孔盖上的力。

[答:16.63 kN]

1-11　如本题图所示,用套管式热交换器加热通过内管的某有机物,已知内管为 $\phi33.5\times3.25$ mm,外管为 $\phi60\times3.5$ mm 的焊接钢管。有机物密度为1 060 kg/m^3,流量为6 000 kg/h;加热媒质为 115 ℃的饱和水蒸气在外环隙间流动,其密度为0.963 5 kg/m^3,流量为 120 kg/h。求有机物和饱和水蒸气的平均流速。

[答:$u_{有机物}=2.75$ m/s;$u_{水蒸气}=26.21$ m/s]

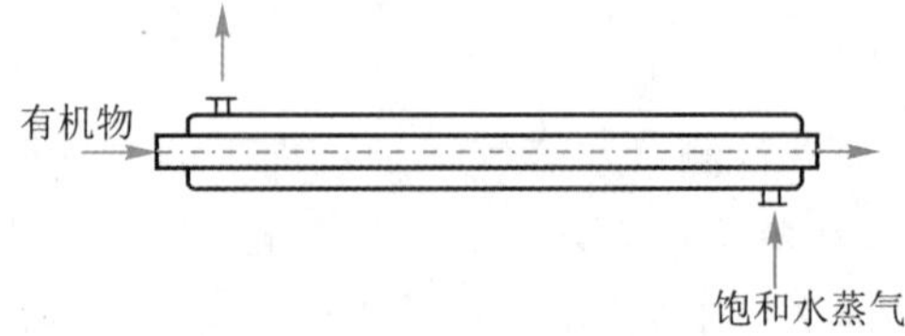

习题 1-11 图

1-12 水流经一文丘里管，如本题图示，截面 1 处的管内径为0.1 m，流速为0.5 m/s，其压强所产生的水柱高为 1 m；截面 2 处的管内径为0.05 m。忽略水由 1 截面到 2 截面流动过程的能量损失，1、2 两截面产生的水柱高差 h 为多少米？

［答：0.191 m］

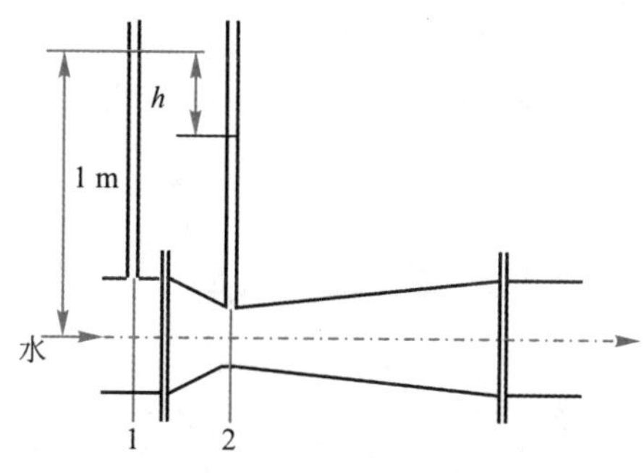

习题 1-12 图

1-13 某植物油流过一水平渐缩管段，管大头内径为 20 mm，小头内径为 12 mm，现测得这两截面间的压强差为1 000 Pa，该植物油的密度为 950 kg/m^3，不计流动损失。求每小时油的质量流量。

［答：W=602 kg/h］

1-14 从高位槽向塔内加料。高位槽和塔内的压力均为大气压。要求料液在管内以1.5 m/s 的速度流动。设料液在管内压头损失为2.2 m（不包括出口压头损失）。高位槽的液面应该比塔入口处高出多少米？

［答：2.315 m］

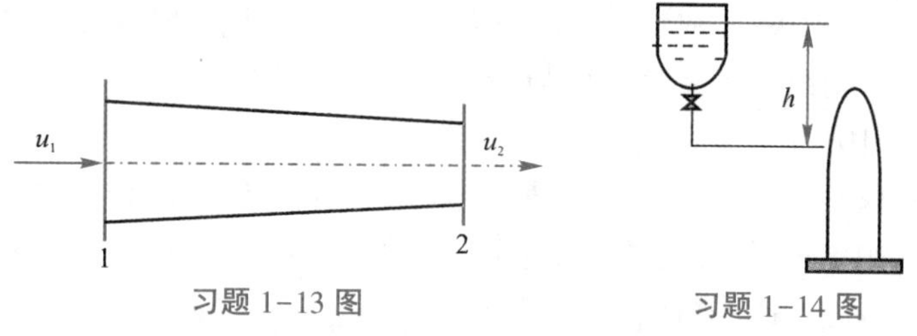

习题 1-13 图　　习题 1-14 图

1-15 20 ℃下水在 50 mm 内径的直管中以3.6 m/s 的流速流动，试判断其流动类型。

［答：湍流］

1-16 37 ℃下血液的运动黏度是水的 5 倍。现欲用水在内径为 1 cm 的管道中模拟血液在内径为 5 mm 的血管中以 15 cm/s 流动过程的血流动力学情况，实验水流速度应取为多少？

［答：1.5 cm/s］

1-17 硝基苯在内径为 d_1 的管路中做稳定流动，平均流速为 u_1，若将管径增加一倍，体积流量和其他条件均不变，求平均流速为原来的多少倍？

［答：0.25倍］

1-18 如图所示，有一输水系统，高位槽水面高于地面 8 m，输水管为普通无缝钢管 ϕ108×4.0 mm，埋于地面以下 1 m 处，出口管管口高出地面 2 m。已知水流动时的阻力损失可用下式计算：$\sum h_f = 45\left(\frac{u^2}{2}\right)$。式中，$u$ 为管内流速。试求：①输水管中水的流量；②欲使水量增加 10%，应将高位槽液面增高多少？(设在两种情况下高位槽液面均恒定)

[答：①45.2 m^3/h；②1.26 m]

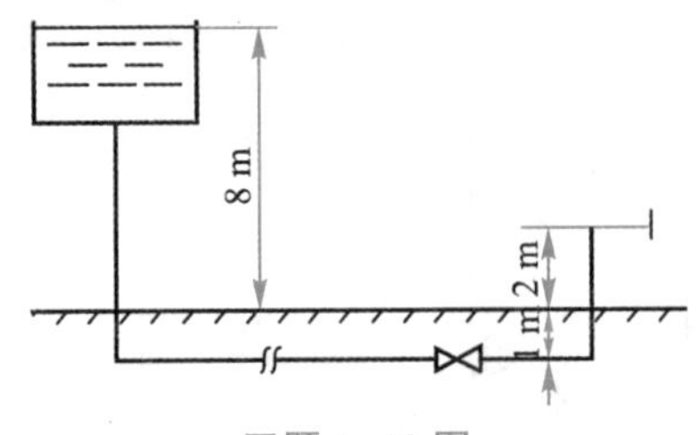

习题 1-18 图

1-19 如图所示水槽，液面恒定，底部引出管为 ϕ 1 08×4.0 mm 无缝钢管。当阀门 A 全闭时，近阀门处的玻璃管中水位高 h 为 1 m，当阀门调至一定开度时，h 降为 400 mm，此时水在该系统中的阻力损失(由水槽至玻璃管接口处)为 300 mm 水柱，试求管中水的流量。

[答：68.7 m^3/h]

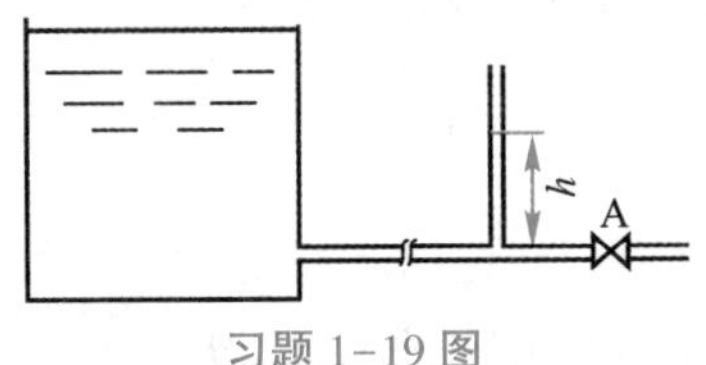

习题 1-19 图

1-20 某输液管路输送 20 ℃某有机液体，其密度为1 022 kg/m^3，黏度为4.3 cP。管子为热轧无缝钢管 ϕ57×3.5 mm，要求输液量为 1 m^3/h，管子总长为 10 m(包括局部阻力的当量长度在内)。试求：①流过此管的阻力损失；②若改用无缝钢管 ϕ 25×2.5 mm，阻力损失为多少？钢管的绝对粗糙度可取为0.2 mm。

[答：①$7.65\times10^{-2}$ J/kg；②9.79 J/kg]

1-21 原油以28.9 m^3/h 流过一普通热轧无缝钢管，总管长为 530 m(埋于地面以下)，允许阻力损失为 80 J/kg，原油在操作条件下的密度为 890 kg/m^3，黏度为3.8 mPa·s。管壁粗糙度可取为0.5 mm。试选择适宜的管子规格。

[答：热轧无缝钢管 ϕ114×4 mm]

1-22 用玻璃虹吸管将槽内某酸溶液自吸出来，如图所示。溶液密度为1 200 kg/m^3，黏度为6.5 cP。玻璃虹吸管内径为 25 mm，总长为 4 m，其上有两个 90°标准弯头。若要使输液量不小于0.5×10^{-3} m^3/h，高位槽液面至少要比出口高出多少？设高位槽内液面恒定。

[答：0.545 m]

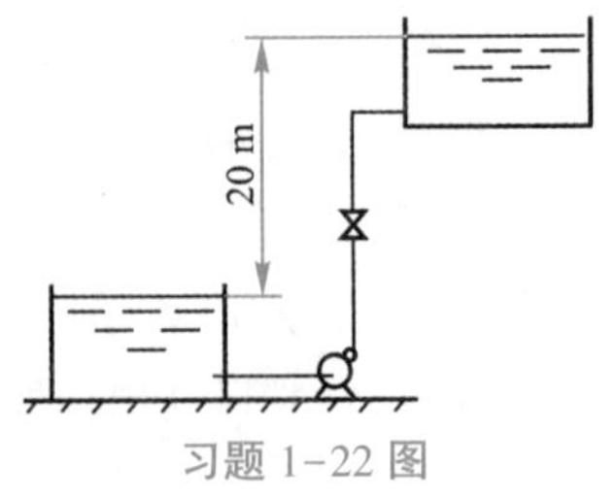

习题 1-22 图

1-23　高位水槽底部接有一长度为 30 m(包括局部阻力的当量长度)、内径为20 mm的钢管,该管末端分接两个处于同一水平面的支管,支管直径与总管相同,各支管均装有一相同的球阀($\zeta=6.4$),因支管很短,除球阀的局部阻力外,其他阻力可以忽略。高位槽水位恒定,水面与支管出口的垂直距离为 6 m。试求开一个阀门和同时开两个阀门管路系统的流量。

[答:开一阀门时,$V=2.0\ m^3/h$;两阀门同时打开时,$V=2.17\ m^3/h$]

1-24　用一台轴功率为7.5 kW 的库存离心泵将溶液从贮槽送至表压为0.2×10^5 Pa的密闭高位槽(见图),溶液密度为1 150 kg/m^3、黏度为 1.2×10^{-3} Pa·s。管子直径为$\phi108\times4$ mm,直管长度为 70 m,各种管件的当量长度之和为 100 m(不包括进口和出口的阻力),直管阻力系数为0.026。输送量为 50 m^3/h,两槽液面恒定,其间垂直距离为 20 m。泵的效率为 65%。试从功率角度考虑核算该泵能否完成任务。

[答:该泵轴功率为 7.5 kW,大于完成输送任务所需功率7.01 kW,故从功率角度考虑,该泵能完成输送任务]

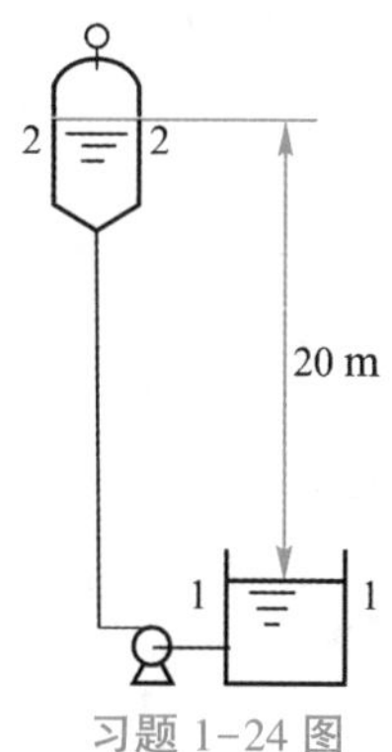

习题 1-24 图

1-25　如图所示输送水的系统,水池与高位容器均为敞口,假设两液面维持恒定。水流量用孔板流量计测量,其孔径为 20 mm,孔流系数为0.61,管子均为无缝钢管ϕ 57×3.5 mm,管长为 250 m(包括孔板在内的所有局部阻力的当量长度),管壁的绝对粗糙度可取为0.2 mm。U 形压差计中指示液为汞。水温为 20 ℃。当水流量为6.86 m^3/h时,试求:①由离心泵获得的机械能;②此时压差计上的读数 R。

[答:①173.5 J/kg;②400 mm]

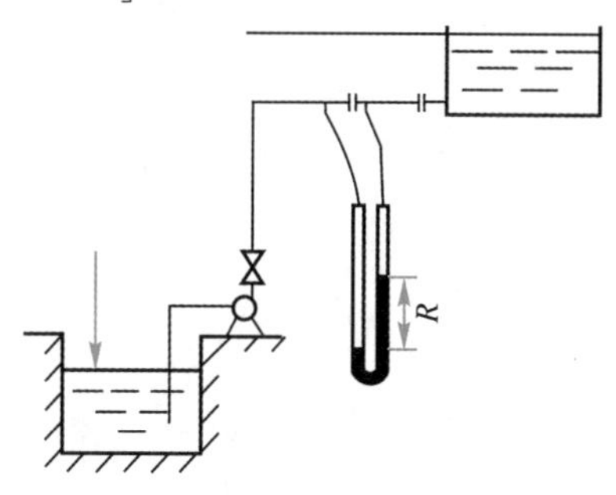

习题 1-25 图

1-26　某流体在光滑圆形直管内做湍流流动,若管长和管径均不变,而流量增加为原来的两倍,问因流动阻力而产生的阻力损失为原来的多少倍?摩擦系数可用柏拉修斯公式计算。

[答:3.36倍]

1-27　30 ℃空气从风机送出后以 10 m/s 的流速流经一段内径为 200 mm、管长为 20 m的无缝钢管,然后在内径各为 150 mm 的两根并联无缝钢管内分为两股,一根管长为 40 m,另一根管长为 80 m;此后两管合拢再流经一段内径为 200 mm、长 30 m 的管段,最后排入大气。试求:①两段并联管中的流速;②风机出口处的空气压强(表压)。忽略管路中分支与汇合处的局部阻力。

[答:①7.36 m/s,10.41 m/s;②632 Pa]

第二章
流体输送机械

学习要求

1.掌握

离心泵的基本结构和工作原理、主要性能参数、特性曲线及其在管路中的运行特性(工作点、流量调节、泵的组合、安装高度)和操作要点;往复泵的基本结构、工作原理与性能参数;离心通风机的性能参数、特性曲线及其选用。

2.理解

影响离心泵性能的主要因素;汽蚀余量的意义;往复压缩机的工作循环。

3.了解

其他化工用泵的工作原理与特性;鼓风机、真空泵的工作原理。

第一节　概　述

一、流体输送机械的作用

在化工生产中,根据具体工艺要求,如果需将一定量的流体进行远距离输送,或者从低处送向高处、或者从低压设备向高压设备输送、或者兼而有之时,依据伯努利方程,就必须使用各种流体输送机械从外部对流体做功,以增加流体的机械能。因此,流体输送机械的主要功能是对流体做功以提高其机械能,而且大多体现为静压能的提高。人们也常将流体输送机械比喻为化学工业生产中的“心脏”。

流体输送机械用量大,又要依靠各种能源(如电能、高压水蒸气等)来进行驱动,它是化工生产中动力消耗的大户,有的价格也比较昂贵。因此,正确地进行管路计算并选用适宜的流体输送机械,对于降低投资和生产成本都是非常重要的。

管路系统对流体输送机械的性能提出如下要求:满足生产工艺对流量和能量的要求。

1.生产工艺对液体输送机械提供能量要求的表达式

流量要求由生产工艺规定,能量要求用如下方法确定。

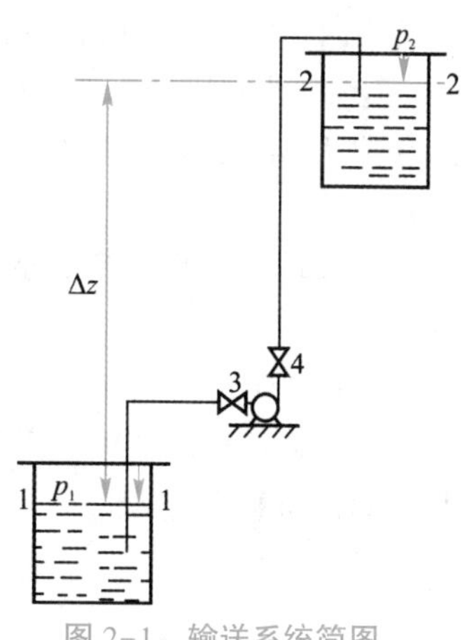

图 2-1　输送系统简图

图 2-1 表示包括输送机械在内的某管路系统。为将流体由低能位 1 处向高能位 2 处输送,单位重量流体需补加的能量为 H_e,则有:

$$z_1+\frac{p_1}{\rho g}+\frac{u_1^2}{2g}+H_e=z_2+\frac{p_2}{\rho g}+\frac{u_2^2}{2g}+\sum H_f$$

$$H_e=\Delta z+\frac{p_2-p_1}{\rho g}+\frac{\Delta u^2}{2g}+\sum H_f \tag{2-1}$$

在一般情况下，如图 2-1 所示的输送系统，式(2-1)中的动能差 $\frac{\Delta u^2}{2g}$ 一项可以略去。阻力损失 $\sum H_f$ 的数值视管路条件及流速大小而定。由阻力损失的计算公式可知

$$\sum H_f=\left(\lambda\frac{l+\sum l_e}{d}+\sum\zeta\right)\frac{u^2}{2g}$$

输送管路中的流速为

$$u=\frac{Q_e}{\frac{\pi}{4}d^2}$$

$$\sum H_f=\left(\lambda\frac{l+\sum l_e}{d}+\sum\zeta\right)\frac{Q_e^2}{\left(\frac{\pi}{4}d^2\right)^2 2g}=\left(\lambda\frac{l+\sum l_e}{d}+\sum\zeta\right)\frac{8}{\pi^2 d^4 g}Q_e^2$$

设 $A=\Delta z+\frac{p_2-p_1}{\rho g}$，$B=\left(\lambda\frac{l+\sum l_e}{d}+\Sigma\zeta\right)\frac{8}{\pi^2 d^4 g}$，$B$ 由管路特性决定，当管内流动已进入阻力平方区，系数 B 是一个与管内流量无关的常数。

则

$$H_e=A+BQ_e^{\ 2} \tag{2-2}$$

式(2-2)称为管路特性方程，它在 H_e-Q_e 坐标图上是 Q_e 的二次曲线，如图 2-2 所示。显然，当 $Q_e=0$ 时，曲线在纵轴上的截距 $H_e=A=\Delta z+\frac{p_2-p_1}{\rho g}$，该值称为该管路的固有压头。随着 Q_e 增加，H_e 增加。曲线的陡峭程度主要随管路情况而异，即由 B 值决定。B 体现了管路阻力的大小，当阀门关小时，B 增大，当阀门开大时，B 减小。显然，B 值越小，管路特性曲线较为平坦(曲线 1)，称为低阻管路；反之，B 值越大，管路特性曲线较为陡峭(曲线 2)，称为高阻管路。

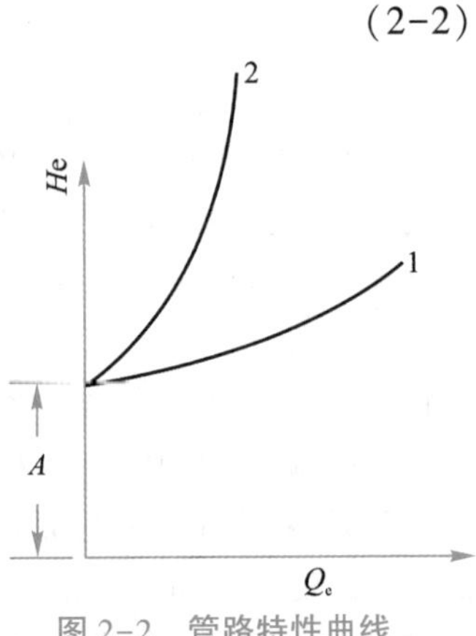

图 2-2　管路特性曲线

液体输送管路的能量要求，可根据管路特性方程计算，其数量应与管路特性曲线中的 H_e 值相等。

2. 生产工艺对气体输送机械提供能量的要求表达式

对于通风机的气体输送系统，在风机进、出口截面间采用以单位体积(1 m^3)气体为基准的伯努利方程，即

$$p_t=\rho g\Delta z+\Delta p+\frac{\Delta u^2}{2}\rho+\rho gH_f \tag{2-3}$$

式中　p_t——单位体积气体需补加的能量，Pa。

在气体输送中，$\rho g\Delta z$ 、ρgH_f 一般可忽略。

流体输送机械除满足工艺上对流量和压头（气体输送机械为风量和风压）两项主要技术指标外，还应满足如下要求：运行可靠，操作安全高效，日常操作费用低；结构简单，质量轻，投资费用低；能适应被输送流体的特性，如黏度、可燃性、毒性、爆炸性、含固体杂质、腐蚀性等。

二、流体输送机械的分类

在化工生产中，被输送流体的物性（如密度、黏度、腐蚀性、可燃性和毒性等）和操作条件（如流量、温度、压强等）都有很大的差异，有时还会遇到多相流体的输送。为了适应不同的生产需要，发展了许多种结构与操作特性各不相同的流体输送机械。总的来说，按输送流体的状态可分为液体输送机械（如各种输送液体的泵）和气体输送机械（如通风机、压缩机、真空泵等）两大类。

按工作原理不同又可分为以下三种。

①动力式（叶轮式）：利用高速旋转的叶轮向流体施加能量，包括离心式、轴流式及旋涡式输送机械；

②正位移式（或称容积式）：利用转子或者活塞的挤压作用使流体获得能量，包括往复式、旋转式等；

③流体动力作用式：利用流体能量转换原理输送流体，包括空气升扬器、蒸汽或水喷射泵、虹吸管等。

南水北调中的泵力量

第二节　离心泵

离心泵属于离心式液体输送机械，应用最为广泛，其特点是结构简单、流量均匀、适应性强、易于调节，购置费用和操作费用均较低。

一、离心泵的主要部件与工作原理

（一）主要部件

离心泵的部件很多，其中叶轮、泵壳和轴封装置是三个主要功能部件，它们的形状和构造对完成泵的基本功能、提高泵的工作效率有重要影响。

1.叶轮（供能装置）

叶轮是将电动机的能量传给液体的部件。叶轮上一般有 4~12 片叶片，构成形式相同的液体通道，供液体由中心附近流向外缘。如叶片的弯曲方向与叶轮的旋转方向相反，则称为后弯叶片，反之，称为前弯叶片；如叶片外端并不弯曲，而是沿叶轮径向伸出，则称为径向叶片。工业用离心泵多采用后弯叶片。叶轮的类型如图 2-3 所示，分为开式（敞式）、半开式和闭式三种。开式叶轮在叶片两侧无盖板，这种叶轮结构简单，制造容易,清洗方便,适用于输送含较多固体悬浮物或带有纤维的液体,但由于叶轮与泵壳之间间隙较大,液体易从泵壳和叶片的高压区侧通过间隙流回低压区和叶轮进口处,即产生内泄,故其效率较低。半开式叶轮在吸入口一侧无盖板(只有一块后盖板),它适用于输送易于沉淀或含固体悬浮物的液体,但其效率也较低。一般离心泵大多采用闭式叶轮。闭式叶轮在叶片两侧有前后盖板,适用于输送不含固体杂质的清洁液体,其结构虽较复杂,但内泄较少,效率较高。

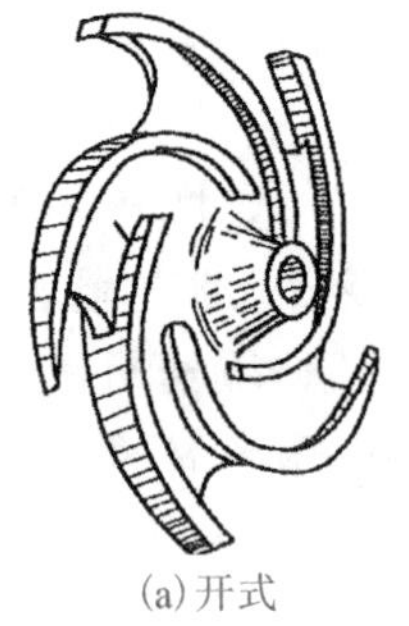
(a)开式

(b)半开式

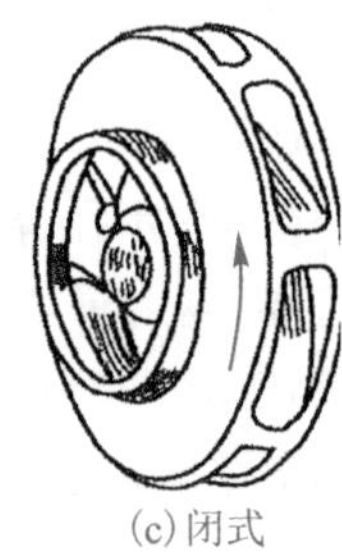
(c)闭式

图 2-3　叶轮的类型

按吸液方式不同,叶轮还可分为单吸式和双吸式,如图 2-4 所示。双吸式叶轮是从叶轮两侧同时吸入液体,因而具有较大的吸液能力,且可以消除轴向推力,但其构造比较复杂,常用于大流量的场合。

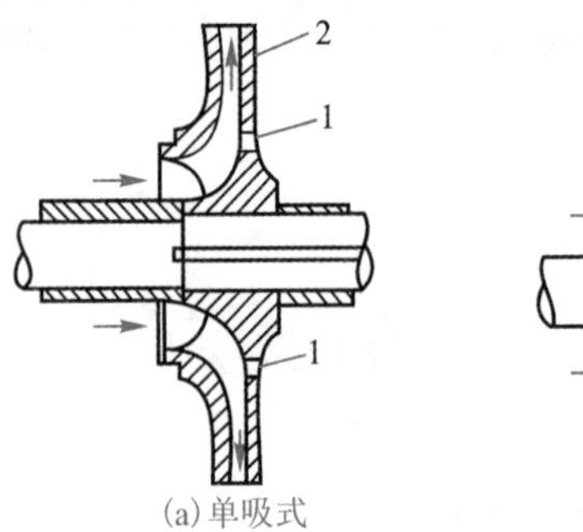

(a)单吸式

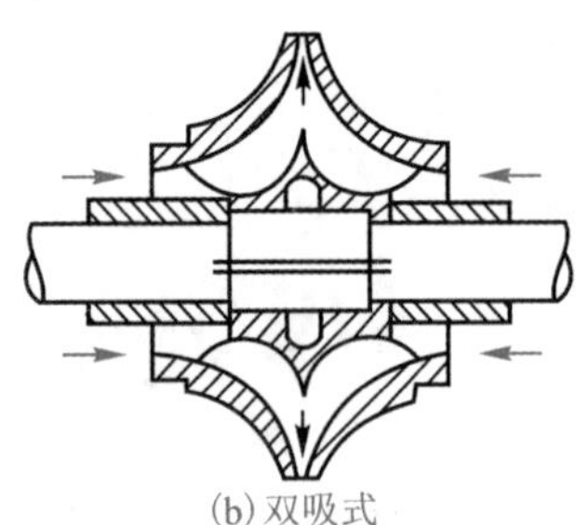
(b)双吸式

1—平衡孔;2—后盖板

图 2-4　吸液方式

按叶轮数目可分为单级泵和多级泵,多级泵常用于小流量、大扬程的场合,如图 2-5 所示。

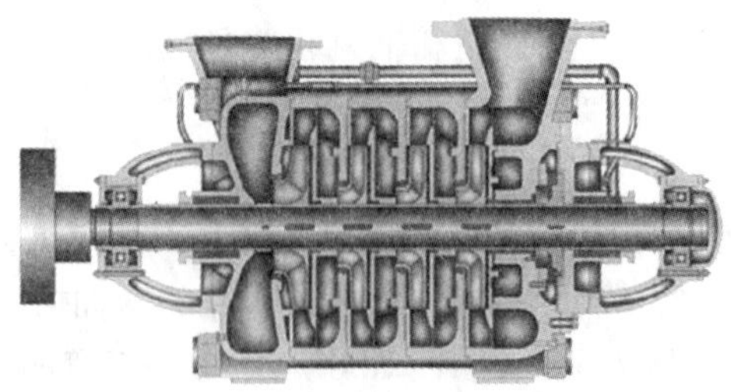

图 2-5　多级离心泵示意图

2.泵壳(集液及转能装置)

离心泵的外壳是蜗壳形的,如图 2-6 所示,叶轮在壳内旋转时吸入和排出液体,叶轮的旋转方向与蜗壳流道逐渐扩大的方向一致,它使由叶轮甩出的高速液体的大部分动能随流道扩大转换为压强能。因此,蜗壳不仅作为汇集和导出液体的通道,同时又是一个能量转换装置。

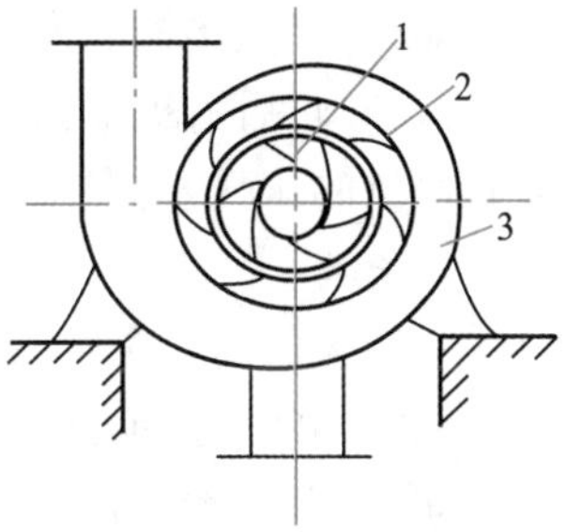

1—叶轮;2—导轮;3—蜗壳

图 2-6　泵壳与导轮图

3.轴封装置

离心泵工作时,泵壳静止而泵轴高速旋转,两者之间的间隙会使泵内高压液体沿轴外泄,或使外界空气反向漏入叶轮中心的低压区内,为避免此现象而在泵轴与泵壳之间采取的密封措施称为轴封。常用的轴封装置有填料密封和机械密封两种。

(1)填料密封　如图 2-7 所示,它主要由填料函壳、软填料和填料压盖等组成。软填料可选用浸油及涂石墨的方形石棉绳、碳纤维等,缠绕在泵轴上,然后将压盖均匀上紧,使填料紧压在填料函壳和转轴之间,以达到密封的目的。它的结构简单,加工方便,但功率消耗较大,且沿轴仍会有一定量的泄漏,需要定期更换维修。

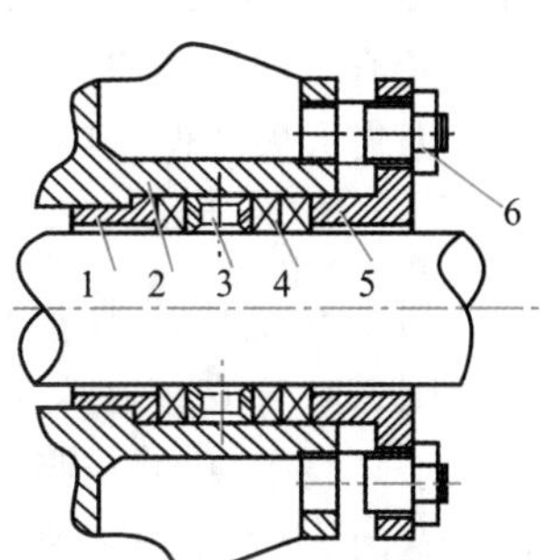

1—填料函壳;2—软填料;
3—液封圈;4—填料压盖;
5—内衬套;6—压盖螺栓

图 2-7　填料密封

(2)机械密封　对于输送易燃、易爆或有毒、有腐蚀性液体时,轴封要求严格,一般采用机械密封装置,图 2-8 为其示意图。主要的密封元件是装在轴上随轴转动的动环和固定在泵体上的静环组成的密封对(一般动环用硬质耐蚀金属材料、静环用浸渍石墨或耐蚀塑料制作,以便更换),两个环的环形端面由弹簧使之平行贴紧,当泵运转时,两个环端面发生相对运动但保持贴紧而起到密封作用。因此,机械密封又称为端面密封。

与填料密封相比,机械密封的密封性能好,结构紧凑,使用寿命长,功率消耗少,现已较广泛地用于各种类型的离心泵中,但其加工精度要求高,安装技术要求严,价格较高,维修也较麻烦。

随着磁应用技术的发展,磁密封技术已引起人们的关注。此外,近年来出现了一种新的密封技术——干气密封,其特点是"以气封液",为非接触式机械密封,密封效率消耗仅为传统机械密封的 5%。

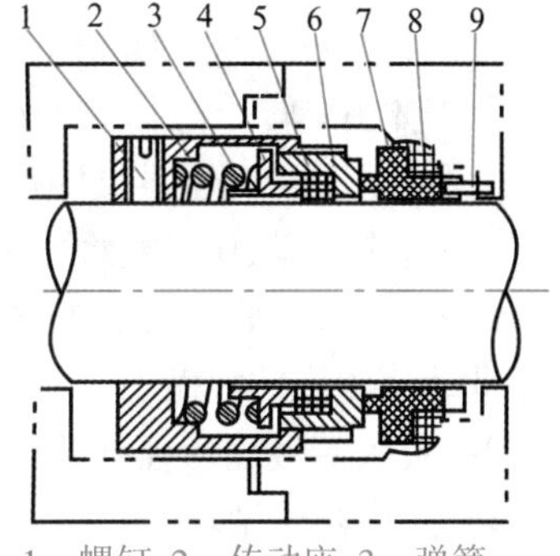

1—螺钉;2—传动座;3—弹簧;
4—推环;5—动环密封圈;
6—动环;7—静环;
8—静环密封圈;9—防转销

图 2-8　机械密封

4.平衡孔

闭式或半开式叶轮在运行时,离开叶轮的高压液体由于同叶轮后盖板与泵壳间的空隙处连通,使盖板后侧也受到较高压强作用,而叶轮前盖板的吸入口附近为低压,故液体作用于叶轮前后两侧的压强不等,便产生指向叶轮吸入口方向的轴向推力,引起泵轴上轴承等部件处于不适当的受力状态,并会使叶轮推向吸入侧,与泵壳接触而产生摩擦,严重时会引起泵的震动和运转不正常。为减小轴向推力,可在叶轮后盖板上钻一些小孔(称为平衡孔),使一部分高压液体漏向低压区,以减小叶轮两侧的压强差,但泵的效率也会有所降低。

5.导轮

对较大的离心泵,为减小叶轮甩出的高速液体与泵壳之间的碰撞而产生的阻力损失,可在叶轮与泵壳间安装一个导轮,如图 2-6 所示,它是一个固定不动而带有叶片的圆盘,导轮上叶片的弯曲方向与叶轮上叶片弯曲方向相反,且恰好与液体离开叶轮时的运动方向相适应,这不仅使流体发生动能向静压能转换,还能引导液体平缓地改变运动方向,与泵壳流道内液体以大体一致的运动方向汇合,使能量损失大大降低。

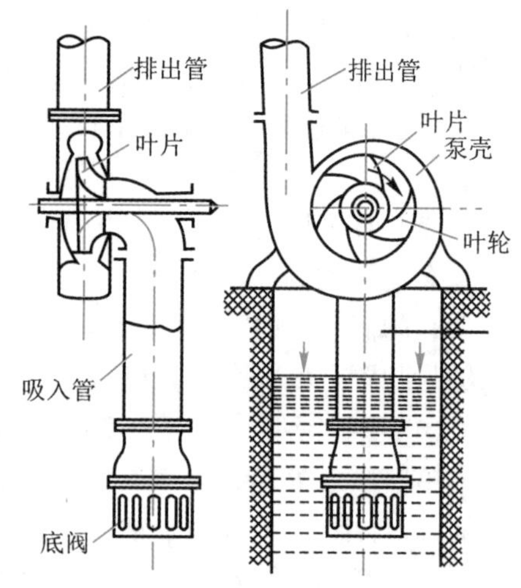

图 2-9　离心泵装置系统示意图

(二)工作原理

图 2-9 是从池内吸入液体的离心泵装置系统示意图。叶轮安装在泵壳内,紧固于泵轴上,吸入口位于泵壳中央,并与吸入管连接,由于直接从池内吸入,故液体经滤网、底阀由吸入管进入泵内,由泵出口流至排出管。

离心泵启动前,必须先将所输送液体灌满吸入管路、叶轮和泵壳,这种操作称为灌泵。电机启动后,带动泵轴旋转,叶轮随之做高速旋转运动,转速一般为1 000~3 000 r/min。在离心力作用下,位于叶片间的液体由叶轮中心被甩向边缘并获得机械能,以 15~25 m/s的线速度离开叶轮进入蜗形泵壳,在壳内由于流道不断扩大,液体流速渐减而压强渐增,最终以较高的压强沿泵壳的切向流至排出管。图 2-10 为液体在泵内的流动情况。

图 2-10　液体在泵内的流动

液体由旋转叶轮中心向外缘运动时,在叶轮中心形成了低压区(真空),在吸入侧液面压强与泵吸入口及叶轮中心区之间的压强差的作用下,液体流向叶轮。只要叶轮不断转动,压强差始终存在,液体就会连续地吸入和排出,完成一定的送液任务。

由上所述,离心泵的工作情况可概括为:电机带动泵轴旋转,泵轴带动叶轮旋转,叶轮带动液体旋转并做功。离心泵的工作原理可以分为两部分:一是吸液原理,即吸液靠压差(吸入侧液面压强与叶轮中心区之间的压强差);二是排液原理,即排液靠叶轮高速旋转,液体接受做功。

(三)气缚现象

在泵启动前,如果吸入管路、叶轮和泵壳内没有完全充满液体而存在部分空气时,由于空气的密度远小于液体,叶轮旋转时对气体产生的离心力很小,气体又会产生体积变化,既不足以驱动前方的液体在蜗壳中流动,又不足以在叶轮中心处形成使液体吸入所必需的低压,于是,液体就不能正常地被吸入和排出,这种现象称为气缚。因此,在离心泵启动前必须进行灌泵。为了便于启动，可在吸入管端部安装一个如图 2-9 所示的单向底阀（止回阀）防止液体漏回池内。单向阀下部装有滤网，滤网的作用是阻拦液体中的固体杂质吸入引起堵塞和磨损。若将泵的吸入口置于吸入侧设备中的液位之下，液体就会自动流入泵中，启动前就不需人工灌泵了。

二、离心泵的理论压头与实际压头

（一）压头的意义

由式（2-1）求得的 H_e 为管路中输送单位重量流体要求由泵提供的机械能。为使管路系统按所需的流量 Q 正常运行，所选择的输送机械必须能对单位重量流体供给足够的机械能，这就是泵的压头（或扬程）H。其值应与管路要求的 H_e 相等。

压头和流量是选用流体输送机械的主要技术指标。下面将详细讨论流体输送机械的特性：压头的影响因素，压头和流量之间的关系。

（二）理论压头

上面所述的压头是根据泵与管路之间的供需关系确定的，下面设想一理想情况分析一台离心泵可能提供的最大压头，即理论压头。由于液体在叶轮中的运动情况十分复杂，工程上采用数学模型法来研究此类问题。

1.简化假设

为从理论上研究液体在叶轮内的定态流动，通常做如下假定：

①叶轮内叶片数目无穷多，无限薄，液体质点完全沿着叶片的弯曲表面流动，无任何环流，无冲击损失；

②液体为理想流体，液体在叶轮内流动不存在流动阻力；

③泵内为定态流动过程。

按上面假想模型推导出来的压头即为在指定转速下可能提供的最大压头——理论压头。我们关心的是理想情况下离心泵可能达到的最大压头，以及理论压头与泵的结构、尺寸、转速及液体流量等因素之间的关系，这个从理论上描述理论压头和各因素之间关系的方程称为离心泵的基本方程，也叫能量方程。

2.速度三角形

理想流体在理想叶轮中的旋转运动应是等角速度的。根据如上简化假设，以静止的地面为参照系，将液体在叶轮内的复杂流动简化为流体质点做旋转运动和径向运动的二维运动。二者的合速度即为绝对速度。

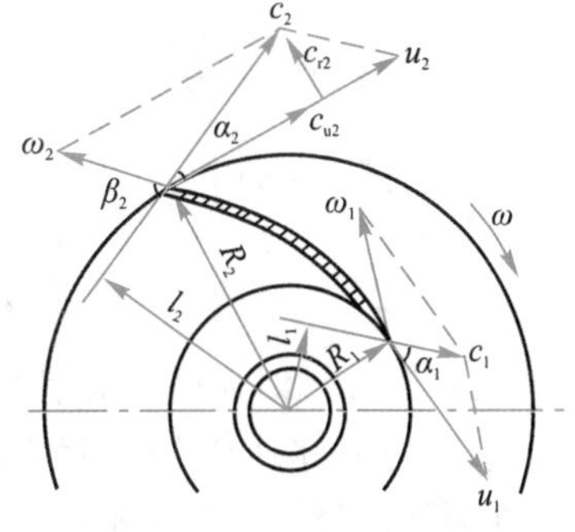

图 2-11　液体在离心泵中流动的速度三角形

如图 2-11 所示，液体质点以绝对速度 c_0 沿着轴向进入叶轮后，随即转化为径向运动，此时液体一方面以圆周速度 u_1 随叶轮旋转，其运动方向即液体质点所在位置的切线方向，而大小沿半径而变化；另一方面以相对速度 ω_1 在叶片间的径向做相对运动，其运动方向是液体质点所在处叶片的切线方向，流速从里向外由于流道变大而降低。二者的合速度为绝对速度 c_1,此即液体质点相对于泵壳的绝对速度。上述三个速度 u_1、ω_1、c_1所组成的矢量图称为速度三角形。同样,在叶轮出口处,圆周速度 u_2、相对速度 ω_2 及绝对速度 c_2 也构成速度三角形。α 表示绝对速度与圆周速度两矢量之间的夹角,β 表示相对速度与圆周速度反方向延长线的夹角,称之为流动角。α 与 β 的大小与叶片的形状有关。

速度三角形是研究叶轮内液体流动的重要工具,在分析泵的性能、确定叶轮进出口几何参数时都要用到。

由速度三角形并应用余弦定理得到

$$\omega_1^2 = c_1^2 + u_1^2 - 2c_1u_1\cos\alpha_1 \tag{2-4}$$

$$\omega_2^2 = c_2^2 + u_2^2 - 2c_2u_2\cos\alpha_2 \tag{2-5}$$

离心泵的基本方程可由离心力做功推导,也可以根据动量理论得到。本节采用前者。推导的出发点在于有效提高液体的静压能。

在离心泵叶片的入口截面 1-1′与出口截面 2-2′之间列伯努利方程,则 1 N 理想流体所获得的机械能为

$$H_{T\infty} = \frac{p_2 - p_1}{\rho g} + \frac{c_2^2 - c_1^2}{2g} = H_p + H_c \tag{2-6}$$

式中 $H_{T\infty}$——离心泵的理论压头,m;

H_p——1 N 理想流体经叶轮后静压头的增量,m;

H_c——1 N 理想流体经叶轮后动压头的增量,m。

静压头的增量由离心力做功及相对速度转化而获得,即

$$离心力做功 = \frac{u_2^2 - u_1^2}{2g} \tag{2-7}$$

$$相对速度转化 = \frac{\omega_1^2 - \omega_2^2}{2g} \tag{2-7a}$$

则

$$H_p = \frac{u_2^2 - u_1^2}{2g} + \frac{\omega_1^2 - \omega_2^2}{2g} \tag{2-8}$$

动压头的增量为

$$H_c = \frac{c_2^2 - c_1^2}{2g} \tag{2-9}$$

综合式(2-8)和式(2-9)便可得到

$$H_{T\infty} = \frac{u_2^2 - u_1^2}{2g} + \frac{\omega_2^2 - \omega_1^2}{2g} + \frac{c_2^2 - c_1^2}{2g} \tag{2-10}$$

式(2-10)即为离心泵基本方程的一种表达式。它表明离心泵的静压头主要由液体做旋转运动的圆周速度和径向的相对速度转换而获得。式(2-9)所表示的动压头有一部分在液体流经蜗壳和导轮后转变为静压头。

为了便于分析各项因素对离心泵理论压头的影响,利用速度三角形和连续性方程,可推得基本方程的另一种表达式。

将速度三角形中各速度关系式(2-4)及式(2-5)代入式(2-10),并整理可得到

$$H_{T\infty} = \frac{u_2 c_2 \cos\alpha_2 - u_1 c_1 \cos\alpha_1}{g} \quad (2-11)$$

在离心泵设计中,为提高理论压头,一般使 $\alpha_1 = 90°$,则 $\cos\alpha_1 = 0$,故式(2-11)可简化为:

$$H_{T\infty} = \frac{u_2 c_2 \cos\alpha_2}{g} \quad (2-12)$$

式(2-11)和式(2-12)为离心泵基本方程的又一表达式。为了能明显地看出影响离心泵理论压头的因素,需要将式(2-12)做进一步的变换。

离心泵的理论流量可表示为在叶轮出口处的液体径向速度和叶片末端圆周出口面积的乘积,即

$$Q_T = c_{r,2} \pi D_2 b_2 \quad (2-13)$$

式中　D_2——叶轮外径,m;

b_2——叶轮外缘宽度,m;

$c_{r,2}$——液体在叶轮出口处绝对速度的径向分量,m/s。

由速度三角形可得

$$c_2 \cos\alpha_2 = u_2 - c_{r,2} \cot\beta_2 \quad (2-14)$$

将式(2-13)和式(2-14)代入式(2-12)可得到

$$H_{T\infty} = \frac{u_2^2}{g} - \frac{u_2 \mathrm{ctg}\,\beta_2}{g \pi D_2 b_2} Q_T \quad (2-15)$$

$$u_2 = \frac{\pi D_2 n}{60} \quad (2-16)$$

式中　n——叶轮转速,r/min。

式(2-15)是离心泵基本方程的另一种表达式,可用来分析各项因素对离心泵理论压头的影响。

3.离心泵理论压头影响因素分析

(1)叶轮转速和直径

当理论流量 Q_T 和叶片几何尺寸(b_2、β_2)一定时,$H_{T\infty}$ 随 D_2 和 n 的增大而增大,即加大叶轮直径和提高转速均可提高泵的理论压头。这是后面将要介绍的离心泵的切割定律和比例定律的理论依据。

(2)叶片的几何形状

根据流动角 β_2 的大小,叶片形状可分为后弯、径向、前弯三种,如图 2-12 所示。

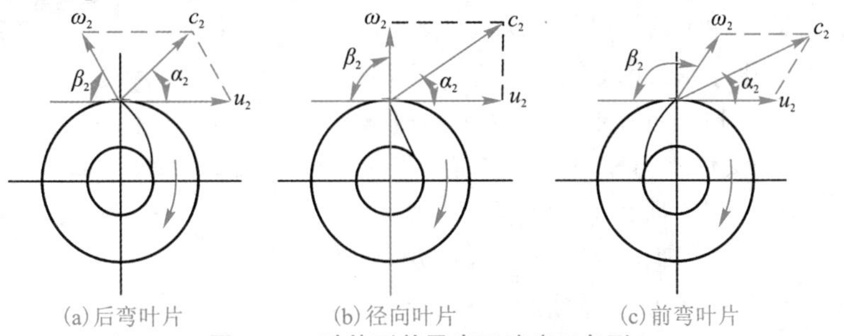

图 2-12　叶片形状及出口速度三角形

由式(2-15)可看出，当 n、D_2、u_2 及 Q_T 一定时，离心泵的理论压头 $H_{T\infty}$ 随叶片形状而变，即

后弯叶片：　　$\beta_2<90°,\cot\beta_2>0,H_{T\infty}<\dfrac{u_2^2}{g}$

径向叶片：　　$\beta_2=90°,\cot\beta_2=0,H_{T\infty}=\dfrac{u_2^2}{g}$

前弯叶片：　　$\beta_2>90°,\cot\beta_2<0,H_{T\infty}>\dfrac{u_2^2}{g}$

离心泵的理论压头如式(2-6)所示，由静压头和动压头两部分组成。实测结果表明，对于前弯叶片，动压头的提高大于静压头的提高；而对于后弯叶片，静压头的提高大于动压头的提高，其净结果是获得较高的有效压头。为获得较高的能量利用率，提高离心泵的经济指标，应采用后弯叶片。

(3)理论流量

式(2-15)表达了一定转速下指定离心泵(b_2、D_2、β_2 及转速 n 一定)的理论压头与理论流量的关系，这个关系是离心泵的主要特性。$H_{T\infty}-Q_T$ 的关系曲线称为离心泵的理论特性曲线，如图 2-13 所示。该线的截距 $A=u_2^2/g$，斜率 $B=\dfrac{u_2\cot\beta_2}{g\pi D_2 b_2}$。于是式(2-15)可表示为 $H_T=A-BQ_T$。

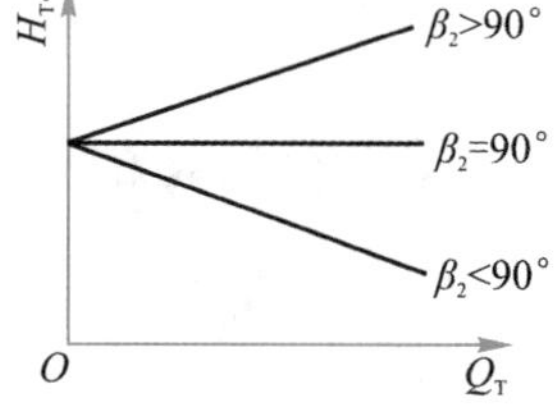

图 2-13　$H_{T\infty}$ 与 Q_T 的关系曲线

显然，对于后弯叶片，$B>0$，$H_{T\infty}$ 随 Q_T 的增加而降低。

(4)液体密度

在式(2-15)中并未出现液体密度这样一个重要参数，这表明离心泵的理论压头与液体密度无关。因此，同一台离心泵，只要转速恒定，不论输送何种液体，都可提供相同的理论压头。但是，在同一压头下，离心泵进、出口的压力差却与液体密度成正比(请读者思考为什么?)。

4.离心泵实际压头与流量关系曲线的实验测定

前面通过理论推导建立了离心泵的基本方程，明确了理论压头的影响因素，但不曾考虑如下情况：①实际液体有黏性，其在叶轮和泵壳内流动时有机械能损失，称为阻力损失；②因叶片数目有限，叶片间有环流出现，造成一定的机械能损失；③液体以绝对速度 c_2 突然离开叶轮，冲入泵壳流道，与其中的流股发生激烈碰撞，造成冲击损失。这三种机械能损失统称为水力损失。水力损失使一定流量下泵的实际压头低于理论压头，所以泵的实际压头与流量的关系曲线应在离心泵理论特性曲线的下方，如图 2-14 所示。离心泵的 $H-Q$ 关系曲线通常是在一定条件下由实验测定的。

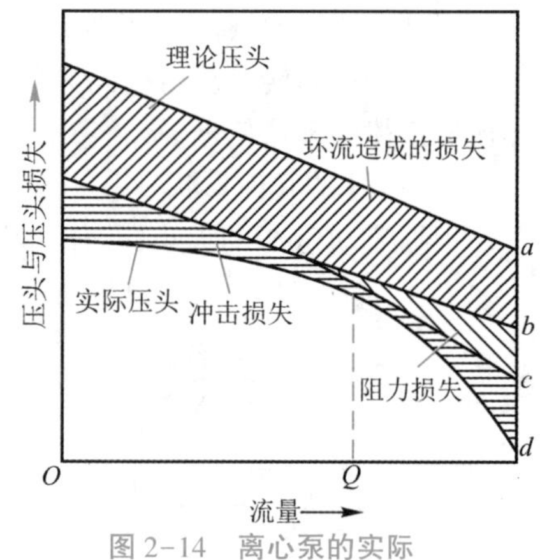

图 2-14　离心泵的实际压头与理论压头的差别

根据实验测定可知，离心泵的实际 $H-Q$ 关系可表达为

$$H = A_a - GQ^2 \tag{2-17}$$

式(2-17)称为离心泵的特性方程。

三、离心泵的性能参数

性能参数是一组描述离心泵性能的物理量，可作为评价、选择泵的依据，也可用来描述泵的运行状态。离心泵的主要性能参数包括流量、扬程、轴功率、有效功率、效率、转速以及汽蚀余量等，见附录十八泵规格(摘录)。

1.流量 Q

离心泵的流量是以体积流量表示的送液能力，其单位为 m^3/s 或 m^3/h。其大小主要取决于泵的结构型式、尺寸(叶轮直径和流道尺寸)、转速以及液体黏度。

2.扬程(又称压头) H

离心泵对单位重量(重力)液体提供的有效机械能量，也就是液体从泵实际获得的净机械能量，即式(2-1)中的输入压头 H_e，其单位为 J/N，即 m(指米液柱)。其大小取决于泵的结构型式、尺寸(叶轮直径、叶片的弯曲程度等)、转速及流量，也与液体的黏度有关。由于一般泵的出入口间的高度差也不大，在这种情况下，泵的扬程可近似等于泵出口与泵入口的静压头之差或静压头的增量；另外，扬程也可理解为将 1 N 液体升举到 H 的高度所做的功。

3.功率与效率

(1)有效功率 N_e

泵的有效功率是指单位时间内液体经离心泵所获得的实际机械能量，也就是离心泵对液体做的净功率，由于单位时间流过的流体质量为 $Q\rho$，故其表达式为

$$N_e = Q\rho gH \tag{2-18}$$

式中 N_e——泵的有效功率，W；

Q——泵的流量，m^3/s；

H——泵的扬程，m；

ρ——液体的密度，kg/m^3。

(2)轴功率 N

泵的轴功率是指单位时间内通过泵轴传入泵的机械能量，用来提供泵的有效功率并克服单位时间在泵内发生的各种机械能损失，其单位同 N_e。

$$N = \frac{N_e}{1\,000\eta} = \frac{HQ\rho}{102\eta} \tag{2-19}$$

(3)效率 η

其表示式为

$$\eta = \frac{N_e}{N} \times 100\% \tag{2-20}$$

η 值反映了离心泵运转时机械能损失的相对大小。一般大泵可达 85%左右，小泵为 50%~70%。

泵轴转动所做的功不能全部为液体所获得，这是由于泵在运转时存在容积损失 η_v(由泵的内泄引起)、水力损失 η_h(由于液体在泵壳和叶轮内流向、流速的不断改变和产

生冲击及摩擦而引起)和机械损失 η_m(由于泵轴与轴承、泵轴与填料之间或机械密封的动、静环之间的摩擦损失以及液体与叶轮的盖板之间的摩擦损失而引起)。与泵的构造、大小、制造精度及被送液体的性质、流量均有关。离心泵的总效率由上述三部分构成,即

$$\eta = \eta_v \eta_h \eta_m \tag{2-21}$$

考虑到离心泵启动或运转时可能超过正常负荷,以及原动机通过转轴传送的功率也会有损失,因此所配原动机(通常为电动机)的功率应比泵的轴功率要大些。

四、离心泵的特性曲线及其影响因素分析

(一)离心泵的特性曲线

离心泵出厂前,在规定条件下由实验测得的 H、N、η 与 Q 之间的相互关系曲线称为离心泵的特性曲线。图 2-15 表示某离心泵在转速 n 为2 900 r/min 下,用 20 ℃清水测得的特性曲线,它包括以下曲线。

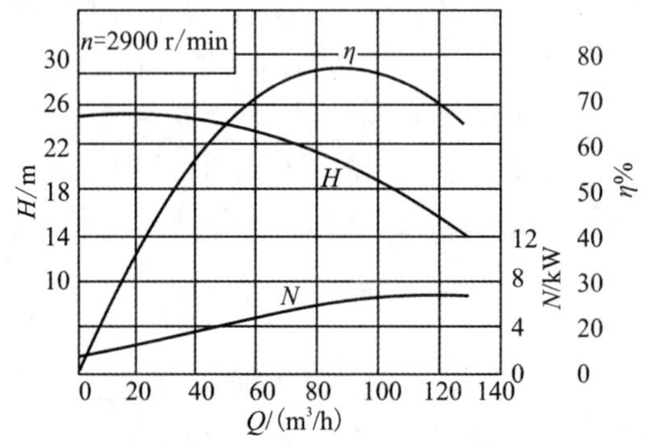

图 2-15 某离心水泵的特性曲线

(1)H-Q 曲线 表示离心泵的扬程 H 与流量 Q 的关系。通常离心泵的扬程 H 随流量 Q 的增大而下降。不同型号的离心泵,其 H-Q 曲线的形状也有所不同。常用的离心泵的 H-Q 曲线下降比较平缓,下降陡峭曲线的离心泵常用于输出点的压强容易变化、但要求流量变化不大的特殊场合,如锅炉的给水泵。

(2)N-Q 曲线 表示离心泵的轴功率 N 随流量 Q 的关系。N 总随 Q 的增大而增加。由图 2-15 可知,当流量 Q 为零时,轴功率 N 为最小,而常用电机的启动电流是全速运转时的 4~5 倍以上,因此,在离心泵启动时,应当关闭泵的出口阀,使电机的启动电流减至最小,待电机达到规定转速时,再开启出口阀,调节到所需流量。

(3)η-Q 曲线 表示离心泵效率 η 随流量 Q 的变化关系。由图 2-15 可见,开始 η 随 Q 增加而上升,并达到一个最大值,此后 η 随 Q 的增大反而下降,说明离心泵在一定转速下有一最高效率点,称为泵的设计点,在该点下运行时最为经济。离心泵铭牌上标明的性能参数就是该泵在这一最佳工况下的参数。在选定离心泵的规格时,应使泵在设计点附近工作,正常操作时泵的效率应不低于最高效率的 92%。

测定离心泵特性曲线时,应先关闭离心泵的出口阀,灌泵后启动离心泵,在恒定转速下测出零流量下泵的入口真空表和出口压强表的读数,用功率仪测出轴功率;然后逐渐开启出口阀,逐一测出各流量 Q 下对应的 N 值,再按式(2-1)与式(2-18)、式(2-20)计

算出相应的 H 值、N_e 值和 η 值，绘出 $H-Q$、$N-Q$、$\eta-Q$ 曲线。

【例 2-1】图 2-16 为一离心泵特性曲线测定实验装置，用 20 ℃的清水于常压下测定 IS80-50-200 型（$n=2\ 900$ r/min）离心水泵的性能参数。在压出管上装有孔板流量计测量液体的流量，其孔径为 28 mm。两测压口之间垂直距离 $h_0=0.5$ m。实验测得一组数据为：压差计读数 $R=725$ mm，指示液为汞；泵入口处真空度 $p_1=76.0$ kPa；泵出口处表压力 $p_2=226$ kPa；电动机功率为3.45 kW；泵由电动机直接带动，其传动效率可视为 1，电动机效率为 95%，试计算与该组实验数据对应的泵性能参数。

解：本题为实验测定泵的性能参数，关键是根据压差计读数 R 求出流量。因孔流系数 C_0 未知，故需试差计算。

（1）泵的流量

由泵的型号可知，吸入管内径 d_1 为 80 mm，排出管内径 d_2 为 50 mm，孔板流量计孔径 d_0 为 28 mm。

$$\frac{A_0}{A_2}=\left(\frac{28}{50}\right)^2=0.313\ 6$$

假设 C_0 在常数区，则由 A_2/A_1 值从图查图 1-59 得 $C_0=0.635$，则

$$u_0=C_0\sqrt{\frac{2R(\rho_0-\rho)g}{\rho}}=0.635\sqrt{\frac{2\times0.725\times(13\ 600-1\ 000)\times9.81}{1\ 000}}\ \text{m/s}=8.5\ \text{m/s}$$

核算 C_0 是否在常数区

$$u_2=u_0\left(\frac{d_0}{d_2}\right)^2=8.5\times0.313\ 6\ \text{m/s}=2.666\ \text{m/s}$$

20 ℃下水的黏度 $\mu=1.005\times10^{-3}$ Pa · s，密度 $\rho=1\ 000$ kg/m^2

$$Re=\frac{du\rho}{\mu}=\frac{0.05\times2.666\times1\ 000}{1.005\times10^{-3}}=1.326\times10^5>Re_c=9.5\times10^4$$

原设正确，求得的 $u_0(u_2)$ 有效。

$$Q=A_0u_0=\frac{\pi}{4}\times(0.028)^2\times8.5\times3\ 600=18.84\ \text{m}^3/\text{h}$$

（2）泵的压头

在截面 1 与截面 2 之间进行机械能衡算，因其间管路较短，故忽略压头损失：

$$H_e=\Delta z+\frac{\Delta u^2}{2g}+\frac{\Delta p}{\rho g}+\sum H_f \qquad \text{(a)}$$

其中 $\Delta z=0.5$ m

$$u_1=\frac{Q}{\frac{\pi}{4}d_1^2}=\frac{18.84/\ 3\ 600}{\frac{3.14}{4}\times0.08^2}=1.042\ \text{m/s}$$

$$u_2=u_1\left(\frac{d_1}{d_2}\right)^2=1.042\times\left(\frac{80}{50}\right)^2=2.668\ \text{m/s}$$

代入式(a)得

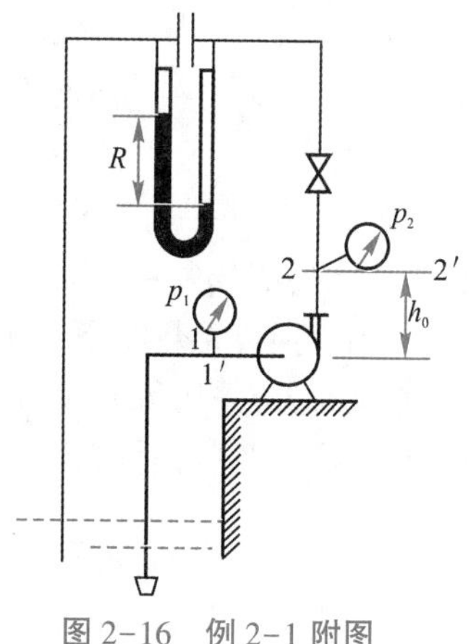

图 2-16 例 2-1 附图

$$H_e = 0.5 + \frac{2.668^2 - 1.042^2}{2 \times 9.81} + \frac{(76 + 226) \times 10^3}{1\ 000 \times 9.81} = 31.6\ \text{m}$$

此为单位重量液体流过泵时获得的机械能,即泵的压头 H。

(3)轴功率

由于泵由电动机直接带动,泵轴与电动机的传动效率为1,所以电动机的输出功率即为泵的轴功率,即

$$N = 0.95 \times 3.45 = 3.277\ 5\ \text{kW}$$

(4)效率

由式(2-18)计算泵的有效功率

$$N_e = Q\rho gH = \frac{18.84}{3\ 600} \times 1\ 000 \times 9.81 \times 31.6 = 1\ 622.31\ \text{W}$$

则泵的效率:

$$\eta = \frac{N_e}{N} \times 100\% = \frac{1\ 622.31}{3.277\ 5 \times 10^3} \times 100\% = 49.5\%$$

至此,获得了一组离心泵性能参数:流量 $Q=18.84\ \text{m}^3/\text{h}$,压头 $H=31.6\ \text{m}$,轴功率 $N=3.277\ 5\ \text{kW}$,效率 $\eta=49.5\%$。调节泵的出口阀门改变流量,可获得若干组实验数据。采用本例所示的处理数据方法,可得若干组性能参数,即可描绘该泵在转速 $n=2\ 900\ \text{r/min}$ 下的特性曲线。

(二)影响离心泵性能的主要因素

前已述及,离心泵生产厂提供的性能参数或特性曲线是指定型号的泵在一定转速下用常压20 ℃清水为介质测得的,当离心泵的结构尺寸(如 D_2、β_2)、转速 n 或被输送液体的物性(如 ρ、μ)与水有较大差异时,必须对性能参数或特性曲线加以校正。

1.液体物性的影响

(1)黏度的影响。当液体黏度增大时,液体通过叶轮与泵壳的能量损失将随之增大,从而使扬程、流量减小,效率下降,轴功率增大,于是特性曲线将随之发生变化,对小型泵尤为显著。通常,当液体(如汽油、煤油等)的运动黏度 $\nu<20\times10^{-6}\ \text{m}^2/\text{s}$ 时,可不进行校正;否则可参考有关手册予以校正。可以按下式进行修正,即

$$Q' = c_Q Q, H' = c_H H, \eta' = c_\eta \eta$$

式中 c_Q、c_H、c_η——离心泵的流量、压头和效率的校正系数,其值从图2-17、图2-18查得;

Q、H、η——离心泵输送清水时的流量、压头和效率;

Q'、H'、η'——离心泵输送高黏度液体时的流量、压头和效率。

黏度换算系数图是由在单级离心泵上进行多次实验的平均值绘制出来的,用于多级离心泵时,应采用每一级的压头。两图均适用于牛顿型流体,且只能在刻度范围内使用,不得外推。黏度换算系数图的使用方法见例2-2。

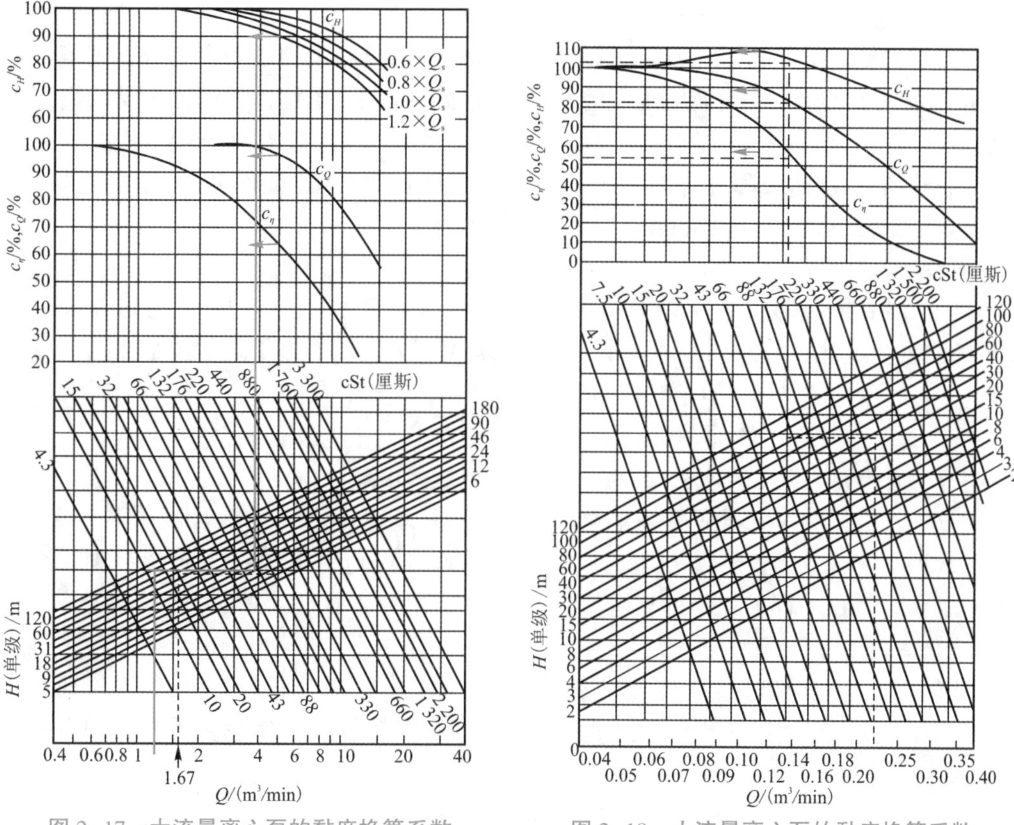

图 2-17 大流量离心泵的黏度换算系数

图 2-18 小流量离心泵的黏度换算系数

【例 2-2】IS100-65-200 型离心水泵,在2 900 r/min 转速和额定流量下对应的一组参数为:$Q=100\ m^3/h(1.67\ m^3/min)$,$H=50$ m,$\eta=76\%$,$N=17.9$ kW。现用该泵输送密度为 930 kg/m^3、运动黏度 $\nu=220$ cSt 的油品,试求此情况下泵的 Q'、H'、n'及 N'。

解:由于油品黏度 $\nu>20$ cSt,需对泵的性能参数进行换算。输送油品时的换算系数由图 2-17 查取。

由输送清水时额定流量 $Q_s=1.67\ m^3/min$ 在图的横坐标上找出相应的点,由该点作垂线与已知的压头线($H=50$ m)相交。从交点引水平线与表示油品运动黏度($\nu=220$ cSt)的斜线交于一点,再由此点作垂线分别与 c_Q、c_H、c_η 曲线相交,便可从纵坐标读得相应值,即

$$c_Q=0.96,c_H=0.93,c_\eta=0.65$$

于是,输送油品时的性能参数为

$$Q'=c_QQ=0.96\times1.67=1.603\ m^3/min=96.2\ m^3/h$$

$$H'=c_HH=0.93\times50=46.5\ m$$

$$\eta=c_\eta\eta=0.65\times0.76=0.494=49.4\%$$

$$N'=\frac{H'Q'\rho'}{102\eta'}=\frac{1.603\times46.5\times930}{60\times102\times0.494}=22.93\ kW$$

同样方法可求得其他流量下对应的性能参数,进而绘制出输送油品时的特性曲线。

求解本题的关键是准确应用黏度换算系数图,查得 c_Q、c_H、c_η 的值。

(2)密度的影响。离心泵的流量与叶轮的几何尺寸及液体在叶轮周边上的径向速度有关,而与密度无关;离心泵的扬程与液体密度也无关;离心泵的轴功率与液体密度成正比。按扬程 H 的定义式,当液体密度增大时,在相同转速下,单位体积流体所受的离心力也加大,并使进、出口压强差增加,它和密度的增加是同步的,故 H 值不随 ρ 而变化。一般,离心泵的 $H-Q$ 曲线和 $\eta-Q$ 曲线不随液体的密度 ρ 而变化,只有 $N-Q$ 曲线在液体密度变化时需按式(2-19)进行校正。

2.转速的影响

离心泵特性曲线是在一定转速下测定的,当转速 n 变化时,其流量 Q、扬程 H 及功率 N 也随之发生变化。设泵的效率基本不变,Q、H、N 与 n 之间有以下近似关系:

$$\frac{Q_2}{Q_1} \approx \frac{n_2}{n_1},\frac{H_2}{H_1} \approx \left(\frac{n_2}{n_1}\right)^2,\frac{N_2}{N_1} \approx \left(\frac{n_2}{n_1}\right)^3 \tag{2-22}$$

式中 Q_1、H_1、N_1——在转速 n_1 下的泵的流量、扬程、功率;

Q_2、H_2、N_2——在转速 n_2 下的泵的流量、扬程、功率。

式(2-22)称为比例定律。当转速变化小于 20%时,利用式(2-22)可由一种转速下的 Q、H、N 计算出不同转速下的相应值。

3.叶轮直径的影响

当转速 n 一定时,对某一型号的离心泵,将其原叶轮的外周进行切削,如果外径变化不超过 5%且叶轮车削前后出口宽度基本不变时,泵的 Q、H、N 与叶轮直径 D 之间有如下近似关系:

$$\frac{Q_2}{Q_1} \approx \frac{D_2}{D_1},\frac{H_2}{H_1} \approx \left(\frac{D_2}{D_1}\right)^2,\frac{N_2}{N_1} \approx \left(\frac{D_2}{D_1}\right)^3 \tag{2-23}$$

五、离心泵的工作点与流量调节

当离心泵安装在一定的管路系统中以一定转速定常运转时,其输液量即为管路中的液体流量。在此流量下,离心泵所提供的扬程 H 应当正好等于单位重量液体在此管路中流动并完成规定的流动任务所需获得的机械能。因此,离心泵的实际工作情况是由泵的特性和管路本身的特性共同决定的。应当注意,离心泵的特性曲线只是泵本身的特性,与管路情况无关。

(一)离心泵的工作点

离心泵使用时总是安装于某一特定的管路之中,它提供了液体在管路中流动所需的机械能量。若把离心泵的特性曲线与管路特性曲线标绘于同一坐标图中即得图 2-19。

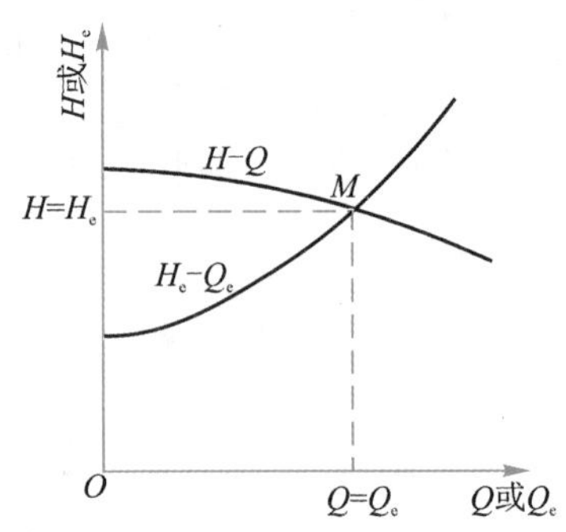

图 2-19 离心泵的工作点

由图可见,两曲线的交点 M 即为离心泵在管路中的工作点。M 点所对应的流量 Q 和 H_e 是在特定管路情况下完成指定输送任务所需要的,而这个流量 Q 和 $H=H_e$ 又是这个特定的离心泵所可能提供的。泵的实际运行参数应同时满足泵的特性方程和管路特性方程所表示的流量和压头的关系，即同时满足如下方程组：

$$H_e = A + BQ_e^2 \quad（管路特性方程）$$

$$H = A_a - GQ^2 \quad（泵的特性方程）$$

也就是说，对于某特定的管路系统和一定的离心泵只能有一个工作点，它是需要和可能的结合。因此，当输送任务已定时，应当选择工作点 M 处于高效率区的离心泵。

【例 2-3】如图 2-20 所示管路系统，离心泵将密度为1 200 kg/m^3 的液体由敞口贮槽送至高位槽，高位槽内液面上方的表压强为 120 kPa，两槽液面恒定，其间垂直距离为10 m，已知当 Q=38.7 m^3/s 时，H=50 m，管路中液体为完全湍流。若选用另一台离心泵，它的特性曲线可用 $H=27.0-15Q^2$ 表示，式中 Q 的单位为 m^3/min。求此时离心泵在管路中的工作点。

解：列 1-1′和 2-2′截面间的伯努利方程，设槽截面很大，故 $\frac{\Delta u^2}{2g}$ 可忽略，则有

$$H_e = \Delta z + \frac{\Delta u^2}{2g} + \frac{\Delta p}{\rho g} + \sum H_f = (10 + 0 + \frac{120 \times 10^3}{1\ 200 \times 9.81}) + BQ^2 = 20.2 + BQ^2$$

此时，$BQ^2 = \lambda \frac{8}{\pi^2 g} \times \frac{l + \sum l_e}{d^5} Q^2$，由于液体处于完全湍动流区，$\lambda$ 为常数，l、$\sum l_e$、d 为定值，故 B 为常数。

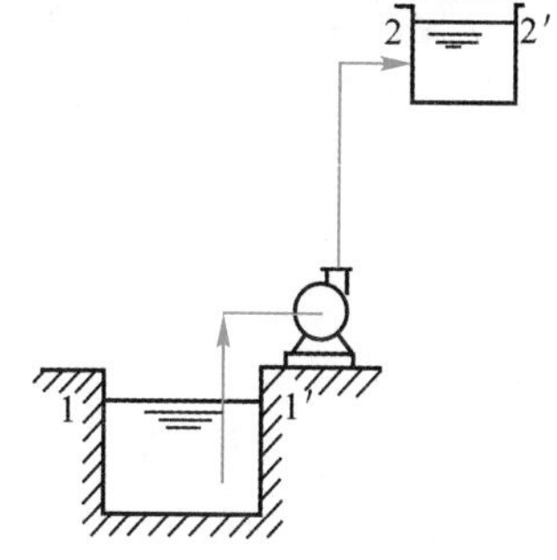

图 2-20　例 2-3 附图

管路中 $Q=38.7\times10^3$ m^3/s 时，$H_e=H=50$ m，代入上式解得 $B=1.99\times10^4$ s^2/m^5，所以管路特性方程为 $H_e=20.2+1.99\times10^4Q^2$。

式中 Q 的单位为 m^3/s。

泵在管路中的工作点是管路特性曲线与泵的特性曲线的交点，管路特性方程中 Q 的单位为 m^3/s，而泵的特性方程中 Q 的单位为 m^3/min，应换算为一致单位，即有：

$$H=27.0-15\times(60Q)^2=27.0-5.4\times10^4Q^2$$

管路特性方程与泵特性无关，故仍保持不变。在泵的工作点处必有 $H=H_e$，即$27.0-5.4\times10^4Q^2=20.2+1.99\times10^4Q^2$，可解得 $Q=9.59\times10^{-3}$m^3/s，此流量下泵的扬程为 $H=27.0-5.4\times10^4\times(9.59\times10^{-3})^2=22$ m。

由于泵的特性与原泵不同，在同一管路条件下流量及扬程均发生变化，即工作点发生了改变。

（二）离心泵的流量调节

在实际生产的管路系统中，离心泵的流量调节实际上是改变泵的工作点。其方法不外乎是改变管路特性和改变泵的特性两大类。

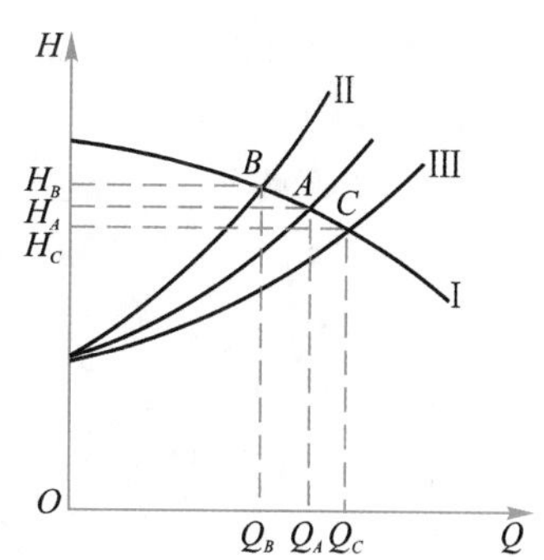

图 2-21　调节出口阀门的开度改变管路中的流量

（1）改变管路特性　在离心泵的出口管路上通常都装有流量调节阀门，改变阀门的开度就可改变管路中的局部阻力。由图 2-21 可见，原阀门开度下工作点为 A，若关小阀门，相当于式 $B = \left(\lambda \frac{l + \sum l_e}{d} + \sum \zeta\right) \frac{8}{\pi^2 d^4 g}$ 中 $\sum l_e$ 大

大增加，使 B 值增加，于是管路特性曲线变得更为陡峭(见图 2-21 的管路特性曲线Ⅱ)，工作点则移至 B 点；反之，开大阀门，管路特性曲线变为Ⅲ，工作点移至 C 点。

用调节出口阀门的开度改变管路特性来调节流量是十分简便灵活的方法，在生产中广为应用。对于流量调节幅度不大，且需要经常调节的系统是较为适宜的。其缺点是用关小阀门开度来减小流量时，增加了管路中的机械能损失，并有可能使工作点移至低效率区，也会使电机的效率降低。

(2)改变泵的特性　由式(2-22)、式(2-23)可知，对同一台离心泵，改变其转速或叶轮直径可使泵的特性曲线发生变化，从而使其与管路特性曲线的交点移动。这种方法不会额外增加管路阻力，并在一定范围内仍可使泵处在高效率区工作。一般来说，改变叶轮直径显然不如改变转速简便，且当叶轮直径变小时，泵和电机的效率也会降低，可调节幅度也有限。所以常用改变转速来调节流量，近年来广泛使用的变频无级调速装置，利用改变输入电机的电流频率来改变转速，调速平稳，也保证了较高的效率，是一种节能的调节手段，但价格较贵。一般在调节幅度大、保持时间长的季节性调节中使用。叶轮转速变化时工作点的变化如图 2-22 所示。

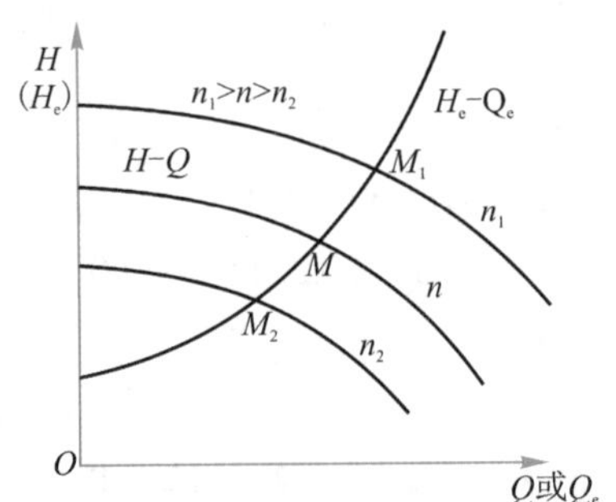

图 2-22　叶轮转速变化时工作点的变化

【例 2-4】如图 2-23 所示，用离心泵将水由储槽 A 送往高位槽 B，两槽均为敞口，且液位恒定。已知输送管路直径为 $\phi45\times2.5$ mm，在泵出口阀门全开的情况下，整个输送系统的管路总长为 20 m(包括所有局部阻力的当量长度)，摩擦系数可取为0.02。查该离心泵的样本，在输送范围内其特性方程为 $H=18-6\times10^5Q^2$(Q 的单位为 m^3/s，H 的单位为 m)。求：

(1)阀门全开时离心泵的流量与压头。

(2)现关小阀门，使流量减为原来的 90%，写出此时的管路特性方程。

(3)若原先泵的转速为2 900 r/min，使其降至多少可使流量减为原来的 90%？

(4)比较以上两种流量调节方式的功率消耗(设泵的效率为 62%)。

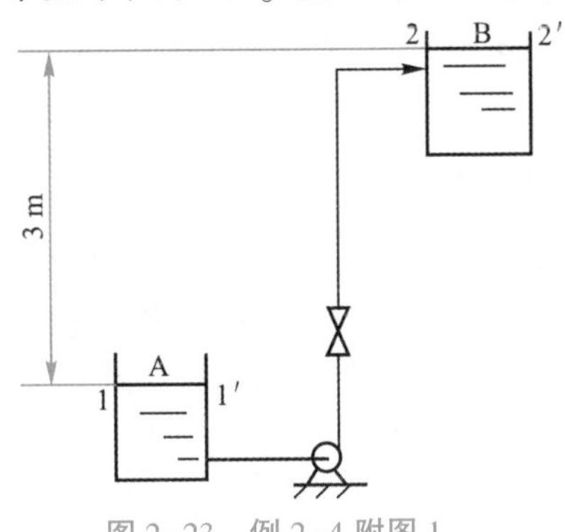

图 2-23　例 2-4 附图 1

解：(1)在 1-1′截面和 2-2′截面间列伯努利方程

$$z_1+\frac{u_1^{\ 2}}{2g}+\frac{p_1}{\rho g}+H_e=z_2+\frac{u_2^{\ 2}}{2g}+\frac{p_2}{\rho g}+\sum H_{f,1-2}$$

因为 $u=\dfrac{Q}{\dfrac{\pi}{4}d^2},\sum H_{f,1-2}=\lambda\dfrac{l+\sum l_e}{d}\times\dfrac{u^2}{2g}$

所以$\sum H_{f,1-2}=\lambda\dfrac{l+\sum l_e}{d^5}\times\dfrac{8}{\pi^2 g}Q^2=0.02\times\dfrac{20}{0.04^5}\times\dfrac{8}{3.14^2\times 9.81}Q^2=3.23\times 10^5Q^2$

已知 $z_1=0,z_2=3\ \text{m},u_1=u_2\approx 0;p_1=p_2=0$(表压)

管路特性曲线方程可以改写为

$$H_e=\Delta z+\frac{\Delta p}{\rho g}+\sum H_{f,1-2}=3+3.23\times 10^5Q^2$$

离心泵特性方程为 $H=18-6\times 10^5Q^2$

二式联立得 $Q=4.03\times 10^{-3}\text{m}^3/\text{s}$, $H=8.25\ \text{m}$

注意:列管路特性方程时通常把两个截面的动能差$\Delta u^2/2g$那项忽略去。(为什么?)

(2)如图2-24所示,阀门全开时的管路特性曲线为1所示,工作点为M;阀门关小后的管路特性曲线为2所示,新工作点为M_1。

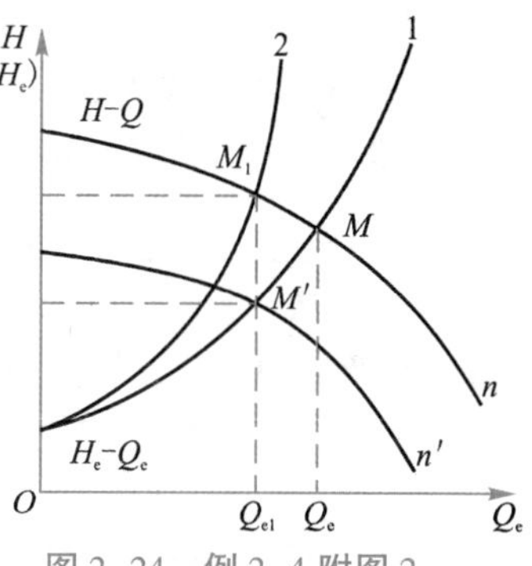

图2-24 例2-4附图2

关小阀门后M_1的流量与压头分别为:

$Q_1=0.9Q=0.9\times 4.03\times 10^{-3}=3.63\times 10^{-3}\text{m}^3/\text{s}$

$H_1=18-6\times 10^5Q^2=18-6\times 10^5\times(3.63\times 10^{-3})^2=10.09\ \text{m}$(通过离心泵求)

设此时的管路特性方程为:

$$H_e=A+BQ^2$$

由于截面状况没有改变,因此$A=3$ m不变,但是B值因为关小阀门而增大,此时的新工作点M_1应满足管路特性方程,即

$$10.09=3+B\times 0.003\ 63^2,\quad B=5.38\times 10^5$$

因此关小阀门后的管路特性方程为

$$H_e=3+5.38\times 10^5\ Q^2$$

(3)要求不改变管路特性而使送液量达到$3.63\times 10^{-3}\text{m}^3/\text{s}$,为此管路所需压头为

$$H_e=3+3.23\times 10^5Q^2=3+3.23\times 10^5\times(3.63\times 10^{-3})^2=7.26\ \text{m}$$

即需要改变叶轮转速使工作点由$M(4.03\times 10^{-3},8.25)$移至$M'(3.63\times 10^{-3},7.26)$,如图2-24所示。假定转速由$n$调节为$n'$可实现这种变化,且不超出比例定律的使用范围,根据式(2-22),泵的特性方程变为:

$$\frac{Q}{Q'}=\frac{n}{n'}=\frac{1}{0.9}\Rightarrow n'=2900\times 0.9=2610\ \text{r/min}$$

可解得$n'=2\ 610$ r/min。

转速变化幅度没有超出比例定律的适用范围,以上计算有效。

(4)计算多消耗在阀门上的功率

当流量为$Q'=3.63\times 10^{-3}\ \text{m}^3/\text{s}$时,管路所需的压头:

$$H_e = 3 + 3.23 \times 10^5 Q^2 = 3 + 3.23 \times 10^5 \times (3.63 \times 10^{-3})^2 = 7.26\ \text{m}$$

而现在离心泵提供的压头为 $H' = 10.09$ m。显然由于关小阀门而损失的压头为

$$\Delta H = 10.09 - 7.26 = 2.83\ \text{m}$$

则多消耗在阀门上的功率为

$$\Delta N = \frac{Q'\Delta H \rho g}{\eta} = \frac{0.003\ 63 \times 2.83 \times 1\ 000 \times 9.81}{0.62} = 162.5\ \text{W}$$

通过本例可以看出,用关小阀门开度的方法调节流量,造成泵的压头利用率降低,能耗增大。

【例 2-5】将浓度为95%的硝酸自常压罐输送至常压设备中去,要求输送量为 36 m^3/h,液体的扬升高度为 7 m。输送管路由内径为 80 mm 的钢化玻璃管构成,总长为 160 m(包括所有局部阻力的当量长度)。现采用某种型号的耐酸泵,其性能列于表 2-1 中。问:(1)该泵是否合用?(2)实际的输送量、压头、效率及功率消耗各为多少?

表 2-1　耐酸泵的性能

Q/(L/s)	0	3	6	9	12	15
H/m	19.5	19	17.9	16.5	14.4	12
η/%	0	17	30	42	46	44

已知:酸液在输送温度下黏度为1.15×10^{-3} Pa·s,密度为1 545 kg/m^3,摩擦系数可取0.015。

解:(1)对于本题,管路所需要压头通过在储槽液面 1-1′和常压设备液面 2-2′之间列伯努利方程求得:

$$\frac{u_1^2}{2g} + z_1 + \frac{p_1}{\rho g} + H_e = \frac{u_2^2}{2g} + z_2 + \frac{p_2}{\rho g} + \sum H_f$$

式中

$$z_1 = 0, z_2 = 7\ \text{m}, p_1 = p_2 = 0(\text{表压}), u_1 = u_2 \approx 0$$

管内流速:

$$u = \frac{4Q}{\pi d^2} = \frac{Q}{0.785 d^2} = \frac{36}{3\ 600 \times 0.785 \times 0.080^2} = 1.99\ \text{m/s}$$

管路压头损失:

$$\sum H_f = \lambda \frac{l + \sum l_e}{d} \frac{u^2}{2g} = 0.015 \times \frac{160}{0.08} \times \frac{1.99^2}{2 \times 9.81} = 6.06\ \text{m}$$

管路所需要的压头:

$$H_e = z_2 - z_1 + \sum H_f = 7 + 6.06 = 13.06\ \text{m}$$

管路所需流量为

$$Q = \frac{36 \times 1\ 000}{3\ 600} = 10\ \text{L/s}$$

由本题附表可以看出,该泵在流量为 12 L/s 时所提供的压头即达到了14.4 m,当流量为管路所需要的 10 L/s,它所提供的压头将会高于管路所需要的13.06 m。因此说该泵

对于该输送任务是可用的。

另一个值得关注的问题是该泵是否在高效区工作。由附表可以看出，该泵的最高效率为 46%；流量为 10 L/s 时，该泵的效率大约为 43%。因此说该泵是在高效区工作的。

(2)实际的输送量、功率消耗和效率取决于泵的工作点，而工作点由管路特性和泵的特性共同决定。

由伯努利方程可得管路的特性方程为：$H_e=7+0.006\ 058Q^2$（其中流量单位为 L/s）。

据此可以计算出各流量下管路所需要的压头，如表 2-2 所示：

表 2-2 各流量下管路所需要的压头

Q/(L/s)	0	3	6	9	12	15
H/m	7	7.545	9.181	11.91	15.72	20.63

据此，可以作出管路的特性曲线和泵的特性曲线，如图 2-25 所示。两曲线的交点为工作点，其对应的压头为14.8 m，流量为11.4 L/s，效率0.45；轴功率可计算如下：

$$N=\frac{HQ\rho}{102\eta}=\frac{14.8\times11.4\times10^{-3}\times1545}{102\times0.45}=5.68\ \text{kW}$$

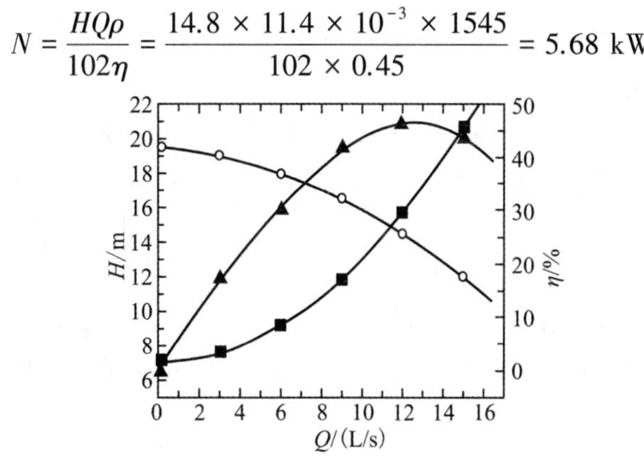

图 2-25 例 2-5 附图

结论：(1)判断一台泵是否合用，关键是要计算出与要求的输送量对应的管路所需压头，然后将此压头与泵能提供的压头进行比较，即可得出结论。另一个判断依据是泵是否在高效区工作，即实际效率不低于最高效率的 92%。

(2)泵的实际工作状况由管路的特性和泵的特性共同决定，此即工作点的概念。它所对应的流量（如本题的11.4 L/s）不一定是原本所需要的（如本题的 10 L/s）。此时，还需要调整管路的特性以适用其原始需求。

六、离心泵的组合

当单台离心泵不能满足管路对流量或压头的要求时，可采用泵的组合操作。下面以两台性能相同的泵为例，讨论离心泵组合操作的特性。

(1)离心泵的并联

设将两台型号相同的泵并联于管路系统，且各自的吸入管路相同，则两泵各自的流量和压头必定相同。显然，在同一压头下，并联泵的流量为单台泵的两倍。并联泵的合成特性曲线如图 2-26 中曲线 2 所示，因此离心泵的并联改变的是泵的特性曲线，如果是

N 台同种型号的泵并联,泵的特性曲线方程为 $H = A - G\left(\frac{Q}{N}\right)^2$。

并联泵的工作点由并联特性曲线与管路特性曲线的交点决定。由于流量加大,管路流动阻力加大,因此,并联后的总流量必低于单台泵流量的两倍,而并联压头略高于单台泵的压头。并联泵的总效率与单台的效率相同。

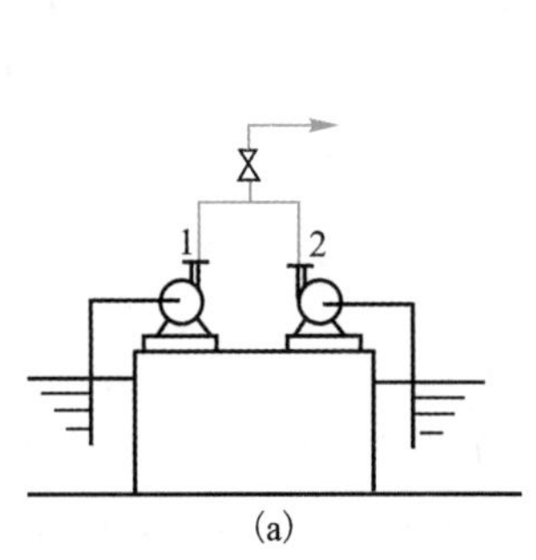

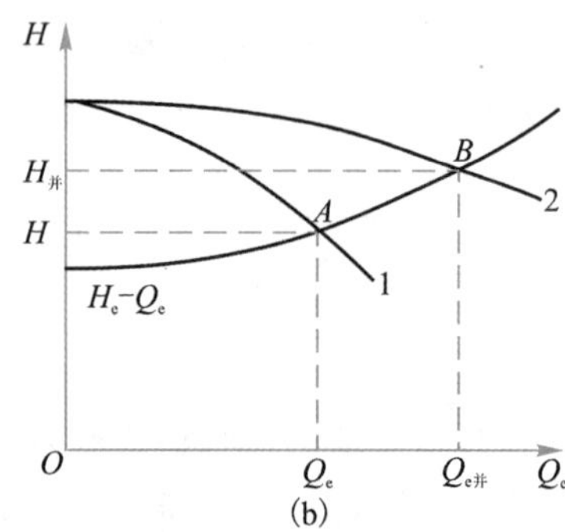

图 2-26　两台离心泵的并联

(2)离心泵的串联

两台型号相同的泵串联操作时,每台泵的流量和压头也各自相同。因此,在同一流量下,串联泵的压头为单台泵压头的两倍,其合成特性曲线如图 2-27 中曲线 2 所示。同理,离心泵的串联改变的也是泵的特性曲线,如果是 N 台同种型号的泵串联,泵的特性曲线方程为 $H = N(A - GQ^2)$ 。

同样,串联泵的工作点由串联特性曲线与管路特性曲线的交点决定。两台泵串联操作的总压头必低于单台泵压头的两倍,流量大于单台泵的流量。串联泵的效率为 $Q_{串}$ 下单台泵的效率。

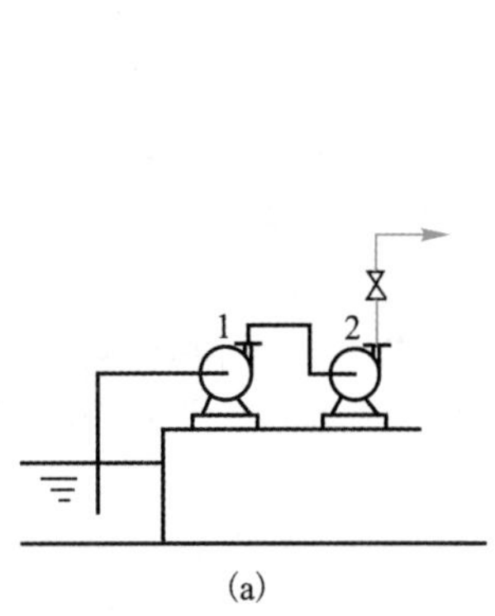

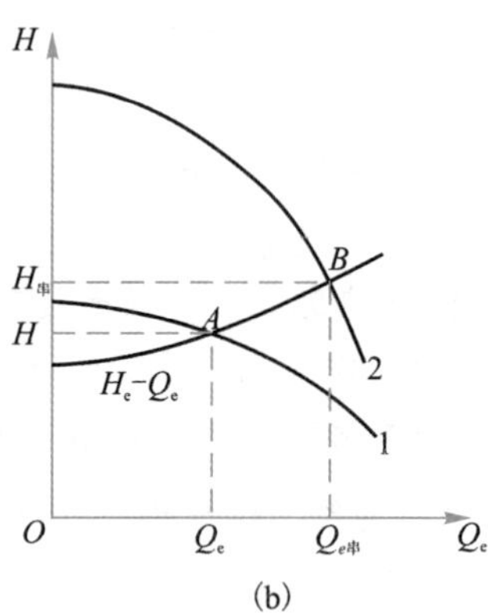

图 2-27　两台离心泵的串联

(3)离心泵组合方式的选择

生产中采取何种组合方式能够取得最佳经济效果,则应视管路要求的压头和特性曲线形状而定,如图 2-28 所示。

①如果单台泵所能提供的最大压头小于管路两端的$\left(\Delta z+\dfrac{\Delta p}{\rho g}\right)$值，即管路的固有压头，则只能采用泵的串联操作。

②对于管路特性曲线较平坦的低阻型管路，采用并联组合方式可获得较串联组合高的流量和压头；反之，对于管路特性曲线较陡的高阻型管路，则宜采用串联组合方式。

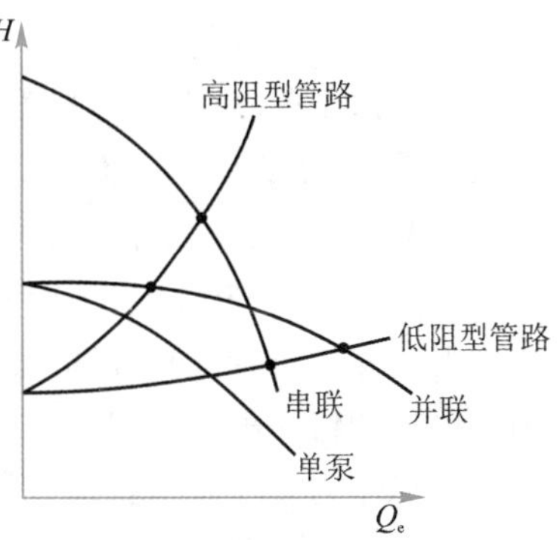

图 2-28　组合方式的比较

【例 2-6】库房里有两台型号相同的离心泵，单台泵的特性方程为 $H=36-4.8\times10^5Q^2$（Q 的单位为 m³/s，下同）。三个管路系统的特性方程分别为：1 管路 $H_e=12+1.5\times10^5Q^2$，2 管路 $H_e=12+4.4\times10^5Q^2$，3 管路 $H_e=12+8.0\times10^5Q^2$。试比较两台泵在如上三个管路系统中应如何组合操作才能获得较大的送水量。

解：本例旨在比较在不同管路系统中离心泵组合操作的效果。下面以 1 管路系统为例计算并联和串联操作的送水量。

单台泵操作时的送水量

$$12+1.5\times10^5Q^2=36-4.8\times10^5Q^2$$

解得

$$Q=6.172\times10^{-3}\ \text{m}^3/\text{s}=22.22\ \text{m}^3/\text{h},H=17.71\ \text{m}$$

两台泵并联操作时，单台泵的送水量为管路中总流量的 1/2，而泵的压头不变，则有

$$12+1.5\times10^5Q^2=36-4.8\times10^5\left(\frac{Q}{2}\right)^2$$

解得

$$Q=9.428\times10^{-3}\ \text{m}^3/\text{s}=33.94\ \text{m}^3/\text{h},H=25.33\ \text{m}$$

两台泵串联操作时，单台泵的送水量和管路中总流量一致，而泵的压头加倍，即

$$12+1.5\times10^5Q^2=2\times(36-4.8\times10^5Q^2)$$

解得

$$Q=7.352\times10^{-3}\ \text{m}^3/\text{s}=26.47\ \text{m}^3/\text{h},H=20.04\ \text{m}$$

同样方法可求得 2 管路和 3 管路系统的对应参数，列于表 2-3 中。

表 2-3　2 管路和 3 管路系统的对应参数

管路特性	Q/(m³/h)			备注
	单台泵	两台串联	两台并联	
$12+1.5\times10^5Q_e^2$	22.22	26.47	33.94	并联效果好
$12+4.4\times10^5Q_e^2$	18.39	23.57	23.57	并、串联无差别
$12+8.5\times10^5Q_e^2$	6.056	9.316	6.139	串联效果好

由本例附表数据可看出：

①同一台泵装在不同阻力类型管路中，其送水量相差甚大，说明管路特性对泵的操

作参数有明显影响。

②低阻型管路(1 管路),泵的并联效果显著;高阻型管路(3 管路),泵的串联有利于加大流量;对于 2 管路,两台泵并联和串联获得相同效果。

(4)不同型号离心泵的串联和并联

性能悬殊、不同型号的两台离心泵组合操作时的合成特性曲线与两台型号相同的离心泵组合操作时合成特性曲线遵循相同的原则。串联时,可将某流量下所对应的每台泵的扬程相加作为串联泵组在该流量下的扬程;并联时,将某一扬程下所对应的每台泵的流量相加作为并联泵组在该扬程下的流量。但在运行中将会出现复杂的情况。

【例 2-7】用两台不同型号的离心泵将水库中 20 ℃的清水送至灌溉渠中。两台离心泵的特性方程分别为 $H_1=38-0.006\,2Q^2$(H 的单位为 m,Q 的单位为 m^3/h,下同),$H_2=42-0.048Q^2$。当泵出口阀在某一开度时,管内流动达到充分湍流,管路特性方程为 $H_{e1}=16+0.019\,4Q_e^2$;为增加输水量,将泵出口阀全部打开,此时管路特性方程变为 $H_{e2}=16+0.009\,2Q_e^2$。提出三种设计方案,即:

(1)两台泵各自安装在结构相同的管路上(需增设一条管路);

(2)两台泵串联在同一管路上;

(3)两台泵并联在同一管路上。

试比较两台泵如何安装能够获得较大的输水量。

解:本例重点讨论不同型号离心泵组合操作的特性。为了直观和便于定量分析,本例同时进行图解法(如图 2-29 所示)和解析方法。下面对各种方案进行定量计算。

(1)两台泵各自安装在结构相同的管路上(增设一条结构相同管路)

联立 H_{e1} 与 H_1 两表达式,即可求得泵 1 单独安装在管路上某一阀门开度下的流量 Q_1,即

$$H_1=38-0.006\,2Q_1^2$$

$$H_{e1}=16+0.019\,4Q_1^2$$

解得

$$Q_1=29.32\ \text{m}^3/\text{h}$$

同理,联立 H_2 与 H_{e2} 两表达式便可求得 $Q_2=19.64\ \text{m}^3/\text{h}$

泵出口阀在某一开度时,两台泵的总输水量为

$$Q=Q_1+Q_2=29.32+19.64=48.96\ \text{m}^3/\text{h}$$

同样方法可求得泵出口阀全开时两台泵的总输水量为

$$Q'=Q'_1+Q'_2=37.80+21.32=59.12\ \text{m}^3/\text{h}$$

(2)两台泵串联在同一管路上

两台泵串联后的特性方程为

$$H_{串}=H_1+H_2=80-0.054\,2Q^2 \tag{1}$$

该方程分别与 H_{e1} 与 H_{e2} 的表达式联立便可求得两种管路特性下的输水量,即

$$H_{串}=80-0.054\,2Q^2$$

$$H_{e1}=16+0.019\,4Q_e^2$$

解得

$$Q_{串}=29.49\ \text{m}^3/\text{h}$$

同理

$$Q'_{串}=31.77\ \mathrm{m^3/h}$$

(3)两台泵并联在同一管路上

同一扬程下,并联泵组的总流量等于每台泵的流量之和,此时管路特性方程分别为

$$H_{e1}=16+0.019\,4(Q_1+Q_2)^2 \tag{2}$$

$$H_{e2}=16+0.009\,2(Q'_1+Q'_2)^2 \tag{3}$$

式中的 Q_1 与 Q_2(Q'_1 与 Q'_2)之间关系由联立 H_1 与 H_2 的表达式来确定,即

$$38-0.006\,2Q_1^2=42-0.048\,Q_2^2$$

解得

$$Q_2=\sqrt{0.129\,2Q_1^2+83.33} \tag{4}$$

将式(4)代入式(2)并与 H_1 的表达式联立,试差求得某一出口阀开度时各台泵的流量及并联总流量,即

$$Q_1=20.10\ \mathrm{m^3/h},Q_2=11.64\ \mathrm{m^3/h}$$

$$Q_{并}=20.10+11.64=31.74\ \mathrm{m^3/h}$$

同理,可求得泵出口阀全开时的有关参数,即

$$Q'_1=28.90\ \mathrm{m^3/h},Q'_2=13.83\ \mathrm{m^3/h},Q'_{并}=42.73\ \mathrm{m^3/h}$$

三种方案的计算结果汇总于表 2-4 中。

表 2-4 三种方案的计算结果汇总

方案 \ 管路 / 流量		$H_{e1}=16+0.019\,4Q_e^2$		$H_{e2}=16+0.009\,2Q_e^2$	
		$Q_1(Q_2)$/($\mathrm{m^3/h}$)	$Q_{串}(Q_{并})$/($\mathrm{m^3/h}$)	$Q'(Q'_2)$/($\mathrm{m^3/h}$)	$Q'_{串}(Q'_{并})$/($\mathrm{m^3/h}$)
方案 1	泵 1	29.32	48.96	37.80	59.12
	泵 2	19.64		21.32	
方案 2(串联)		29.49		31.77	
方案 3	泵 1	20.10	31.74	28.90	42.73
	泵 2	11.64		13.83	

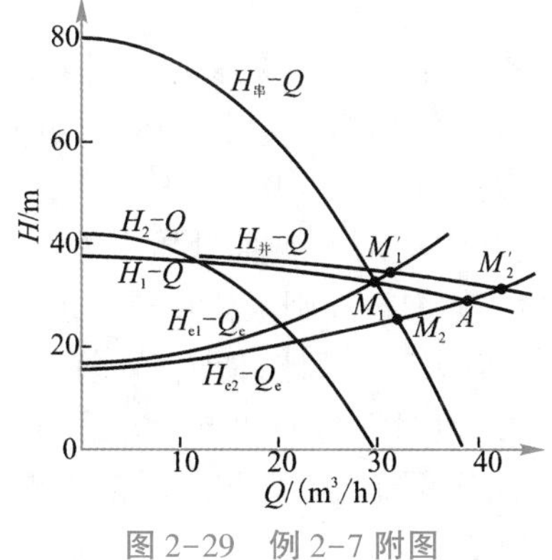

图 2-29 例 2-7 附图

由本例附图和附表数据可看出:

(1)三种方案中,方案1(两台泵各自安装在结构相同的管路上)能达到最大输送能力,但需增设一条结构相同的管线;串联和并联相比,后者可取得较好效果。

(2)两台泵串联在同一管路上时,在运行中出现复杂的现象:当泵出口阀在某一开度时,管路系统中的流量基本上由泵1所提供,泵2仅起到一段管路的作用;当泵出口阀全部打开,管路中流量加大时,泵2变成了阻力元件,它本身要消耗额外能量,致使组合后管路中的总流量(31.77 m^3/h)低于泵1单独操作时的流量(37.80 m^3/h)。若将泵2安装到泵1前面,将可能引发泵1发生汽蚀现象。

通常,两台性能相同或相近的离心泵进行串联组合才能取得预期效果。

七、离心泵的安装高度

离心泵的安装高度是指被输送的液体所在储槽液面到离心泵入口处的垂直距离,以H_g表示,如图2-30所示。

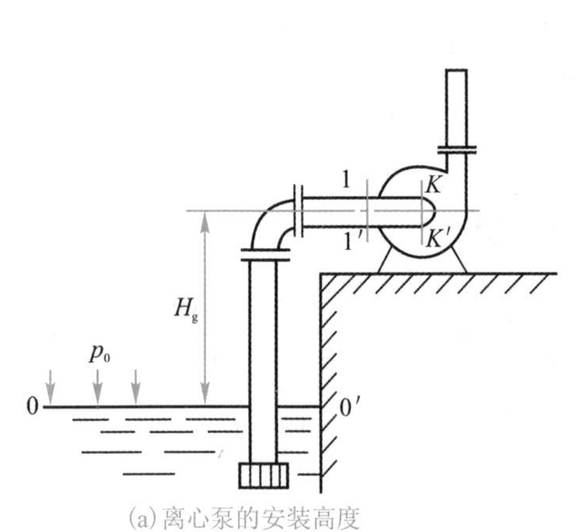

(a)离心泵的安装高度

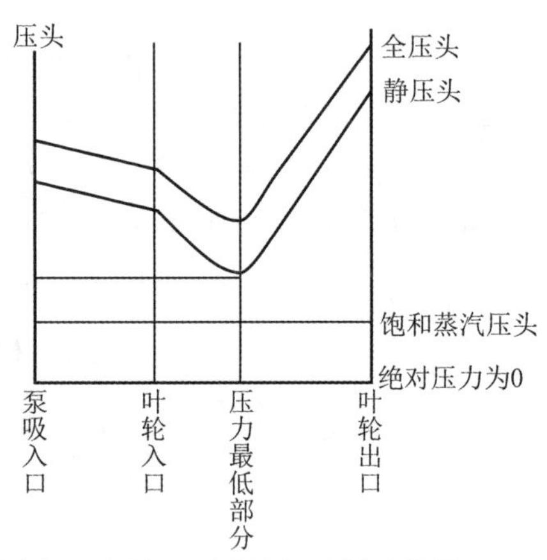

(b)离心泵吸入口至叶轮出口压头变化图

图2-30　离心泵的安装高度及压头变化

安装离心泵时,其安装高度如何确定?只需考虑场地条件还是存在其他因素的影响?要解决这个问题,需要先介绍汽蚀现象。

(一)汽蚀现象

参看图2-30(b),随着安装高度的增加,泵吸入管路内的压头损失增大,且液体中会有更多静压能转换成位能。因此,安装高度越高,泵入口处(1-1′截面)液体压强越低,则位于叶轮中心附近的叶轮入口处(图2-30中的$K-K'$截面,整个流动系统中压强最低处)的压强也就越低。当安装高度增至使$K-K'$截面处压强等于被输送液体在操作温度下的饱和蒸汽压时,液体沸腾,产生的气泡被周围液体裹挟着进入叶轮流道。在叶轮流道内,气泡因周围液体压强升高而急速凝结为液体,造成局部真空,致使周围液体以很高的速度冲向真空区域,产生压力极大、频率极高的冲击。尤其当气泡的凝结发生在叶轮叶片表面附近时,众多液体质点犹如许多细小的高频水锤撞击着叶片,加之液体中溶解氧造成的腐蚀作用,致使叶轮表面损伤。

上述因安装高度过高引起的水锤高速击打叶轮，使之损伤的现象称为离心泵的汽蚀。处于汽蚀状态时，泵体强烈振动并发出噪声，液体流量、压头（出口压强）及效率明显低于正常值，严重时甚至吸不上液体。我们常以泵扬程较正常值下降3%作为发生汽蚀的标志。离心泵长期在此状态下运行，叶轮表面会出现斑痕及裂缝，甚至呈海绵状脱落。为避免运行中发生汽蚀，离心泵安装位置不能过高。为确定安装高度的上限，需要掌握汽蚀余量的概念。

（二）汽蚀余量

1.实际汽蚀余量 NPSH

为确保不发生汽蚀，离心泵入口处液体的静压头与动压头之和必须大于操作温度下液体的饱和蒸汽压头，其超出部分称为离心泵的实际汽蚀余量，以 NPSH 表示：

$$\mathrm{NPSH}=\frac{p_1}{\rho g}+\frac{u_1^2}{2g}-\frac{p_\mathrm{v}}{\rho g} \tag{2-24}$$

式中　NPSH——离心泵的实际汽蚀余量，m；

p_1——泵入口处的绝对压强，Pa；

u_1——泵入口处的液体流速，m/s；

p_v——输送温度下液体的饱和蒸汽压，Pa。

实际汽蚀余量反映了离心泵运行中远离汽蚀状态的程度，其数值越大，说明离心泵离汽蚀状态越远。

2.临界汽蚀余量$(\mathrm{NPSH})_\mathrm{c}$

当叶轮入口处的压强 p_k 等于 p_v 时，泵发生汽蚀。此时，p_1 达到一个最小值 $p_{1,\min}$，与此对应的汽蚀余量称为临界汽蚀余量：

$$(\mathrm{NPSH})_\mathrm{c}=\frac{p_{1,\min}}{\rho g}+\frac{u_1^2}{2g}-\frac{p_\mathrm{v}}{\rho g} \tag{2-25}$$

当实际汽蚀余量低至恰好等于临界汽蚀余量时，离心泵刚好发生汽蚀。此时，$p_1=p_{1,\min}$，$p_\mathrm{k}=p_\mathrm{v}$，在图 2-30(a)的 1-1′与 K-K'截面间列机械能衡算式：

$$\frac{p_{1,\min}}{\rho g}+\frac{u_1^2}{2g}-\frac{p_\mathrm{v}}{\rho g}=\left(\frac{u_\mathrm{k}^2}{2g}+\sum h_{\mathrm{f},1-\mathrm{k}}\right)_{p_k=p_\mathrm{v}} \tag{2-26}$$

可见，流量越大，或 1-1′与 K-K'截面间的局部阻力系数（取决于泵的结构）越大，则临界汽蚀余量越大。临界汽蚀余量越大，说明泵越易发生汽蚀。因其值与泵的结构有关，故一般由泵的制造厂通过实验测定。实验时设法在泵流量不变的条件下逐渐降低 p_1（如关小泵吸入管路中的阀门），当泵内刚好发生汽蚀（以泵的压头较正常值下降3%为标志）时测取 $p_{1,\min}$，再由式(2-25)计算出该流量下离心泵的临界汽蚀余量。

3.必需汽蚀余量$(\mathrm{NPSH})_\mathrm{r}$

从理论上讲，离心泵运行中的实际汽蚀余量只要不低于临界汽蚀余量，就不会发生汽蚀。但考虑到泵的运行状态影响因素很多，难免出现波动，为安全、保险计，通常要求实际汽蚀余量比临界汽蚀余量超出足够的量，称为安全量。可据此定义必需汽蚀余量。

$$(\mathrm{NPSH})_\mathrm{r}=(\mathrm{NPSH})_\mathrm{c}+\text{安全量}$$

泵的制造厂通过实验测定临界汽蚀余量，加一个安全量，就得到了必需汽蚀余量。

通常将其作为泵的性能参数之一提供给用户,用于计算安装高度的上限。

(三)最大允许安装高度

取图 2-30(a)中的 0-0′~1-1′截面,列机械能衡算式

$$H_g=\frac{p_0}{\rho g}-\left(\frac{p_1}{\rho g}+\frac{u_1^2}{2g}\right)-H_{f,0-1}$$

$$H_g=\frac{p_0}{\rho g}-\left(\frac{p_1}{\rho g}+\frac{u_1^2}{2g}-\frac{p_v}{\rho g}\right)-\frac{p_v}{\rho g}-H_{f,0-1}$$

$$H_g=\frac{p_0}{\rho g}-\mathrm{NPSH}-\frac{p_v}{\rho g}-H_{f,0-1} \quad (2-27)$$

式(2-27)反映了实际安装高度与实际汽蚀余量之间的关系。考虑到实际汽蚀余量应不低于必需汽蚀余量,故将该式中的实际汽蚀余量以所用泵的必需汽蚀余量代替,就可得泵安装高度的上限,以 $H_{g,r}$ 表示,称为最大允许安装高度。

$$H_{g,r}=\frac{p_0-p_v}{\rho g}-(\mathrm{NPSH})_r-H_{f,0-1} \quad (2-28)$$

安装离心泵前,应该用式(2-28)计算 $H_{g,r}$。安装时确保实际安装高度不超过 $H_{g,r}$,则泵在计算条件下运行时就不会发生汽蚀。

(四)影响最大允许安装高度的因素

对式(2-28),我们逐项分析可得:

(1)海拔高度越低,或贮槽压力越高,最大允许安装高度越高;

(2)必需汽蚀余量越小,最大允许安装高度越高;

(3)吸入管路越短、越直、越粗,阀门越少,吸入管路阻力越小,最大允许安装高度越高;

(4)液体流量越小,最大允许安装高度越高;

(5)液体温度越低,最大允许安装高度越高。

应注意,因流量越大,$(\mathrm{NPSH})_r$越大,液体温度越高,p_v越高,故计算时应采用泵在生产中会出现的最大流量和最高的液体温度,所得结果才足够可靠。

为安全计,安装离心泵时往往使实际安装高度比计算所得 $H_{g,r}$低0.5~1 m。

最后需要说明的是,一台离心泵即使按 $H_{g,r}$值正确安装了,运行中仍可能因一些条件变化而发生汽蚀。例如,被输送液体所在储槽液面下降、液体温度升高、吸入管路阻力增大等。(请读者试分析还有哪些条件的变化会发生汽蚀?)

为避免汽蚀,在管路设计时应使泵的吸入管路短、直、粗,管件少,且尽量不安装阀门。

【例 2-8】型号为 IS65-40-200 的离心泵,转速为2 900 r/min,流量为 25 m^3/h,扬程为 50 m,必需汽蚀余量为2.0 m。此泵用来将敞口水池中 50 ℃的水送出。已知吸入管路的总阻力损失为 2 mH$_2$O,当地大气压强为 100 kPa。(1)求泵的允许安装高度。(2)若该泵安装处的大气压强为 85 kPa,输送的水温增加至 80 ℃,问此时泵的允许安装高度为多少?

解:(1)查附录五,得 50 ℃水的饱和蒸汽压为 12.31 kPa,水的密度为998.1 kg/m^3,已知 p_0 = 100 kPa,由式(2-28)可得

$$H_{g,r}=\frac{p_0}{\rho g}-\frac{p_v}{\rho g}-(\mathrm{NPSH})_r-H_{f,0-1}=\frac{100\times10^3}{998.1\times9.81}-\frac{12.31\times10^3}{998.1\times9.81}-2.0-2.0=5.0\ \mathrm{m}$$

故泵的实际安装高度应低于此值，即不应超过液面5.04 m。

(2)查附录五，得 80 ℃下水的饱和蒸汽压为47.38 kPa，水的密度为971.8 kg/m³，则

$$H_{g,r}=\frac{85\times10^3}{971.8\times9.81}-\frac{47.38\times10^3}{971.8\times9.81}-2-2=-0.05\ \text{m}$$

说明此泵应安装在水池液面以下至少0.05 m 处才能正常工作。

单从泵的操作角度看，实际安装高度取负值(即泵装在吸入设备的液面以下)是有利的，既能避免汽蚀，又能避免灌泵操作。实际安装高度要依工业要求和现场设备布置情况来确定，但必须保证小于上面计算的 $H_{g,r}$ 值。

(五)允许吸上高度

我国的离心泵样本中还采用允许吸上高度 H_s 性能指标来表示泵的吸上性能，也可以用其来计算泵的允许安装高度。

泵不发生汽蚀，其入口处允许的最低绝对压力(表示为真空度)，以液柱高度表示，称为泵的允许吸上真空高度，即

$$H_s=\frac{p_a-p_1}{\rho g} \tag{2-29}$$

H_s 值愈大，表示该泵在一定条件下操作时其抗汽蚀性能愈好。H_s 与泵的结构、被输送液体的性质及液面上方压力有关，其值随 Q 增加而降低。

若已知 H_s 值或从泵样本上查出 H_s 值，可按下式计算泵的允许安装高度。

$$H_{g,r}=H_s-\frac{u_1^2}{2g}-H_{f,0-1} \tag{2-30}$$

式中　$H_{g,r}$——离心泵的允许安装高度，m；

H_s——泵样本上列出的离心泵允许吸上高度，m；

u_1——泵吸入口 1-1′截面的流速，m/s；

$H_{f,0-1}$——吸入管路(即液面 0-0′到泵吸入口 1-1′截面间的管路)阻力损失，m。

H_s 值为生产厂家在常压下，用 20 ℃清水实验测得。当操作条件与该条件不一致时，对 H_s 要进行校正，校正方法如下。

$$H_{s1}=H_s+(H_a-10.33)-(H_v-0.24)\ (\text{校正温度和大气压})$$

$$H'_s=H_{s1}\times\frac{1\ 000}{\rho}\ (\text{校正密度，水的密度为}1\ 000\ \text{kg/m}^3)$$

式中　H_{s1}——操作条件下输送水时的允许吸上真空度，mH_2O；

H_s——在性能表上所查的数值，mH_2O；

H_a——泵安装地区大气压力，mH_2O；

H_v——在操作温度下，水的饱和蒸汽压，mH_2O；

10.33——实验条件下的大气压力，mH_2O；

0.24——20 ℃下水的饱和蒸汽压，mH_2O；

校正后最大允许高度可按下式进行计算。

$$H_g=H'_s-\frac{u_1^2}{2g}-H_{f,0-1} \tag{2-31}$$

八、离心泵的类型、选用、安装和运转

(一)离心泵的类型与规格

根据实际需要,离心泵发展了不同的类型。按被送液体性质不同可分为清水泵、油泵、耐腐蚀泵、屏蔽泵、杂质泵等;按安装方式可分为卧式泵、立式泵、液下泵、管道泵等;按吸入方式不同可分为单吸泵(中、小流量)和双吸泵(大流量);按叶轮数目不同可分为单级泵和多级泵(高扬程)等。上述各类泵已经系列化和标准化,并以一个或几个汉语拼音字母作为系列代号。在每一系列内,又有各种不同的规格。下面介绍几种主要类型的离心泵。

1.清水泵

(1)IS 型单级单吸悬臂式离心泵(轴向吸入)

供输送不含固体颗粒的水或物理、化学性质类似于水的液体,适用于工业和城市给、排水和农业排灌。全系列共有 29 个品种,结构可靠,振动小,噪声低,效率高,输送介质温度不超过 80 ℃,吸入压强不大于0.3 MPa,全系列流量范围 6.3~400 m^3/h,扬程范围 5~125 m,结构如图 2-31 所示。

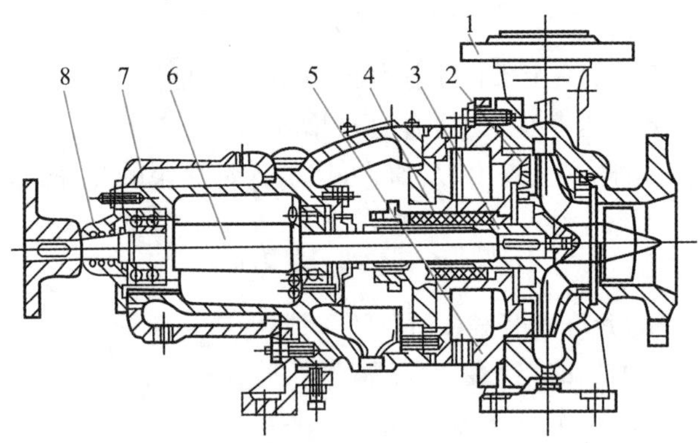

1—泵体;2—叶轮;3—密封圈;4—护轴套;5—后盖;6—轴;7—托架;8—联轴器部件

图 2-31 IS 型单级单吸悬臂式离心泵

现以 IS50-32-200 为例说明其型号和规格的表示方法。其中,IS 表示国际标准单级单吸清水离心泵;50 表示泵吸入口直径,mm;32 表示泵排出口直径,mm;200 表示叶轮的名义直径,mm。

在泵的性能表或样本上列出了该泵的流量、扬程、转速、必需汽蚀余量、效率、功率(轴功率与电机功率)、叶轮直径等参数。

(2)S 型单级双吸离心泵

当输送液体的扬程要求不高而流量较大时,可以选用单级双吸式离心泵,其叶轮厚度较大,有两个吸入口,如图 2-4(b)所示。系列代号为 S,它可提供较大的输液量,其具体规格参见附录十八中的 3. S 型单级双吸离心泵。以 100S90A 为例,其中,100 为泵入口直径,mm;S 表示单级双吸式;90 为设计点扬程值,m;A 表示叶轮经一次切削。

(3)D、DG 型多级离心泵

当要求扬程较高时,可采用多级离心泵,其示意图如图 2-5 所示,在一根轴上串联多

个叶轮，被送液体在串联的叶轮中多次接收能量，最后达到较高的扬程（参见附录十八中的2. D、DG多级分段式离心泵）。以D155-67X3为例，D为多级泵代号；155为设计点流量，m^3/h；67为设计点单级扬程值，m；3表示泵的级数，即叶轮数。

2.F型耐腐蚀泵

耐腐蚀泵有好几种类型，应根据腐蚀介质不同采用不同材质。其中F型泵为单级单吸悬臂式耐腐蚀离心泵，用于输送不含固体颗粒，有腐蚀性的液体，输送介质温度为-20~105 ℃，适合于化工、石油、冶金、合成纤维、医药等部门。全系列流量为3.6~360 m^3/h，扬程为6~103 m。以40FMG-26为例，40为泵入口直径，mm；FM为悬臂式不锈钢耐腐蚀离心泵；G为固定式；26为设计点扬程，m。（可参见附录十八中的5. F型耐腐蚀泵）。近来已推出IH系列耐腐蚀泵，平均效率比F型泵提高5%，其型号规格与IS泵类似。

3.Y型、YS型油泵

用于输送石油产品的泵，分单吸和双吸两种，系列代号分别为Y、YS。离心油泵用于输送不含固体颗粒、无腐蚀性的油类及石油产品，输送介质温度为-20~400 ℃，流量范围6.25~500 m^3/h，扬程60~600 m。以80Y100和80Y100×2A为例，80为泵入口直径，mm；Y表示单吸离心油泵；100为设计点扬程，m；×2表示该泵为2级；A表示叶轮经一次切削。

因为油品易燃易爆，要求油泵具有良好的密封性能。当输送200 ℃以上的热油时，还需有冷却装置。一般在热油的轴封装置和轴承处均装有冷却水夹套，运转时通冷水冷却。

4.杂质泵（P型）

用于输送悬浮液或稠厚浆液的泵。根据具体用途又可细分为污水泵（PW型）、砂泵（PS型）、泥浆泵（PN型）等。这类泵多采用开式叶轮，且叶片数目少。

5.液下泵（FY型）

该类泵一般为立式，通常安装在液体储槽内，因此对轴封要求不高，可用于输送各种腐蚀性液体。采用液下泵不仅节省空间，而且也改善了操作环境，但该类泵的效率一般不高。

6.管道泵（GD型）

该类泵为立式离心泵，其吸液、排液口中心线及叶轮在同一平面内，且与泵轴中心线垂直，可不用弯头直接连接在管路上。该类泵占地面积小、拆卸方便。

7.屏蔽泵（PB型）

屏蔽泵又称无密封泵。该类泵将叶轮与电动机密封在同一壳体内，故不需要轴封装置，即不需要泵轴与泵壳之间的动密封，只要做好泵壳的静密封即可。该类泵可用于输送易燃易爆或剧毒的液体。

8.磁力泵（CQ型）

该类泵的泵轴与电动机轴靠磁力传递动力，将动密封转化为静密封，因而是一种无泄漏泵。磁力泵适用于输送易燃易爆或剧毒的液体。由于其价格低廉，性能优良，因此在一定场合有替代屏蔽泵的趋势。

(二)离心泵的选用

化工工艺技术人员的任务不是去设计一台泵,而是要根据输送液体的物理化学性质、操作条件、输送要求和设备布置方案等实际情况,选择适用的泵的型号和规格。下面简单介绍根据实际工况选用离心泵的步骤。

①收集各种基础数据,包括输送液体的物性(输送条件下的密度、黏度、蒸气压、腐蚀性、毒性、固体颗粒的大小及含量等)、操作条件(温度、压强、输液量及其可能的变化范围)、管路系统的情况与管路特性、泵的安装条件和安装方式。

②根据管路系统的最大输液量,计算管路要求的扬程、有效功率和轴功率。

③选定离心泵的类型、材料以及规格,正常情况下的流量和扬程应处于泵最高效率处。根据安装高度核算汽蚀余量或由(NPSH)$_r$ 确定 $H_{g,r}$,并进行必要的调整,选定配套电机或其他原动机的规格。

若几种型号的泵都能满足操作要求,应当选择经济且在高效区工作的泵。一般情况下均采用单泵操作,在重要岗位可设置备用泵。

【例 2-9】用 ϕ108×4 mm 的热轧无缝钢管将经沉淀处理后的河水引入一贮水池,最大输水量为 60 m^3/h,正常输水量为 50 m^3/h,池中最高水位高于河水面 15 m,泵中心(吸入口处)高出河面2.0 m,管路总长为 140 m(均包括局部阻力的当量长度在内),其中吸入管路总长为 30 m,钢管的绝对粗糙度取0.4 mm。河水冬季水温为 10 ℃,夏季为25 ℃,当地大气压强为 98 kPa。试选一台合适的离心泵。

解:河水经沉淀以后较干净,且在常温下输送,可选用 IS 型单级单吸离心式清水泵。

(1)计算管路系统要求泵提供的压头 H_e

列河水面与池水面间的伯努利方程,得

$$H_e = \Delta z + \frac{\Delta p}{\rho g} + \frac{\Delta u^2}{2g} + H_f$$

式中 $\Delta z = 15\ \text{m}, \Delta p = 0, \Delta u^2 \approx 0,\ H_f = \lambda \frac{l + \sum l_e}{d} \times \frac{u^2}{2g}$

取 10 ℃水的密度 $\rho \approx 1\,000\ \text{kg/m}^3$,黏度 $\mu = 1.3\ \text{mPa·s}$,水在管内的流速为

$$u = \frac{Q}{0.785 d^2} = \frac{60/3\,600}{0.785 \times 0.10^2} = 2.12\ \text{m/s}$$

则水在管内的 Re 为:

$$Re = \frac{du\rho}{\mu} = \frac{0.10 \times 2.12 \times 1\,000}{1.3 \times 10^{-3}} = 1.63 \times 10^5\ \text{,为湍流}$$

管壁的相对粗糙度 $\varepsilon/d = 0.4/100 = 0.004$,查图 1-43 得 $\lambda = 0.028$,则:

$$H_f = 0.028 \times \frac{140}{0.10} \times \frac{2.12^2}{2 \times 9.81} = 9.0\ \text{m}$$

所以

$$H_e = 15 + 9 = 24\ \text{m}$$

由 Q、H_e 值查附录十八,可选 IS80-65-160 或 IS100-80-125 清水泵,其性能参数见表 2-5:

表 2-5　清水泵的性能参数

型号	流量 $Q/(m^3/h)$	扬程 H/m	必需汽蚀余量 $(NPSH)_r/m$	效率 $\eta/\%$	轴功率 N/kW	电机功率 /kW
IS80-65-160	50	32	2.5	73	5.97	7.5
	60	29	3.0	72	6.59	7.5
IS100-80-125	60	24	4.0	67	5.86	11.0

显然，选用 IS80-65-160 更为适宜，其原因是：①在泵正常流量与最大流量下效率都较高；②流量和扬程有一定裕度，调节余地大；③电机功率匹配适当，可长期在较高的功率因数下运转。

然后还应当校核泵的安装高度是否满足要求。

(2)校核安装高度

要求安装高度为 2.0 m，按式(2-28)，允许安装高度为

$$H_{g,r}=\frac{p_0}{\rho g}-\frac{p_v}{\rho g}-(NPSH)_r-H_{f,0-1}$$

式中　p_0=98 kPa，由附录五，按 25 ℃查得水的饱和蒸汽压为3.167 kPa，$(NPSH)_r$=3.0 m，

$$H_{f,0-1}=\lambda\left(\frac{l+\sum l_e}{d}\right)_{吸}\times\frac{u^2}{2g}=0.028\times\frac{30}{0.10}\times\frac{2.12^2}{2\times 9.81}=1.92\ \text{m}$$

允许安装高度为

$$H_{g,r}=\frac{98\times 10^3}{1\,000\times 9.81}-\frac{3.167\times 10^3}{1\,000\times 9.81}-3.0-1.92=4.75\ \text{m}>2.0\ \text{m}$$

故此型号的泵合用，但其进口内径为 80 mm，出口内径为 65 mm，因此进出口都应使用锥形管(异径管)同 ϕ108×4 mm 管相连接。这里如果选用 IS100-80-125 泵，安装高度能否满足要求？读者可自行计算。

【例 2-10】如图 2-32 所示，用离心泵将贮槽中密度为1 200 kg/m^3 的溶液(其他物性与水相近)同时输送至两个高位槽中。已知密闭容器上方的表压为 15 kPa。在各阀门全开的情况下，吸入管路长度为 12 m(包括所有局部阻力的当量长度，下同)，管径为 60 mm；压出管路：总管 AB 的长度为 18 m，管径为 60 mm；支管 $B\to 2$ 的长度为 15 m，管径为50 mm；支管 $B\to 3$ 的长度为 10 m，管径为 50 mm。要求向高位槽 2 及 3 中的最大输送量分别为4.2×10^{-3} m^3/s 及3.6×10^{-3} m^3/s。管路摩擦系数可取为0.03，当地大气压为100 kPa。(1)试选用一台合适的离心泵；(2)若在操作条件下溶液的饱和蒸气压为8.5 kPa，确定泵的安装高度；(3)若用图中吸入管线上的阀门调节流量，可否保证输送系统正常操作？管路布置是否合理？为什么？

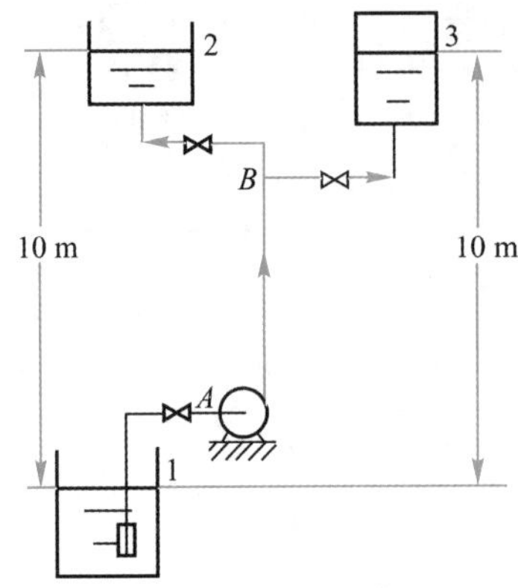

图 2-32 例 2-10 附图

解:(1)选泵

计算完成最大输送量时管路所需要的压头。因该泵同时向两个高位槽送液体,应分别计算管路所需压头,以较大压头作为选泵的依据。

各管路中的流速:

$$B\rightarrow 2 \text{ 支路 } u_{B2}=\frac{Q_2}{\frac{\pi}{4}d_2^2}=\frac{4.2\times10^{-3}}{0.785\times0.05^2}=2.14 \text{ m/s}$$

$$B\rightarrow 3 \text{ 支路 } u_{B3}=\frac{Q_3}{\frac{\pi}{4}d_3^2}=\frac{3.6\times10^{-3}}{0.785\times0.05^2}=1.83 \text{ m/s}$$

总管流量与流速:

$$Q=Q_2+Q_3=4.2\times10^{-3}+3.6\times10^{-3}=7.8\times10^{-3}\text{m}^3/\text{s}=28.1 \text{ m}^3/\text{h}$$

$$u=\frac{Q}{\frac{\pi}{4}d_1^2}=\frac{7.8\times10^{-3}}{0.785\times0.06^2}=2.76 \text{ m/s}$$

在贮槽 1 与高位槽 2 间列伯努利方程:

$$z_1+\frac{1}{2g}u_1^2+\frac{p_1}{\rho g}+H_{e2}=z_2+\frac{1}{2g}u_2^2+\frac{p_2}{\rho g}+\sum h_{f,1-2}$$

其中:$p_1=p_2=0$(表压);$z_1=0$;$u_1=u_2\approx0$;$z_2=10$ m

$$\sum h_{f,1-2}=\sum h_{f,1-B}+\sum h_{f,B-2}=\lambda\frac{(l+\sum l_e)_{1B}}{d_1}\times\frac{u^2}{2g}+\lambda\frac{(l+\sum l_e)_{B2}}{d_2}\times\frac{u_{B2}^2}{2g}=0.03\times\frac{12+18}{0.06}\times\frac{2.76^2}{2\times9.81}+0.03\times\frac{15}{0.05}\times\frac{2.14^2}{2\times9.81}=7.92 \text{ m}$$

所以 $H_{e2}=z_2+\sum h_{f,1-2}=10+7.92=17.92$ m

在贮槽 1 与高位槽 3 间列伯努利方程:

$$z_1+\frac{1}{2g}u_1^2+\frac{p_1}{\rho g}+H_{e3}=z_3+\frac{1}{2g}u_3^2+\frac{p_3}{\rho g}+\sum h_{f,1-3}$$

其中：$p_1=0$（表压）；$p_3=15$ kPa（表压）；$z_1=0$；$u_1=u_2\approx0$；$z_3=10$ m

$$\sum h_{f,1-3}=\sum h_{f,1-B}+\sum h_{f,B-3}=\lambda\frac{(l+\sum l_e)_{1B}}{d_1}\times\frac{u^2}{2g}+\lambda\frac{(l+\sum l_e)_{B3}}{d_3}\times\frac{u_{B3}^2}{2g}$$

$$=0.03\times\frac{12+18}{0.06}\times\frac{2.76^2}{2\times9.81}+0.03\times\frac{10}{0.05}\times\frac{1.83^2}{2\times9.81}=6.85\ \text{m}$$

所以：$H_{e3}=z_3+\dfrac{p_3}{\rho g}+\sum h_{f,1-2}=10+\dfrac{15\times10^3}{9.81\times1\ 200}+6.85=18.12\ \text{m}$

比较之，取压头　　　　　　　$H_e=18.12$ m

因所输送的液体与水相近，可选用清水泵。根据流量 $Q=28.1\ \text{m}^3/\text{h}$，$H_e=18.12$ m，查泵性能表，选用 IS65-50-125 型水泵，其性能为：流量 30 m^3/h，压头18.5 m，效率 68%，轴功率2.22 kW，必需汽蚀余量 3 m，配用电机容量 3 kW，转速2 900 r/min。

因所输送液体密度大于水，需核算功率：

最大输送量 $Q=28.1\ \text{m}^3/\text{h}<30\ \text{m}^3/\text{h}$，轴功率 $N<2.22$ kW，以 $N=2.22$ kW 进行核算：

$$N'=\frac{\rho'}{\rho}N=\frac{1\ 200}{1\ 000}\times2.22=2.66\ \text{kW}<3\ \text{kW}$$

故所配电机容量够用，该泵合适。

(2) 确定安装高度

吸入管路压头损失：

$$\sum h_{f,1-A}=\lambda\frac{(l+\sum l_e)_{1A}}{d_1}\times\frac{u^2}{2g}=0.03\times\frac{12}{0.06}\times\frac{2.76^2}{2\times9.81}=2.33\ \text{m}$$

则泵的允许安装高度

$$H_{g,r}=\frac{p_0-p_v}{\rho g}-(\text{NPSH})_r-\sum h_{f,1-A}=\frac{100\times10^3-8.5\times10^3}{1\ 200\times9.81}-3-2.33=2.44\ \text{m}$$

为安全计，再降低0.5 m，故实际安装高度应低于：2.44−0.5=1.94 m。

(3) 用吸入管线上的阀门调节流量不合适，因为随阀门关小，吸入管路阻力增大，使泵入口处压力降低，可能降至操作条件下该溶液的饱和蒸气压以下，泵将发生汽蚀现象而不能正常操作。该管路布置不合理，因底部有底阀，吸入管路中无须再加阀门。若离心泵安装在液面下方，为便于检修，通常在吸入管路上安装阀门，但正常操作时，该阀应处于全开状态，而不能当作调节阀使用。

注意：选泵的基本依据是流量与压头，泵所提供的流量与压头应大于管路所需之值，对于输送密度大于水的其他液体，若选用清水泵，还需核算功率。泵的安装与使用要得当，以避免汽蚀现象的发生。

（三）离心泵的安装与运转

为避免泵运转时发生汽蚀现象，泵的实际安装高度应低于式(2-28)计算得到的允许安装高度值；同时应当尽量缩短吸入管路的长度和减少其中的管件，泵吸入管的直径通常均大于或等于泵入口直径，以减小吸入管路的阻力。往高位或高压区输送液体的泵，在泵出口应设置止回阀，以防止突然停泵时大量液体从高压区倒冲回泵形成水锤而破坏泵体。

泵启动前要灌泵;启动时应关闭出口阀,待电机运转正常后,再逐渐打开出口阀调节所需流量,停泵前应先关闭出口阀。离心泵在运转时还应注意有无不正常的噪声,随时观察真空表和压强表指示是否正常,并应定期检查轴承、轴封等发热情况,保持轴承润滑。也要注意轴封处的泄漏情况,既要防止外泄,又要防止因从此处吸入气体而降低泵的抽送能力。

多级离心泵故障案例

第三节 其他类型的化工用泵

一、往复泵

(一)往复泵的结构与工作原理

依靠泵内运动部件的位移,引起泵内操作容积的变化,吸入并排出液体,运动部件直接通过位移挤压液体做功,这类泵称为正位移泵(或称容积式泵)。

往复泵是由泵缸、活塞(或活柱)、活塞杆、吸入和排出单向阀(活门)构成的一种正位移式泵,图 2-33 所示为单动往复泵。活塞由曲柄连杆机构带动做往复运动,当活塞自左向右移动时,泵缸内工作室的容积增大形成低压,排出活门在排出管中液体压强作用下被关闭,吸入活门被打开,液体吸入泵缸;当活塞自右向左移动时,由于活塞的挤压(正位移),缸内液体压强增大,吸入活门关闭,排出活门打开,缸内液体被排出。可见,往复泵是经活塞的往复运动直接将外功以提高压强的方式传给液体的。活塞在两端点间移动的距离称为冲程。活塞往复运动一次,即吸入和排出液体一次,称为一个工作循环。因此,其输液作用是间歇的、周期性的,而且活塞在两端点间各位置上的运动并非等速,故排液量不均匀。

为改善单动泵排液量的不均匀性,可采用双动泵或三动泵。图 2-34 为双动往复泵的示意图,图 2-35 为不同往复泵的流量曲线。当活塞右行时,泵缸左侧吸入液体,而右侧排出液体,这样排液可以连续,但单位时间的排液量仍不均匀。

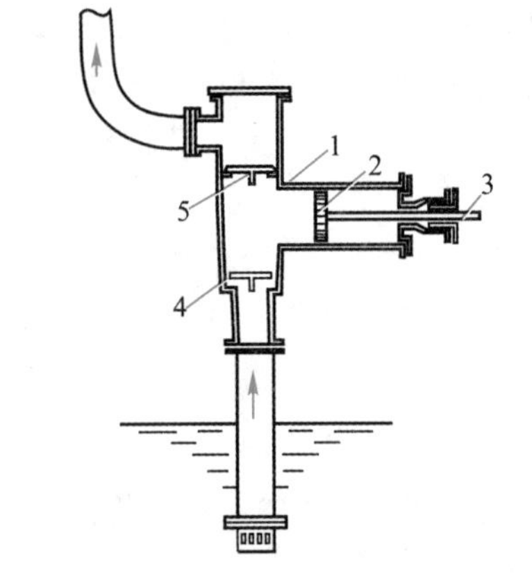

1—泵缸;2—活塞;3—活塞杆;4—吸入阀;5—排出阀

图 2-33 单动往复泵示意图

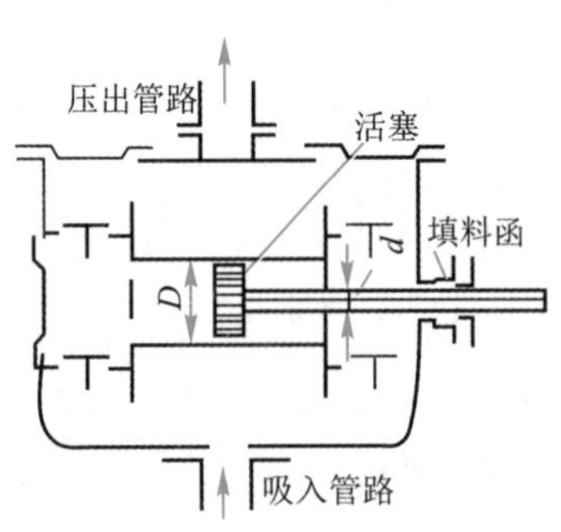

图 2-34 双动往复泵示意图

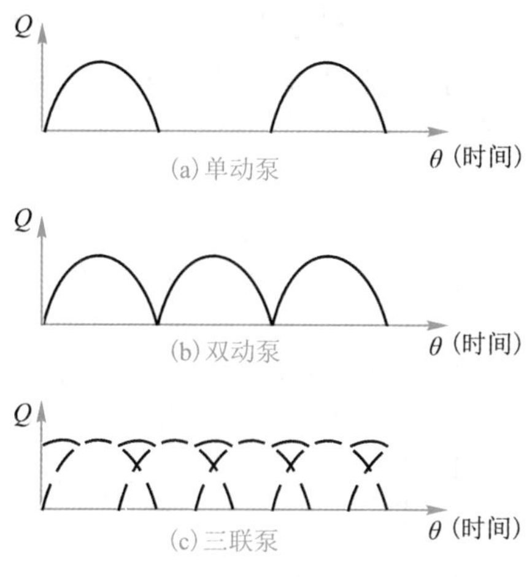

图 2-35　往复泵的流量曲线

与离心泵不同，往复泵吸液是靠工作室容积扩张造成低压吸入的，所以往复泵启动时不需灌泵（即有自吸能力）。但往复泵的安装高度同样受到泵的吸入口压强应高于液体的饱和蒸气压的限制。

（二）往复泵的输液量及其调节

1.往复泵的输液量

单缸、单动往复泵的理论平均流量为

$$Q_T = ASn \tag{2-32}$$

单缸、双动往复泵的理论平均流量为

$$Q_T = (2A-a)Sn \tag{2-33}$$

式中　Q_T——往复泵的理论流量，m^3/min；

A——活塞截面积，m^2；

S——活塞的冲程，m；

n——活塞每分钟的往复次数；

a——活塞杆的截面积，m^2。

实际操作中，由于活门启闭有滞后，活门、活塞、填料函等存在泄漏，实际平均输液量为

$$Q = \eta_v Q_T \tag{2-34}$$

式中　η_v——往复泵的容积效率，一般在0.85~0.95，小型泵接近下限，大型泵接近上限。

2.功率与效率

往复泵的轴功率计算与离心泵相同，即

$$N = \frac{HQ\rho g}{60\eta} \tag{2-35}$$

式中　N——往复泵的轴功率，W；

η——往复泵的总效率，通常 $\eta = 0.65 \sim 0.85$，其值由实验测定。

由于往复泵的排液量恒定，故其功率和效率随泵的排出压力而变。

3.往复泵的压头和特性曲线

往复泵的压头与泵本身的几何尺寸和流量无关，只取决于管路情况。只要泵的机械

强度和电动机提供的功率允许,输送系统要求多高压头,往复泵即提供多高压头。

往复泵的流量与压头的关系曲线,即泵的特性曲线,如图 2-36(a)所示。往复泵的实际特性曲线随 H 增大,Q 略有减小。

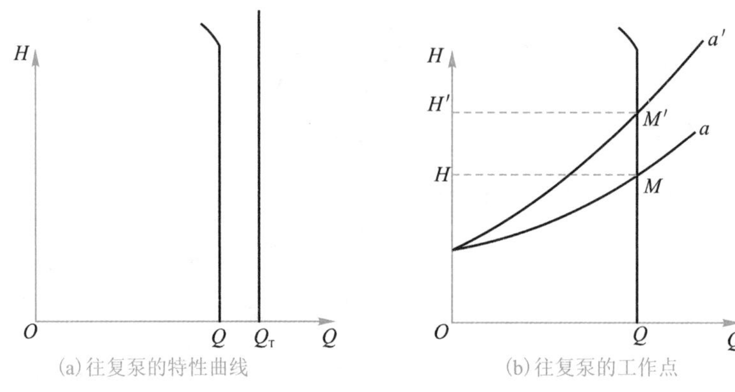

图 2-36 往复泵的特性曲线及工作点

往复泵的输液能力只取决于活塞的位移,而与管路情况无关,泵的压头仅随输送系统要求而定,这种性质称为正位移特性,具有这种特性的泵称为正位移(定排量)泵。往复泵是正位移泵的一种。

4.往复泵的工作点和流量调节

(1)往复泵的工作点　任何类型泵的工作点都是由管路特性曲线和泵的特性曲线的交点所决定的,往复泵也不例外。由于往复泵的正位移特性,工作点只能在 Q 为常数的垂直线上移动,如图 2-36(b)所示。

(2)往复泵的流量调节　要想改变往复泵的输液能力,可采取如下措施:

①增设旁路调节装置。往复泵的流量与管路特性曲线无关,所以不能通过出口阀调节流量,简便的方法是增设旁路调节装置,如图 2-37 所示,通过调节旁路流量来达到主管路流量调节的目的。显而易见,旁路调节流量并没有改变泵的总流量,只是改变了流量在旁路与主管路之间的分配。旁路调节造成了功率的无谓消耗,经济上并不合理。但对于流量变化幅度较小的经常性调节非常方便,生产上常采用。

图 2-37　旁路调节流量示意图

②改变活塞冲程或往复频率调节。改变活塞冲程 S 或往复频率 n 均可达到改变流量的目的,而且能量利用合理,但不宜经常性流量调节。

对于输送易燃、易爆液体,采用直动泵可方便地调节进入蒸气缸的蒸气压力,实现流量调节。

基于以上特性,往复泵主要适用于较小流量,高扬程,清洁、高黏度液体的输送,不宜输送腐蚀性液体和含有固体粒子的悬浮液。

5.往复泵与离心泵的比较

由于往复泵的正位移特性,故其流量调节方法与离心泵不同,且出口一般不设出口阀,即使有,启动时也需打开。此外,往复泵和离心泵的安装高度都有一定的限制(请读者思考原因是否相同?),但往复泵有自吸作用,启动前无须灌泵。

【例 2-11】用单动往复泵向表压为 491 kPa 的密闭高位槽输送密度为1 250 kg/m^3 的黏稠液体。泵的活塞直径 D=120 mm,冲程 S=225 mm,每分钟往返次数 n=200。操作范围内泵的容积效率 η_v=0.96,总效率 η=0.85。管路特性方程为 $H_e=56+182.2Q_e^2$(Q_e 的单位为 m^3/min),试比较如下三种情况下泵的轴功率,即:(1)泵的流量全部流经主管路;(2)用旁路调节流量,使主管流量减少 1/3;(3)改变冲程,使主管流量减少 1/3。假设改变流量后管路特性方程不变。

解:(1)全部流经主管路

$$Q=\eta_v ASn=0.96\times\frac{\pi}{4}\times0.12^2\times0.225\times200=0.488\ 6\ \text{m}^3/\text{min}$$

$$H=H_e=56+182.2Q_e^2=56+182.2\times(0.488\ 6)^2=99.5\ \text{m}$$

$$N=\frac{HQ\rho}{60\times102\eta}=\frac{99.5\times0.488\ 6\times1\ 250}{60\times102\times0.85}=11.68\ \text{kW}$$

(2)旁路调节流量

此情况下通过泵的总流量不变,主管路压头变小,致使功率降低

$$H'=H'_e=56+182.2Q'^2_e=56+182.2\times\left(0.488\ 6\times\frac{2}{3}\right)^2=75.33\ \text{m}$$

则

$$N'=\frac{75.33\times0.488\ 6\times1\ 250}{60\times102\times0.85}=8.844\ \text{kW}$$

(3)改变冲程调节流量

此情况下,H''=75.33 m,Q''=0.4886×2/3=0.325 7 m^3/min

$$N''=\frac{75.33\times0.325\ 7\times1\ 250}{60\times102\times0.85}=5.9\ \text{kW}$$

由以上数据看出,通过改变冲程调节流量最为经济,但用旁路调节流量在操作上比较方便。

(三)计量泵(也称比例泵)

计量泵是往复泵的一种,在化工生产中用来准确地定量输送某种液体,以保证液体的配比。图 2-38 所示为计量泵的一种。它有一套可以准确调节流量的机构,通过偏心轮把电机的旋转运动变成柱塞的往复运动,在一定转速下,调节偏心轮的偏心距可以改变柱塞的冲程,从而控制输液量。可用一台电机带动几台计量泵,使各股液流按一定比例输出。

(四)隔膜泵

图 2-39 所示的隔膜泵实际上是一种活柱往复泵,它是用隔膜(由弹性合金金属片或耐腐蚀橡胶制成)将活柱与输送液体隔开。活柱的往复运动迫使隔膜交替向两侧弯曲,使被送液体不断吸入和排出,常用于输送腐蚀性液体或悬浮液。

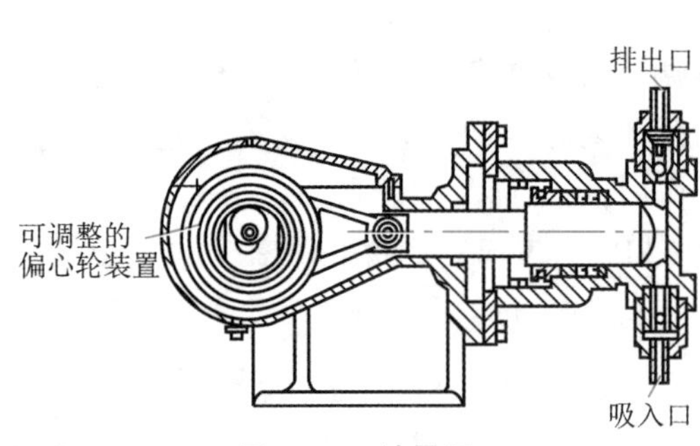

图 2-38　计量泵

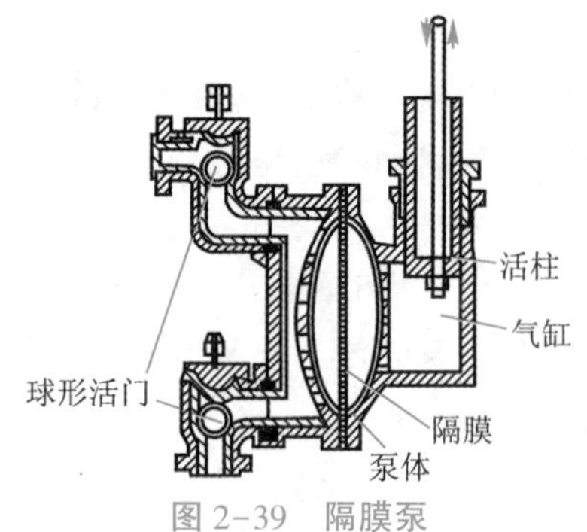

图 2-39　隔膜泵

二、回转式泵

它是依靠泵内一个或多个转子的旋转改变操作容积并吸入和排出液体的,故旋转泵又称转子泵。化工厂中常用的有齿轮泵和螺杆泵,它们也都属于正位移泵。

(一)齿轮泵

如图 2-40 所示,泵壳为椭圆形,内有两个相互啮合的齿轮,其中一个为主动轮,由传动机构直接带动,当两齿轮按图中箭头方向旋转时,下端两齿轮的齿向两侧拨开产生空的容积,并形成低压区吸入液体,而上端齿轮在啮合时容积减少,于是压出液体并由上端排出。液体的吸入和排出是在齿轮的旋转位移中发生的。它产生的压头、流量比较均匀,适合于输送小流量、高扬程、高黏度乃至膏状物料,但不能输送含有固体颗粒的悬浮液。

(二)螺杆泵

螺杆泵分为单螺杆泵、双螺杆泵、三螺杆泵等。图 2-41(a)所示为单螺杆泵,螺杆在具有内螺旋的泵壳中偏心转动,使液体沿轴向推进,最后挤压到排出口而排出。螺杆愈长,转速愈高,出口液体压强愈高。图 2-41(b)为双螺杆泵,其工作原理与齿轮泵类似,用两根相互啮合的螺杆来输送液体。

螺杆泵的压头高,效率高,无噪声,流量均匀,适于在高压下输送高黏度液体。

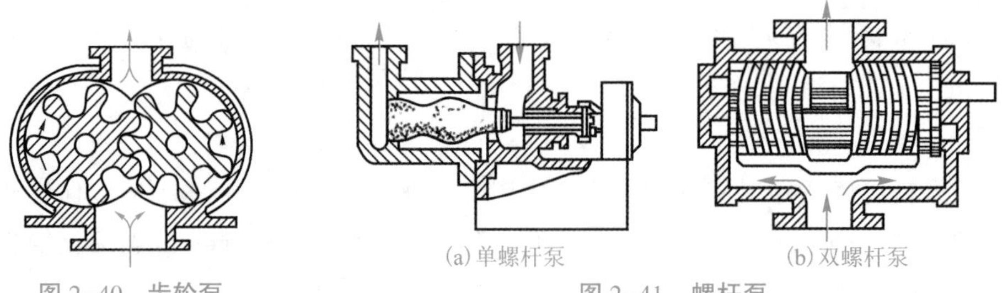
图 2-40　齿轮泵

(a)单螺杆泵　(b)双螺杆泵

图 2-41　螺杆泵

三、旋涡泵

旋涡泵是一种特殊类型的离心泵,其结构如图 2-42 所示,它由叶轮和泵壳构成,泵壳呈圆形,叶轮是一个圆盘,四周有许多径向叶片,叶片间形成凹槽,泵壳与叶轮间有同心的流道,泵的吸入口与排出口由间壁隔开。

其工作原理也是依靠离心力对液体做功,液体不仅随高速叶轮旋转,且在叶片与流道间反复做旋转运动。液体经过一个叶片相当于受到一次离心力的作用,故液体在旋涡泵内流动与在多级离心泵中流动效果类似,在液体出口时可达到较高的扬程。它在启动前也需灌泵。图 2-43 是旋涡泵的特性曲线。旋涡泵的 H_e 随 Q 的增大而迅速减小,N_e-Q 曲线比较陡峭,也随 Q 增大而减小,这是与普通离心泵不同的。它在启动时应打开出口阀,也不宜直接用出口阀调节流量,而应该用旁路调节的方式。它适用于高扬程、小流量、黏度不大和无悬浮固粒的液体输送以及要求在管路情况变化时流量变化不大的场合。其结构简单,应用方便,但效率一般较低(约为 20%~50%)。

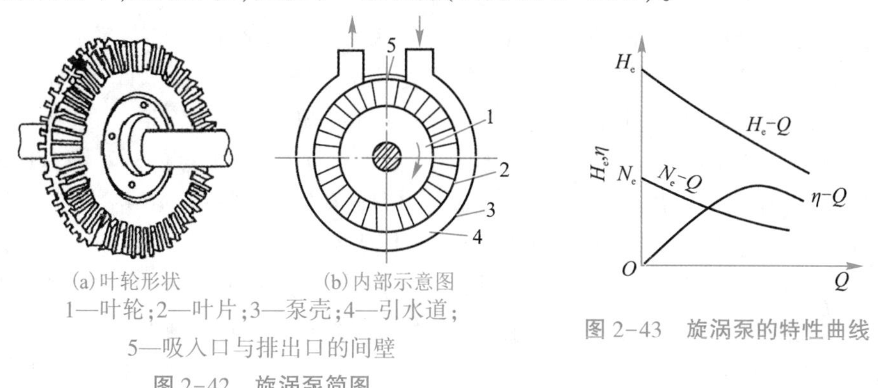

(a)叶轮形状　(b)内部示意图

1—叶轮;2—叶片;3—泵壳;4—引水道;5—吸入口与排出口的间壁

图 2-42　旋涡泵简图

图 2-43　旋涡泵的特性曲线

四、常用液体输送机械性能比较

化工中常用液体输送机械的性能比较列于表 2-6。

表 2-6　几种典型泵的性能比较

泵的类型	离心泵		正位移(容积式)泵		液体作用式
	离心泵(IS、AY、FM、P 型)	旋涡泵	回转式(齿轮泵、螺杆泵)	往复泵	喷射泵等
工作原理	惯性离心力(无自吸能力——灌泵,防气缚;开式旋涡泵有自吸能力)		转子的挤压作用,有自吸能力	活塞的往复运动,有自吸能力	能量转换
特性曲线					
操作特性	启动前灌泵,关出口阀,连续吸液与排液,出口阀开度调流量	启动前灌泵,不能关出口阀,连续吸液与排液,旁路调流量	启动前不灌泵,不能关出口阀,连续吸液与排液,旁路调流量	启动前不灌泵,不能关出口阀,周期吸液与排液,旁路(冲程)调流量	无运动内件,可连续排液
适用场合	不太黏稠液体,流量大,中等压头	低黏度清洁液体,小流量,较高压头	膏状黏稠液体,小流量,高压头	黏性不含杂质液体,小流量,高压头	腐蚀性液体

第四节　气体输送机械

气体输送机械主要用于克服气体在管路中的流动阻力和管路两端的压强差以输送气体,或产生一定的高压或真空以满足各种工艺过程的需要。因此,气体输送机械应用广泛,类型也较多。就工作原理而言,它与液体输送机械大体相同,都是通过类似的方式向流体做功,使流体获得机械能量。但是气体具有可压缩性和比液体小得多的密度(约为液体密度的1/1 000),从而使气体输送具有某些不同于液体输送的特点。

(1)对一定的质量流量,气体由于密度很小,其体积流量很大。因此,气体输送管路中的流速要比液体输送管路的流速大得多。由前可知,液体在管道中的经济流速为1~3 m/s,而气体为15~25 m/s,约为液体的10倍。这样,若利用各自最经济流速输送同样的质量流量,经相同管长后气体的阻力损失约为液体阻力损失的10倍。换句话说,气体输送管路对输送机械所提出的压头要求比液体管路要大得多。

(2)气体因具有可压缩性,故在输送机械内部气体压强发生变化的同时,体积和温度也将随之发生变化。这些变化对气体输送机械的结构、形状有很大影响。

前已述及,流量大、压头高的液体输送是比较困难的。对于气体输送,这一问题尤其突出。

离心式和轴流式的输送机械,流量虽大但经常不能提供管路所需的压头。各种正位移式输送机械虽可提供所需的高压头,但流量大时,设备十分庞大。因此,在气体管路设计或工艺条件的选择中,应特别注意这个问题。

气体输送机械除按其结构和作用原理进行分类外,还可根据它所能产生的进、出口压强差(如进口压强为大气压,则压差为表压计的出口压强)或压强比(称为压缩比)进行分类,以便于选择。

气体输送机械一般以其出口表压强或压缩比(指出口与进口压强之比)的大小分类,具体如下。

(1)通风机:出口表压强不大于15 kPa,压缩比为1~1.15。

(2)鼓风机:出口表压强为15~300 kPa,压缩比小于4。

(3)压缩机:出口表压强大于300 kPa,压缩比大于4。

(4)真空泵:在容器或设备内造成真空(将其中气体抽出),出口压强为大气压或略高于大气压强。

一、离心式通风机

工业上常用的通风机有轴流式(图2-44)通风机和离心式通风机(图2-45)两种。出口气流沿风机轴向流动的轴流式通风机的风量大,但产生的压头小,一般只用于通风换气,如空冷器和冷却水塔的通风装置;离心式通风机则多用于输送气体。

(一)离心式通风机的结构和工作原理

其工作原理和离心泵相同,但结构简单得多,图2-45是离心式通风机的简图,它由蜗壳形机壳和叶轮组成,为适应输送量大和压头高的要求,通风机的叶轮直径一般是比

较大的。叶轮上叶片较多但短，叶片可采用平直叶片、后弯叶片或前弯叶片，前弯叶片可使结构紧凑，但效率低，功率曲线陡升，易造成原动机过载。因此，所有高效风机都是后弯叶片。叶轮由电机直接带动进行高速旋转，蜗壳的气体流道一般为矩形截面。

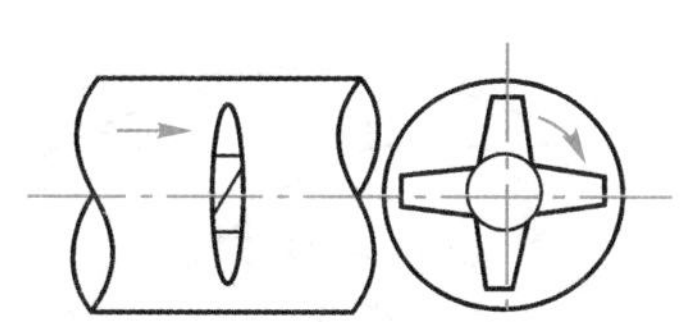

图 2-44　轴流式通风机

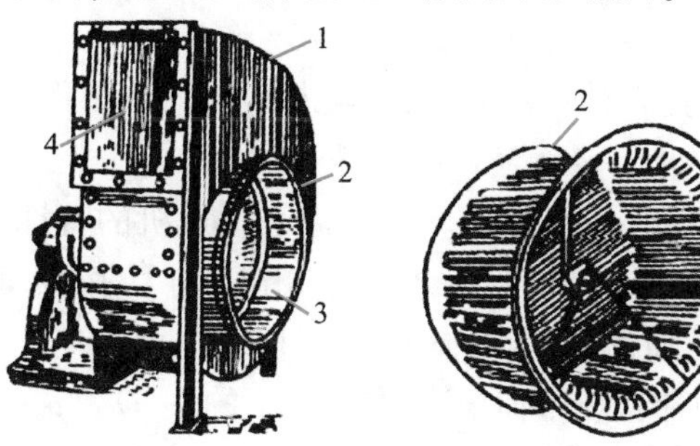

1—机壳；2—叶轮；3—吸入口；4—排出口

图 2-45　离心式通风机

（二）离心通风机的主要性能参数和特性曲线

1.离心通风机的主要性能参数

（1）风量　指单位时间通过进风口的体积流量，用 Q 表示，单位为 m^3/s。

（2）风压　指单位体积气体所获得的机械能量，用 p_t 表示，其单位为 J/m^3（N/m^2 或 Pa），与压强单位相同，故称风压，通常均由实验测定。

若在风机的进、出口截面 1-1′、2-2′间列伯努利方程，气体密度取其平均值，可得

$$z_1 + \frac{p_1}{\rho g} + \frac{u_1^2}{2g} + \frac{p_t}{\rho g} = z_2 + \frac{p_2}{\rho g} + \frac{u_2^2}{2g} + \sum H_f \tag{2-36}$$

上式经整理后得［请与式（2-1）比较，注意 $p_t = \rho g H_e$］

$$p_t = \rho g(z_2 - z_1) + \frac{\rho(u_2^2 - u_1^2)}{2} + (p_2 - p_1) + \rho g H_f \tag{2-37}$$

由于 ρ 较小，$(z_2 - z_1)$ 也较小，且风机进、出口截面间管路很短，故 $\rho g(z_2 - z_1)$ 及 $\rho g H_f$ 两项均可忽略；通风机的吸入口一般较排出口截面积大得多，故 $\frac{\rho u_1^2}{2}$ 项也可忽略，则式（2-37）可简化为

$$p_t = \frac{\rho u_2^2}{2} + (p_2 - p_1) = p_k + p_s \tag{2-38}$$

式中　p_s——称为静风压，Pa。

p_k——称为动风压，Pa，即单位体积气体在出口截面上的动能；

p_t——全风压，Pa，即静风压与动风压之和。

当通风机由周围大气吸入时，$p_t = p_2(\text{表压}) + \frac{\rho u_2^2}{2}$，即出口截面上的表压强与动风压之和。

（3）轴功率与效率　离心通风机的轴功率为

$$N = \frac{p_t Q}{1\,000\eta} \tag{2-39}$$

式中　N——离心通风机的轴功率,kW;

Q——离心通风机的风量,m^3/s;

p_t——离心通风机的全风压,Pa;

η——全压效率。

注意:在计算功率时,p_t 与 Q 应为同一工作点下的值。

2.离心通风机的特性曲线

图 2-46 是在一定转速下离心通风机的特性曲线示意图。一般离心通风机在出厂前均按温度为 20 ℃、压强为101.3 kPa、密度为1.2 kg/m^3 的空气,由实测数据换算得到上述标准条件下的 p_t-Q、$(p_2-p_1)-Q$、$N-Q$ 及 $\eta-Q$ 曲线,并在产品样本中标明。

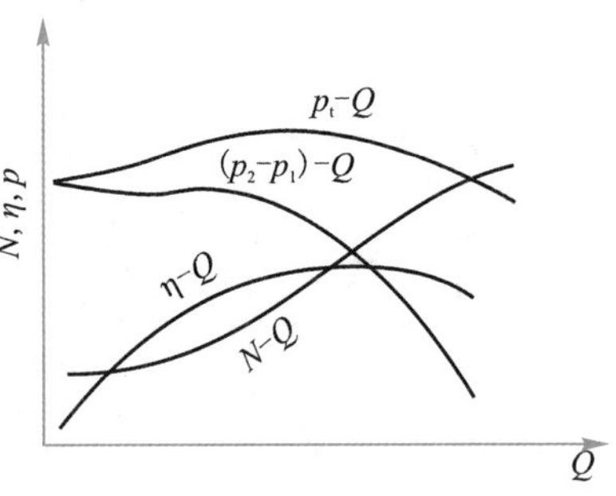

图 2-46　离心通风机特性曲线示意图

(三)离心通风机的选用

(1)根据管路布局和工艺条件,计算输送系统所需的实际风压 p_t,并按式(2-40)或式(2-41)换算为实验条件下的风压 p_{t0}。

风机的全风压与密度成正比,故生产条件下的全风压 p_t 与标准条件下的全风压 p_{t0} 的换算公式如下:

$$p_{t0}=p_t\times\frac{p_{a0}}{p_a}\times\frac{273+t}{273+t_0}\tag{2-40}$$

或

$$p_{t0}=p_t\left(\frac{1.2}{\rho'}\right)\tag{2-41}$$

式中　p_{a0}——标准条件下的大气压强,101.3 kPa;

p_a——生产(操作)条件下的大气压强,kPa;

t_0——标准条件下的空气温度,20 ℃;

t——生产(操作)条件下的空气温度,℃。

离心通风机按其产生的风压大小分为:低压($p_t\leqslant1$ kPa)、中压($p_t=1\sim3$ kPa)和高压($p_t=3\sim15$ kPa)三类(以上 p_t 均为表压)。

(2)根据气体的种类(清洁空气、易燃气体、腐蚀性气体、含尘气体、高温气体等)与风压范围,确定风机类型。

(3)根据实际风量和实验条件下的风压,然后从产品样本上查取适宜的风机型号规格。

(4)当 $\rho>1.2$ kg/m^3 时,要核算轴功率。

【例 2-12】用离心通风机将 20 ℃、101.3 kPa 的清洁空气,以 23 600 kg/h 的流量经加热器升温至 80 ℃后进入干燥器。在平均条件下(50 ℃、101.3 kPa)输送系统所需的全风压为 2 460 Pa。试选择合适型号的通风机,并分析将选定的通风机安装到加热器后面是否适宜。

解:由于输送清洁空气,可选用一般类型的通风机。至于具体型号,则需根据操作条件下的风量和实验条件下的风压来确定。

(1)选择风机型号

按风机安装在加热器前考虑,由于 20 ℃,101.3 kPa 下空气的密度 $\rho=1.205$ kg/m^3。

20 ℃空气的流量为

$$Q = \frac{23\ 600}{1.205} = 19\ 585\ \mathrm{m^3/h}$$

将 50 ℃下的风压换算为实验条件下的风压，50 ℃，101.3 kPa 下空气的密度 $\rho' = 1.093\ \mathrm{kg/m^3}$。

$$p_{t0} = p_t\left(\frac{1.2}{\rho'}\right) = 2\ 460 \times \frac{1.2}{1.093} = 2\ 701\ \mathrm{Pa}$$

根据风量 $Q = 19\ 590\ \mathrm{m^3/h}$ 和风压 $p_t = 2\ 701$ Pa，根据附录十九选择 4-72-8C（C 类连接）的风机。在1 800 r/min 转速下，风机的有关性能参数为

$$Q = 29\ 900\ \mathrm{m^3/h},\ p_t = 2\ 795\ \mathrm{Pa},\ N = 30.8\ \mathrm{kW}$$

（2）风机安装在加热器之后

若将风机安装在加热器之后，而风机的转速不变，风机入口气体状态参数应以 80 ℃及101.33 kPa 为依据，则

$$Q' = 19\ 585 \times \frac{273 + 80}{273 + 20} = 23\ 596\ \mathrm{m^3/h}$$

显然，将风机安装在加热器之后，将不能满足风量的要求。同时，尚需考虑风机是否耐高温。

二、鼓风机

1.离心式鼓风机

其工作原理与离心式通风机相同，结构与离心泵相似，也为蜗壳形，只是外壳直径和宽度都较大，叶轮的叶片数目较多，转速较高。单级离心鼓风机的出口表压强一般小于 30 kPa，当要求风压较高时，均采用多级离心鼓风机，因各级压缩比不大，各级叶轮直径大致相同。

2.旋转式鼓风机

旋转式鼓风机型式很多，罗茨鼓风机是最常用的一种，工作原理和齿轮泵相似，如图 2-47 所示。机壳中有两个腰形转子，两转子之间、转子与机壳之间的间隙均很小，以保证转子自由旋转并尽量减少气体的串漏。两转子旋转方向相反，不断改变两侧操作容积，气体由一侧吸入，另一侧排出。

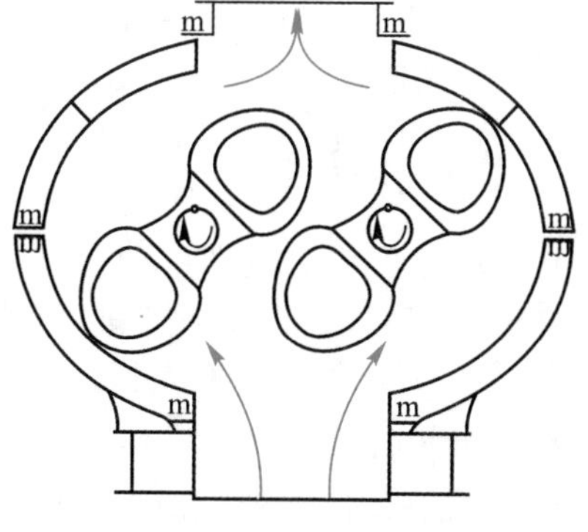

图 2-47　罗茨鼓风机

罗茨鼓风机的风量与转速成正比,当转速一定时,随出口压强增加,流量大体不变(略有减小),其风量范围为2~500 m^3/min,出口压强不超过80 kPa(表压)。风机出口应安装安全阀或气体稳定罐。流量用旁路调节。操作温度不超过85 ℃,以防止因热膨胀而卡住转子。

三、压缩机

当气体压强需大幅度提高时,例如气体在高压下进行反应、将气体加压液化等,可使用压缩机。

(一)离心式压缩机(透平压缩机)

其工作原理及基本结构与离心式鼓风机相似,但叶轮级数更多,叶轮转速常在5 000 r/min以上,结构更为精密,产生的风压较高,一般可达几十兆帕。由于压缩比大,气体体积变化很大,温升也高,一般分成几段,每段由若干级构成,在段间要设置中间冷却器。

离心式压缩机具有流量大(每小时可达几十万立方米)且均匀、体积小、重量轻、易损件少、运转平稳、容易调节、维修方便、效率较高、机体内无润滑油污染气体等优点,因而在现代化大型合成氨工业和石油化工企业中应用广泛。

(二)往复式压缩机

1.往复压缩机的基本结构和工作原理

往复压缩机的基本结构和工作原理与往复泵相似,主要部件有气缸、活塞、吸气阀和排气阀,依靠活塞的往复运动将气体吸入和压出。但是,由于往复压缩机处理的气体密度小,具有可压缩性,压缩后气体的温度升高,体积变小,因而又具有某些特殊性,诸如:

①往复压缩机的吸气活门和排气活门必须灵巧精致;

②为移除压缩放出的热量以降低气体的温度,还应附设冷却装置;

③由于气缸中余隙的影响,往复压缩机实际的工作过程也比往复泵的更加复杂。

为了便于分析往复压缩机的工作过程,可作如下简化假设:

①被压缩的气体为理想气体。

②气体流经吸气阀的流动阻力可忽略不计。这样,在吸气过程中气缸内气体的压力与入口处气体的压力 p_1 相等,排气过程中气体的压力恒等于出口处的压力 p_2。

③压缩机无泄漏。

④排气终了时活塞与气缸端盖之间没有空隙(又称余隙),这样吸入气缸中的气体在排气终了时全部被排净。

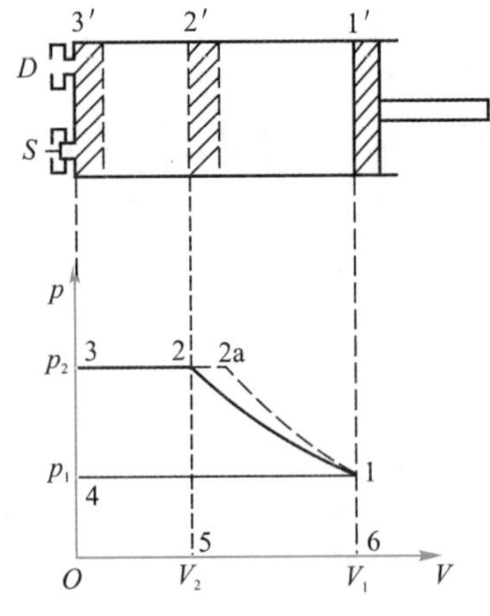

图 2-48　理想压缩循环的 p-V 图

单动往复机的理想压缩循环过程按图 2-48 中 p-V 图上所示的三个阶段进行,即吸气阶段、压缩阶段和排气阶段。

吸气阶段：当活塞自左向右运动时，排气阀关闭，吸气阀打开，气体被吸入，直至活塞移动到最右端，缸内气体压力为 p_1，体积为 V_1，其状态如 $p-V$ 图中的点 1 所示，吸气过程由水平线 4-1 表示。

压缩阶段：活塞自最右端向左运动，由于吸气阀和排气阀都是关闭的，气体的体积逐渐缩小，压力逐渐升高，直至气缸内气体的压力升高至排气阀外的气体压力 p_2 为止，此时对应的气体体积为 V_2。若压缩过程为等温过程，则气体状态变化如 $p-V$ 图中曲线 1-2 所示；若压缩过程为绝热过程，则气体状态变化如 $p-V$ 图中曲线 1-2a 所示。

排气阶段：当气缸内气体压力达到 p_2 时，排气阀被顶开，随活塞继续向左运动，气体在压力 p_2 下全部被排净。气体状态变化如 $p-V$ 图中水平线 2(2a)-3 所示。

当活塞再从左端开始向右运动时，因气缸内无气体，缸内压力立即降至 p_1，从而开始下一个工作循环。

理想压缩循环中所需外功与气体的压缩过程有关。根据气体和外界的热交换情况，可分为等温、绝热与多变三种压缩过程。

一个理想压缩循环所需的外功为：

$$W = \int_{p_1}^{p_2} V \mathrm{d}p \tag{2-42}$$

式中　W——一个理想压缩循环所需的理论功，J；

p_1、p_2——吸入和排出气体的压力，Pa。

针对等温、绝热、多变三种压缩过程，分别积分式(2-42)，则可得到一个理想压缩循环所需的理论功，分别为：

$$W = p_1 V_1 \ln \frac{p_2}{p_1} \quad (等温) \tag{2-43}$$

$$W = p_1 V_1 \frac{k}{k-1}\left[\left(\frac{p_2}{p_1}\right)^{\frac{k-1}{k}} - 1\right] \quad (绝热) \tag{2-44}$$

$$W = p_1 V_1 \frac{m}{m-1}\left[\left(\frac{p_2}{p_1}\right)^{\frac{m-1}{m}} - 1\right] \quad (多变) \tag{2-45}$$

式中　V_1——一个理想压缩循环吸入的气体体积，m^3；

k——绝热压缩指数；

m——多变压缩指数。

等温压缩和绝热压缩的循环功分别对应于图 2-48 中 1-2-3-4-1 与 1-2a-3-4-1 包围的面积。

显然，等温压缩过程所需的外功最少，而绝热压缩过程消耗的外功最多。工程上，要实现等温压缩过程是不可能的，但常用来衡量压缩机实际工作过程的经济性。

2.往复压缩机的实际压缩循环

有余隙存在的实际压缩过程与理想压缩过程的区别是：由于有余隙的存在，排气终了时，缸内残留有压力为 p_2、体积为 V_3 的气体。当活塞向右运动时，存在于余隙内的气体将不断膨胀，直至压力降至与吸入压力 p_1 相等为止，此过程称为余隙气体的膨胀阶段，如图 2-49 中的曲线 3-4 所示。当活塞从截面 4 继续向右移动时，吸气阀被打开，在恒定压力下进行吸气过程,气体的状态沿图上的水平线4-1而变化。这样,往复压缩机的实际压缩循环由吸气、压缩、排气和余隙气体膨胀四个阶段所组成。

在实际压缩循环中,活塞对气体所做的多变理论功为

$$W=p_1(V_1-V_4)\frac{m}{m-1}\left[\left(\frac{p_2}{p_1}\right)^{\frac{m-1}{m}}-1\right] \tag{2-46}$$

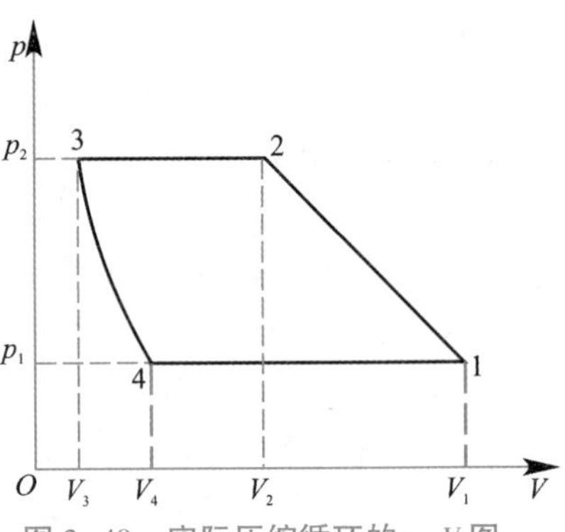

图 2-49　实际压缩循环的 $p-V$ 图

气缸中余隙体积的存在明显影响着压缩机的性能。

(1)余隙系数和容积系数

①余隙系数 ε。余隙体积 V_3 与活塞一次扫过的体积(V_1-V_3)之比的百分数称为余隙系数,用 ε 表示,即

$$\varepsilon=\frac{V_3}{V_1-V_3}\times 100\% \tag{2-47}$$

通常,大中型压缩机低压气缸的 ε 值约在 8%以下,而高压气缸可达 12%。

②容积系数 λ_0。压缩机一个循环吸入气体的体积(V_1-V_4)与活塞一次扫过体积(V_1-V_3)之比称为容积系数,用 λ_0 表示,即

$$\lambda_0=\frac{V_1-V_4}{V_1-V_3} \tag{2-48}$$

将 $V_4=V_3\left(\frac{p_2}{p_1}\right)^{\frac{1}{k}}$ 代入上式并经整理即可得到容积系数与余隙系数之间的关系为

$$\lambda_0=1-\varepsilon\left[\left(\frac{p_2}{p_1}\right)^{\frac{1}{k}}-1\right] \tag{2-48a}$$

多变过程则

$$\lambda_0=1-\varepsilon\left[\left(\frac{p_2}{p_1}\right)^{\frac{1}{m}}-1\right] \tag{2-48b}$$

合理设计时,$\lambda_0=0.7\sim0.92$。

(2)余隙系数对压缩机性能的影响　由式(2-48a)可看出:

①当压缩比一定时,余隙系数加大,容积系数变小,压缩机的吸气量就减少。

②对于一定的余隙系数,气体的压缩比愈高,容积系数则愈小,即每一压缩循环的吸气量愈小,当压缩比高到某极限值时,容积系数可能变为零。例如,对于绝热压缩指数 $k=1.4$的气体,气缸的余隙系数为 8%,单级压缩的压缩比(p_2/p_1)达38.2时,λ_0 即为零,此时的压缩比(p_2/p_1)称为压缩极限。

3.往复压缩机的主要性能参数

(1)排气量　往复压缩机的排气量又称压缩机的生产能力,它是指压缩机单位时间排出的气体体积,其值以入口状态计算。若无余隙存在,往复压缩机的理论吸气量计算

式和往复泵的相类似，即单动往复压缩机

$$V'_{min}=ASn \tag{2-49}$$

双动往复压缩机

$$V'_{min}=(2A-a)Sn \tag{2-50}$$

式中　V'_{min}——理论吸气量，m^3/min；

A——活塞的截面积，m^2；

S——活塞的冲程，m；

n——活塞每分钟往复次数，1/min；

a——活塞杆的截面积，m^2。

由于压缩机余隙的存在，气体通过阀门的流动阻力，气体吸入气缸后温度的升高及压缩机的各种泄漏等因素的影响，使压缩机的生产能力比理论值低。实际的排气量为

$$V_{min}=\lambda_d V'_{min} \tag{2-51}$$

式中　V_{min}——实际排气量，m^3/min；

λ_d——排气系数，其值约为$(0.8\sim0.95)\lambda_0$。

（2）轴功率和效率　以绝热压缩过程为例，压缩机的理论功率为

$$N_a=p_1V_{min}\frac{k}{k-1}\left[\left(\frac{p_2}{p_1}\right)^{\frac{k-1}{k}}-1\right]\times\frac{1}{60\times1\ 000} \tag{2-52}$$

实际所需的轴功率比理论功率要大，即

$$N=N_a/\eta_a \tag{2-53}$$

式中　N——压缩机的轴功率，kW；

η_a——绝热总效率，一般取$\eta_a=0.7\sim0.9$，设计完善的压缩机，$\eta_a\geqslant0.8$。

绝热总效率考虑了压缩机泄漏、流动阻力、运动部件的摩擦所消耗的功率。

4. 多级压缩

当生产过程的压缩比大于 8 时，工业上大都采取多级压缩。所谓多级压缩是指气体连续依次经过若干气缸的多次压缩，从而达到所要求的最终压力。图 2-50 所示为三级压缩示意图。多级压缩各级间设气体冷却器和油水分离器，由于级间对气体进行冷却，所以多级压缩的优点是：①避免排出气体温度过高，导致润滑油变质；②提高气缸容积利用率（即保持在 λ_0 较高范围）；③减少功率消耗；④压缩机的结构更为合理，从而提高压缩机的经济效益。但若级数过多，则会使整个压缩系统结构复杂，能耗加大。

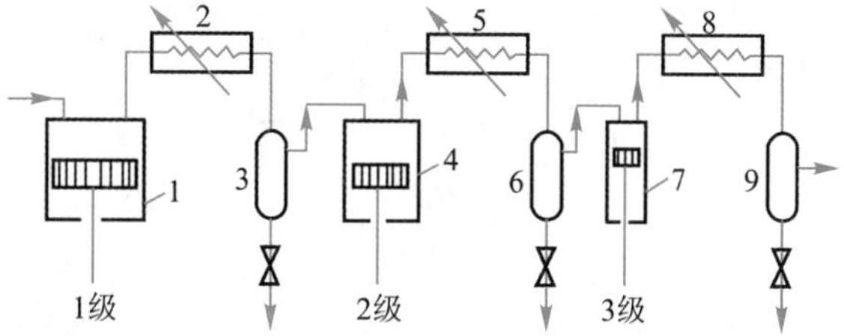

1、4、7—气缸；2、5—中间气体冷却器；8—出口气体冷却器；3、6、9—油水分离器

图 2-50　三级压缩示意图

根据理论计算可知,当每级的压缩比相等时,多级压缩所消耗的总理论功为最小。

5.往复压缩机的类型与选择

(1)往复压缩机的类型　往复压缩机有多种分类方法:

①按照所处理的气体种类可分为空气压缩机、氨气压缩机、氢气压缩机、石油气压缩机、氧气压缩机等;

②按吸气和排气方式可分为单动式压缩机与双动式压缩机;

③按压缩机产生的终压分为低压(9.81×10^5 Pa 以下)、中压($9.81\times10^5 \sim 9.81\times10^6$ Pa)和高压(9.81×10^6 Pa 以上)压缩机;

④按排气量大小分为小型(10 m^3/min 以下)、中型(10 ~ 30 m^3/min)和大型(30 m^3/min 以上)气体压缩机;

⑤按气缸放置方式或结构型式分为立式(垂直放置)、卧式(水平放置)、角式(几个气缸互相配置成 L 形、V 形和 W 形)压缩机。

(2)压缩机的选用　选用压缩机时,首先应根据所输送气体的性质,确定压缩机的种类;然后,根据生产任务及厂房具体条件,选择压缩机的结构型式;最后,根据排气量和排气压力(或压缩比),从压缩机样本或产品目录中选取适宜的型号。

与往复泵一样,往复式压缩机的排气量也是脉动的。为使管路内流量稳定,压缩机出口应连接气柜。气柜兼起沉降器作用,气体中夹带的油沫和水沫在气柜中沉降,定期排放。为安全起见,气柜要安装压力表和安全阀。压缩机的吸入口需装过滤器,以免吸入灰尘杂物,造成机件的磨损。

【例 2-13】单级、单动往复压缩机的气缸内径为 180 mm,活塞冲程为 200 mm,往复次数为 240 次/min,余隙系数为 5%,排气系数为容积系数的 85%。现需向某设备提供压力为0.45 MPa(表压)的空气 80 kg/h。空气进压缩机的压力为0.1 MPa(绝压),温度为20 ℃,空气压缩为多变过程,多变指数为1.25。试问此压缩机能否满足生产要求?

解:活塞截面积 $A = \frac{\pi}{4}d^2 = 0.785 \times 0.180^2 = 0.025\ 4\ m^2$

冲程 $S=0.2$ m,余隙系数 $\varepsilon=0.05$,$n=240$ 次/min

理想吸气量 $V'_{min}=ASn=1.22\ m^3/min$

$p_1=0.1$ MPa,$p_2=0.55$ MPa,$m=1.25$

容积系数

$$\lambda_0 = 1 - \varepsilon\left[\left(\frac{p_2}{p_1}\right)^{\frac{1}{m}} - 1\right] = 1 - 0.05 \times \left[\left(\frac{0.55}{0.1}\right)^{\frac{1}{1.25}} - 1\right] = 0.854$$

排气系数　　$\lambda_d=0.85\times0.854=0.726$

实际吸气量　　$V_{min}=\lambda_d V'_{min}=0.726\times1.22=0.886\ m^3/min$

因为0.1 MPa、20 ℃空气的密度为1.2 kg/m^3,所以实际送气的质量流量为 $0.886\ m^3/min\times1.2\ kg/m^3\times60\ min/h=63.8\ kg/h<80\ kg/h$,故不能满足生产要求。请读者试分析,能否通过某种调整使之满足要求呢?

四、真空泵

化工生产中有些过程是在低于大气压强情况下进行，需要从设备或管路系统中抽出气体以造成真空，完成这类任务的装置有很多型式，统称为真空泵。

（一）水环真空泵

水环真空泵结构如图 2-51 所示，圆形外壳，壳内有一偏心安装的叶轮，上有辐射状叶片。机壳内注入一定量的水（或其他液体），当叶轮旋转时，在离心力的作用下将水甩至壳壁形成均匀厚度的水环，水环的厚度应使所有叶片的外缘都不同程度地被浸没，因而将各叶片间的空隙封闭成大小不同的气室，随偏心叶轮旋转，叶片间的气室体积呈由小而大、又由大而小的周期变化。当气室增大，室内压力降低，气体由吸入口吸入至小室；气室从大变小，小室内气体压力增高，当转到排出门位置时，气体即被排出。

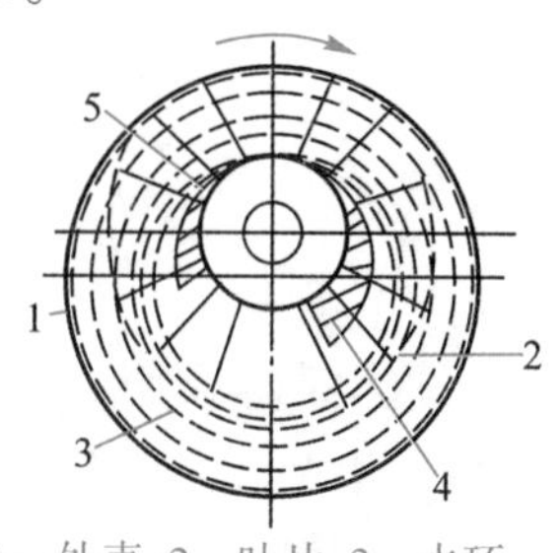

1—外壳；2—叶片；3—水环；4—吸入口；5—排出口

图 2-51　水环真空泵简图

水环真空泵属湿式真空泵，吸气时允许夹带少量液体，真空度一般可达 83 kPa。若将吸入口通大气，排出口与设备或系统相连时，可产生低于 100 kPa（表压）的压缩气体，故又可作鼓风机使用。

水环真空泵的结构简单、紧凑，易于制造和维修，适用于抽吸有腐蚀性或爆炸性的气体，但效率较低，一般为 30%～50%，产生的真空度受泵内水温的限制，在运转时要不断充水以维持泵内的水环液封，并起到冷却作用。

（二）旋片真空泵

旋片真空泵结构如图 2-52 所示。当带有两个旋片的偏心转子按图中箭头方向旋转时，旋片在离心力和弹簧拉力的作用下紧贴泵体内壁滑动，右侧吸气室不断扩大，将气体吸入；从旋片转至垂直位置开始，原先被吸入的气体在左侧被逐渐压缩，当其压强高到足以顶开排气阀片时，这些气体被排出。左侧进行压缩、排气时，右侧则又在吸气。也就是说，转子每旋转一周，有两次吸、排气过程。旋片真空泵的主要部分浸没于真空油中，以达到密封和润滑的效果。

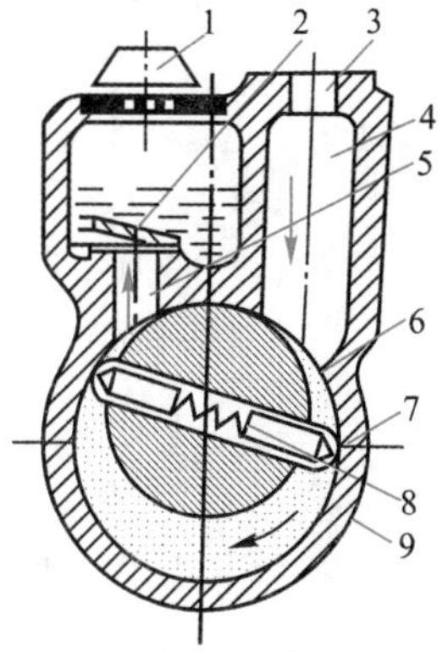

1—排气口；2—排气阀片；3—吸气口；4—吸气管；5—排气管；6—转子；7—旋片；8—弹簧；9—泵体

图 2-52　旋片真空泵

旋片真空泵的极限真空可低至 1 Pa 以下，但吸气速率较小，主要用于抽吸干气或仅含少量可凝性气体的混合气，不适合抽吸含尘气体和对润滑油起化学作用的气体。

（三）喷射真空泵

喷射真空泵是一种流体动力作用式输送机械。如图 2-53 所示，它是利用工作流体以高速射流从喷嘴流出时，使压强能转换为动能而造成真空将气体吸入，与工作流体在混合室内混合后一起经扩散管由排出口排出。

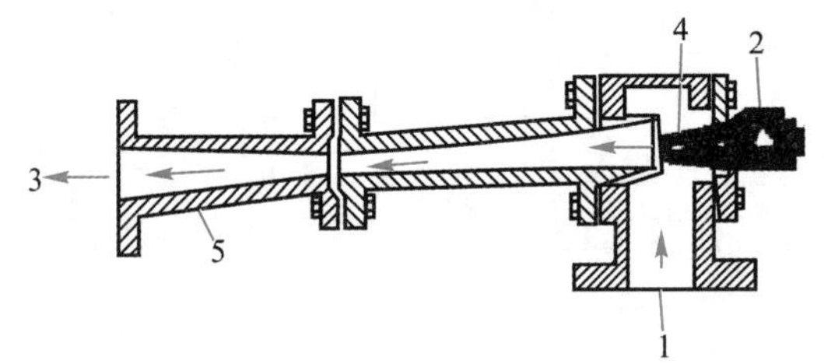

1—气体吸入口;2—蒸汽入口;3—排出口;4—喷嘴;5—扩散管

图 2-53　喷射真空泵

这类真空泵用水作工作流体时,称为水喷射泵;用水蒸气作工作流体时,称为蒸汽喷射泵。单级蒸汽喷射泵可以达到约 15 kPa(绝压),若要达到更高的真空度,可以采用多级蒸汽喷射泵。

喷射泵的优点是结构简单,无运动部件,抽气量大,工作压强范围广;但其效率低,一般只有 10%~25%,且工作流体消耗量大。

五、常用气体输送机械的性能比较

化工生产中,常用气体输送机械的操作特性与适用场合见表 2-7。

往复式气体压缩机案例

表 2-7　典型气体输送机械的操作特性与适用场合

机械类型		出口压强/kPa	操作特性	适用场合
离心式	通风机	低压0.981(表压) 中压2.94(表压) 高压14.7(表压)	风量大(可达 186 300 m^3/h),连续均匀,通过出口阀或风机并、串联调节流量	主要用于通风
	鼓风机(透平式)	≤294(表压)	多级,温升不高,不设级间冷却装置	主要用于高炉送风
	压缩机(透平式)	>294(表压)	多级,级间设冷却装置	气体压缩
往复式	压缩机	低压<981 中压 981~9 810 高压>9 810	脉冲式供气,旁路调节流量,高压时要多级,级间设冷却装置	适用于高压气体场合,如合成氨生产
旋转式	罗茨鼓风机	181	流量可达 120~3×10^4 m^3/h,旁路调节流量	操作温度不大于 85 ℃
	液环压缩机(纳氏泵)	490~588(表压)	风量大,供气均匀	腐蚀性气体压送(如 H_2SO_4 作工作介质送 Cl_2)
真空泵	水环真空泵	最高真空度83.4	结构简单,操作平稳可靠	可产生真空,也可用作鼓风机
	蒸汽喷射真空泵	绝对压力 0.07~13.3	结构简单,无运动部件	多级可达高真空度

离心式通风机故障案例

思考题

2-1 要从密闭容器中抽送挥发性液体,下列哪些情况下汽蚀危险性更大?对允许安装高度又有什么影响?

①夏季或冬季;②真空容器或加压容器;③器内液面高、低;④泵安装的海拔高度的高、低;⑤液体密度的大、小;⑥吸入管路的长、短;⑦吸入管路上管件的多、少;⑧抽送流量的大、小。

2-2 在下列情况下,管路特性曲线中的 A 值和 B 值将发生怎样的改变?①管路出口处压强 p_2增加;②入口液面降低;③流量 Q 的单位由 m^3/s 变为 m^3/h;④流量 Q 增加;⑤管路上出现堵塞;⑥流体密度增加;⑦流体黏度增加较大。

2-3 根据下图回答下列问题(用图上所标符号表示)

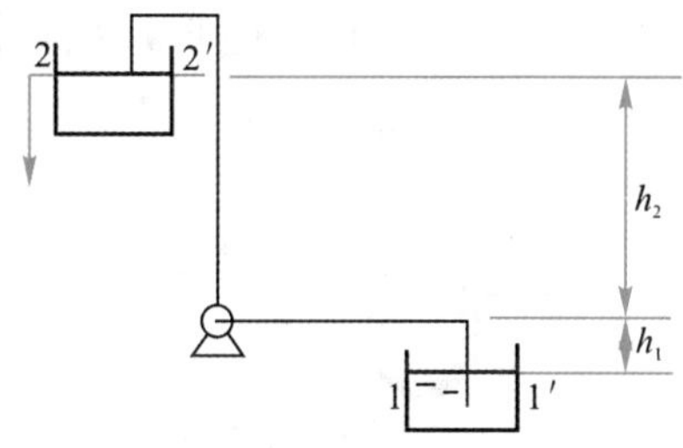

思考题 2-3 图

①泵的扬程 H_e怎样表示?

②泵的升扬高度 h 怎样表示?扬程等于扬升高度吗?

③泵的安装高度 H_g怎样表示?

2-4 正常情况下三种汽蚀余量之间的大小关系如何?

2-5 临界汽蚀余量和必需汽蚀余量受哪些因素的影响?越大越好还是越小越好?

2-6 计算最大允许安装高度时,应采用什么流量和什么温度?为什么要这样?

2-7 实际生产中为什么要带有余隙?其不利之处是什么?

2-8 实际生产中采用多级压缩的原因有哪些?级数太多有什么不好?

习 题

2-1 某离心泵在转速为1 450 r/min 下用 20 ℃ 清水做性能试验,测得流量为 240 m^3/h,其入口真空表的读数为-0.01 MPa,出口压强表读数为0.43 MPa,两表间垂直距离为0.4 m。试求此时对应的扬程值。

[答:45.3 m]

2-2　用内径为 106 mm 的镀锌钢管输送 20 ℃的溶液(其物性与水基本相同)。管路中直管长度为 180 m,全部管件、阀门等的局部阻力的当量长度为 60 m,摩擦系数可取为0.03。要求液体由低位槽送入高位槽,两槽均敞口且其液面维持恒定,两液面间垂直距离为 16 m,试列出该管路的特性方程。(流量 Q 以 m^3/h 计)

[答:$H_e=16+3.43\times10^{-3}Q^2$,单位 m]

2-3　在下图所示的离心泵性能参数的测定实验装置上,用 20 ℃的清水于常压下测定 IS80-50-200 型($n=2\ 900$ r/min)离心水泵的性能参数。在压出管上装有孔板流量计测量液体的流量,其孔径为 28 mm。两测压口之间垂直距离 $h_0=0.5$ m。

实验测得一组数据为:压差计读数 $R=725$ mm,指示液为汞;泵入口处真空度 $p_1=76.0$ kPa,泵出口处表压力 $p_2=226$ kPa;电动机功率为3.45 kW;泵由电动机直接带动,电动机效率为 92%。试求该泵在操作条件下的流量、压头、轴功率和效率,并列出泵的性能参数。

[答:当泵的转速为2 900 r/min 时,其性能参数为 $Q=18.84\ m^3/h$, $H=31.6$ m, $N=3.174$ kW, $\eta=51.09\%$。提示:采用孔板流量计方程求 u 时,需核算 C_0 是否在常数区]

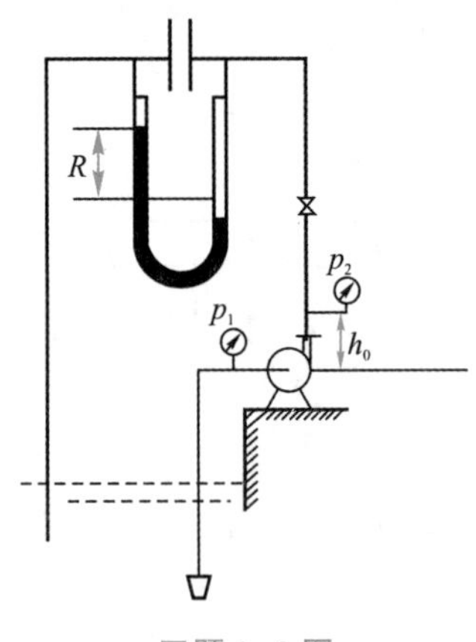

习题 2-3 图

2-4　某离心泵输水时得到下列数据:转速 $n=1\ 450$ r/min,流量 $Q=60\ m^3/h$,扬程 $H=52$ m,轴功率 $N=16.1$ kW。试求:(1)此泵的效率;(2)若要求流量增加至 80 m^3/h,转速应增加为多少?估算此时相应的扬程和功率。(假设泵的效率不变)

[答:(1)52.8%;(2)1 933 r/min;92.4 m,38.2 kW]

2-5　已知某离心清水泵在一定转速下的特性方程为:$H=27.0-15Q^2$。式中 Q 单位为 m^3/min。此泵安装在一管路系统中,要求输送贮罐中密度为1 200 kg/m^3 的液体至高位槽中,罐与槽中液位差 10 m,且两槽均与大气相通。已知当流量为 $14\times10^{-3}\ m^3/s$ 时,所需扬程为 20 m。试求该泵在管路中的工作点。

[答:$Q=45.8\ m^3/h$, $H=18.3$ m]

2-6　用离心泵将水从贮槽送至高位槽中,两槽均为敞口,试判断下列几种情况下泵的流量、压头及轴功率如何变化:(1)贮槽中水位上升;(2)将高位槽改为高压容器;(3)改送密度大于水的其他液体,高位槽为敞口;(4)改送密度大于水的其他液体,高位槽为高压容器。(设管路状况不变,且流动处于阻力平方区)。

[答:(1)流量上升、压头下降及轴功率随流量的增大而增大;(2)流量下降、压头上升及轴功率随流量的下降而下降;(3)流量不变、压头不变及轴功率随流量的增大而增大;(4)流量增加、压头下降及轴功率随流量和密度的增大而增大。]

2-7　若习题2-2中要求输液量为100 m^3/h,选用一台IS125-100-400型清水泵,其性能如下:$Q=100\ m^3/h$,$H=50\ m$,$(NPSH)_r=2.5\ m$,$\eta=60\%$,$N=21\ kW$,$n=1\ 450\ r/min$。泵的吸入管中心位于贮槽液面以上2 m处。吸入管路阻力损失约为1 m液柱。问此泵能否满足要求?已知当地大气压强为100 kPa。

[答:Q、H、N、H_g均能满足要求]

2-8　假设习题2-3的泵入口真空表读数下,刚好出现汽蚀现象,试求该泵在操作条件下的必需汽蚀余量NPSH。当地大气压为100 kPa,20 ℃时水的饱和蒸气压为2.238 kPa。

[答:2.27 m加上一定安全余量]

2-9　某水溶液以62 m^3/h流量由一敞口贮槽经泵送至高位槽,两槽液面间距为12 m,泵的排出管路采用4 in镀锌焊接加厚钢管,管长为120 m(包括局部阻力的当量长度在内),管子的摩擦系数可取为0.03,吸入管路的阻力损失不大于1 m液柱。现工厂库房有四台离心泵,其性能见表2-3。试选一台较合适的泵。

[答:20.3 m,4号泵]

习题2-9表

序号	型号	Q /(m^3/h)	H/m	n /(r/min)	$(NPSH)_r$/m	η/%	N/kW	$N_{电}$/kW	参考价格/元
1	IS125-100-400	60	52	1 450	2.5	53	16.1	30	1 570
		100	60		2.5	65	21		
		120	48.5		3.0	67	23.6		
2	IS125-100-250	60	21.5	1 450	2.5	63	5.59	11	1 380
		100	20		2.5	76	7.17		
		120	18.5		3.0	77	7.84		
3	IS125-100-200	60	14	1 450	2.5	62	3.83	7.5	1 150
		100	12.5		2.5	76	4.48		
		120	11.0		3.0	75	4.79		
4	IS100-80-125	60	24	2 900	4.0	67	5.86	11	810
		100	20		4.5	78	7.00		
		120	16.5		5.0	74	7.28		

2-10　用离心泵将池中清水送至高位槽,两液面恒差13 m,管路系统的压头损失为$H_f=3\times10^5Q_e^2$(Q_e的单位为m^3/s),流动在阻力平方区。在指定转速下,泵的特性方程为$H=28-2.5\times10^5Q^2$(Q的单位为m^3/s)。试求:

(1)两槽均为敞口时,泵的流量、压头和轴功率;

(2)两槽敞口,改送碱的水溶液($\rho=1\ 250\ kg/m^3$),泵的流量和轴功率;

(3)库房里有一台规格相同的离心泵,欲向表压为49.1 kPa的密闭高位槽送碱的水溶液(1 250 kg/m^3),试比较与原泵并联还是串联能获得较大输液量。

各种情况下泵的效率均取70%。

[答:(1) $Q=18.8\ m^3/h$, $H=21.2\ m$, $N=1.55\ kW$; (2) $Q=18.8\ m^3/h$, $H=21.2\ m$, $N=1.94\ kW$; (3) 串联能获得更大流量, $Q_{串}=25.15\ m^3/h$, $Q_{并}=19.9m^3/h$]

2-11 用离心泵向设备输送水,要求流量为 $50\ m^3/h$。已知管路特性方程为 $H_e=28+0.01Q^2$,泵的特性方程为 $H=40-0.005Q^2$。问:(1) 单泵能否完成输送任务?(2) 如单泵无法完成,考虑采用两台该型号的泵组合作,那么如何组合能完成输送任务?(以上所给方程中,流量的单位均为 m^3/h,压头的单位均为 m)

[答:单泵不行;串联可行,并联不行]

2-12 用内径为 120 mm 的钢管将河水送至一蓄水池中,要求输送量为 60~100 m^3/h。水由池底部进入,池中水面高出河面 25 m。管路的总长度为 80 m,其中吸入管路为 24 m(均包括所有局部阻力的当量长度),摩擦系数为0.028。试选用一台合适的离心泵,并确定安装高度。水温为 20 ℃,当地大气压为101.3 kPa。

[答:IS100-80-160,3.9 m]

2-13 将水从水井打到水塔中去,要求流量为 70 t/h,水井和水塔的水面稳定,其间的垂直距离为 20 m,水井水面与地面的距离为 6 m,如下图所示,试解决下列问题:(1) 选择输水管;(2) 选一合适的泵;(3) 决定泵的安装位置;(4) 求泵的轴功率和电机功率;(5) 若将流量加大到 80 t/h,可采取什么措施?附加条件:从水泵出口到水塔入口所需铺设的管长约为 180 m,水井到泵入口管长 10 m,此管线中局部阻力的当量长度为 40 m。

[答:(1) $\phi156\times3$ mm;(2) IS125-100-400 型水泵;(3) 7.3 m;(4) 7.3 kW,电机功率根据所选水泵进行计算;(5) 开大阀门]

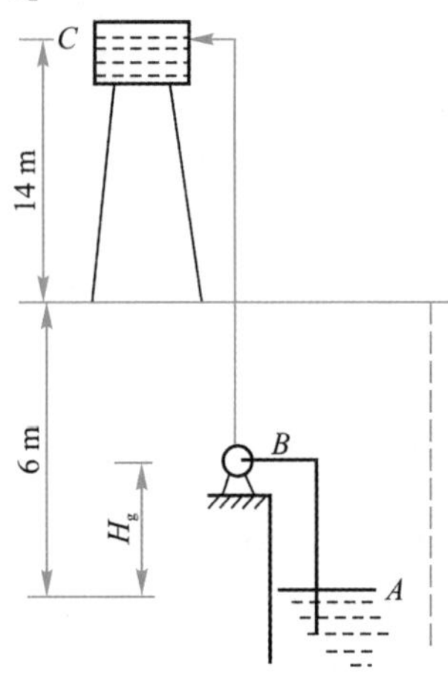

习题 2-13 图

2-14 欲将温度为 200 ℃、密度为0.75 kg/m^3 的烟气以 12 700 m^3/h 的流量送往某设备,忽略风机进口至管路出口之间的压强差及位差,且两者之间以每立方米气体计的机械能损失为1.2 kPa。现有一台离心式通风机,其铭牌上所标流量为 12 700 m^3/h,全风压为1.57 kPa。问该风机是否适用?

[答:不适用]

2-15 如下图所示,用电动往复泵从敞口贮水池向密闭容器供水,容器内压力(表压)为 10 atm(1 atm=101 325 Pa),容器与水池液面高度相差 10 m。主管线长度(包括局部阻力的当量长度)为 100 m,管径为 50 mm,管壁粗糙度为0.25 mm。在泵的进出口处设一旁路,其直径为 30 mm。设水温为 20 ℃,试求:(1)当旁路关闭时,管内流量为0.006 m^3/s,泵的理论功率为多少?(2)若所需流量减半,采用旁路调节,旁路的总阻力系数和泵的理论功率为多少?(3)若改变活塞的行程实现上述流量调节,行程应做如何调整?相应的理论功率为多少?

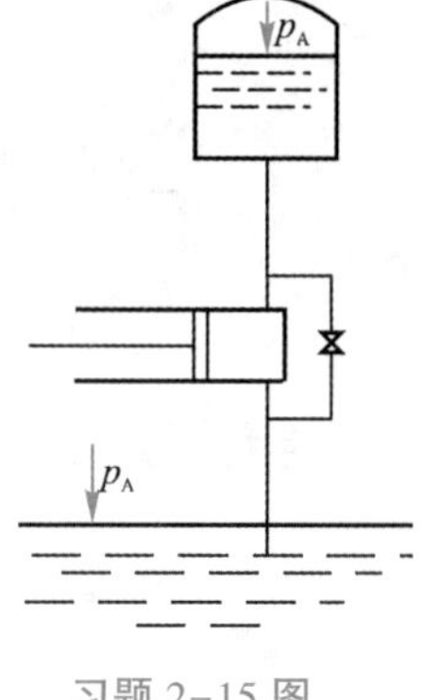

习题 2-15 图

[答:(1)8.22 kW;(2)127.7,6.92 kW;(3)行程也缩短一半,3.46 kW]

2-16　如下图,要用通风机从喷雾干燥器中排气,器内需保持 147 Pa 的负压,以防粉尘泄漏到大气中。干燥器气体出口至通风机入口之间的管路阻力损失及旋风分离器的阻力损失共为1 520 Pa,通风机出口的动压头可取为 147 Pa,干燥器所排出的湿空气密度为1.0 kg/m^3。(1)试计算风机所需的全风压;(2)如干燥器需排出的湿空气量为1 600 m^3/h,现有一台通风机,它在转速为1 000 r/min 时操作性能如下表所示。问此通风机能否满足需要?如它不能满足需要,试问采用什么办法可使其合用?

某通风机在1 000 r/min 时的操作性能

全压/mmH_2O	98	97	95	92	88	81	74
风量/($m^3 \cdot h^{-1}$)	11 200	12 000	13 900	15 300	16 600	18 000	19 300
轴功率/kW	3.63	3.78	3.96	4.25	4.38	4.48	4.6

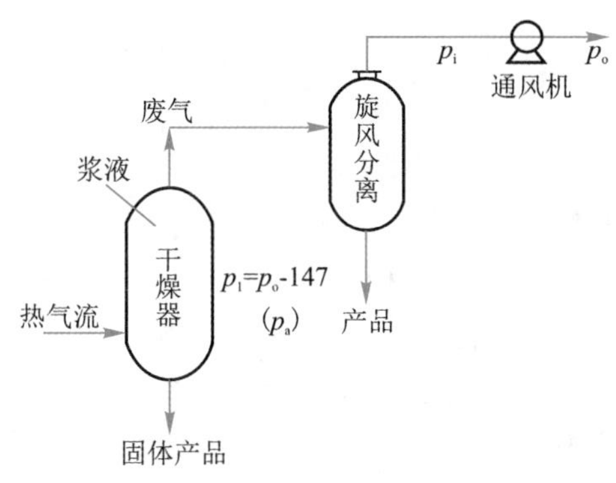

习题 2-16 图

[答:(1)222 mmH_2O;(2)无法使用;可以提高转速,或者 3 台串联或更换更大规格的风机]

第三章 非均相混合物的分离及固体流态化

学习要求

1.掌握

非均相混合物沉降(包括重力沉降和离心沉降)的基本公式;沉降区域的划分;降尘室的设计和其生产能力的计算;过滤操作的原理;过滤基本方程;恒压过滤方程及过滤常数的测定;过滤生产能力的计算。

2.理解

旋风分离器临界直径的计算;沉降与过滤的各种影响因素;板框压滤机与转鼓真空过滤机的基本结构、操作及计算。

3.了解

其他分离设备的构造与操作特点;干扰沉降;滤饼的可压缩性;恒速过滤;分离设备的选择;固体流态化的基本概念;气力输送过程的一般概念。

第一节 概 述

混合物可以分为两大类,凡物系内部各处物料性质均匀,且不存在相界面者,称为均相混合物。溶液和混合气体都是均相混合物。凡物系内部有隔开两相的界面存在,且界面两侧物料性质截然不同者,称为非均相混合物或非均相物系。含尘气体及含雾气体属于气态非均相物系,悬浮液、乳浊液及泡沫液属于液态非均相物系。

在非均相物系中,处于分散状态的物质,如悬浮液中的固体颗粒,乳浊液中的液滴、泡沫液中的气泡,称为分散相或分散物质;包围着分散物质的流体,则称为连续相或分散介质。

本章限于讨论以流体为连续相的非均相混合物的分离。非均相混合物的分离方法有很多,较常见的机械分离方法,主要是利用连续相和分散相之间物理性质(如密度,颗粒的形状、大小、粒度分布等)的差异,在外界力的作用下进行的,因此属于混合物的机械分离。

工业上分离非均相物系的主要目的如下:

①净化分散介质。为了满足各相物流进一步加工的需要,通常两相中所包含的组分和组成是不相同的,进行相与相的分离后,可以分别再进一步加工处理,例如除去含尘气体中的尘粒。

②回收分散物质。回收含有用物质的一相,例如从结晶器排出的母液中分离出

晶粒。

③劳动保护和环境卫生等。除去对下一工序或对环境有害的一相，如工业废气在排放之前，必须除去其中的粉尘和酸雾。为保护环境，利用机械分离方法处理工厂排出的废气、废液，使其达到规定的排放标准。

机械分离方法包括沉降和过滤两种操作，其中涉及颗粒相对于流体以及流体相对于颗粒床层的流动。同时，在许多单元操作和化学反应中经常采用流态化技术，同样涉及两相间的流动。因此，本章从研究颗粒与流体相对运动规律的颗粒流体力学入手，介绍沉降和过滤过程的基本原理及设备，同时简要介绍流态化技术的基本概念。

第二节　沉　降

空气中的尘粒会受到重力作用逐渐降落到地面，从而从空气中分离出来，这种现象称为沉降。含尘气体旋转，其中的尘粒因离心力作用而甩向四周，落在周壁上，这种现象也称为沉降。前一种是重力沉降，适用于分离较大的颗粒；后一种是离心沉降，可以分离较小的颗粒。固粒或液滴在液体介质中也会发生沉降现象。

一、重力沉降

重力场中，一个颗粒相对于周围流体的运动速度称为颗粒的重力沉降速度。影响重力沉降速度的因素很多，有颗粒的形状、大小、密度，流体的种类、密度、黏度等。为了便于讨论，我们先以形状和大小不变的、一定直径的球形固体颗粒作为研究对象。

（一）球形颗粒的自由沉降

自由沉降是指理想条件下的重力沉降，即在沉降过程中，颗粒之间的距离足够大，任一颗粒的沉降，不因其他颗粒的存在而受到干扰，容器壁面的影响可以忽略。单个颗粒或充分分散的颗粒群在静止流体中的沉降都可视为自由沉降，其沉降速度可通过颗粒的受力分析确定。

如图 3-1 所示，直径为 d_p、密度为 ρ_p 的光滑球形颗粒，处于密度为 ρ 的静止液体中，将受到向下的重力 F_g 和向上的浮力 F_b，即

$$F_g = \frac{\pi}{6} d_p^3 \rho_p g$$

$$F_b = \frac{\pi}{6} d_p^3 \rho g$$

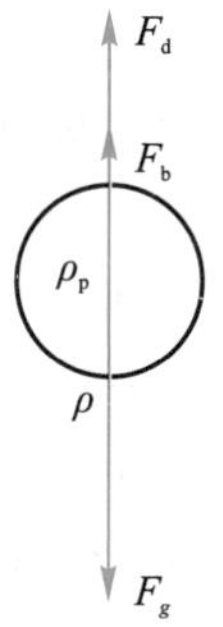

若 $\rho_p > \rho$，故 $F_g > F_b$，颗粒受到向下的力 $F_g - F_b$，则其产生向下的加速运动（相对运动）。颗粒与流体产生相对运动，其相对运动速度为 u，因此颗粒受到流体的曳力 F_d，其方向与颗粒相对于流体的运动速度方向相反。球形颗粒在静止流体中进行沉降运动所受到的来自流体的曳力 F_d，在数值上等于流体沿球形颗粒表面进行（绕流运动）所受到的来自颗粒的阻力，其大小可表示为

图 3-1　静止流体中颗粒受力示意图

$$F_d = \zeta A \frac{\rho u^2}{2} = \zeta \frac{\pi}{4} d_p^2 \frac{\rho u^2}{2} = \zeta \frac{\pi}{4} d_p^2 \frac{\rho(u_a - u_f)^2}{2}$$

式中　F_d——流体对颗粒的曳力,N;

ζ——阻力系数,无因次(由实验测定);

A——颗粒在相对运动方向上的投影面积,m^2,对球形颗粒,$A = \frac{\pi}{4} d_p^2$;

u——颗粒相对于流体在重力方向上的运动速度,$u = u_a - u_f$,m/s;

u_a——颗粒在垂直方向上的绝对速度,m/s;

u_f——流体在垂直方向上的绝对速度,m/s。

以垂直向下方向为正,F_d 应该是向上的阻力。当流体静止时,$u_f = 0$,$u = u_a$,颗粒在某瞬间受到的合力为 $\sum F$,有:

$$\sum F = F_g - F_b - F_d = \frac{\pi}{6} d_p^3 (\rho_p - \rho) g - \frac{\pi}{8} d_p^2 \zeta \rho u_a^2$$

颗粒开始沉降的瞬间,$u=0$,因而 $F_d=0$,加速度 a 具有最大值;随后 u 值不断增加,直至达某一数值 u 时,曳力、浮力与重力三者的合力为零,加速度 $a=0$,颗粒开始做匀速沉降运动。可见颗粒的沉降过程可分为两个阶段,起初为加速阶段,而后为等速阶段。等速阶段时颗粒相对于流体的运动速度 u_t 称为“沉降速度”,又叫“终端速度”。由于工业上沉降操作所处理的颗粒往往很小,曳力随速度增长很快,可在短时间内达到等速运动,所以加速阶段可以忽略不计。

匀速运动时,$\sum F = 0$,可得自由沉降速度计算式:

$$u_t = \sqrt{\frac{4 d_p (\rho_p - \rho) g}{3 \zeta \rho}} \tag{3-1}$$

在化工生产中,小颗粒沉降最为常见,其 $F_g - F_b$ 较小,而阻力 F_d 增加很快,加速阶段非常短暂,常可忽略。在这种情况下,可直接将 u_t 用于重力沉降设备的计算。

(二)阻力系数 ζ

根据对球体绕流的理论和实验研究,并根据量纲分析,阻力系数 ζ 可以表示为颗粒运动雷诺数 Re_t 的函数,即

$$\zeta = f(Re_t) = f\left(\frac{d_p u_t \rho}{\mu}\right)$$

式中　μ——流体的黏度,Pa·s。

图 3-2 表达了球形颗粒的 ζ 与 Re_t 的函数关系,由实验测得的综合结果示于图中。

为了便于计算 ζ,通常把该曲线用分段函数表示,即可将该曲线分为三个主要区域:

(1)层流区($10^{-4} < Re_t \leq 2$)　　$\zeta = \frac{24}{Re_t}$　　(3-2)

(2)过渡区($2 < Re_t < 10^3$)　　$\zeta = \frac{18.5}{Re_t^{0.6}}$　　(3-3)

(3)湍流区($10^3 \leq Re_t < 2 \times 10^5$)　　$\zeta = 0.44$　　(3-4)

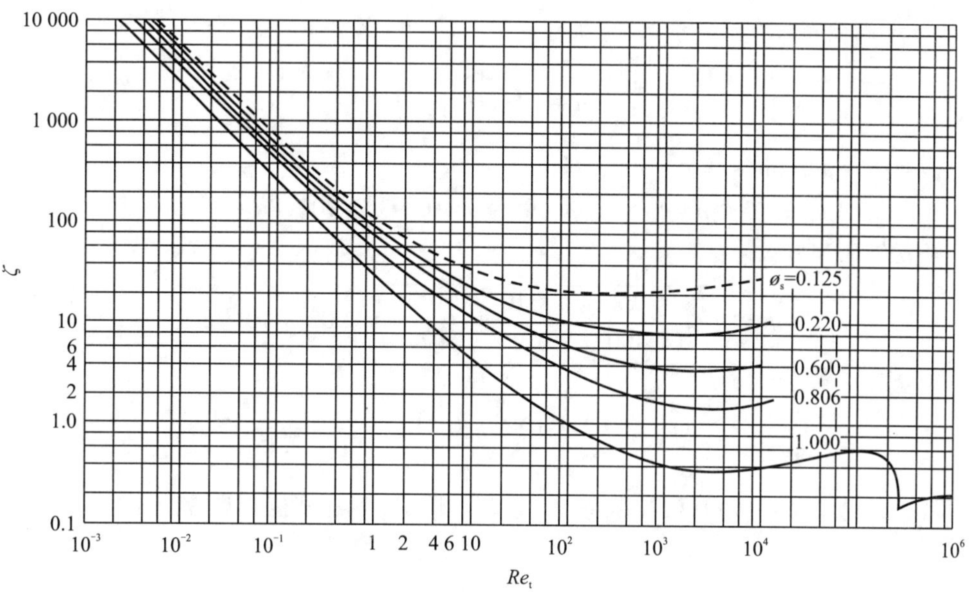

图 3-2　球形颗粒自由沉降时 ζ 与 Re_t 的关系

在层流沉降区内，由流体黏性引起的表面摩擦力占主要地位。在湍流区内，流体黏性对沉降速度已无明显影响，而是流体在颗粒后半部出现的边界层分离所引起的形体阻力占主要地位。在过渡区，表面摩擦阻力和形体阻力则都不可忽略。随雷诺数 Re_t 的增大，表面摩擦阻力的作用逐渐减弱，形体阻力的作用逐渐增强。当雷诺数 Re_t 超过 2×10^5 时，边界层内出现湍流，边界层内速度增大，此时边界层的分离点向后移，分离区减小，所以阻力系数 ζ 突然由 0.44 下降为 0.1。

(三)自由沉降速度的计算

将式(3-2)、式(3-3)、式(3-4)分别代入式(3-1)，便可得到球形颗粒在相应各区域的沉降速度公式，即

(1)层流区

$$u_t=\frac{gd_p^2(\rho_p-\rho)}{18\mu} \tag{3-5}$$

(2)过渡区

$$u_t=0.153\left[\frac{gd_p^{1.6}(\rho_p-\rho)}{\rho^{0.4}\mu^{0.6}}\right]^{\frac{1}{1.4}} \tag{3-6}$$

(3)湍流区

$$u_t=1.74\sqrt{\frac{d_p(\rho_p-\rho)g}{\rho}} \tag{3-7}$$

式(3-5)、式(3-6)及式(3-7)分别称为斯托克斯公式、艾仑公式和牛顿公式。球形颗粒在流体中的沉降速度可根据不同流型，分别选用上述三式进行计算。

无论处于哪个区域，颗粒直径和密度越大，沉降速度越快。在层流区和过渡区，沉降速度还与流体黏度有关。由式(3-5)~式(3-7)不难了解各种因素对沉降速度的影响程度，读者也可试行分析温度变化的影响。

【例 3-1】有一温度为 25 ℃的水悬浮液，其中固体颗粒的密度为 1 400 kg/m³，现测得其沉降速度为 0.01 m/s，试求固体颗粒的直径。

解:先假设颗粒在层流区沉降,故可以用式(3-5)求出其直径,即:

$$d=\sqrt{\frac{18\mu u_t}{(\rho_p-\rho)g}}$$

已知:$u_t=0.01$ m/s,$\rho_p=1\ 400$ kg/m^3。

查出 25 ℃水的密度$\rho=997$ kg/m^3,黏度$\mu=0.893\ 7\times10^{-3}$ Pa·s。

将各值代入上式得:

$$d=\sqrt{\frac{18\times0.893\ 7\times10^{-3}\times0.01}{(1\ 400-997)\times9.807}}=2.02\times10^{-4}\text{ m}$$

检验 Re_t 值:

$$Re_t=\frac{du_t\rho}{\mu}=\frac{2.02\times10^{-4}\times0.01\times997}{0.893\ 7\times10^{-3}}=2.25>1$$

从计算结果可知,与原假设不符,故重设固体颗粒在过渡区沉降,用式(3-6)求解:

$$u_t=0.27\sqrt{\frac{d(\rho_p-\rho)g}{\rho}Re_t^{\ 0.6}}$$

将已知值代入得: $0.01=0.27\sqrt{\frac{d(1\ 400-997)\times9.81}{997}\times(2.25)^{0.6}}$

解出: $d=2.13\times10^{-4}$ m

再检验 Re_t 值: $Re_t=\frac{du_t\rho}{\mu}=\frac{2.13\times10^{-4}\times0.01\times997}{0.893\ 7\times10^{-3}}=2.37$

计算结果表明,重设正确(即属于过渡区沉降),故颗粒直径为 2.13×10^{-4} m。

(四)颗粒沉降速度的影响

上述重力沉降速度的计算式是针对表面光滑的刚性球形颗粒在自由沉降条件下得到的,实际颗粒的沉降还需考虑下列因素的影响。

1.颗粒形状

同一种固体物质,球形或近球形颗粒比同体积的非球形颗粒的沉降要快一些。非球形固体颗粒的形状通常是不规则的多面体,计算沉降速度时,式(3-1)中的 d_p 可采用颗粒的当量直径。

当量直径有多种,若采用等体积当量直径 d_e,即颗粒的体积与直径为 d_e 的球形颗粒体积相同,则有:

$$d_e=\sqrt[3]{\frac{6V_p}{\pi}} \tag{3-8}$$

式中 V_p——单个固体颗粒体积,m^3。

实验表明,非球形颗粒的沉降速度小于等体积当量直径球形颗粒的沉降速度,颗粒形状偏离球形越远,它与流体之间的接触面积越大,沉降速度相差越大,这个因素通常通过一个球形度 ϕ 来表征和校正:

$$\phi=\frac{S}{S_F} \tag{3-9}$$

式中　S——颗粒的表面积，m^2；

S_F——直径为 d_e 的球体的表面积，m^2。

在相同 Re_t 下，ϕ 愈大，ζ 也愈大，沉降速度愈小。

2.干扰沉降

当非均相混合物中颗粒的浓度比较大，颗粒之间相距很近，则颗粒在沉降时存在互相干扰，这种情况为干扰沉降。干扰沉降速度比自由沉降速度要小，其主要原因一是许多颗粒和流体组成的实际悬浮介质的黏度和密度大于分散介质，故颗粒受到的阻力和浮力比较大；二是颗粒向下沉降时，分散介质被置换而向上运动，阻滞了靠得很近的其他颗粒的沉降。实验表明，当颗粒体积分数小于0.2%时，按自由沉降计算的沉降速度偏差小于1%。颗粒浓度高时，干扰沉降明显，尤其是悬浮液中干扰沉降常常十分显著。干扰沉降速度的计算比较复杂，且不易准确，这里从略。

3.器壁效应

容器的壁面和底面会对沉降的颗粒产生曳力，使颗粒的实际沉降速度低于自由沉降速度。当容器尺寸远远大于颗粒尺寸时（例如100倍以上），器壁效应可以忽略。

4.绝对速度

由式（3-1）的推导过程可知，自由沉降速度 u_t 是在颗粒受力达到平衡时，颗粒相对于流体做匀速运动的相对速度，并不一定是一个静止的观察者在流场外部观察到的颗粒的绝对速度 $u_{t,a}$，u_t 的值与流体是否存在上下运动无关，因为颗粒总与流体做相对的向下运动，而 $u_{t,a}$ 值却与流体在垂直方向上的速度 u_f 有关。当颗粒的相对运动达到匀速时，有：

$$u_{t,a} = u_t + u_f \tag{3-10}$$

因此，只有流体在垂直方向上不发生运动，即 $u_f = 0$ 时，观察到的颗粒的绝对速度才等于其沉降速度。若流体以 u_f 的速度向下运动，u_f 与 u_t 同向，最终观察到的颗粒运动速度将是 u_t 和 u_f 的加和；而如果流体向上运动，则 u_f 取负值；$u_{t,a}<u_t$，在 u_f 足够大时，将可能观察到颗粒不动甚至向上运动，这个现象是颗粒流态化操作的基础。

在干扰沉降时，大量固体颗粒下降，将置换下方的流体并使之上升，这是观察到的绝对速度小于自由沉降速度的一个原因。

5.分子运动

当颗粒直径小到与流体分子的平均自由程相当时，颗粒可以穿越流体分子的间隙，其沉降速度大于斯托克斯公式计算的数值。另外，当颗粒直径小于0.1 μm时，颗粒的沉降将受到流体分子热运动的影响，这种影响使得颗粒发生布朗运动；当颗粒雷诺数大于 10^{-4} 时，布朗运动可不必考虑。

二、离心沉降

依靠离心力的作用使流体中的颗粒产生的沉降运动，称为离心沉降。由重力沉降的内容可知，当颗粒较小时，其沉降速度小，需要较大的沉降设备；为了提高生产能力，可使用离心沉降，因为离心力可比重力大千倍或万倍。

（1）离心加速度、惯性离心力和向心力　由物理学可知，当流体围绕某一中心轴做匀速圆周运动时,便形成了惯性离心力场。若某一质量为 m 的流体微团的旋转半径为 r,单位为 m;转速为 n,单位为 s^{-1};旋转角速度为 ω,单位为 rad/s;切向速度为 u_t,单位为 m/s;则必有 $\omega=2\pi n$,$u_t=\omega r$,离心加速度为

$$a=\omega^2 r=\frac{u_t^2}{r} \tag{3-11}$$

该微团上作用的离心力为 $m\omega^2 r$,方向为径向向外。由于流体微团在径向上不发生相对运动,故周围流体必对微团作用一个大小与该惯性离心力相同、方向相反(径向向内)的向心力,以满足力平衡要求。注意,离心加速度不是常数,它随位置及旋转角速度而变化,其方向为径向向外。

(2)离心沉降速度　当流体带着同体积、但质量为 m_p 的颗粒旋转时,如果颗粒的密度大于流体的密度,则惯性离心力将会使颗粒在径向上与流体发生相对运动而飞离中心。和颗粒在重力场中受到的三个作用力相似,惯性离心力场中颗粒在径向上也受到三个力的作用,即惯性离心力、向心力(相当于重力场中的浮力,其方向为沿半径指向旋转中心)和阻力(与颗粒的运动方向相反,其方向为沿半径指向中心)。当三种作用力达到平衡时,颗粒在径向上相对于流体的运动速度 u_r 就是颗粒的离心沉降速度。

$$u_r=\sqrt{\frac{4(\rho_p-\rho)d_p a}{3\rho\zeta}} \tag{3-12}$$

式(3-12)与式(3-1)比较可知,将式(3-1)中的重力加速度换成离心加速度。式(3-12)中的阻力系数,仍可按照图 3-2 或式(3-2)~式(3-4)计算,只要将 Re 中的 u_t 用 u_r 代替即可。同样,只要将式(3-5)~式(3-7)中的重力加速度 g 换成离心加速度 a,就可用于离心沉降速度的计算。对于层流区,有:

$$Re_p=\frac{d_p u_r \rho}{\mu} \tag{3-13}$$

$$u_r=\frac{d_p^2(\rho_p-\rho)}{18\mu}\frac{u_t^2}{r} \tag{3-14}$$

由式(3-14)知,在离心力场中,离心沉降速度随着颗粒所处位置 r 增大而增大。

(3)离心分离因数　比较式(3-14)和式(3-5)可知,对于相同流体介质中的颗粒,在层流区,离心沉降速度与重力沉降速度之比取决于离心加速度和重力加速度之比,即

$$K_c=\frac{r\omega^2}{g}=\frac{u_t^2}{gr}=\frac{\text{离心沉降速度}}{\text{重力沉降速度}} \tag{3-15}$$

K_c 称为离心分离因数。由式(3-15)可知,为了提高分离因数,离心分离设备可以通过提高转速或者增加设备直径来实现。分离因数的大小是反映离心沉降设备工作性能的主要参数指标。某些高速管式离心机的分离因数可达到几万。所以,离心分离设备的效果比重力分离设备好得多,主要用于分离两相密度差较小或者颗粒很小的物系。

三、沉降分离设备

在气-固分离设备中,重力沉降和离心沉降分离设备很早就已经在工业除尘中得到

应用。虽然这些设备分离效率较低，但结构简单，目前在一些分离要求不太高的情况下仍然使用，在某些场合可作为预分离设备。

根据分离对象和分离要求的不同，沉降分离设备的型式构造也各有差异，但它们都必须满足一定的基本要求和性能指标。

（一）对沉降分离设备的要求

（1）基本要求　沉降分离操作是在一定的设备内进行的。要使颗粒同周围流体分开，一般都要求流体在离开设备前，颗粒已能沉降到设备底部或器壁；尽可能减少对沉降过程的干扰；避免已沉降颗粒的再度扬起。

根据颗粒沉降速度和设备内的沉降距离，可以计算出颗粒沉降到设备底部或器壁所需的时间，称为沉降时间，用 t_s 表示。

流体在设备内的停留时间 t_r 也是沉降设备的一个重要参数，它与操作方式、设备大小及处理量有关。连续操作的停留时间，可取为流体流过设备有效空间所需的平均时间；间歇操作的停留时间为一次操作时间（不包括装卸料）。

分离设备要满足基本条件为：

$$t_r \geqslant t_s \tag{3-16}$$

停留时间要足以达到预期的分离要求，即大于指定颗粒的沉降时间，但停留时间的选择也不可过大，否则将因沉降设备过于庞大而使设备投资增大。

（2）分离性能指标　混合物中的颗粒由于其大小及实际沉降距离的差异，所需沉降时间分布很宽。在有限的停留时间内，只能分离出其中一部分，它与颗粒总量之比（用质量分数表示）称为总效率。

相同粒径的颗粒虽有相同的自由沉降速度，但由于沉降距离不同、颗粒形状不同以及干扰沉降等因素，往往只能部分分离。在一定粒径颗粒的总量中，被分离部分与颗粒总量之比用质量分数表示，称为该粒径颗粒的粒级分离效率。

粒径越大，沉降速度越快，所需沉降时间越短。当粒径大于某一临界值时，设备的粒级效率达到 100%，称为临界直径。显然，临界直径愈小，总效率愈高，对应设备的分离性能越好。

混合物的处理量越大，在同一设备内的停留时间越短，则其临界直径越大。若规定了临界直径，相当于规定了混合物最大可能的处理量，即分离设备的最大生产能力。

分离效率、临界直径、最大生产能力是分离设备的重要分离性能指标。由于实际分离过程的复杂性，常需实验测定或利用经验数据进行估算。

（二）重力沉降设备

1.降尘室

利用重力沉降分离含尘气体的设备称为降尘室。降尘室有多种形式，最常见的如图 3-3（a）所示，含尘气体从截面逐渐扩大的通道进入，以很低的流速通过降尘室，如果其停留的时间大于或等于颗粒沉降到室底所需的时间，颗粒就可以从气体中分离出来。

通常采用简化的计算方法（一般称为模型化方法），根据对降尘室内流动机制的分析，把降尘室简化为高 H，宽 B，长 L 的长方体设备［图 3-3（b）］，气体的停留时间为：

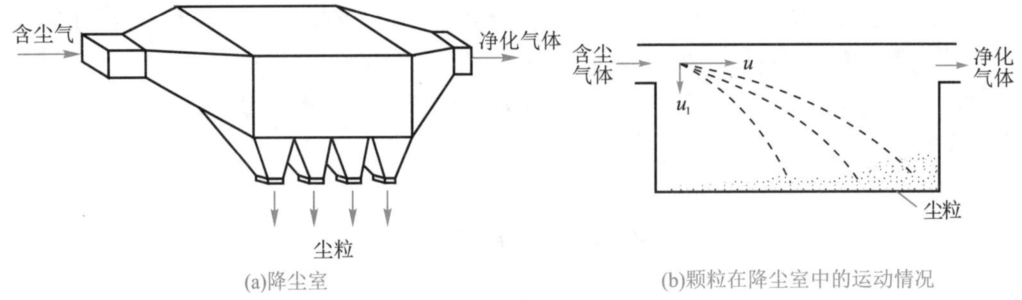

(a)降尘室 (b)颗粒在降尘室中的运动情况

图 3-3 降尘室示意图

$$t_r = \frac{L}{u} \tag{3-17}$$

式中 u——气体在降尘室内的平均流速,m/s。

颗粒所需的沉降时间 t_s(按位于降尘室顶部计算)为:

$$t_s = \frac{H}{u_t} \tag{3-18}$$

根据式(3-16)的条件,应满足:

$$\frac{L}{u} \geqslant \frac{H}{u_t} \tag{3-19}$$

含尘气体的体积流量 V(m^3/s)应满足:

$$V = BHu \leqslant BLu_t \tag{3-20}$$

若规定了待分离颗粒的临界直径 d_{pc},其自由沉降速度为 u_{tc},即规定含尘气体的最大处理量 V_{max}。将上式取等式,得:

$$V_{max} = BLu_{tc} \tag{3-20a}$$

此式说明 V_{max} 与高度 H 无关,故降尘室以扁平状为佳。这是降尘室的一个重要特性,因此理论上降尘室的高度应该小一些,即设计成扁平的形式。此外,为了节省占地面积,可以采用多层降尘室,即在降尘室中设置若干水平的隔板,每层高度为 25~100 mm。但是降尘室高度的降低,将导致气速的增加,容易引起气流湍动而将下沉的颗粒卷起。一般降尘室内气体速度应不大于 3 m/s,具体数值应根据要求除去的颗粒大小而定,对于容易扬起的尘粒(如淀粉、炭黑等)气体速度应低于 1 m/s。

【例 3-2】某降尘室的内部总体尺寸长×宽×高为 12 m×6 m×3.8 m,处理温度为 140 ℃、黏度为 2.37×10^{-5} Pa·s 的常压含尘气体,尘粒密度为 1 600 kg/m^3。

求:(1)50 μm 颗粒的沉降速度。

(2)完全分离 50 μm 颗粒所允许的最大气体处理量。

解:(1)假定颗粒沉降位于层流区。则

$$u_t = \frac{d_p^2(\rho_p - \rho)g}{18\mu} \approx \frac{d_p^2\rho_p g}{18\mu} = \frac{(50\times10^{-6})^2\times1\ 600\times9.81}{18\times2.37\times10^{-5}} = 0.092\ 0\ \text{m/s}$$

校核流型

$$\rho = \frac{pM}{RT} = \frac{101.3\times29}{8.314\times413} = 0.856\ \text{kg/m}^3$$

$$Re_t=\frac{d_p u_t \rho}{\mu}=\frac{50\times10^{-6}\times0.092\ 0\times0.856}{2.37\times10^{-5}}=0.166<2$$

层流区假设成立。

(2) $V_{max}=BLu_{tc}=6\times12\times0.092\ 0=6.62\ m^3/s$

由式(3-20)可见,降尘室的生产能力只与其沉降底面积及颗粒的沉降速度 u_t 有关,而与降尘室高度 H 无关。故降尘室应设计成扁平形,或在室内均匀设置多层水平隔板,构成多层降尘室,如图 3-4 所示。隔板间距一般为 40~100 m。

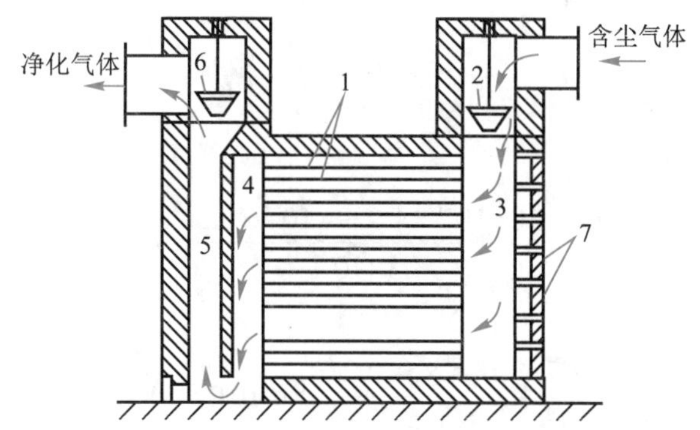

1—隔板;2,6—调节闸阀;3—气体分配道;4—气体集聚道;5—气道;7—清灰口

图 3-4　多层除尘室

若降尘室设置 n 层水平隔板,则多层降尘室的生产能力为

$$V_s\leqslant(n+1)BLu_t \tag{3-20b}$$

降尘室结构简单,流动阻力小,但体积庞大,分离效率低,通常只适用于分离粒度大于 50 μm 的粗颗粒,一般作为预除尘使用。多层降尘室虽能分离较细的颗粒且节省地面,但清灰比较麻烦。

沉降速度 u_t 应以需要完全分离下来的最小颗粒尺寸计算。此外,气流速度 u 不应过高,一般应保证进入降尘室的气体流动处于层流区,以免把已沉降下来的颗粒重新扬起。根据经验,多数尘粒(包括金属、石棉、石灰、木屑等)的分离,可取 $u<3$ m/s,易被扬起的尘粒(如淀粉、炭墨等)可取 $u<1.5$ m/s。

【例 3-3】用降尘室除去气体中的固体杂质,降尘室长 5 m,宽 5 m,高 4.2 m。固体杂质为球形颗粒,密度为 3 000 kg/m³。气体的处理量为 3 000 m³/h(标准)。在 427 ℃下操作,气体密度为 0.5 kg/m³,黏度为 3.3×10^{-5} Pa·s,若需除去的最小颗粒粒径为 10 μm,试确定降尘室内隔板的间距及层数。

解:取隔板间距为 h,令

$$\frac{L}{u}=\frac{h}{u_t}$$

则

$$h=\frac{L}{u}u_t \tag{1}$$

$$u=\frac{V_{max}}{BH}=\frac{\frac{3\ 000}{3\ 600}\times\frac{273+427}{273}}{5\times4.2}=0.101\ 8\ m/s$$

假设颗粒沉降位于层流区,则 10 μm 尘粒的沉降速度

$$u_t=\frac{d_p^{\ 2}(\rho_p-\rho)g}{18\mu}=\frac{(10\times10^{-6})^2\times(3\ 000-0.5)\times9.81}{18\times3.3\times10^{-5}}=4.939\times10^{-3}\ \text{m/s}$$

由(1)式计算 h

$$h=\frac{5}{0.101\ 7}\times4.939\times10^{-3}=0.243\ \text{m}$$

层数 $n=\frac{H}{h}=\frac{4.2}{0.243}=17.3$,取 18 层

$$h=\frac{H}{18}=\frac{4.2}{18}=0.233\ \text{m}$$

核算颗粒沉降雷诺数

$$Re_t=\frac{du_t\rho}{\mu}=\frac{10\times10^{-6}\times4.939\times10^{-6}\times0.5}{3.3\times10^{-5}}=7.5\times10^{-5}<2$$

核算流体流型

$$Re=\frac{d_e u\rho}{\mu}=\frac{\left(\frac{2bh}{b+h}\right)u\rho}{\mu}=\frac{\frac{2\times5\times0.233}{5.233}\times0.101\ 8\times0.5}{3.3\times10^{-5}}=685<2\ 100$$

2.连续沉降槽

依靠重力沉降分离或浓缩悬浮液的设备称为沉降槽。这种设备通常是以取得稠厚的浆状物料为目的,因此又称为增稠器。沉降槽可分为间歇式和连续式两类。在化工生产中常用的是连续沉降槽,其结构如图 3-5 所示。

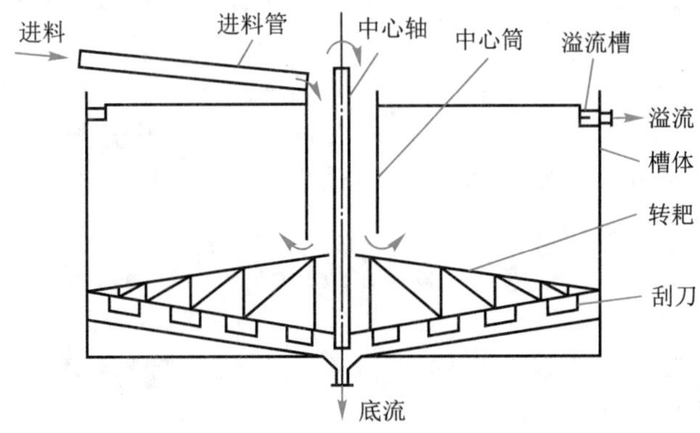

图 3-5　连续沉降槽

连续沉降槽是一个底部略具锥形且不深的圆槽,内装有一定转速的转动机构。悬浮液连续地从槽上方经中央进料口送到液面以下 0.3~1.0 m 处,液体向上流动,获得的清液经槽顶端周缘的溢流槽连续流出。固体颗粒下沉到底部,经缓慢旋转的转耙慢慢地聚集到槽的底部,再被泥浆泵连续抽出。

连续沉降槽具有操作连续化、自动化、构造简单、处理量大和沉淀物浓度均匀等特点,同时存在设备庞大、占地面积大和分离效率低等问题。连续沉降槽一般用于分离固

体浓度低而液体量大的悬浮液,使其处理后的沉渣仍含有大约 50% 的液体,这种设备常用于无机盐的洗涤精制,如在纯碱生产中作为盐水的精制设备。

连续沉降槽有澄清液体和增稠悬浮液的双重功能。为获得澄清的液体,由式(3-20)可知,清液产率取决于增稠器的直径。

为获得增稠至一定程度的悬浮液,固体颗粒在器内必须有足够的停留时间。在一定直径的增稠器中,颗粒的停留时间取决于进口管以下增稠器的深度。

增稠器的直径,小者为数米,大者可达数百米;高度为 2.5~4 m。有时为了节省沉降面积,而把增稠器做成多层式的,但操作控制较为复杂。

为了使给定尺寸的沉降槽获得最大可能的生产能力,应尽可能提高沉降速度。在悬浮液中加入少量电解质,往往有助于胶体颗粒的沉淀,并促进"絮凝"现象发生,将悬浮液加热以降低其黏度,也可提高颗粒的沉降速度。沉降槽中装置搅拌耙,除能把沉渣导向排出口外,还能降低非牛顿型悬浮物系的表观黏度,并能促使沉淀物的压紧,从而加速沉降过程。

3.分级器

利用重力沉降可将悬浮液中不同粒度的颗粒进行粗略的分级,或将两种密度不同的物质进行分类。图 3-6 为分级器示意图,它由几根柱形容器组成,悬浮液进入第一柱的顶部,水或其他密度适当的液体由各级柱底向上流动。控制悬浮液的加料速度,使柱中的固体含量小于 1%~2%,此时柱中颗粒基本上是自由沉降。在各沉降柱中,凡沉降速度比向上流动的液体速度大的颗粒,均沉于容器底部,而直径较小的颗粒则被带入后一级沉降柱中。适当安排各级沉降柱流动面积的相对大小,适当选择液体的密度并控制其流量,可将悬浮液中不同大小的颗粒按指定的粒度范围加以分级。

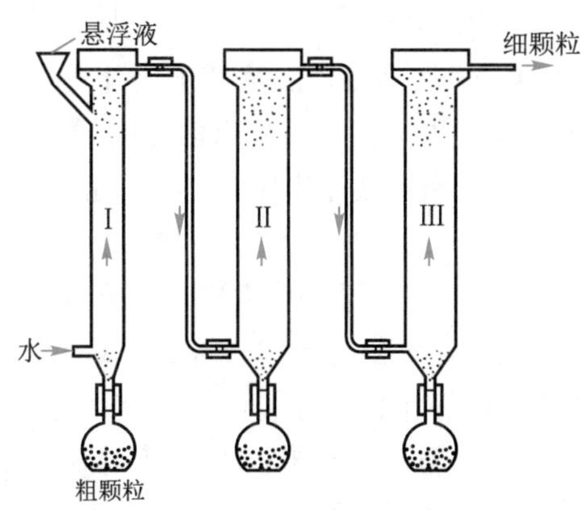

图 3-6 分级器示意图

(三)离心沉降设备

1.旋风分离器

旋风分离器是利用惯性离心力的作用从气流中分离出尘粒的设备。如图 3-7(a)所示,是具有代表性的结构型式,称为标准旋风分离器。其主体的上部为圆筒形,下部为圆锥形。含尘气体由圆筒上部的进气管切向进入,受器壁的约束向下做螺旋运动。在惯性离心力作用下颗粒被抛向器壁而与气流分离再沿壁面落至锥底的排灰口。净化后的气体在中心轴附近由下而上做螺旋运动,最后由顶部排气管排出。图 3-7(b)描绘了气体在器内的运动情况。通常,把下行的螺旋形气流称为外旋流,上行的螺旋形气流称为内旋流(又称气芯)。内外旋流气体的旋转方向相同。外旋流的上部是主要除尘区。

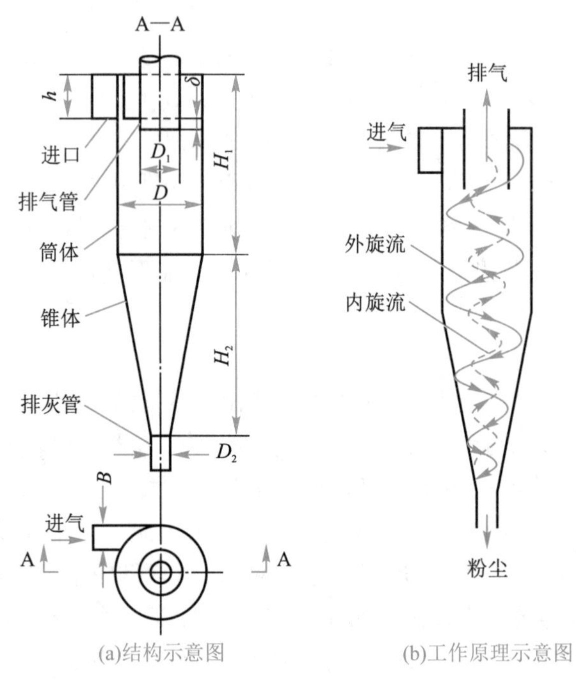

(a)结构示意图　　(b)工作原理示意图

图 3-7　旋风分离器(切向进口)

旋风分离器内的静压强在器壁处最高,仅稍低于气体进口处的压强,往中心逐渐降低,在气芯处可降至气体出口压强以下。旋风分离器内的低压气芯由排气管入口一直延伸到底部出灰口。因此,如果出灰口或集尘室密封不良,便易漏入气体,把已收集在锥形底部的粉尘重新卷起,严重降低分离效果。

旋风分离器的应用已有近百年的历史,因其结构简单,造价低廉,没有活动部件,可用多种材料制造,操作条件范围宽广,分离效率较高,所以至今仍是化工、采矿、冶金、机械、轻工等工业部门里最常用的一种除尘、分离设备。旋风分离器一般用来除去气流中直径在 5 μm 以上的尘粒。对于颗粒浓度高于 200 g/m^3 的气体,由于颗粒聚结作用,甚至能除去 3 μm 以下的颗粒。旋风分离器还可以从气流中分离出雾沫。对于直径在200 μm 以上的粗大颗粒,最好先用重力沉降法除去,以减小颗粒对分离器器壁的磨损;对于直径在 5 μm 以下的颗粒,一般旋风分离器的捕集效率已不高,需用袋滤器或湿法捕集。旋风分离器不适用于处理黏性粉尘、含湿量高的粉尘及腐蚀性粉尘。此外,气量的波动对除尘效果及设备阻力影响较大。

评价旋风分离器性能的主要指标包括临界粒径、分离效率及气体经过旋风分离器的压强降。

(1)临界粒径 研究旋风分离器分离性能时,常从分析其临界粒径入手。所谓临界粒径,是指理论上在旋风分离器中能被完全分离下来的最小颗粒直径。临界粒径的大小是判断旋风分离器分离效率高低的重要依据,但很难精确测定。一般而言,旋风分离器的离心分离因数约为 5~2 500,一般可分离气体中直径 5~75 μm 的粒子。

(2)压强降 旋风分离器压强降的大小是决定分离过程能耗和合理选择风机的依据。气体经旋风分离器时,由于进气管和排气管及主体器壁所引起的摩擦阻力,流动时的局部阻力以及气体旋转运动所产生的动能损失等,造成气体的压强降。可以仿照第一章的方法,将压强降看作与进口气体动能成正比,即

$$\Delta p = \frac{1}{2}\zeta\rho u^2 \tag{3-21}$$

式中的 ζ 为阻力系数,对于同一结构型式及尺寸比例的旋风分离器,为常数,不因尺寸大小而变。可选用适宜的经验公式计算或采用实测值。图 3-7(a)所示旋风分离器,$\zeta=8.0$。旋风分离器压强降一般在 500~2 000 Pa。

影响旋风分离器性能的因素多而复杂,物系情况及操作条件是其中的重要方面。一般而言,进口气速 u 越高,分离效果越好。譬如,含尘浓度高则有利于颗粒的聚结,可以提高效率,而且颗粒浓度增大可以抑制气体涡流,从而使阻力下降,所以较高的含尘浓度对压强降与效率两个方面都是有利的。但有些因素则对这两个方面有相互矛盾的影响,譬如进口气速稍高有利于分离,但过高则导致涡流加剧,反而不利于分离,徒然增大压强降。因此,旋风分离器的进口气速保持在 10~25 m/s 范围内为宜。

旋风分离器的结构简单,分离效率较高,无运动部件,操作不受温度和压强的限制,价格低廉,性能稳定,可满足中等粉尘捕集的要求,故在工业生产中广泛应用。

我国已定型的旋风分离器主要有 CLT、CLT/A、CLP、CLK 等。各种旋风分离器的尺寸系列可查阅有关手册,可按气体处理量、生产能力、可容许的压强降、粉尘性质、要求分离的效率等选用。

对于一定的气体处理量,可先选定进口气速,算出旋风分离器进口尺寸,再按照比例确定出直径。显然气量一定,进口气速越大,旋风分离器直径越小,分离效果越好,但阻力增大。工业上将许多小直径旋风分离器用并联方式组成整体,装在一个外壳内,称为旋风分离器组。它的分离效果比处理同气量的一个大直径旋风分离器好。旋风分离器选定后,在操作中若实际气量减小太多,实际旋转速度下降,必然会导致分离效率降低,故应避免这种情况出现。

2.旋液分离器

旋液分离器也称为水力旋流器,它是利用离心力的作用,使悬浮液中固体颗粒增稠或使粒径不同及密度不同的颗粒进行分级。其结构(如图 3-8 所示)及操作原理与旋风分离器相似。

悬浮液从圆筒上部的切向进口进入器内,旋转向下流动。液流中的颗粒受离心力作用,沉降到器壁,并随液流下降到锥形底的出口,成为较稠的悬浮液而排出,称为底流。

澄清的液体或含有较小较轻颗粒的液体,则形成向上的内旋流,经上部中心管从顶部溢流管排出,称为溢流。

由于液体的黏度 μ 约为气体的 50 倍,液体的($\rho_p-\rho$)比气体的小,并且悬浮液的进口速度也比含尘气体的小,由式(3-14)可知,同样大小和密度的颗粒,悬浮液在旋液分离器中的沉降速度远小于含尘气体在旋风分离器中的沉降速度。因此,要达到同样的临界粒径要求,则旋液分离器的直径要比旋风分离器小很多。

旋液分离器的内径 D 是一项最基本的尺寸,其他结构尺寸与之成一定比例,随用途不同而变化。悬浮液入口管可为圆形(或长边沿轴向的长方形),锥体尖角一般为 10°~20°。

旋液分离器进料流速约为 2~10 m/s,可分离的粒径约为 5~200 μm。但其压强降较大,且随悬浮液的平均密度的增大而增加。

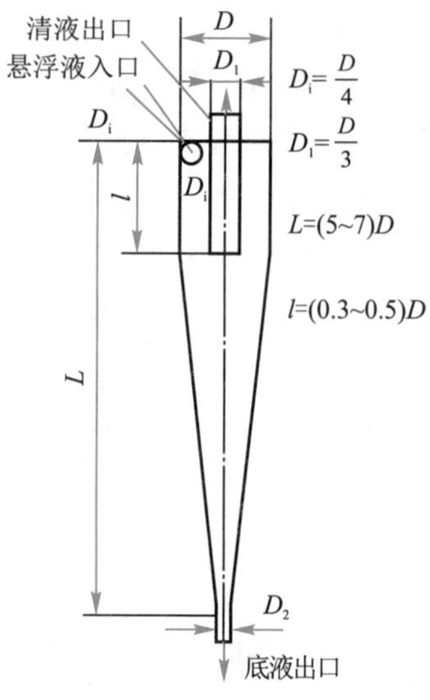

图 3-8　某种旋液分离器的结构

例如,对一个 $D=200$ mm 的水力旋流器,其处理量为 15~70 m^3/h 时,阻力损失约为 4~24 m 悬浮液柱。

3.沉降离心机

沉降离心机是利用离心沉降的原理,分离非均相混合物的常用设备。根据操作方式,沉降离心机可分为间歇式和连续式;根据设备主轴的方位,可分为立式和卧式;根据卸料方式,又可分为人工卸料式、螺旋卸料式和刮刀卸料式等。其主要特点是主体设备(转鼓)与混合物共同旋转,通过转速调节,可以大幅度改变离心分离因数。常用的沉降离心机有管式分离机、螺旋卸料沉降离心机等。

(1)管式分离机　管式分离机是结构最简单的立式高速沉降离心机,图 3-9 是管式分离机的基本结构示意图,主体为垂直的细长圆柱形筒体,一般直径在 0.1~0.2 m,高在 0.75~1.5 m,上下两端接有空心轴,在电动机带动下高速旋转,转速可达 8 000~50 000 r/min,分离因数一般高达 15 000~60 000。

悬浮液一般由底部进料管进入,上行进入高速旋转的长管,密度较小的液体最终由顶端溢流而出。其中固体颗粒或密度较大的液体被甩向四周器壁,从而实现混合物的分离。在强大离心力的作用下,液体形成一定厚度的旋转圆环,而中心区域形成空气柱。

管式分离机是分离效率最高的沉降离心机,但处理能力较低,用于分离乳浊液时可以连续操作,用来分离悬浮液时称为澄清型,可除去粒径在 1 μm 以下的极细颗粒,由于需要定期停机除去壁面上沉降的颗粒层,要求悬浮液固相浓度小于 1%(体积分数)。

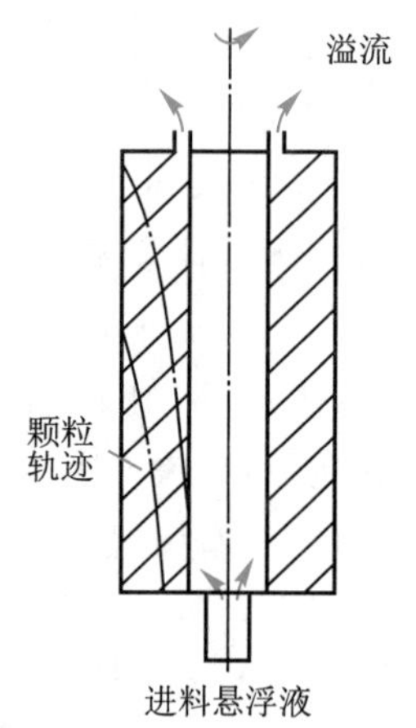

图 3-9　管式分离机(澄清型)

(2)螺旋卸料沉降离心机　这是一种处理悬浮液的可连续操作的卧式沉降离心机,图 3-10 为其结构示意图。直径为 130~300 mm 的圆锥形转鼓绕水平轴旋转,其离心分离因数可达 600。转鼓内有可旋转的螺旋输送器,其转数比转鼓的转数稍低。悬浮液通过螺旋输送器的空心轴送入机内中部。沉积在转鼓壁面的沉渣被螺旋输送器沿斜面向上推到排出口而排出。澄清液从转鼓另一端溢流出去。这种离心机可用于分离固体颗粒含量较多的悬浮液,其生产能力较大。也可以在高温、高压下操作,例如催化剂回收。

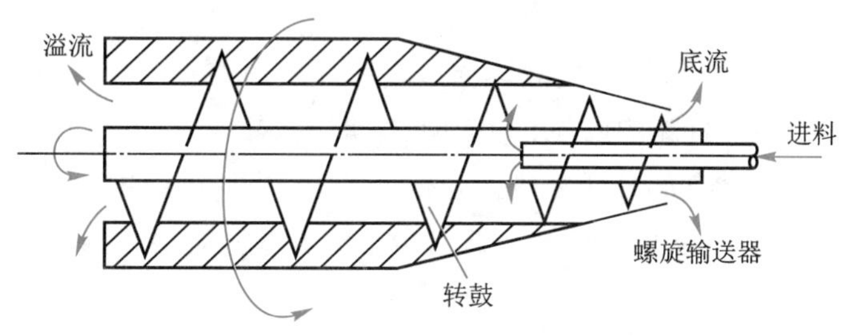

图 3-10　螺旋卸料沉降离心机

第三节　过　滤

过滤是在推动力作用下,使含固体颗粒的非均相物系通过布、网等多孔性材料,分离出固体颗粒的操作。虽有含尘气体的过滤和悬浮液的过滤之分,但通常所说“过滤”系指悬浮液的过滤。本节以讨论悬浮液的过滤分离为主。

一、概述

(一)滤饼过滤与深层过滤

图 3-11 为滤饼过滤的示意图。悬浮液通常又称为滤浆或料浆,过滤用的多孔性材料称为过滤介质,留在过滤介质上的固体颗粒称为滤饼或滤渣。通过滤饼和过滤介质的清液称为滤液。

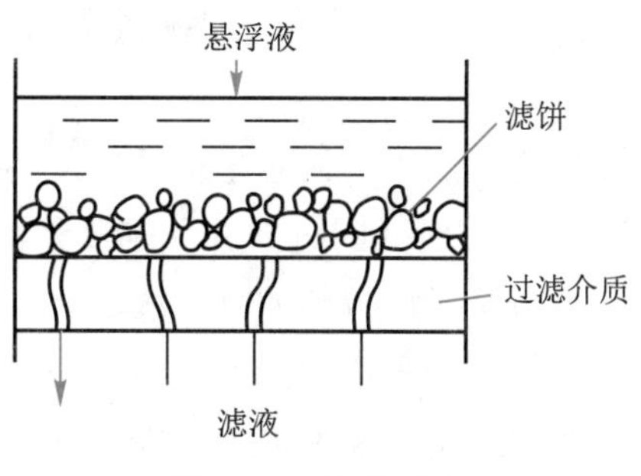

图 3-11　滤饼过滤

按照固体颗粒被截留的情况,过滤可分为深层过滤和滤饼过滤(又称表面过滤)两类。

(1)深层过滤　当悬浮液中所含颗粒很小,而且含量很少(液体中颗粒的体积分数小于0.1%时,可用较厚的粒状床层做成的过滤介质(例如,自来水净化用的砂层)进行过滤。由于悬浮液中的颗粒尺寸比过滤介质孔道直径小,当颗粒随液体进入床层内细长而弯曲的孔道时,靠静电及分子力的作用而附着在孔道壁上。过滤介质床层上面没有滤饼形成。因此,这种过滤称为深层过滤。由于它用于从稀悬浮液中得到澄清液体,所以又称为澄清过滤,例如自来水的净化及污水处理等。

(2)滤饼过滤　悬浮液过滤时,液体通过过滤介质而颗粒沉积在过滤介质的表面形成滤饼。当颗粒尺寸比过滤介质的孔径大时,会形成滤饼。不过,当颗粒尺寸比过滤介质孔径小时,过滤开始会有部分颗粒进入过滤介质孔道里,迅速发生“架桥现象”。但也会有少量颗粒穿过过滤介质而与滤液一起流走。随着滤渣的逐渐堆积,过滤介质上面会形成滤饼层。

此后,滤饼层就成为有效的过滤介质而得到澄清的滤液。这种过滤称为滤饼过滤,它适用于颗粒含量较多(液体中颗粒的体积分数大于1%)的悬浮液。化工生产中所处理的悬浮液颗粒含量一般较多,故本节只讨论滤饼过滤。

(二)过滤介质

过滤操作中使流体(液体或气体)透过而截留固体的可渗透材料称为过滤介质。工业用的过滤介质应具有下列特性:①多孔性,液体通过的阻力要小,但为了截留住固体颗粒,孔道又不宜太大;②根据所处理悬浮液的性质,要有相应的耐腐蚀性、耐热性;③过滤时要承受一定的压力,且操作中拆装、移动频繁,故应具有足够的机械强度。

最常用的过滤介质为织物,即用棉、毛、麻或合成材料如尼纶、聚氯乙烯纤维织成的滤布,还有用铜、镍、不锈钢等金属丝织成的平纹或斜纹网;用沙粒、碎石、炭屑等堆积成层,亦可作为过滤介质;此外还有专门的素烧陶瓷板或管。这些介质多在深层过滤中使用。

(三)过滤推动力

实际过滤推动力是滤饼和过滤介质两侧的压力差,在过滤操作中,重力和离心力的作用也常表现为压强差。增加滤饼上的压力和降低滤液流出空间的压力,都可以使过滤的推动力增大。

单纯依靠重力的过滤,速度慢,仅用于小规模或颗粒大、含量少的悬浮液过滤,如实验室的滤纸过滤。离心过滤速度快,但受到过滤介质强度及其孔径的制约,设备投资和动力消耗也比较大,多用于一般方法难以分离的悬浮液。

在压强差作用下的压差过滤,应用最广,分为加压过滤和真空过滤,操作压强差可按情况调节。随着过滤的进行,被过滤介质截留的固体颗粒越来越多,液体的流动阻力逐渐增加。若维持操作压强差不变,过滤速度将逐渐下降,这种操作称为恒压过滤。逐渐

加大压强差以维持过滤速度不变的操作称为恒速过滤。

(四)过滤基本参数

关于过滤过程,常用到以下几个参数。

①处理量:可采用悬浮液体积 V_s(m^3)、滤液体积 V(m^3)或滤饼体积 V_c(m^3)表示。

②生产能力 V_t:过滤机的生产能力,通常以 m^3 滤液/h 表示。

③生产率 G:过滤机单位过滤面积在单位时间内过滤出的干固体质量,kg 干固体/($m^2\cdot s$)。

④过滤面积 A:允许滤液通过的过滤介质的总面积,m^2。

⑤悬浮液固相浓度 c:单位体积悬浮液中所含固体颗粒的总体积,用体积分数表示,是选择过滤设备的重要参数。

⑥滤饼含液量 w:滤饼中所含液体的质量分数。实际生产中常常要对滤饼含液量加以控制,以减少后续操作(如干燥)费用。

⑦滤饼与滤液的体积比 v:获得单位体积滤液同时形成的滤饼体积,m^3 滤饼/m^3 滤液。

⑧过滤速率$\frac{dV}{dt}$:单位时间获得的滤液体积,m^3 滤液/s。

⑨过滤速度$\frac{dV}{Adt}$:单位时间单位过滤面积上得到的滤液体积,m^3 滤液/($m^2\cdot s$)。

过滤是不定常操作过程,过滤速率和过滤速度均会随时间而变,故采用微分形式表示。

(五)滤饼的可压缩性和助滤剂

通常悬浮液中的颗粒性质不同,有的颗粒刚性较强,过滤所形成滤饼的空隙几乎不因滤饼上下推动力的增加而明显变小,这种滤饼称为不可压缩性滤饼,如许多晶体物料就属于这一种。在过滤推动力增加时,不可压缩性滤饼中的固体颗粒的大小和形状、滤饼孔道的大小都基本保持不变。

悬浮液中有的颗粒比较软,如胶体颗粒,所形成滤饼的空隙在过滤推动力的作用下变形和变小,其流动的通道变小,流动阻力变大,这种滤饼称为可压缩性滤饼。

除因滤饼可压缩引起过滤阻力增大外,悬浮液中含有的细小颗粒可能进入过滤介质的孔道内,使得过滤介质的空隙减小,也会引起过滤阻力的增加。为防止上述现象发生,采取加入助滤剂的措施。助滤剂是一些颗粒均匀、化学性质稳定、不污染滤液、质地坚硬的不可压缩性粒状或纤维状固体,如硅藻土、石棉、纸浆粉和活性炭等。

加入助滤剂的方法有两种,一种是用助滤剂配制成悬浮液,在正式过滤前用它进行过滤,在过滤介质上面形成由助滤剂构成的滤饼骨架,作为真正的过滤介质,因助滤剂有吸附胶体的能力,颗粒坚硬,不可压缩,所以能防止滤孔堵塞。过滤完毕后,助滤剂和滤渣一同除去,这种方法又称为预涂法。另一种方法是将一定比例的助滤剂均匀地混合在悬浮液中一起过滤,助滤剂改善了滤饼的性能,形成较为疏松的滤饼,使得滤液顺利通过。当然,滤饼作为产品时,不能使用助滤剂。

(六)滤饼的洗涤

当过滤过程进行一定时间后,由于滤饼很厚,过滤阻力很大,过滤速度很低,如果再继续进行下去,将不经济。这时需要除去滤饼,并重新开始过滤。

滤饼的颗粒间隙中总会残留一定量的滤液。过滤终了,通常要用洗涤液(一般为清水)进行滤饼的洗涤,以回收滤液或得到较纯净的固体颗粒。洗涤速率取决于洗涤压强差、洗涤液通过的面积及滤饼厚度。

【例 3-4】过滤固相浓度 c=1%的碳酸钙悬浮液,颗粒的真实密度 $\rho_p=2\ 710\ kg/m^3$,清液密度 $\rho=1\ 000\ kg/m^3$,滤饼含液量 $w=0.46$,求滤饼与滤液的体积比 v。

解:设滤饼的表观密度 ρ_c,由体积之和的关系,可得:

$$\frac{1}{\rho_c}=\frac{1-w}{\rho_p}+\frac{w}{\rho} \tag{1}$$

所以

$$\rho_c=\frac{1}{\frac{1-0.46}{2\ 170}+\frac{0.46}{1\ 000}}=1\ 411\ kg/m^3$$

每获得 1 m^3 滤液,应处理的悬浮液体积为 $1+v$,其中固体颗粒的质量(m)为:

$$m=(1+v)c\rho_p \tag{2}$$

每获得 1 m^3 滤液得到的滤饼质量为 $v\rho_c$,其中固体颗粒的质量为:

$$m=v\rho_c(1-w) \tag{3}$$

设固体颗粒全部被截留,则式(2)= 式(3),有

$$v=\frac{c\rho_p}{\rho_c(1-w)-c\rho_p} \tag{4}$$

将已知值代入式(4),得:

$$v=\frac{0.01\times2\ 710}{1\ 411\times(1-0.46)-0.01\times2\ 710}=0.036\ 9\ m^3\ 滤饼/m^3\ 滤液$$

二、恒压过滤

若过滤操作是在恒定压强下进行的,则称为恒压过滤。恒压过滤是最常见的过滤方式,恒压过滤时,滤饼不断变厚,致使阻力逐渐增加,但推动力恒定,因而过滤速率逐渐变小。恒压过滤方程及恒速过滤方程均可由过滤基本方程导出。

(一)过滤基本方程

滤液透过滤饼和过滤介质的过程,可看作通过曲折多变孔道的一种特殊管流。由于这类孔道很细小,流动形态可认为属于层流。

在直径为 d 的圆形直管内,黏度为 μ、以平均流速 u 做层流流动的流体,经过长度 l 的流动阻力,即压强降为

$$\Delta p_f=\frac{32\mu lu}{d^2}$$

上式中的 Δp_f 也就是维持这一流动所需要的压强差。滤饼和过滤介质中的孔道是曲折多变、大小不等的,要引用该式,可仿照第一章中将局部阻力折合为当量长度的直管阻

力，以及当量直径等的类似思路，做如下的简化处理，建立过滤方程的数学模型。

①滤饼孔隙的平均流通截面积（又称自由截面积）A_0 与过滤面积 A 成正比，称 $\varepsilon=\frac{A_0}{A}$ 为滤饼的空隙率，对一定颗粒构成的不可压缩滤饼，ε 保持为定值。

②滤液流过滤饼的瞬间平均速度等于瞬间过滤速率与平均流通截面积之商，即

$$u=\frac{1}{A_0}\times\frac{\mathrm{d}V}{\mathrm{d}t} \tag{3-22}$$

③将滤液通过滤饼的流动，看成是以速度 u 通过许多平均直径为 d_0、长度等于滤饼厚度 L 的并联小管的流动。因此，通过滤饼的流动阻力可当量化为长度为 L、直径为 d_0 的直管阻力。

④将通过过滤介质的流动阻力也折合为相当于以流速 u 流过厚度为 L_e 的滤饼的阻力，L_e 称为过滤介质的当量滤饼厚度。

于是，滤液通过滤饼层和过滤介质的压强降可表示为

$$\Delta p_f=\frac{32\mu(L+L_e)u}{d_0^2} \tag{3-23}$$

由式（3-22）、式（3-23），得：

$$u=\frac{\mathrm{d}V}{A_0\mathrm{d}t}=\frac{\mathrm{d}V}{A\varepsilon\mathrm{d}t}=\frac{\Delta p_f d_0^2}{32\mu(L+L_e)}$$

所以

$$\frac{\mathrm{d}V}{A\mathrm{d}t}=\frac{\varepsilon\Delta p_f d_0^2}{32\mu(L+L_e)}=\frac{\Delta p_f}{r\mu(L+L_e)} \tag{3-24}$$

式（3-24）的右边写成$\frac{\text{推动力}}{\text{阻力}}$的形式。过滤速度随压强差增加而增大，随流体黏度增加和滤饼厚度增加而减少。式中的 $r=\frac{32}{\varepsilon d_0^2}$ 称为滤饼的比阻，它反映了滤饼的结构特征，也是衡量滤饼阻力大小的一个特性参数，单位为 m^{-2}。显然，滤饼的颗粒间空隙愈小，空隙率 ε 愈小，通道愈曲折，则 r 值愈大，过滤就愈困难。对于一定的过滤介质与滤饼结构，L_e 是一个常数。

由于滤饼厚度 L 随时间而变，要将式（3-24）积分，得到时间 t 与滤液量 V 的关系，宜将 $L+L_e$ 写成 V 的函数，根据滤饼与滤液体积比 v 的定义，应有

$$AL=vV \tag{3-25}$$

即有

$$L=\frac{vV}{A},L_e=\frac{vV_e}{A}$$

代入式（3-24），可得

$$\frac{\mathrm{d}V}{A\mathrm{d}t}=\frac{A\Delta p_f}{r\mu v(V+V_e)} \tag{3-26}$$

式中 $\frac{\mathrm{d}V}{A\mathrm{d}t}$——瞬时过滤速度，$\mathrm{m}^3$ 滤液/（$\mathrm{m}^2\cdot\mathrm{s}$）；

Δp_f——瞬时过滤压差，Pa；

V——到该瞬时以前,生成厚度为 L 的滤饼相应获得的滤液量,m^3;

V_e——过滤介质的当量滤液体积,m^3,它是一个为计算方便而使用的虚拟值。

式(3-26)称为过滤基本方程,适用于不可压缩滤饼。对于可压缩滤饼,有经验式 $r = r_0\Delta p_f^s$,r_0 为单位压强差下滤饼的比阻,m^{-2};s 为滤饼的压缩性指数,一般在 0~1,由实验测定,对于不可压缩滤饼,$s=0$。

(二)恒压过滤方程

恒压过滤时,Δp_f 为常数,对于一定的悬浮液与过滤介质,若滤饼不可压缩,则 μ、r、v、V_e 均为常数,过滤面积 A 也恒定,可将式(3-26)分离变量并积分,则:

$$\int_0^V (V + V_e)\,dV = \frac{A^2\Delta p_f}{r\mu v}\int_0^t dt$$

$$V^2 + 2V_eV = \frac{2\Delta p_f}{r\mu v}A^2 t$$

令 $K = \frac{2\Delta p_f}{r\mu v}$,$q = \frac{V}{A}$,$q_e = \frac{V_e}{A}$ 代入,得恒压过滤方程

$$V^2 + 2V_eV = KA^2t \tag{3-27}$$

$$q^2 + 2q_eq = Kt \tag{3-27a}$$

上式为恒压过滤方程,它表明恒压过滤时,滤液体积 V 与过滤时间 t 的关系为抛物线方程。

当过滤介质阻力可以忽略时,$V_e=0$、$q_e=0$,则式(3-27)、式(3-27a)可以简化为

$$V^2 = KA^2t \tag{3-28}$$

$$q^2 = Kt \tag{3-28a}$$

恒压过滤方程式中的 V_e、q_e 是反映过滤介质阻力大小的常数,称为介质常数,单位分别为 m^3 及 m^3/m^2,V_e、q_e 与 K 总称为过滤常数,其数值由实验测定。

(三)过滤常数 K、V_e、q_e 的测定

在某指定的压力差下对一定料浆进行恒压过滤时,式(3-27a)中的过滤常数 K、$V(q)$ 可通过恒压过滤实验测定。

将恒压过滤方程式(3-27a)做如下变换

$$\frac{t}{q} = \frac{1}{K}q + \frac{2q_e}{K} \tag{3-29}$$

上式表明 t/q 与 q 呈直线关系,直线的斜率为 $1/K$,截距为 $2q_e/K$。

在过滤面积 A 上对待测的悬浮料浆进行恒压过滤实验,每隔一定时间测定所得滤液体积,并由此算出相应的 $q(=V/A)$ 值。在直角坐标系中标绘 t/q 与 q 间的函数关系,可得一条直线,由直线的斜率($1/K$)及截距($2q_e/K$)的数值便可求得 K 与 q_e,再用 $V_e=q_eA$ 即可求出 V_e。这样得到的 K 和 $V_e(q_e)$,是此种悬浮料浆在特定的过滤介质及压力差条件下的过滤常数。

当进行过滤实验比较困难时，只要能够获得指定条件下的过滤时间与滤液量两组对应数据，也可用式(3-27a)求解出过滤常数 K 和 $V_e(q_e)$，但是，如此求得的过滤常数，其准确性完全依赖于这仅有的两组数据，可靠程度往往较差。

【例 3-5】采用过滤面积为 0.2 m^2 的过滤机，测定例 3-4 中悬浮液的过滤常数，操作压强差为 0.15 MPa，温度为 20 ℃。过滤进行到 5 min 时，共得滤液 0.034 m^3；进行到 10 min时，共得滤液 0.050 m^3。(1)估算过滤常数 K 和 q_e；(2)求过滤进行到 1 h 时，总共得到的滤液量。

解：(1)

$$t_1=300\ \text{s}$$

$$q_1=\frac{V_1}{A}=\frac{0.034}{0.2}=0.17\ \text{m}^3/\text{m}^2$$

$$t_2=600\ \text{s}$$

$$q_2=\frac{V_2}{A}=\frac{0.050}{0.2}=0.25\ \text{m}^3/\text{m}^2$$

根据式(3-27a)，有

$$0.17^2+2\times0.17q_e=300K$$

$$0.25^2+2\times0.25q_e=600K$$

解得

$$K=1.26\times10^{-4}\ \text{m}^2/\text{s}$$

$$q_e=2.61\times10^{-2}\ \text{m}^3/\text{m}^2$$

(2)

$$V_e=q_eA=2.61\times10^{-2}\times0.2=5.22\times10^{-3}\ \text{m}^3$$

由式(3-27)

$$V^2+2\times5.22\times10^{-3}V=1.26\times10^{-4}\times0.2^2\times3\ 600$$

解得

$$V=0.130\ \text{m}^3$$

计算以上各式时，应注意单位一致性。

【例 3-6】用过滤机过滤例 3-4 中的悬浮液。过滤常数同例 3-5，过滤面积为12 m^2，容纳滤饼的总容积为 0.15 m^3。(1)求在此过滤面积上的滤饼的最终厚度，以及充满此容积所需的过滤时间；(2)过滤最终速率 $\left(\frac{dV}{dt}\right)_e$ 是多少？

解：(1)滤饼的终厚度为

$$L=\frac{V_c}{A}=\frac{0.15}{12}=0.012\ 5\ \text{m}=12.5\ \text{mm}$$

得到的滤液总体积

$$V=\frac{V_c}{V_1}=\frac{0.15}{0.034\ 2}=4.38\ \text{m}^3$$

$$q=\frac{V}{A}=\frac{4.38}{12}=0.365\ \text{m}^3/\text{m}^2$$

根据式(3-27a)，得

$$t=\frac{q^2+2qq_e}{K}=\frac{0.365^2+2\times0.365\times2.61\times10^{-2}}{1.26\times10^{-4}}=1\ 209\ \text{s}$$

(2)将式(3-27)微分,可得

$$\frac{dV}{dt}=\frac{KA^2}{2(V+V_e)}$$

过滤终了时,V 为相应时间内获得的滤液体积,$V=4.38\ m^3$。

$$V_e=q_eA=2.61\times10^{-2}\times12=0.313\ m^3$$

所以 $$\left(\frac{dV}{dt}\right)_e=\frac{1.26\times10^{-4}\times12^2}{2\times(4.38+0.313)}=1.933\times10^{-3}\ m^3/s=6.96\ m^3/h$$

(四)压缩性指数 s 的测定

对于一定的悬浮液,若 μ、r' 及 v 皆可视为常数,滤饼的压缩性指数 s 以及物料特性常数 k 的确定需要若干不同压力差下对指定物料进行过滤实验的数据,先求出若干过滤压力差下的 K 值,然后对 $K-\Delta p$ 数据加以处理,即可求得 s 值。

$$K=2k\Delta p^{1-s} \tag{3-30}$$

上式两端取对数,得:

$$\lg K=(1-s)\lg(\Delta p)+\lg(2k) \tag{3-31}$$

因 $k=\frac{1}{\mu r'v}$=常数,故 K 与 Δp 的关系在双对数坐标上标绘时应是直线,直线的斜率为 $(1-s)$,截距为 $\lg(2k)$。如此可得滤饼的压缩性指数 s 及物料特性常数 k。

值得注意的是,上述求压缩性指数的方法是建立在 v 值恒定的条件上的,这就要求在过滤压力变化范围内,滤饼的空隙率应没有显著的改变。

【例 3-7】在 25 ℃下对每升水中含 25 g 某种颗粒的悬浮液进行了三个压力差下的过滤实验,所得数据见表 3-1。

试求:(1)各 Δp 下的过滤常数 K、q_e;(2)滤饼的压缩性指数 s。

表 3-1

实验序号	Ⅰ	Ⅱ	Ⅲ	Ⅰ	Ⅱ	Ⅲ
过滤压力差 $\Delta p/\times10^{-5}$ Pa	0.463	1.95	3.39	0.463	1.95	3.39
单位面积滤液量 $q/\times10^3(m^3/m^2)$	过滤时间 t/s			$\frac{t}{q}$/(s/m)		
0	0	0	0			
11.35	17.30	5.5	3.8	1 524.2	484.6	334.8
22.70	41.40	14	9.4	1 823.8	616.7	414.1
34.05	72.00	24.1	16.2	2 114.5	707.8	475.8
45.10	108.4	37.1	24.5	2 403.5	822.6	543.2
56.75	152.3	51.8	34.6	2 683.7	912.8	609.7
68.10	201.3	69.1	48.1	2 955.9	1 014.7	706.3

解:(1)各 Δp 下的过滤常数

根据每一 Δp 下的实验数据整理出与 q 值相应的$\frac{t}{q}$(列于表 3-1 中)值。回归$\frac{t}{q}-q$直线方程:$\frac{t}{q}=\frac{1}{K}q+\frac{2}{K}q_e$,分别得到三个压力差下方程的斜率和截距(数据列于表 3-2 中),再由斜率和截距求出 K、q_e。各次实验条件下的过滤常数计算过程及结果列于表 3-2 中。

(2)滤饼的压缩性指数 s

将表 3-2 中三次实验的 $K-\Delta p$ 数据关联为式(3-31)的形式,得方程

$$\lg K=0.697\lg(\Delta p)+7.652$$

因为此直线的斜率为 $1-s\approx0.70$,于是可求得滤饼的压缩性指数为 $s=1-0.70=0.30$。

表 3-2

实验序号		Ⅰ	Ⅱ	Ⅲ
过滤压力差 $\Delta p/\times10^{-5}$ Pa		0.463	1.95	3.39
$\frac{t}{q}-q$ 直线的斜率 $\frac{1}{K}/(\mathrm{s/m^2})$		25 259	9 202	6 329
$\frac{t}{q}-q$ 直线的截距 $\frac{2}{K}q_e/(\mathrm{s/m})$		1 248	394.8	262.9
过滤常数	$K/(\mathrm{m^2/s})$	3.95×10^{-5}	1.086×10^{-4}	1.580×10^{-4}
	$q_e/(\mathrm{m^3/m^2})$	0.024 7	0.021 4	0.020 8

三、过滤设备

工业上使用的过滤设备有各种形式,这里只介绍最典型的板框压滤机(间歇操作)、转筒真空过滤机(连续操作)、离心过滤机和叶滤机。

(一)板框压滤机

板框压滤机历史悠久,至今仍广泛应用。图 3-12 所示为一种明流式板框压滤机,它是由许多块滤板和滤框交替排列组装的。

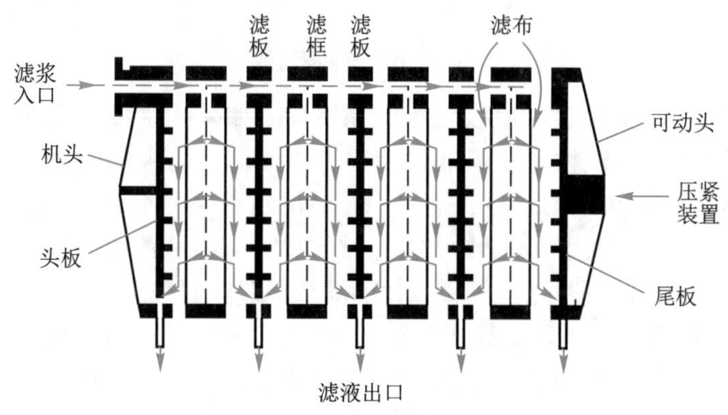

图 3-12　明流式板框压滤机

如图 3-13 所示,滤框是方形框,其右上角的圆孔是滤浆通道,此通道与框内相通,使滤浆流进框内。滤框左上角的圆孔是洗水通道。滤板两侧表面做成纵横交错的沟槽,形成凹凸不平的表面,凸部用来支撑滤布,凹槽是滤液的流道。滤板右上角的圆孔是滤浆通道;左上角的圆孔是洗水通道。滤板有两种:一种是左上角的洗水通道与两侧表面的凹槽相通,使洗水流进凹槽,这种滤板称为洗涤板;另一种滤板的洗水通道与两侧表面的凹槽不相通,称为非洗涤板。为了避免这两种板和框的安装次序有错,在铸造时常在板与框的外侧面分别铸有 1 个、2 个或 3 个小钮。非洗涤板为一钮板,框带两个钮;洗涤板为三钮板。三者的排列顺序如图 3-14 所示。滤板的两侧表面放上滤布。

过滤时,用泵把滤浆送进右上角的滤浆通道,由通道流进每个滤框里。滤液穿过滤布沿滤板的凹槽流至每个滤板下角的阀门排出。固体颗粒积存在滤框内形成滤饼,直到框内充满滤饼为止。

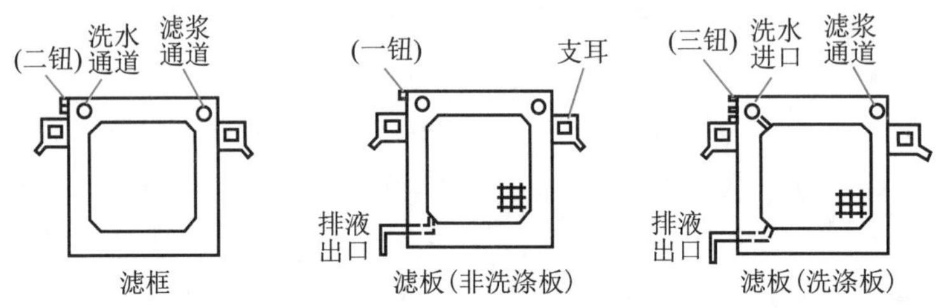

图 3-13　滤框与滤板(明流式)

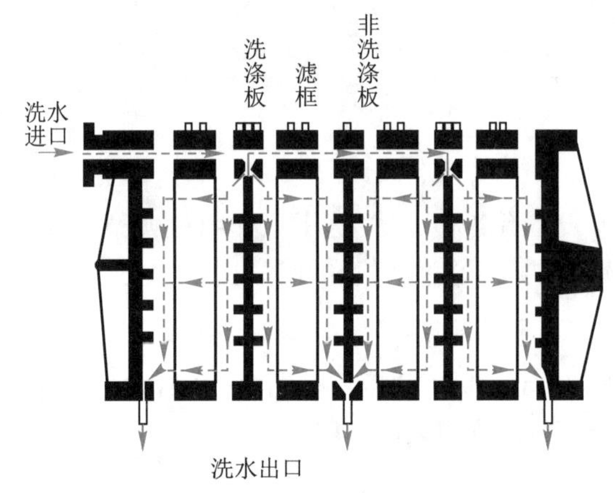

图 3-14　洗涤过程示意图

若需要洗涤滤饼,则由过滤阶段转入洗涤阶段。如果洗水沿滤浆的通道进入滤框,由于滤框中已积满了滤渣,洗水将只通过上部滤渣而流至滤板的凹槽中,造成洗水的短路,不能把全部滤饼洗净。因此,洗涤阶段中是将洗水送入洗水通道,经洗涤板左上角的洗水进口进入板的两侧表面的凹槽中,然后,洗水横穿滤布和滤饼,最后由非洗涤板下角的滤液出口排出。在此阶段中,洗涤板下角的滤液出口阀门关闭。

洗涤阶段结束后,打开板框,卸出滤饼、洗涤滤布及板、框,然后重新组装,进行下一个操作循环,板与框可用金属、木材或塑料制造。操作压力一般为0.3~1 MPa。

如图 3-14 所示,洗涤时关闭滤浆通道入口和拧紧洗涤板的排液出口旋塞,洗水从洗涤板上方角孔流入板间沟槽，穿过滤布、整个饼层、对侧滤布，从非洗涤板下角排液管流出。其洗涤经过的滤饼厚度为过滤时的两倍，流通面积却是过滤面积的一半。若洗液与滤液性质相同，则在同样的压强差下，这种板框压滤机的洗涤速率$\left(\frac{dV}{dt}\right)$约为过滤终了时过滤速率$\left(\frac{dV}{dt}\right)_e$的$\frac{1}{4}$。

由于洗涤液中不含有固体，滤饼厚度不变，洗涤速率$\left(\frac{dV}{dt}\right)$为一常数。若洗液量为$V_w$，则洗涤时间为：

$$t_w = \frac{V_w}{\left(\frac{dV}{dt}\right)} = \frac{8V_w(V + V_e)}{KA^2} \tag{3-32}$$

板框压滤机每一操作周期由过滤时间 t、洗涤时间 t_w 和组装、卸渣及清洗滤布等辅助操作时间 t_D 构成。一个完整的操作周期所需的总时间为

$$\sum t = t + t_w + t_D \tag{3-33}$$

板框压滤机的生产能力，即单位时间得到的滤液量为：

$$V_t = \frac{V}{\sum t} \tag{3-34}$$

板框压滤机结构简单，价格低廉，占地面积小，过滤面积大，并可根据需要增减滤板的数量，调节过滤能力。它对物料的适应能力较强，由于操作压力较高，对颗粒细小而液体黏度较大的滤浆也能适用。但由于间歇操作，生产能力低，卸渣清洗和组装阶段需用人力操作，劳动强度大，所以它只适用于小规模生产。近年出现了各种自动操作的板框压滤机，使劳动强度得到减轻。

【例 3-8】板框压滤机过滤某种水悬浮液，已知框的长×宽×高为 810 mm×810 mm×42 mm，总框数为 10，滤饼体积与滤液体积比为 $v=0.1$，过滤 10 min，得滤液量为1.31 m^3，再过滤 10 min，共得滤液量为1.905 m^3，试求：(1) 滤框充满滤饼时所需过滤时间；(2) 若洗涤与辅助时间共 45 min，求该装置的生产能力(以得到的滤饼体积计)。

解：(1) 过滤面积　　$A=0.81^2\times2\times10=13.122\ \text{m}^2$

由恒压过滤方程式求过滤常数

$$1.31^2+2\times1.31V_e=13.122^2\times10\times60K$$

$$1.905^2+2\times1.905V_e=13.122^2\times20\times60K$$

联立解出 $V_e=0.137\ 6\ \text{m}^3$，$K=2.010\times10^{-5}\ \text{m}^2/\text{s}$

恒压过滤方程式为　　$V^2+0.275\ 2V=3\ 461\times10^{-3}\ t$

$$V_c=0.81\times0.81\times0.042\times10=0.275\ 6\ \text{m}^3$$

$$V=\frac{V_c}{v}=2.756\ \text{m}^3$$

代入恒压过滤方程式求过滤时间

$$t=(2.756^2+0.275\ 2\times2.756)/(3.461\times10^{-3})=2\ 414\ \text{s}=40.23\ \text{min}$$

(2)生产能力

$$V_t=\frac{V}{t+t_w+t_D}=\frac{0.275\ 6}{2\ 414+45\times60}=5.389\times10^{-5}\ m^3/s=0.194\ m^3/h$$

(二)转筒真空过滤机

转筒真空过滤机是一种工业上应用较广的连续操作过滤设备,如图 3-15 所示,其主体是一个能转动的水平圆筒,圆筒表面装有金属网,网上覆盖滤布,筒的下部浸入滤浆中,圆筒端面沿径向分隔成若干扇形区,每区都有孔道通至分配头上。凭借分配头的作用,圆筒转动时,这些孔道依次分别与真空管及压缩空气管相连通,从而在圆筒回转周的过程中,每个扇形表面即可依次进行过滤、洗涤、吸干、吹松、卸饼等操作。

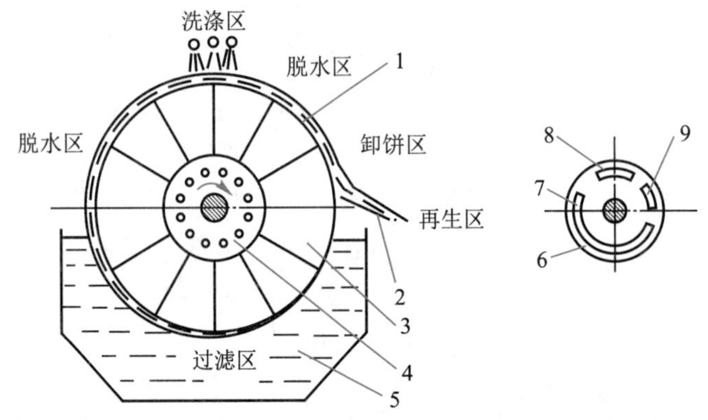

1—滤饼;2—刮刀;3—转鼓;4—转动错气盘;5—滤浆槽;
6—固定错气盘;7—滤液出口凹槽;8—洗涤水出口凹槽;9—低压空气进口凹槽

图 3-15 转鼓与分配头的结构

分配头由紧密贴合着的转动盘与固定盘组成,运动时转动盘随着筒体一起旋转,固定盘保持不动,其内侧面各凹槽分别通向作用不同的各种管道。如图 3-15 所示,转筒连续运转时,转筒表面上各区域分别完成不同的操作,整个过滤过程在转筒表面连续进行。

转筒的过滤面积一般为 5~40 m^2,浸没部分占总面积的 30%~40%。转速可在一定范围内调整,通常为0.1~3 r/min。滤饼厚度一般保持在 40 mm 以内,转筒过滤机所得滤饼中的液体含量多在 10%以上,通常在 30%左右。

转筒真空过滤机的过滤面积 A 指转筒圆柱体的侧面积。其中浸于液面下部分所占转鼓过滤面积的比例称为浸没度,用 ψ 表示。若转鼓每分钟转数为 n,则每旋转一周转鼓上任一单位过滤面积经过的过滤时间为 $t=\frac{60\psi}{n}$,单位为 s,根据(3-27a),有:

$$q=\sqrt{Kt+q_e^2}-q_e$$

这里的 q 是每转一周,由单位转鼓外圆面积获得的滤液量(m^3/m^2),故每转一周获得的滤液体积为 qA,单位为 m^3。转鼓真空过滤机的生产能力用每小时获得的滤液体积 V_t(m^3/h)表示:

$$V_t = 60nAq = 60nA\left(\sqrt{\frac{60\psi K}{n} + q_e^2} - q_e\right) \tag{3-35}$$

若过滤介质阻力可忽略，则

$$V_t \approx 60A\sqrt{60\psi Kn} = B'\sqrt{n} \tag{3-36}$$

转筒真空过滤机可连续自动操作，节省人力，生产能力大，对处理量大且容易过滤的料浆特别适宜，对过滤性较差的胶体物系或细微颗粒的悬浮液，若采用预涂助滤剂措施也比较方便。但转筒真空过滤机附属设备较多，过滤面积不大。此外，由于它是真空操作，因而过滤推动力有限，滤饼的洗涤也不充分，尤其不能过滤温度较高（饱和蒸气压高）的滤浆。

近几十年，随着新的过滤技术的开发，为满足不同要求而研发的新型过滤机不断出现。过滤设备的研发主要着重于研制大型化、节能型和多功能设备，以提高生产效率，提高自动化程度；采用新过滤技术，以限制滤饼的增厚，提高过滤速率；减少设备所占空间，增加过滤面积；降低滤饼含水率，减少后继干燥操作的能耗。很多新型设备已在大型生产中得到应用并取得了良好的效果，例如预挂涂层的真空过滤机、真空带式过滤机、多圆盘式真空过滤机、节约能源的压榨机、采用动态过滤技术的叶滤机等。

【例 3-9】用一小型压滤机对某悬浮液进行过滤实验，操作真空度为 400 mmHg。测得 $K=4\times10^{-5}\ \mathrm{m^2/s}$，$q_e=7\times10^{-3}\ \mathrm{m^3/m^2}$，$v=0.2$。现用一台 GP5-1.75型转筒真空过滤机在相同压力差下进行生产（过滤机的转鼓直径为1.75 m，长度为0.9 m，浸没角度为 120°），转速为 1 r/min。已知滤饼不可压缩，试求此过滤机的生产能力及滤饼厚度。

解：过滤机回转一周的过滤时间为

$$t=\psi T=\frac{60\psi}{n}=\frac{60\times\frac{120}{360}}{1}=20\ \mathrm{s}$$

由恒压过滤方程求此过滤时间可得滤液量

$$q^2+0.014q=4\times10^{-5}t=8\times10^{-4}$$

解得 $q=0.022\ 14\ \mathrm{m^3/m^2}$

过滤面积 $A=\pi DL=1.75\times0.9\pi=4.946\ \mathrm{m^2}$

所得滤液 $V=qA=0.022\ 14\times4.946=0.109\ 5\ \mathrm{m^3}$

转筒转一周的时间为 $\frac{60}{n}=60\ \mathrm{s}$

所以转筒真空过滤机的生产能力为 $V_t=60nV=60\times1\times0.109\ 5=6.57\ \mathrm{m^3/h}$

转筒转一周所得滤饼体积 $V_c=vV=0.2\times0.109\ 5\ \mathrm{m^3}=0.021\ 90\ \mathrm{m^3}$

滤饼厚度 $\delta=\frac{V_c}{A}=\frac{0.021\ 90}{4.946}=4.428\times10^{-3}\ \mathrm{m}=4.4\ \mathrm{mm}$

（三）离心过滤机

与离心沉降机相比较，离心过滤机的基本构造除了转鼓上有孔外，其余与离心沉降机类似，它们的作用原理有类似之处，又有原则的区别。类似之处是均利用惯性离心力的作用；不同之处是离心沉降机是利用沉降原理，而离心过滤是利用惯性离心力的作用使液体穿过颗粒层和滤布而流动，因此它们的设计计算有原则上的区别。离心过滤机的显著特点是所得滤饼含液量少。

离心过滤机有间歇式与连续式两类,间歇式又有人工卸料与自动卸料之分,下面介绍一种卧式刮刀卸料离心过滤机,图 3-16 是其结构及操作的示意图。

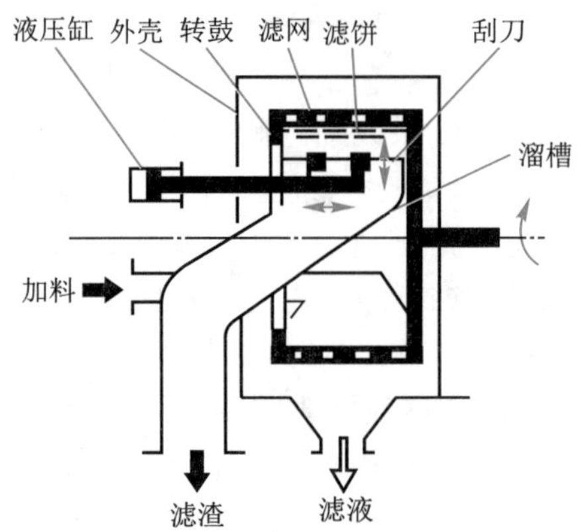

图 3-16　卧式刮刀卸料离心过滤机

卧式刮刀卸料离心过滤机是自动操作的连续离心机。它的操作特点是加料、分离、洗涤、甩干、卸料、洗网等工序的循环操作都是在转鼓全速运转的情况下自动地依次进行的,每一工序的操作时间可按预定要求实行自动控制。

操作时,进料阀门自动定时开启,悬浮液进入全速运转的鼓内,滤液经滤网及鼓壁小孔被甩到鼓外,再经机壳的排液口排出。被滤网截留的颗粒被耙齿均匀分布在滤网面上。当滤饼达到指定厚度时,进料阀门自动关闭,停止进料。随后冲洗阀门自动开启,洗水喷洒在滤饼上,洗涤滤饼,再甩干一定时间后,刮刀自动上升,滤饼被刮下,并经倾斜的溜槽排出。刮刀升至极限位置后自动退下,同时冲洗阀门又开启,对滤网进行冲洗,即完成一个操作循环,接着开始下一个循环的进料。此种离心机也可人工操作。

由于卧式刮刀卸料离心过滤机操作简便,生产能力大,适宜于大规模连续生产,目前已较广泛地用于石油、化工行业,如硫铵、尿素、碳酸氢铵、聚氯乙烯、食盐、糖等物料的脱水。由于刮刀卸料,颗粒破碎严重,对于必须保持晶粒完整的物料不宜采用。

采取措施减少滤饼阻力可以强化过滤过程。例如,加入聚凝剂或絮凝剂,使小颗粒相互结合成大颗粒;使用助滤剂改善滤饼结构,减少滤饼的可压缩性;设法限制滤饼的厚度等都可以获得较高的过滤速率。

随着技术的进步,过滤设备得到了较快的发展。例如,由板框过滤机发展出的厢式压滤机,已经达到了较高的自动化程度;同时,采用聚合物材料制造过滤元件,极大地降低了设备成本;转筒真空过滤机的直径达到近 4 m,长度 6 m,使处理量大大增加;多级活塞推料式过滤机已用于处理较难分离的物料。

(四)叶滤机

叶滤机的主要构件是矩形或圆形滤叶。滤叶是由金属丝网组成的框架,其上覆以滤布所构成,图 3-17 是叶滤机的示意图,多块平行排列的滤叶组装成一体并插入盛有悬浮液的滤槽中。滤槽是封闭的,以便加压过滤。

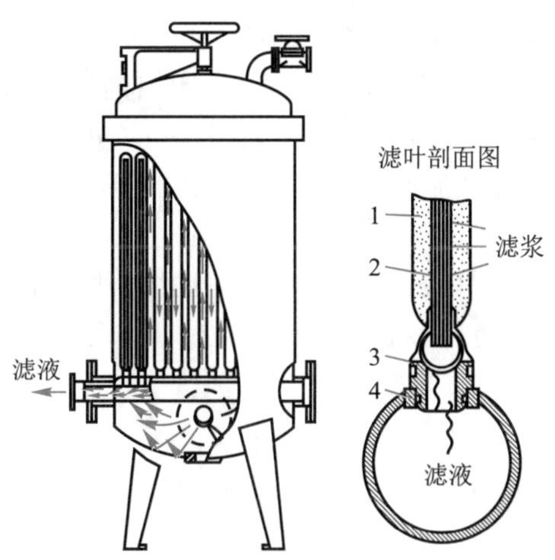

1—滤饼；2—滤布；3—拔出装置；4—橡胶圈

图 3-17　叶滤机

过滤时，滤液穿过滤布进入网状中空部分并汇集于下部总管中流出，滤渣沉积在滤叶外表面。根据滤饼的性质和操作压强的大小，滤饼层厚度可达 2～35 mm。每次过滤结束后，可向滤槽内通入洗涤水进行滤饼的洗涤，也可将带有滤饼的滤叶移入专门的洗涤槽中进行洗涤，然后用压缩空气、清水或蒸汽反向吹卸滤渣。

叶滤机的操作密封，过滤面积较大（一般为 20～100 m^2），劳动条件较好。在需要洗涤时，洗涤液与滤液通过的途径相同，洗涤比较均匀。每次操作时，滤布不用装卸，但一旦破损，更换较困难。密闭加压的叶滤机结构比较复杂，造价较高。

第四节　固体流态化与气力输送

固体流态化是一种使固体颗粒与流动的流体接触进而转变成类似流体状态的操作。近些年来，固体流态化技术发展很快，在物料输送、混合涂层、换热、干燥、吸附和气-固反应等过程中，都得到了广泛的应用。

一、流态化的基本概念

（一）流态化现象

当流体由下而上流过固体颗粒床层时，随着流速的增加，会出现以下几种情况。

（1）固定床阶段　当流体流速较低时，流体对固体的曳力小，固体颗粒静止不动，流体从颗粒间的空隙流过，此情况的颗粒床层为固定床。如图 3-18（a）所示，床层高度 L_0 不随气速改变。

（2）流化床阶段　当流体流速增大时，颗粒床层开始松动，颗粒的位置也在一定区间内进行调整，床层略有膨胀，空隙率增大，但颗粒还不能自由运动，这种情况称为初始流化或临界流化，如图 3-18（b）所示。此时的流速为初始流化速度或临界流化速度（u_{mf}），

床层高度为 L_{mf},相应床层的空隙率为临界空隙率 ε_{mf}。

流速继续增加,颗粒全部浮在向上的流体中,床层高度随之升高,空隙率也增大,床层有一明显的界面,此种情况为流化床阶段,如图 3-18(c)和(d)所示。此时流速 u_t 等于颗粒的沉降速度,每一个表观流速 u 对应一个床层空隙率 ε,即表观流速 u 增大,床层空隙率 ε 也就加大。

(3)颗粒输送阶段　当流体流速升高到某一极限值时,流化床上界面消失,颗粒分散并悬浮在流体中,被流体带走,这种状况称为颗粒输送阶段,如图 3-18(e)所示。此时表观流速 u 大于颗粒的沉降速度 u_t。

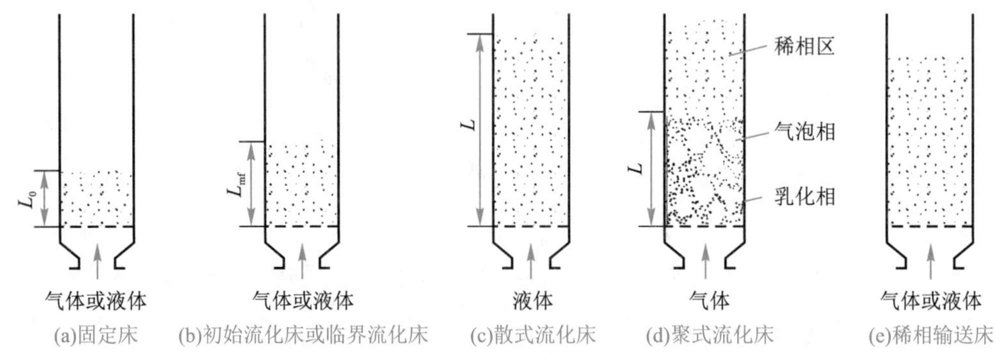

图 3-18　不同流速时床层的变化

(二)流化床的主要特点

1.类似液体的特性

流化床中气-固的运动情况很像沸腾的液体,所以通常也称它为沸腾床。它具有一些类似于液体的性质,例如:密度比床层小的物体能浮在床层的上界面,见图 3-19(a);床体倾斜,床层表面仍能保持水平,见图 3-19(b);有流动性,颗粒能像液体那样从器壁小孔流出,见图 3-19(c);在两个连通的床中,当床层高度不同时,能自动调整平衡,见图 3-19(d)。床层中任意两截面间的压力变化大致服从流体静力学的关系式($\Delta p=\rho gL$,其中 ρ、L 分别表示颗粒层的密度与高度),见图 3-19(e);流化床的这种类似于液体的流动性可以实现固体颗粒在设备内与设备间的流动,易于实现过程的连续化与自动化。

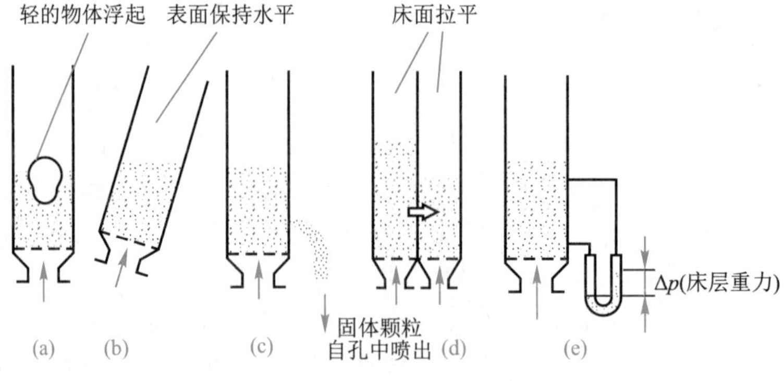

图 3-19　流化床类似液体的特性

2.混合特性

由于流化床内颗粒处于悬浮状态并不停地运动,特别是在聚式流化床内,由于气泡的运动,颗粒处于强烈的上下左右的运动之中,使床层基本上处于全混状态,温度与浓度趋于均匀。这一特征的有利一面是可以使床层保持均一的温度,便于温度的调节控制;不利的一面是当固体颗粒连续进出床层时,固体颗粒在床层内的停留时间不均,导致固体产品的质量不均;此外还使传热、传质的推动力降低。

3.返混现象和气-固接触不均匀

固体颗粒的剧烈运动使颗粒间和颗粒与固体器壁间产生强烈的碰撞与摩擦,造成颗粒粉碎和固体壁面磨损。这一现象有利的一面是可使床层中气-固系统与固体壁面间的对流传热系数大大增加,有利于床层的加热与冷却。

(三)实际的流态化现象(两种流化形式)

以上讨论的是颗粒均匀的理想流态化,在实际流态化过程中,流体和颗粒的运动不同于理想状况。

(1)散式流态化　当流体流速大于起始流态化流速时,随流速的增大,固体颗粒在流体中均匀分布,床层也均匀膨胀,颗粒间的距离或床层空隙率均匀增大,床层高度提高,并有一个清晰且稳定的上界面。这种流化床称为散式流化床,它比较接近于理想流化床,通常发生在液-固体系中。

(2)聚式流态化　聚式流态化现象通常发生在气-固体系中,它与理想流态化差别很大。当流速大于起始流化速度后,进入流化区域,气体通过床层时,有两种聚集状态:乳化相和气泡相。乳化相是空隙率小、固体浓度大的气-固均匀混合物的连续相,气泡相是夹带少量颗粒以气泡形式通过床层的不连续相。这些气泡上升到床层上界面后随即破裂,造成流化床的上界面上下大幅度的波动。这种情况称为聚式流态化。在化工生产中,聚式流态化应用更为广泛,它比散式流态化更为复杂。

当颗粒粒径和密度都很小而气体密度大时,气-固系统也可能发生散式流态化。当固体密度特别大时,液-固的流化也可能出现聚式流态化情况。当流体与固体密度差大,流体黏度小时,物系存在两种聚集状态,易发生聚式流态化。

二、流化床的流体力学特性

流化床流体力学特性主要描述流体和固体颗粒在流化床中运动的规律,以此为依据可以选择合适的流化条件,防止不正常的流化现象,计算出流化床的主要尺寸。

(一)理想流化床的压降

对于理想情况的流化床,流体自下而上通过颗粒床层,其床层压降 Δp 与流速(空塔气速)u 的关系如图 3-20 所示,大致可分为几个阶段。

(1)固定床阶段　流体流速较低时,床层颗粒静止,床层压降 Δp 随 u 的增大而增大,Δp-u 在双对数坐标图上呈直线,其斜率近似为 1,见图 3-20 中的 AB 段。当流速增大到 B 点后,床层开始膨胀,颗粒震动并重新排列,但还不能自由运动,颗粒间仍然保持接触,未流化,见图 3-20 中 BC 段。$A'C$ 段表示,颗粒床层在流化后,因气速减小,重回固定床

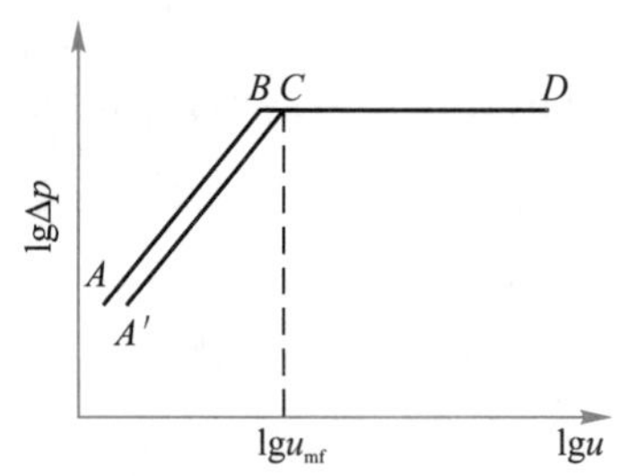

图 3-20　理想流化床的 Δp 与 u 的关系

阶段后压降 Δp 与流速 u 的关系,直线斜率仍为 1,但因颗粒床层曾被吹松,空隙率变大,所以气速相同而压降降低。

(2)流化床阶段　当流体流速增大到 u_{mf},它是最小流化速度。相应的床层空隙率称为临界空隙率 ε_{mf}。再增大流速,床层继续膨胀,空隙率也增大,但床层压降保持不变。如图 3-20 所示,C 点称为临界点或流化点,CD 段属于流化阶段。可通过受力分析计算床层压降 Δp,即

$$\Delta p = L_{mf}(1-\varepsilon_{mf})(\rho_s-\rho)g \tag{3-37}$$

随着流速的增大,床层高度和空隙率 ε 都增加,但整个床层的压降 Δp 保持不变,压降不随气速改变而变化是流化床的一个重要特征。流化床阶段的 Δp 与 u 的关系如图 3-20 中 CD 段所示。整个流化床阶段的压力降为

$$\Delta p = L(1-\varepsilon)(\rho_s-\rho)g \tag{3-37a}$$

在气、固系统中,ρ 与 ρ_s 相比,较小可以忽略,Δp 约等于单位面积床层的重力。

当降低流化床气速时,床层高度、空隙率也随之降低,$\Delta p-u$ 关系曲线沿 DCA' 返回,这是由于从流化床阶段进入固定床阶段时,床层由于曾被吹松,其空隙率比相同气速下未被吹松的固定床要大,因此,相应的压降会小一些。

(3)颗粒输送阶段　在此阶段,气流中颗粒浓度降低,由浓相变为稀相,使压力降变小,并呈现出复杂的流动情况,此阶段起点的空塔速度称为带出速度或最大流化速度,即流化床操作所容许的理论最大气速。此阶段的特性将在后面讨论。

(二)实际流化床与理想流化床的差异

在实际流化过程中,由于部分颗粒之间可能有架桥、挤压和嵌接等情况,特别是对直径较小的床层,在开始流化时,需要较大的推动力使床层松动,所以压降大于理论值,直到床层中的颗粒处于悬浮状态,压降又回到理论值。这样的实际流化过程,压降与流速的关系曲线在临界点处存在一个“驼峰”状,如图 3-21 所示。原来的床层越紧密,“驼峰”越陡峻。

当流化床的结构不均匀时,流体流过颗粒床层的流速也不均匀,可能会出现床层内部局部首先流化,而某些地方仍然维持固定床的情况,即床层中固定区域和流化区域并存。所以,这种情况的压降要低于理论值,床层全部流化的初始流化速度比理论值要高。

另外,颗粒与颗粒、颗粒与器壁的摩擦也要消耗一小部分能量,所以压降要高于理论值。

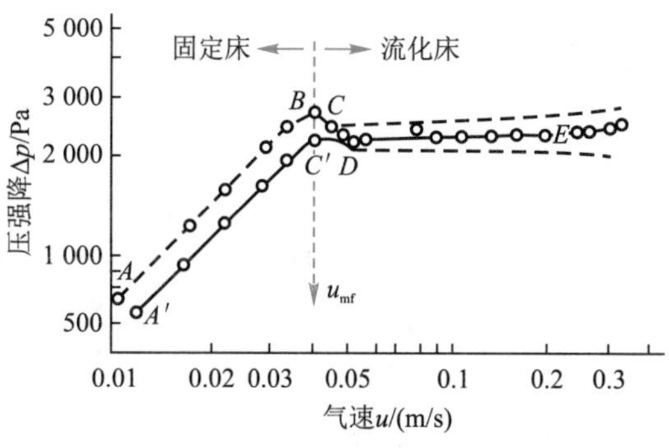

图 3-21　实际流化床的 Δp 与 u 的关系

(三)流化床中常见的不正常现象

(1)腾涌现象　腾涌现象主要发生在气-固流化床中,当床层高度和直径之比过大,或气速过大时,容易产生气泡互相聚集,形成大气泡。当气泡直径长到与床层直径相等时,将床层分成了几段,一段气泡一段颗粒层,相互间隔。颗粒层被气泡像活塞那样推着向上运动,到达上部后气泡突然破裂,引起颗粒分散下落,这就是腾涌现象。出现腾涌时,气泡推动颗粒层向上,颗粒层与器壁产生摩擦,消耗部分能量,造成起伏压降高于理论值,而气泡破裂时压降又低于理论值。因此,腾涌现象反映在床层压降 $\Delta p-u$ 图上为 Δp 在理论值附近大幅波动,见图 3-22。流化床若发生腾涌现象,不但气、固接触不良,不利于传质和传热,器壁还受到颗粒的冲击,引起设备震动。所以,在流化床操作过程中,应尽量避免腾涌现象的发生。若流化床床层过高,可增加挡板,减少气泡集聚,破坏气泡长大。

(2)沟流现象　当流化床的直径较大,颗粒细小、密度大、易黏结,气体分布不均,颗粒堆积不均时,气体可能会与固体颗粒接触不均,大量气体没有很好地与颗粒接触便经过沟道而上升,在床层形成短路,这种情况称为沟流现象,它是流化床的另一种不正常现象。此时,床层一些固定的部分流化,没有流化的部分床层为死床,颗粒没有悬浮在流体中;流化的部分空隙率大,所以气体通过床层压降较理论值低,如图 3-23 所示。

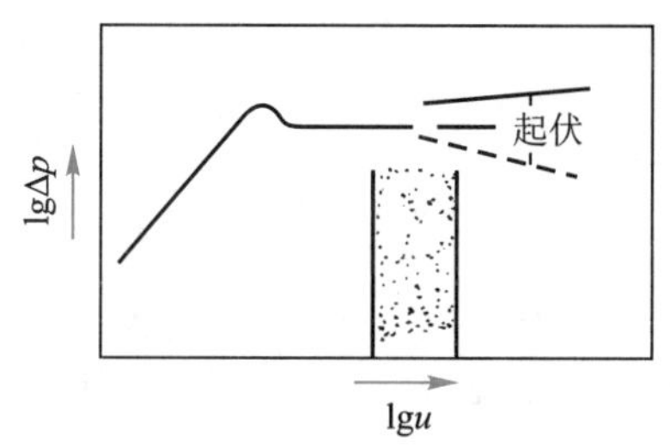

图 3-22　发生腾涌时的 Δp 与 u 的关系

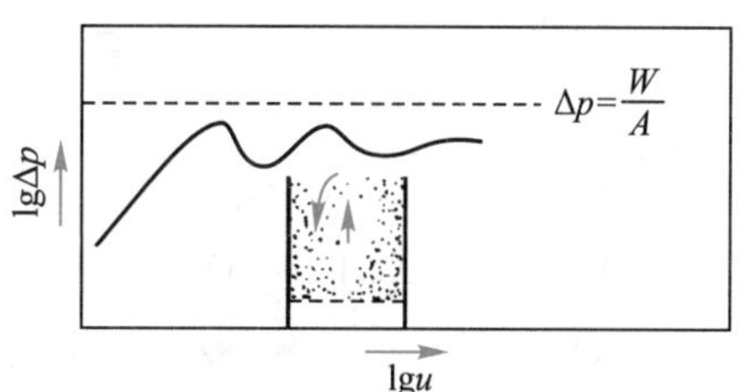

图 3-23　发生沟流后的 Δp 与 u 的关系

三、流化床的操作范围

流化床的操作速度必须大于临界流化速度,小于带出速度。通常多数过程用临界流化速度的若干倍数来表示操作条件。因此,临界流化速度对于研究流化床及流化床的设计和操作都是一个重要的参数。

(一)临界流化速度

(1)应用关联式计算

临界点是固定区域的终止点,也是流化区域的起始点。所以,临界点处的床层压降 Δp 既符合固定床规律,又满足流化床规律,这是解决临界流化速度的基本依据。从这一观点出发,可以推导出临界流化速度的表达式。

当颗粒直径较小,流体层流时($Re_b<20$),欧根方程

$$\frac{\Delta p_f}{L}=150\frac{(1-\varepsilon)^2 u\mu}{\varepsilon^3(\phi_s d_e)^2}+1.75\frac{(1-\varepsilon)\rho u^2}{\varepsilon^3(\phi_s d_e)} \tag{3-38}$$

中的第二项可以忽略,根据前面推导的理想条件下临界点流化床压降计算式(3-37),得到起始流化速度计算式为

$$u_{mf}=\frac{(\phi_s d_p)^2(\rho_s-\rho)g}{150\mu}\left(\frac{\varepsilon_{mf}^3}{1-\varepsilon_{mf}}\right) \tag{3-39}$$

当颗粒直径较大,流体层流时($Re_b>1\ 000$)时,欧根方程式(3-38)中的第一项可以忽略,由式(3-37)得到

$$u_{mf}^2=\frac{\phi_s d_p(\rho_s-\rho)g}{1.75\rho}\varepsilon_{mf}^3 \tag{3-40}$$

式中 d_p——颗粒直径。

非球形颗粒时用当量直径,非均匀颗粒时用颗粒群的平均直径。

应用式(3-39)、式(3-40)计算时,床层的临界空隙率 ε_{mf} 的数据常常不易获得,对于许多不同系统,发现存在以下经验关系,即

$$\frac{1-\varepsilon_{mf}}{\phi_s^2\varepsilon_{mf}^3}\approx 11 \text{ 和 } \frac{1}{\phi_s\varepsilon_{mf}^3}\approx 14 \tag{3-41}$$

当 ε_{mf} 和 ϕ_s 未知时,可将此二经验关系式分别代入式(3-39)和式(3-40),从而得到计算 u_{mf} 的两个近似式:

对于小颗粒
$$u_{mf}=\frac{d_p^2(\rho_s-\rho)g}{1\ 650\mu} \tag{3-42}$$

对于大颗粒
$$u_{mf}^2=\frac{d_p(\rho_s-\rho)g}{24.5\rho} \tag{3-43}$$

上述处理方法只适用于粒度分布较为均匀的混合颗粒床层,不能用于颗粒粒度差异很大的混合物。例如,在由两种粒度相差悬殊的固体颗粒混合物构成的床层中,细粉可能在粗颗粒的间隙中流化起来,而粗颗粒依然不能悬浮。

(2)实验测定　当需要确切知道某系统的临界流化速度时,可靠的方法是实验测定该体系的压降 Δp 随流体流速的曲线,图 3-21 曲线上 C' 点对应的流速即为临界流化速度。

值得注意的是,当流化床降低流速回到固定床阶段,床层可能因受到震动或流体分布不均而不能保持开始流化点的空隙率,即 C' 点位置可能变化。因此,临界流化速度是

由固定床区域和流化床区域两条压降线的交点得出来的，而不是由降低流速的办法得到的。

如果实验条件和使用系统的条件不同，如实验流体的温度或流化介质不同于使用系统，应对不同介质加以校正。设 u'_{mf} 为空气为流化介质时测定的临界流化速度，则实际生产中的临界流化速度 u_{mf} 可用下式推算：

$$u_{mf} = u'_{mf} \frac{(\rho_s - \rho)\mu_a}{(\rho_s - \rho_a)\mu} \tag{3-44}$$

式中　ρ——实际流化介质密度，kg/m^3；

ρ_a——空气密度，kg/m^3；

μ——实际流化介质黏度，$Pa \cdot s$；

μ_a——空气的黏度，$Pa \cdot s$。

（二）带出速度

带出速度是流化床中流体流速的上限，也是研究颗粒在流体中运动的一个基本参数。

如果颗粒的沉降速度为 u_t，流体的表观流速为 u。当 $u_t = u$ 时，颗粒悬浮在流体中，但 $u > u_t$ 时，颗粒就会被流体带走。所以，流化床中的带出速度就直接用颗粒的沉降速度表示。关于 u_t 的计算见本章第一节。

当床层的颗粒不均匀时，计算临界流化速度用平均直径，确定带出速度用相当数量的最小颗粒的直径。

床层中不同粒度颗粒的平均直径 d_p，而计算 u 时则必须用具有相当数量的最小颗粒直径。

（三）流化床的操作范围与流化数

带出速度与临界流化速度的比值反映了流化床的可操作范围。对于均匀的细颗粒，由式（3-42）和式（3-5）可得

$$\frac{u_t}{u_{mf}} = 91.7 \tag{3-45}$$

对于大颗粒，由式（3-45）和式（3-7）可得

$$\frac{u_t}{u_{mf}} = 8.62 \tag{3-46}$$

研究表明，上述两个上下限值与实验数据基本相符，比值 u_t/u_{mf} 常在 10～90。可见，大颗粒床层的操作范围要比小颗粒床层小，说明其操作灵活性较差。

流化床实际操作速度与临界流化速度的比值称为流化数。不同生产过程的流化数差别很大，设计时根据物料性质、工艺要求和操作经验来确定。有些流化床的流化数高达数百，甚至超过 u_t/u_{mf}，但实际上夹带现象未必严重，这是因为气流的大部分以几乎不含固相的大气泡通过床层，而床层中的大部分颗粒则是悬浮在气速依然很低的乳化相中。此外，在许多流化床中都配有内部或外部旋风分离器以捕集被夹带颗粒并使之返回床层（称为载流床），因此也可采用较高的气速以提高生产能力。

【例 3-10】某流化床在常压、20 ℃下操作,固体颗粒群的直径范围为 50~175 μm,平均颗粒直径为 98 μm,其中直径大于 65 μm 的颗粒不能被带出,试求流化床的初始流化速度和带出速度。其他已知条件为:固体密度为1 000 kg/m^3,颗粒的球形度为 1,初始流化时床层的空隙率为0.4。

解:查附录四得 20 ℃空气的黏度μ=0.018 1 mPa·s、密度ρ=1.205 kg/m^3。

允许最小气速就是用平均直径计算的 u_{mf},假设颗粒的雷诺数 Re_b<20,由式(3-39)可以写出其临界流化速度为

$$u_{mf}=\frac{(\phi_s d_p)^2(\rho_s-\rho)g}{150\mu}\left(\frac{\varepsilon_{mf}^3}{1-\varepsilon_{mf}}\right)$$

$$=\frac{(98\times10^{-6})^2(1\ 000-1.205)\times9.81}{150\times0.018\ 1\times10^{-3}}\left(\frac{0.4^3}{1-0.4}\right)=0.003\ 7\ \text{m/s}$$

校核雷诺数

$$Re_b=\frac{d_p u_{mf}\rho}{\mu}=\frac{98\times10^{-6}\times0.003\ 7\times1.025}{0.018\ 1\times10^{-3}}=0.024(<20)$$

由于不希望夹带直径大于 65 μm 的颗粒,因此最大气速不能超过 65 μm 的颗粒的带出速度 u_t。假设颗粒沉降属于层流区,其沉降速度用斯托克斯公式计算,即:

$$u_t=\frac{d_p^2(\rho_s-\rho)g}{18\mu}=\frac{(65\times10^{-6})^2\times(1\ 000-1.205)}{18\times0.018\ 1\times10^{-3}}\times9.81=0.127\ 1\ \text{m/s}$$

校核流型

$$Re_b=\frac{d_p u_t\rho}{\mu}=\frac{65\times10^{-6}\times0.127\ 1\times1.025}{0.018\ 1\times10^{-3}}=0.055(<1)$$

$$\frac{u_t}{u_{mf}}=\frac{0.127\ 1}{0.003\ 7}=34.35$$

颗粒沉降速度和临界流化速度之比为 34:1,一般情况下,所选气速不应太接近 u_t 或 u_{mf}。通常取操作流化速度为(0.4~0.8)u_t。

四、流化床的直径与高度

(一)流化床直径

流化床直径如同管道直径一样由体积流量和操作速度决定,流体体积流量通常由工艺条件决定,操作速度前已述及。

$$D=\sqrt{\frac{4q_v}{\pi u}} \tag{3-47}$$

式中 q_v——流体的体积流量,m^3/s;

u——流化床实际操作速度,m/s。

(二)流化床的浓相区高度

流化床高度包括浓相区高度和分离高度。流化床浓相区是指流化床上界面以下的区域。在临界点以后,流速增大使得床层膨胀,空隙率增大,床层高度也随之增高,因流

化床阶段床层压降不变，且等于单位床层截面积的质量，即有

$$R=\frac{L}{L_{mf}}=\frac{1-\varepsilon_{mf}}{1-\varepsilon} \tag{3-48}$$

式中　R——流化床的膨胀比。

为了计算流化床床层高度 L，关键要知道床层空隙率 ε。而空隙率 ε 与操作速度 u 有关。

对于散式流化床，研究者们针对单一颗粒床层，根据实验提出了空隙率与流速的关系：

$$\frac{u}{u_t}=\varepsilon^n \tag{3-49}$$

式中　n——Re_b 的函数。

当$0.2<Re_b\leqslant1$ 时，$n=(4.35+17.5\frac{d_p}{D})Re_b^{-0.03}$

当 $1<Re_b\leqslant200$ 时，$n=(4.45+18\frac{d_p}{D})Re_b^{-0.1}$

当 $200<Re_b\leqslant500$ 时，$n=4.45Re_b^{-0.1}$

当 $Re_b>500$ 时，$n=2.39$

对于聚式流化床，因床层上界面剧烈波动，且波动程度随床层直径和气体流速而变化，所以，目前很难有较为普遍适用的公式计算上界面的位置，还需要做进一步的研究工作。

(三)流化床分离高度

流化床分离高度是指床层以上的稀相区高度，又称夹带分离高度。

流化床中的颗粒大小不一，另外操作中因颗粒间的撞击等也会产生少量小颗粒。这些尺寸不同的颗粒，其气体中的颗粒浓度、带出速度是不同的。在流化床的浓相区上部，夹有大小不同颗粒的气泡在床层面上破裂，将不同大小的颗粒向上抛。带出速度小于操作速度的较小颗粒被气体带走；而带出速度大于操作速度的颗粒，被抛入空间的不同位置后又回落到床层，且气体夹带的颗粒浓度随高度增加而减小。超过床层上界面某一高度后，颗粒浓度基本不变，如图 3-24 所示。固体颗粒浓度开始保持不变的最小距离，称为分离区高度，又称 TDH(transport disengaging height)。根据此高度确定流化床出口或内置旋风分离器入口位置，确保大颗粒不被带出。

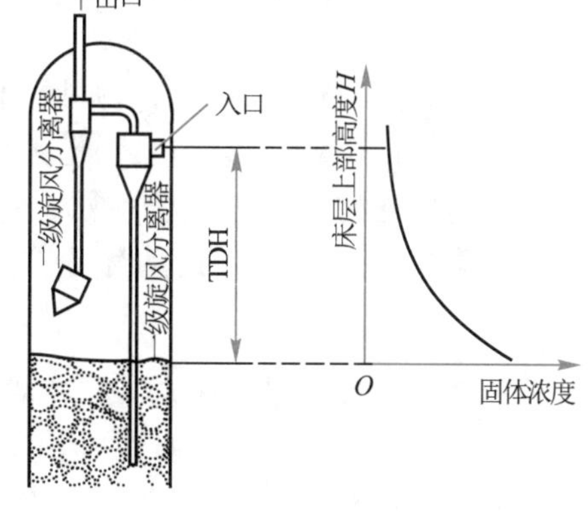

图 3-24　分离高度

分离高度的影响因素很多，包括颗粒粒度分布、颗粒密度、气体黏度、气体流速和床层结构。目前尚无可靠公式计算，通常气速大，分离高度高。

五、气力输送简介

(一)概述

由前面的讨论可知,当流体自下而上通过颗粒床层时,如果流体的速度增加到流体对颗粒的曳力大于颗粒所受的重力,则颗粒将被流体从床层带出而与流体一起流动,这个过程称为颗粒的流体输送。它常用于固体颗粒的输送,有时也利用这种状态进行某些气-固相反应过程。

实际上只要流体的速度足够大,无论流动方向如何,均可用流体输送固体。但是水平输送时粒子的悬浮机制与垂直输送时不同。粒子垂直输送时流体主流方向作用在粒子上的曳力与粒子所受的重力平衡,粒子即可悬浮在流体中;水平输送颗粒时,粒子悬浮的机制要复杂得多,流体流动方向对颗粒的曳力与颗粒所受的重力垂直,不能使颗粒产生悬浮作用,此时使颗粒悬浮的作用力有:

(1)流体湍流运动在垂直方向的脉动速度所产生的向上的作用力;

(2)形状不规则的颗粒所受推力在垂直方向的分力;

(3)若颗粒旋转,旋转方向与流体流向一致的侧流体被加速而静压力减小,在颗粒另一侧的流体静压力增高,因而产生的垂直方向的力(称为升举力);

(4)粒子撞击管壁,由于壁面凹凸不平,一部分水平动量转化为垂直动量。

由于上述诸因素的综合作用,使颗粒悬浮在流体中而与流体一起水平流动,颗粒的流体输送可以用液体(水力输送)和气体(气流输送)进行。在化工生产中气流输送用得较多。

气流输送最早用在谷物的输送与装卸,目前已广泛用于化学工业和其他工业部门。通常用空气输送,对于易燃、易爆的物料,可用氮气等惰性气体输送。

气流输送的主要优点是:

(1)系统密闭,可以避免物料飞扬,减少物料损失与污染,改善劳动条件;

(2)设备简单、紧凑,输送管线受地形与设备布置的限制小,适于厂内较长距离的物料输送;

(3)在输送同时可以进行物料的干燥、加热、冷却等操作;

(4)易于实现连续化与自动化,便于与连续的生产过程衔接。

气流输送的缺点是动力消耗大,颗粒尺寸受一定限制,颗粒易破碎,管壁易磨损。对含水较多、黏性的和高速运动时易产生静电的物料不宜用气流输送。

(二)稀相输送

当颗粒浓度低于0.05 m^3 颗粒/m^3 气体,即气-固混合系统空隙率大于95%;或固体与气体质量比在25以下(通常为0.1~5),称为稀相输送。稀相输送按气源压力又分为吸引式和压送式两种。

(1)吸引式　该型式的输送管中操作压力低于常压,抽风机装于系统末段。简单的吸引式气力输送装置见图3-25。气源真空度低于10 kPa时,称为低真空式,常用于近距离少量细粉尘的除尘清扫。当气源真空度在10~50 kPa时,称为高真空式,常用于粒度不大、密

度较小颗粒的输送。吸引式气力输送装置的输送量不大，输送距离不超过 50~100 m。

(2)压送式　该输送装置目前应用最为广泛，输送系统在高于常压下操作，压气机械装于系统的始端，如图 3-26 所示。根据颗粒的性质、输送量、固气比和输送距离的不同，气体的表压从几十千帕到几百千帕。

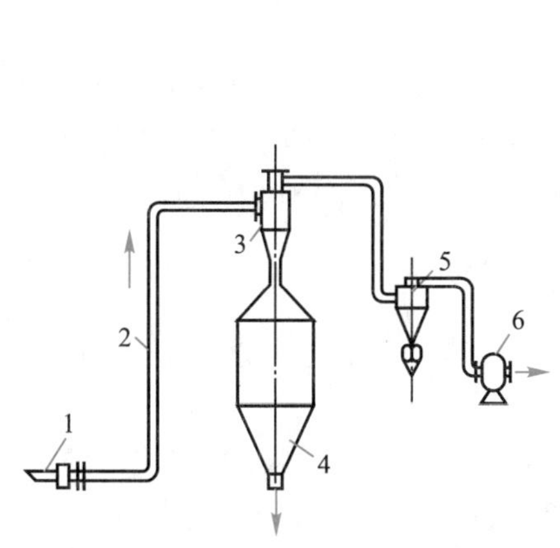

1—吸嘴；2—输送管；3—一次旋风分离器；4—料仓；5—二次旋风分离器；6—抽风机

图 3-25　吸引式气力输送装置

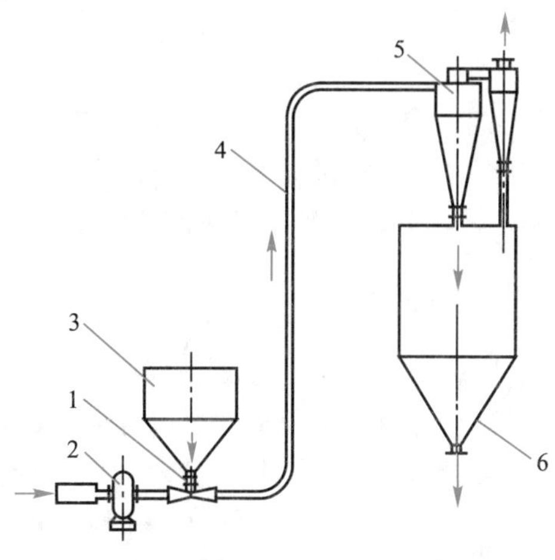

1—回转式供料器；2—压气机械；3—料斗；4—输料管；5—旋风分离器；6—料仓

图 3-26　压送式气力输送装置

(三)密相输送

密相输送，又称浓相输送，气流中颗粒的浓度在0.2 m^3 颗粒/m^3 气体以上，即气-固混合系统空隙率小于0.8%；或固体与气体质量比大于 25。在密相输送中固体颗粒呈密集的柱塞状运动，图 3-27 为脉冲式密相输送装置示意图。一股压缩空气通过发送罐内的喷气环将粉料吹松，另一股表压强为 150~300 kPa 的气流，经脉冲发生器以 20~40 r/min 的频率间断吹入输料供料器口处，将粉料切割成料柱与气柱交替相间的状态，依靠气体的压力推动料柱在管道中向前移动。

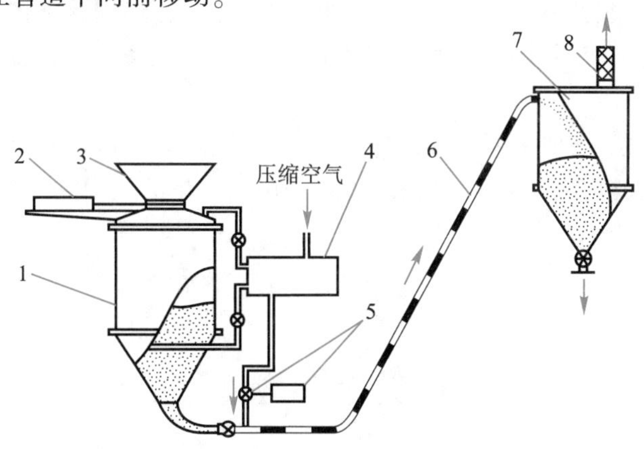

1—发送罐；2—气相密封插管；3—料斗；4—气体分配器；5—脉冲发生器和电磁阀；6—输送管道；7—受槽；8—袋滤器

图 3-27　脉冲式密相输送装置

密相输送风量较小,风压高,管道的磨损得到减弱,但压强降较大,功率消耗大。当前密相输送主要应用在水泥、纯碱、催化剂等粉状物料的输送方面。

板框压滤机故障案例

第五节　分离设备的选择

化工生产中,常遇到气、固分离或液、固分离,有时也会遇到液相非均相体系的分离。在遇到此类问题时,都需要进行分离方法和分离设备的选择。

决定分离问题难易的最关键的因素是颗粒的大小,视流体不同分述如下。

旋风分离器案例

一、气、固分离

气、固分离最常规的方法是旋风分离。旋风分离器一般能分离直径为 5~10 μm 的颗粒,设计良好的旋风分离器可以分离 2 μm 的颗粒。

更小的颗粒需要采用袋滤器。袋滤器能捕集0.1~1 μm 的颗粒,但袋滤器的滤速不能大,在0.06~0.1 m/s,甚至更小。因此,如果处理气量很大,设备将很庞大。

更细的颗粒需要采用电除尘器。电除尘效果好,但造价高。

如果生产上允许进行湿法除尘,那么气、固分离问题就变得容易得多。因为气、固分离的困难在于已分离出来的固体颗粒会被气流重新卷起,颗粒愈细,这个问题愈严重。但湿法分离存在二次污染问题。

二、液、固分离

最常规的方法是过滤。固体颗粒如果很小,滤饼阻力会很大,过滤速率就很低,设备就会很庞大。尤其是过滤介质内的微孔会被堵塞而形成极大的过滤阻力。覆膜滤布和微孔陶瓷膜的孔径为 1~2 μm,如果颗粒直径小于 1~2 μm,过滤过程会因过滤介质堵塞而难以进行。

对于这类问题,或者采用特殊的方法,如絮凝的方法,选用合适的絮凝剂,使颗粒团聚成较大的颗粒后仍使用过滤的方法;或者放弃过滤,采用离心沉降的方法,如采用碟式分离机。

对于更小的颗粒,需要采用管式高速离心机,但是,这些方法的处理量都不大。

反之,较大的颗粒,例如大于 50 μm,可以采用最简单的重力沉降方法,稍小些的颗粒可以采用旋液分离器。

思 考 题

3-1　根据颗粒沉降原理,设计一个简单的装置来测定液体的黏度。

3-2　何谓自由沉降速度?试推导其计算式。

3-3　写出计算自由沉降速度的斯托克斯公式，说明此公式的应用条件。

3-4　在层流区内，温度升高时，同一固体颗粒在液体或气体中的沉降速度增大还是减小？试说明理由。

3-5　沉降分离设备必须满足的基本条件是什么？对于一定的处理能力而言，影响分离效率的物性因素有哪些？温度变化对颗粒在气体中的沉降和在液体中的沉降各有什么影响？若提高处理量，对分离效率又会有什么影响？

3-6　分析影响旋风分离器临界粒径的因素。

3-7　选择旋风分离器时应该依据哪些性能指标？

3-8　降尘室的生产能力与哪些因素有关？为什么降尘室通常制成扁平形或多层？降尘室适用于分离直径为多大的颗粒？降尘室的高度如何确定？

3-9　何谓离心分离因数？何谓离心沉降速度？它与重力沉降速度相比有什么不同？离心沉降速度有哪几种主要类型？

3-10　旋风分离器的生产能力及效率受哪些因素的影响？何谓临界直径？旋风分离器的性能主要用什么来衡量？它一般适用于分离直径为多少的颗粒？两台尺寸相同的旋风分离器串联可否提高除尘效率？选用旋风分离器的依据是什么？

3-11　过滤的方式有哪些？饼层过滤时，真正起过滤作用的是什么？

3-12　试分析过滤压力差对过滤常数的影响。

3-13　恒压过滤速度受哪些因素的影响？

3-14　简述影响过滤机生产能力的主要因素及其提高途径（以板框压滤机、不可压缩性滤饼为例）。简述板框压滤机的结构、操作和洗涤过程，并分析其特点。

3-15　写出不可压缩性滤饼的过滤基本方程式。推导恒压过滤方程式。简述过滤常数 K 和 q_e 的实验测定方法。

3-16　简述叶滤机和转筒真空过滤机的结构、操作和洗涤过程，并分析其特点。

3-17　离心沉降和离心过滤（以离心过滤机为例）在原理和结构上是否相同？为什么？

3-18　流体通过颗粒床层时可能出现几种情况？何谓散式流态化和聚式流态化？聚式流态化会出现什么常见现象？流化床正常操作速度的范围如何确定？

3-19　何谓临界流化速度（即起始流化速度）和带出速度？何谓流化数？

3-20　流化床压降由何而定？是否随床层空塔速度而改变？

习　题

3-1　试计算直径为 50 μm 的球形石英颗粒（其密度为 2 650 kg/m^3），在 20 ℃水中和 20 ℃常压空气中的自由沉降速度。

［答：在水中 $u_t = 2.23\times10^{-3}$ m/s；在空气中 $u_t = 0.199$ m/s］

3-2　密度为2 600 kg/m^3 的固体颗粒以0.002 m/s 的速度在 20 ℃的水中沉降，试问该固体颗粒的直径为多大？

[答:4.8 μm]

3-3　密度为1 850 kg/m^3 的固体颗粒,试问:(1)在 40 ℃和 20 ℃的水中按斯托克斯定律沉降,沉降速度相差多少?(2)在 150 ℃和 20 ℃的空气中按斯托克斯定律沉降,沉降速度相差多少?(3)如果颗粒直径增加 1 倍,仍按斯托克斯定律沉降,在 20℃的水中沉降时,沉降速度又相差多少?

[答:(1)1.532 m/s;(2)0.751 m/s;(3)4 m/s]

3-4　密度为2 000 kg/m^3 的球形颗粒在 20 ℃的空气中沉降时,求服从斯托克斯定律的最大颗粒直径。

[答:86.4×10^{-6} m]

3-5　用一降尘室净化含有最小颗粒直径为 10 μm 的煤粉空气,煤粉颗粒的密度为1 400 kg/m^3,气体温度为 25 ℃,此温度下气体的黏度为1.8×10^{-5} Pa·s,密度为1.2 kg/m^3。若气体处理量为 2 m^3/s,气体进入降尘室的流速保持为0.2 m/s,降尘室长 5 m,宽2.5 m。试求其总高、隔板间距和层数。

[答:4 m,0.108 m,38 层]

3-6　长 3 m、宽2.4 m、高 2 m 的降尘室与锅炉烟气排出口相接。操作条件下锅炉烟气量为2.5 m^3/s,气体密度为0.720 kg/m^3,黏度为2.6×10^{-5} Pa·s,飞灰可看作球形颗粒,密度为2 200 kg/m^3。求:此条件下降尘室的临界直径;要求 75 μm 以上飞灰完全被分离下来,锅炉的烟气量不得超过多少?

[答:d_{pc}=86.8 μm,V_{max}=1.87 m^3/s]

3-7　拟采用降尘室回收常压炉气中所含的球形固体颗粒。降尘室底面积为 10 m^2,宽和高均为 2 m。操作条件下气体的密度为0.75 kg/m^3,黏度为2.6×10^{-5} Pa·s;固体的密度为 300 kg/m^3;降尘室的生产能力为 3 m^3/s。试求:

(1)理论上能完全捕集下来的最小颗粒直径;

(2)直径为 40 μm 的颗粒的回收百分率;

(3)如欲完全回收直径为 10 μm 的尘粒,在原降尘室内需设置多少层水平隔板?

[答:(1)d_{min}=69.1 μm;(2)回收百分率为33.5%;(3)需设置 47 层水平隔板]

3-8　拟在9.81×10^3 Pa 的恒定压强差下过滤某悬浮液。已知该悬浮液由直径为0.1 mm 的球形颗粒状物质悬浮于水中组成,过滤时形成不可压缩滤饼,其空隙率为60%,水的黏度为1.0×10^{-3} Pa·s,过滤介质阻力可以忽略,若每获得 1 m^3 滤液所形成的滤饼体积为0.33 m^3。试求:

(1)每平方米过滤面积上获得1.5 m^3 滤液所需的过滤时间;

(2)若将此过滤时间延长一倍,可再得滤液多少?

[答:(1)所需的过滤时间 509 s;(2)可再得滤液0.62 m^3]

3-9　过滤固相浓度为 15%(体积分数)的水悬浮液。滤饼含液量为 40%(质量分数),颗粒的真实密度为1 500 kg/m^3。求每滤出 1 m^3 清水,得到的滤饼体积。

[答:V=0.429 m^3]

3-10　在表压强为1.95×10^5 Pa 下,用一小型板框压滤机过滤某悬浮液,过滤面积为0.1 m^2,过滤6.5 s 后得滤液0.001 135 m^3,过滤37.1 s 后得滤液0.004 51 m^3。若过滤

69.1 s 后得滤液多少?

［答:0.733×10^{-2} m^3］

3-11　用一板框压滤机,在 300 kPa 下过滤某悬浮液,该过滤机板框尺寸为长 635 mm,宽 635 mm,厚度 42 mm,共 32 个框。现在相同的压力下采用小试叶滤机过滤装置,过滤面积0.1 m^2,测得 q_e 为0.021 m^3/m^2,τ_e 为 20 s,且测得0.001 m^3 的滤液量,对应的滤饼厚度为 1 mm。试求:(1)滤框全部充满滤饼所需过滤时间为多少?(2)过滤到滤框全部充满后,用相当于滤液量 10%的清水洗涤滤饼,洗涤时间为多少?(3)若装卸等辅助时间为0.25 h,求以滤液体积计的生产能力。

［答:(1)0.67 h;(2)0.49 h;(3)3.84 m^3/h］

3-12　有一直径为1.75 m、长为0.9 m 的转鼓真空过滤机。操作条件下浸没角度为 126°,每分钟 1 转,滤布阻力可略,过滤常数 K 为5.15×10^{-6} m^2/s,求其生产能力。

［答:$V_t=3.09$ m^3 滤液/h］

3-13　采用转鼓真空过滤机过滤某悬浮液。实验测得在 50 kPa 的压差下,过滤常数 K 为4.24×10^{-5} m^2/s,q_e 为1.51×10^{-3} m^3/m^2,滤饼不可压缩。现要求每小时滤出 5 m^3 清液,初定操作真空度为 50 kPa,浸没度为$\frac{1}{3}$,转速为 2 r/min,计算所需的过滤面积。若真空度降为 25 kPa,且过滤介质阻力可略,其他条件不变,则其生产能力又为多少?

［答:$A=2.18$ m^2;$V=3.81$ m^3 清液/h］

3-14　用转筒真空过滤机过滤某种悬浮液,料浆处理量为 20 m^3/h。已知,得 1 m^3 滤液可得滤饼0.04 m^3,要求转筒的浸没度为0.35,过滤表面上滤饼厚度不低于 5 mm。现测得过滤常数 $K=8\times10^{-4}$ m^2/s,$q_e=0.0\ 1m^3/m^2$。试求过滤机的过滤面积 A 和转筒的转速 n。

［答:$A=2.771$ m^2;$n=0.927$ r/min］

第四章 传 热

学习要求

1.掌握

傅立叶定律,平壁和圆筒壁的稳态热传导的计算,传热推动力与热阻的概念;牛顿冷却定律,强制湍流时对流传热系数的计算;总传热系数、平均温差的计算,热平衡方程及总传热速率方程的应用。

2.理解

热传导、对流、热辐射三种传热方式的传热机制、特点;间壁式换热器的传热过程;影响无相变对流传热的因素及各准数的意义;列管式换热器的结构、特点、工艺计算及选型;强化传热过程的途径;传热的操作型计算与换热器的调节。

3.了解

各种对流传热系数关联式;有相变流体对流传热的特点、计算及影响因素;热辐射的基本概念、定律和简单计算;辐射、对流联合传热时设备热损失的计算,其他类型换热器的结构和特点。

第一节 概 述

一、传热在化工生产中的应用

依据热力学第二定律,凡是有温差存在的地方,就必然有热的传递,所以传热是自然界和工程技术领域中极为普遍的一种能量传递过程。化学工业与传热的关系尤为密切,化学反应过程、蒸发、蒸馏等单元过程,往往需要输入或输出能量;化工设备与管道的保温、生产中热能的合理利用及废热回收都涉及传热问题。

化工生产过程均伴有传热操作,传热的主要目的是:①加热或冷却物料,使之达到指定温度;②换热,以回收利用热量或冷量;③保温,以减少热量或冷量的损失。

传热计算目的是:①解决各种传热设备的设计计算、操作分析和强化;②对各种设备和管道适当进行保温,以减少热量或冷量的损失;③在完成工艺要求,使物料达到指定的适宜温度条件下,充分利用能源,提高能量利用效率,减少热损失,降低投资和操作成本。

通常，传热设备在化工设备投资中占很大比例，有些可达40%左右，所以传热是化工过程重要的单元操作之一，同时，热能的合理应用对降低产品成本和环境保护有非常重要的意义。

二、传热的基本方式

热的传递总是由于物体内部或物体之间的温度不同引起的，热量总是自动地从高温物体传给低温物体。只有在消耗机械功的条件下，才有可能由低温物体向高温物体传递热量。本章仅讨论前一种情况。根据传热机制的不同，热传递有三种基本方式：热传导、对流和热辐射。

（一）热传导（又称导热）

由于物体本身分子、原子、离子、自由电子的微观运动使热量从物体温度较高的部位传递到温度较低部位的过程称为热传导。在固体中，热传导是由自由电子运动和晶格振动所致；在流体中，特别是在气体中，除上述原因外，热传导是随机的分子热运动的结果；而在金属中，热传导则由于自由电子的运动而加强。热传导可发生在物体内部或直接接触的物体之间。因此，热传导基本上可以看作是一种以温度差为推动力的分子能量传递现象，没有物质的宏观位移。热传导发生在固体、静止的流体及层流底层中。

（二）对流

当流体发生宏观运动时，除分子热运动外，流体质点（微团）也发生相对的随机运动，产生碰撞与混合，由此而引起的热量传递过程称为对流。如果流体的宏观运动是由于流体各处温度不同引起密度差异，使轻者上浮、重者下沉，称为自然对流；如果流体的宏观运动是因泵、风机或搅拌等外力所致，则称为强制对流。

化工生产中经常遇到的是流体在流过温度不同的壁面时与该壁面间所发生的热量传递，这种热量传递也总同时伴有流体分子运动所引起的热传导，合称为对流传热或对流给热。对流传热仅发生在流体中。

（三）热辐射

任何物体，只要其温度在绝对零度以上，都能随温度的不同以一定范围波长的电磁波的形式向外界发射能量；同时又会吸收来自外界物体的辐射能。当物体向外界辐射的能量与其从外界吸收的辐射能不相等时，该物体就与外界发生了热量的传递，这种传热方式称为热辐射。

热辐射的特点是：不需要物体间的直接接触；它不仅是能量的转移，而且伴有能量形式的转化。只有在物体间的温度差别很大时，热辐射才成为传热的主要方式。

上述三种传热的基本方式，很少单独存在，传热过程往往是这些基本传热方式的组合。

三、传热过程中冷热流体的接触方式及换热器

(一)直接接触式换热和混合式换热器

对于某些传热过程,工艺上允许冷、热流体互相混合,例如气体的冷却或水蒸气的冷凝,此时可使二者直接混合进行换热。所用的设备称为混合式换热器,常见的有蒸汽冷凝塔、凉水塔、洗涤塔、文氏管及喷射冷凝器等,如图4-1所示为真空蒸发操作中产生的水蒸气冷凝塔。这种换热方式的优点是设备简单,传热效率高。直接接触式换热的机制比较复杂,在进行传热的同时往往伴有传质过程。

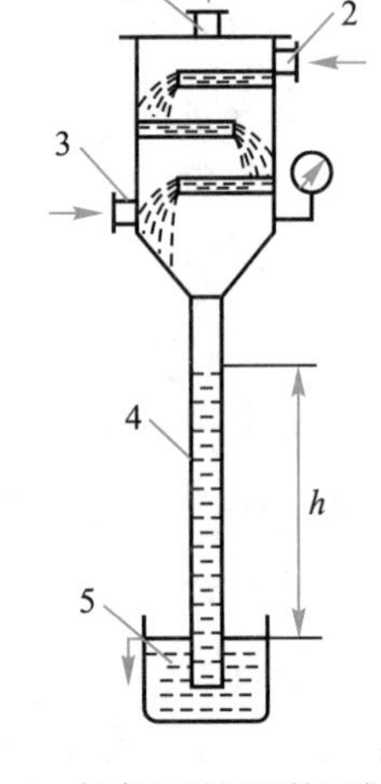

1—与真空泵相通的不凝气体出口;2—冷水进口;3—水蒸气进口;4—气压管;5—液封槽

图4-1 真空蒸发操作中产生的水蒸气冷凝塔

(二)蓄热式换热和蓄热器

蓄热式换热器(蓄热器)主要由对外充分隔热的蓄热室构成,蓄热室内装有热容量大的固体填充物。热流体通过蓄热室时将冷的填充物加热,当冷流体通过时则将热量带走。热、冷流体交替通过蓄热室,利用固体填充物来积蓄或放出热量而达到热交换的目的。

蓄热器结构简单,可耐高温,常用于高温气体热量的利用或冷却。其缺点是设备体积较大,过程是非稳态的交替操作,且不能完全避免两种流体的混合,所以这类设备化工上用得不多。

(三)间壁式换热和间壁式换热器

在化工生产中经常遇到的是冷、热流体不允许混合的换热问题,例如:热油和冷却水之间的换热。在间壁式换热器中,热流体和冷流体之间由固体间壁隔开,热量由热流体通过间壁传递给冷流体。间壁式换热器的类型很多,最简单而又典型的结构是如图4-2所示的列管式换热器和如图4-3所示的套管式换热器。

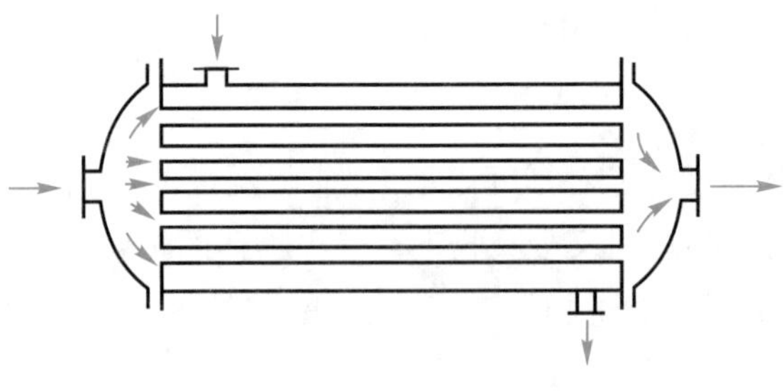

图4-2 列管式换热器

如图4-4所示,在传热方向上热量传递过程包括以下三个步骤:

①热流体以对流方式将热量传递给管内壁;

②热量以热传导方式从管内壁传递至管外壁;

③热量以对流方式从管外壁传给冷流体。

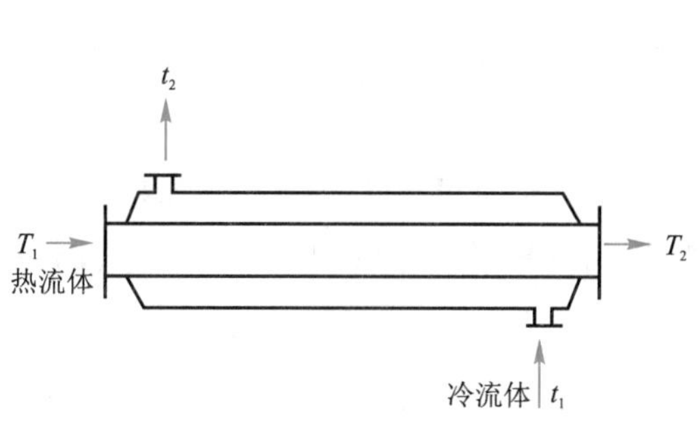

图 4-3　套管式换热器

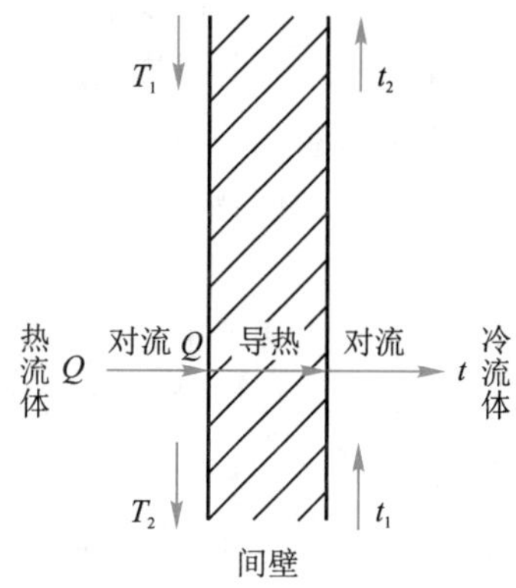

图 4-4　间壁式换热器热量传递过程

四、热量传递快慢的表示方法

(1)传热速率 Q(热流量)　指单位时间内通过整个传热面所传递的热量,它表征了换热器的生产能力,单位为 W。

(2)热通量 q(热流强度)　指单位时间内通过单位传热面积所传递的热量。在一定的传热速率下,q 越大,所需的传热面积越小。因此,热通量是反映传热强度的指标,单位为 W/m^2。

化工生产中的传热分为稳态传热和非稳态传热。连续工业生产中多涉及稳态传热过程,即传热系统(例如换热器)中各点温度、传热速率、热通量仅随位置改变,而不随时间而变;在同一热流方向上,传热速率必为常量。

五、工业热源与冷源

工业上的传热过程有以下三种情况。

(1)一种工艺流体被加热或沸腾,另一侧使用外来工业热源,热源温度应高于工艺流体的出口温度。

(2)一种工艺流体被冷却或冷凝,另一侧使用外来工业冷源,冷源温度应低于工艺流体的出口温度。

(3)需要冷却的高温工艺流体同需要加热的低温工艺流体之间进行换热,其目的是节约外来热源和冷源,以降低操作成本。但工艺流体的温度以及能用于交换的能量是由工艺过程本身决定的,不能任意选择,往往还需要消耗一些外来热源或冷源使流体达到要求的温度。

因此,在化工生产中,不可避免地要使用外来工业热源和冷源,其能源消耗在产品成本中占相当大的比例。

工业上常用的热源如下:

(1)电加热。其特点是加热的温度范围很广,便于控制和调节,但使用成本很高,一般只在有特殊要求的场合使用。

(2)饱和水蒸气。这是最常用的工业热源,它的对流传热系数高,可用调节压强(如通过减压阀)的方法来调节温度。由于高压蒸汽直接作为热源并不经济,故饱和蒸汽温度一般不超过 180 ℃(相应的表压为 0.9 MPa)。

(3)热水。可使用低压蒸汽通入冷水中制取,如果使用量大,也可直接使用锅炉热水。

(4)烟道气。常用于需要高温加热的场合,但其传热系数低,温度也不易控制。

(5)其他高温载热体。当需要将流体加热到较高温度,也可使用矿物油、联苯混合物、熔盐等。

这些工业热源及其适用温度范围见表 4-1。

表 4-1　工业热源及其适用温度范围

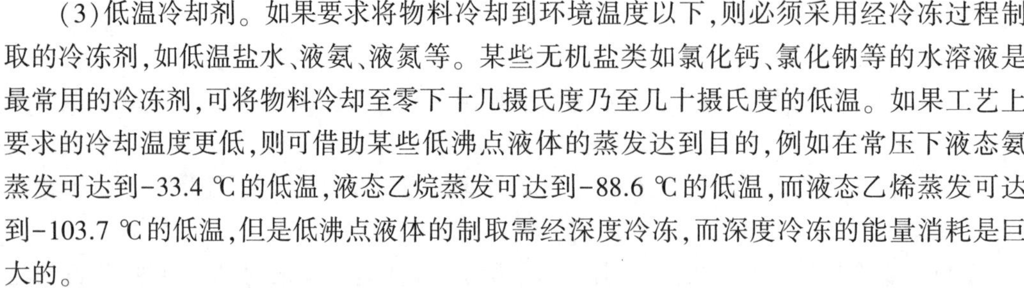

加热剂	热水	饱和蒸汽	矿物油	联苯混合物(俗称道生油)	熔盐($KNO_3$53%,$NaNO_2$40%,$NaNO_3$7%)	烟道气
适用温度/℃	40~100	100~180	180~250	255~380	142~530	500~1 000

常用的工业冷源如下:

(1)冷却用水。如河水、井水、城市水厂给水等,水温随地区和季节而变。深井水的水温较低且稳定,一般在 15~20 ℃。水的冷却效果好,也最为常用。随水的硬度不同,对换热后的水出口温度进行限制,一般不宜超过 60 ℃,在不易清洗的场合不宜超过50 ℃,以免水垢的迅速生成。

(2)空气。在缺乏水资源的地方可采用空气冷却,其主要缺点是传热系数低,需要的传热面积大。

传热科学家陶文铨院士简介

(3)低温冷却剂。如果要求将物料冷却到环境温度以下,则必须采用经冷冻过程制取的冷冻剂,如低温盐水、液氨、液氮等。某些无机盐类如氯化钙、氯化钠等的水溶液是最常用的冷冻剂,可将物料冷却至零下十几摄氏度乃至几十摄氏度的低温。如果工艺上要求的冷却温度更低,则可借助某些低沸点液体的蒸发达到目的,例如在常压下液态氨蒸发可达到-33.4 ℃的低温,液态乙烷蒸发可达到-88.6 ℃的低温,而液态乙烯蒸发可达到-103.7 ℃的低温,但是低沸点液体的制取需经深度冷冻,而深度冷冻的能量消耗是巨大的。

西迁精神

对于一定的传热过程,被加热或冷却物料的初始与终了温度由工艺条件决定,因而需要提供和移除的热量是一定的,此热量的大小影响传热过程的基本费用。但单位热量的价格是不同的,对加热而言,温位越高,价值越大;对冷却而言,温位越低,价值越大,因此,为提高传热过程的经济性,必须根据具体情况选择适当温位的载热体。

第二节 热传导

一、热传导基本概念

(1)温度场。热传导的必要条件是系统内存在温度差，由热传导引起的传热速率取决于物质内部的温度分布。这种存在一定温度分布的空间称为温度场。温度场内任意一点的温度是空间位置和时间的函数，其数学表达式为：

$$t = f(x, y, z, \theta) \tag{4-1}$$

式中 t——温度，℃；

x, y, z——任一点的空间坐标；

θ——时间，s。

若系统内各点的温度随时间而变，则温度场为非稳态温度场，其数学表达式为式(4-1)。若不随时间而变，则为稳态温度场，其数学表达式为

$$t = f(x, y, z) \tag{4-2}$$

(2)等温面。同一时刻，具有相同温度的各点组成的面称为等温面。因为空间同一点不可能同时有两个不同的温度，因此不同的等温面彼此不会相交。

(3)温度梯度。如图 4-5 所示，在温度场内的同一等温面上，由于温度处处相等，所以就没有热量传递，即温度在等温面的切向方向的变化率为 0；而沿着和等温面相交的任何方向移动，温度均发生变化，即有热量传递，这种温度变化率在等温面的法线方向最大，在传热学中将等温面与相邻等温面的温度差 Δt 与两等温面之间垂直距离 Δn 之比的极限定义为温度梯度，用 $\frac{\partial t}{\partial n}$ 表示。即

$$\frac{\partial t}{\partial n} = \lim_{\Delta n \to 0} \frac{\Delta t}{\Delta n} \tag{4-3}$$

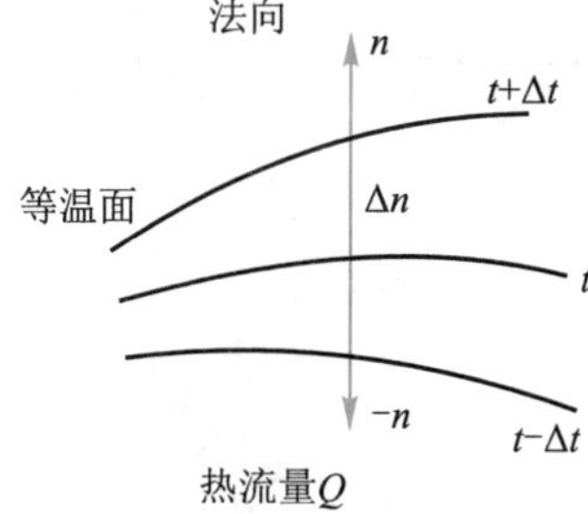

图 4-5 等温面、温度梯度与热流方向

温度梯度是向量，其方向垂直于等温面，并以温度增加的方向为正。式(4-3)对稳态温度场及非稳态温度场均适用。

对于温度仅沿 n 方向变化的一维、稳态温度场,温度梯度可表示为

$$\frac{dt}{dn}=\lim_{\Delta n\to 0}\frac{\Delta t}{\Delta n} \tag{4-4}$$

青藏铁路

二、热传导基本定律

(一)傅里叶定律

傅里叶定律即为热传导的基本传热定律,如图 4-6 所示,在一个均匀的物体内,热量以热传导的方式沿方向 n 通过物体。取传热方向上的微分长度 dn,其温度变化为 dt。实践证明,单位时间内传导的热量 Q 与导热面积 A、温度梯度 $\frac{dt}{dn}$ 成正比。即

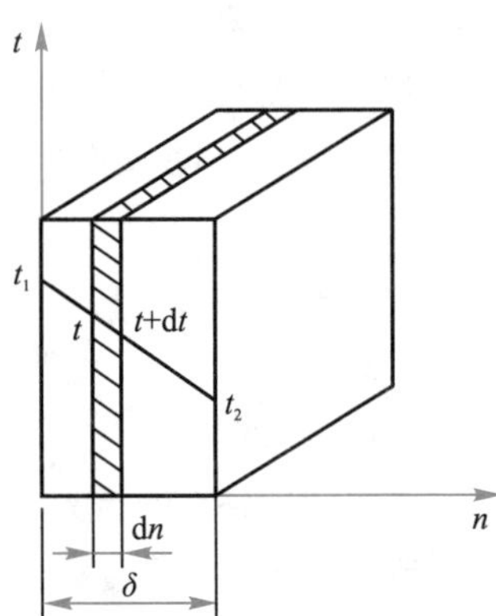

图 4-6　通过壁面的热传导

$$Q=-\lambda A\frac{dt}{dn} \tag{4-5}$$

式中　Q——单位时间内传导的热量,即传热速率,W;

λ——比例系数,称为导热系数,W/(m·℃)或 W/(m·K);

A——导热面积,即垂直于热流方向的截面积,m^2;

$\frac{dt}{dn}$——温度梯度,℃/m 或 K/m,表示热传导方向上单位长度的温度变化率,规定温度梯度的正方向总是指向温度增加的方向。

式(4-5)称为热传导基本定律,即傅里叶定律。式中负号表示导热方向与温度梯度方向相反,因为热量传递方向总指向温度降低的方向。在图 4-6 中,$t_1>t_2$,温度梯度指向 n 的负方向,即 $\frac{dt}{dn}$ 为负值,而热量传递的方向指向 n 的正向,故 Q 为正值。

不难看出,傅里叶定律与牛顿黏性定律之间存在着明显的类似性。式中的比例系数即导热系数 λ,是表征材料导热性能的一个参数,该值越大,导热越快。与黏度一样,导热系数也是分子微观运动的一种宏观表现,均可以通过相关手册查出。

(二)导热系数(热导率)

导热系数的表达式可由(4-5)改写为:

$$\lambda=-\frac{Q}{A\frac{dt}{dn}} \tag{4-5a}$$

上式即为导热系数定义式。可以看出,导热系数在数值上等于单位温度梯度下,通过单位导热面积所传导的热量。故导热系数 λ 是表示物质导热能力大小的一个参数,是物质的物性常数。

导热系数的数值与物质的组成、结构与状态(温度、压强和相态)等因素有关,各种物

质的导热系数通常由实验测定。导热系数的变化范围很大，一般来说，金属的导热系数最大，非金属固体次之，液体的较小，而气体的最小。现分述如下。

1.固体的导热系数

表 4-2 表示常用固体材料在一定温度下的导热系数。各类固体材料的导热系数的数量级为：

金属：$10 \sim 10^2$ W/(m·℃)；建筑材料：$10^{-1} \sim 10^0$ W/(m·℃)；绝热材料：$10^{-2} \sim 10^{-1}$ W/(m·℃)。

表 4-2 常用固体材料的导热系数

固体	温度/℃	导热系数 λ/[W/(m·℃)]	固体	温度/℃	导热系数 λ/[W/(m·℃)]
铝	300	230	石棉	100	0.19
镉	18	94	石棉	200	0.21
铜	100	377	高铝砖	430	3.1
熟铁	18	61	建筑砖	20	0.69
铸铁	53	48	镁砂	200	3.8
铅	100	33	棉毛	30	0.050
镍	100	57	玻璃	30	1.09
银	100	412	云母	50	0.43
钢(1%C)	18	45	硬橡皮	0	0.15
船舶用金属	30	113	锯屑	20	0.052
青铜		189	软木	30	0.043
不锈钢	20	16	玻璃毛		0.041
石棉板	50	0.17	85%氧化镁		0.070
石棉	0	0.16	石墨	0	151

固体材料的导热系数随温度而变，绝大多数均匀的固体，导热系数与温度近似成线性关系，可用下式表示

$$\lambda = \lambda_0(1 + at) \tag{4-6}$$

式中 λ——固体在温度为 t ℃时的导热系数，W/(m·℃)或 W/(m·K)；

λ_0——固体在 0 ℃时的导热系数，W/(m·℃)；

a——温度系数，$℃^{-1}$，大多数金属材料为负值，而大多数非金属材料为正值。

在热传导过程中，物体内不同位置的温度各不相同，因而导热系数也随之而异。在工程计算中，导热系数可取固体两侧温度下的导热系数算术平均值，或取两侧面温度的算术平均值下的导热系数。

2.液体的导热系数

图 4-7 列出了液体的导热系数。一般液体的导热系数较低,水和水溶液相对稍高,液态金属的导热系数比水要高出一个数量级。除水和甘油外,绝大多数液体的导热系数随温度的升高略有减小。总的来讲,大多数液体的导热系数高于固体绝热材料的。

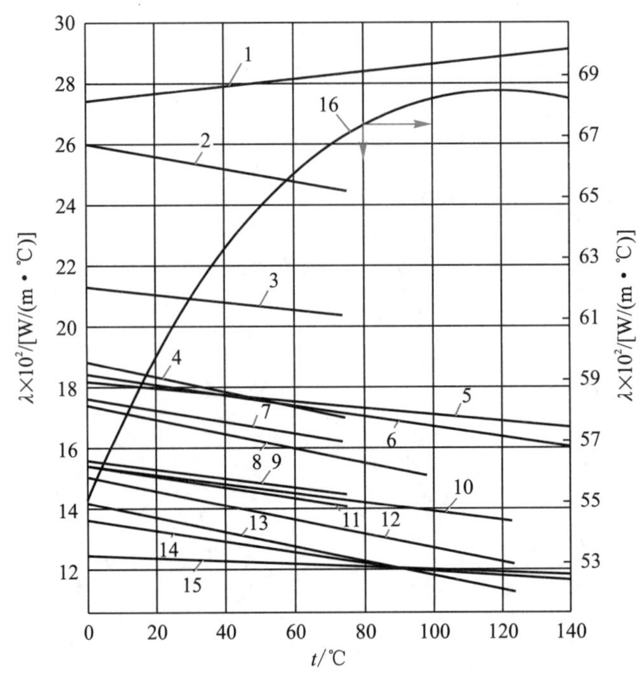

1—无水甘油;2—甲酸;3—甲醇;4—乙醇;5—蓖麻油;6—苯胺;7—乙酸;8—丙酮;9—丁醇;10—硝基苯;11—异丙苯;12—苯;13—甲苯;14—二甲苯;15—凡士林油;16—水(用右边的坐标)

图 4-7　液体的导热系数

3.气体的导热系数

气体的导热系数比液体更小,故不利于导热,但有利于保温。如软木、玻璃棉等的导热系数就很小,其原因是细小的空隙中存在大量空气的缘故。气体的导热系数随温度的升高而增大,这是由于温度升高,气体分子热运动增强。在相当大的压强范围内,压强对导热系数无明显影响。图 4-8 列出了几种气体的导热系数。

4.溶液和混合气体的导热系数

对于混合液体和混合气体的导热系数,若缺乏实验数据,可根据混合物的组成采用经验公式进行估算。

(1)有机化合物水溶液的导热系数可用下式估算:

$$\lambda_m = 0.9\sum_{i=1}^{n}\omega_i\lambda_i \tag{4-7}$$

式中　ω_i——水溶液中组分 i 的质量分数;

n——水溶液的组分数;

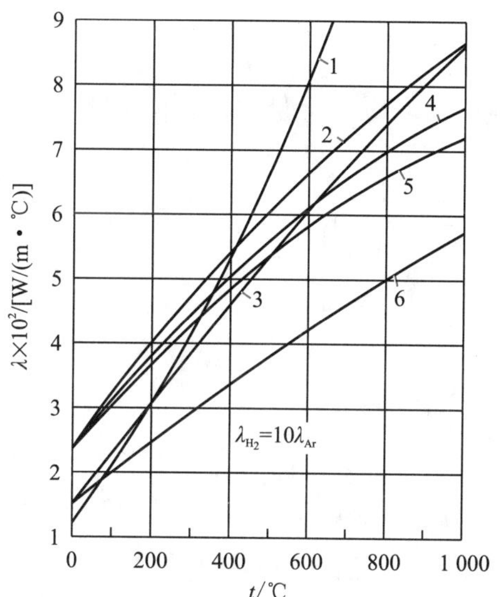

1—水蒸气；2—氧气；3—二氧化碳；4—空气；5—氮气；6—氩

图 4-8 气体的导热系数

λ_i——组分 i 的导热系数，W/(m·℃)；

λ_m——水溶液的导热系数，W/(m·℃)。

（2）有机化合物互溶混合液的导热系数可用下式估算：

$$\lambda_m = \sum_{i=1}^{n} \omega_i \lambda_i \tag{4-8}$$

式中符号的含义与式(4-7)相同。

（3）常压下混合气体的导热系数可用下式估算：

$$\lambda_m = \frac{\sum y_i \lambda_i M_i^{\frac{1}{3}}}{\sum y_i M_i^{\frac{1}{3}}} \tag{4-9}$$

式中 y_i——混合气体中组分 i 的摩尔分数；

M_i——组分 i 的摩尔质量，kg/kmol。

三、平壁的稳态热传导

（一）单层平壁的稳态热传导

设有一高度和宽度很大的平壁，厚度为 δ。假设平壁材料均匀，导热系数不随温度变化（或取其平均值），壁面两侧温度为 t_1、t_2，且 $t_1>t_2$，平壁内各点温度不随时间而变，温度仅沿垂直于壁面的 x 方向变化。这种情况下壁内传热是一维、稳态热传导，如图 4-9 所示。

取平壁的任意垂直截面积为传热面积 A，单位时间内传递的热量为 Q，由傅里叶定律得：

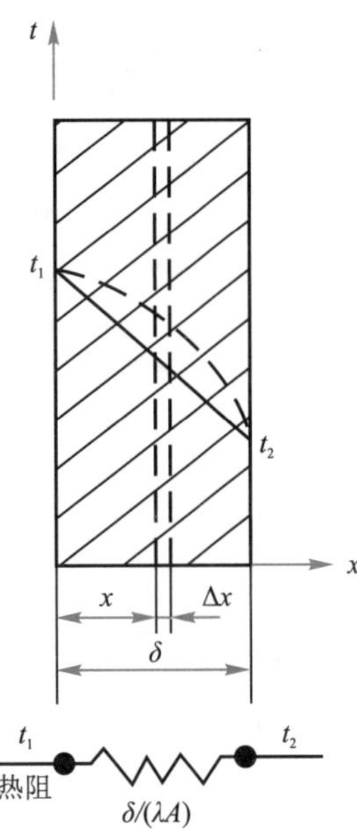

图 4-9 单层平壁的热传导

$$Q=-\lambda A\frac{\mathrm{d}t}{\mathrm{d}x}$$

由于在热流方向上 Q、λ、A 均为常量,故分离变量后积分,得

$$\int_{t_1}^{t_2}\mathrm{d}t=-\frac{Q}{\lambda A}\int_0^{\delta}\mathrm{d}x$$

$$t_2-t_1=-\frac{Q}{\lambda A}\delta$$

整理得

$$Q=\frac{\lambda}{\delta}A(t_1-t_2) \tag{4-10}$$

或

$$Q=\frac{t_1-t_2}{\delta/\lambda A}=\frac{\Delta t}{R}=\frac{\text{温差}}{\text{热阻}}=\frac{\text{推动力}}{\text{阻力}} \tag{4-10a}$$

式(4-10a)表明,导热速率 Q 正比于传热推动力 Δt,反比于热阻 R,与欧姆定律表示的电流与压降、电阻的关系极为类似。从上式还可看出,传导距离越大,传热面积和导热系数越小,则热阻越大,在相同的推动力下,导热速率 Q 越小。

式(4-10a)通常也可表示为

$$q=\frac{Q}{A}=\frac{t_1-t_2}{\delta/\lambda} \tag{4-10b}$$

式中 q——平壁导热通量,$\mathrm{W/m^2}$。

【例 4-1】某平壁厚0.40 m,内、外表面温度分别为1 500 ℃和 300 ℃,管壁材料的导热系数 $\lambda=0.815+0.000\ 76t$,单位 W/(m·℃),试求通过每平方米壁面的导热速率。

解:已知 $t_1=1\ 500$ ℃,$t_2=300$ ℃

平壁的平均温度 $t=\dfrac{t_1+t_2}{2}=\dfrac{1\ 500+300}{2}=900$ ℃

平壁的平均导热系数

$$\lambda=0.815+0.000\ 76\times 900=1.50\ \mathrm{W/(m\cdot ℃)}$$

故

$$q=\frac{Q}{A}=\frac{t_1-t_2}{\delta/\lambda}=\frac{1\ 500-300}{0.40/1.50}=4\ 500\ \mathrm{W/m^2}$$

上述计算中取 λ 为常数,故 $\dfrac{\mathrm{d}t}{\mathrm{d}x}=$常数,平壁内温度呈线性分布,如图 4-9 中直线所示。

若考虑 λ 随温度的变化,则温度分布呈曲线,图中虚线表示 λ 随温度上升而增大时的情况。工程计算中,一般可取 λ 的平均值并视为常量。

(二)多层平壁的稳态热传导

在化工生产中,通过多层平壁的导热过程也很常见,如图 4-10 所示,现以三层平壁为例,说明多层平壁导热过程的计算。假定各层壁之间接触良好,相互接触表面间的温度相等，各层材质均匀且导热系数可视为常数。

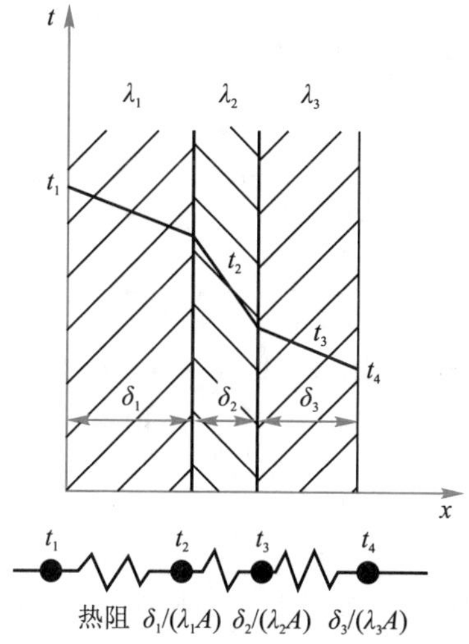

图 4-10 多层平壁的热传导

对于一维、稳态热传导，热量在平壁内没有积累，因而单位时间内数量相等的热量依次通过各层平壁，即在热流方向上传热速率保持相等。图 4-10 是典型的串联热传递过程（相当于电路中三个电阻串联）。仿照式（4-10a）可以写出如下式子：

$$Q=\frac{t_1-t_2}{\dfrac{\delta_1}{\lambda_1 A}}=\frac{t_2-t_3}{\dfrac{\delta_2}{\lambda_2 A}}=\frac{t_3-t_4}{\dfrac{\delta_3}{\lambda_3 A}} \tag{4-11}$$

根据等比定理可得：

$$Q=\frac{t_1-t_4}{\dfrac{\delta_1}{\lambda_1 A}+\dfrac{\delta_2}{\lambda_2 A}+\dfrac{\delta_3}{\lambda_3 A}}=\frac{\sum\limits_{i=1}^{3}\Delta t_i}{\sum\limits_{i=1}^{3}R_i}=\frac{\text{总温差}}{\text{总热阻}}=\frac{\text{总推动力}}{\text{总阻力}} \tag{4-12}$$

式（4-12）表明，通过多层平壁的稳态热传导，传热推动力和热阻是可以相加的，总热阻等于各层热阻之和，总推动力等于各层温差之和。

各层的温差分布由式（4-11）可以推出：

$$(t_1-t_2):(t_2-t_3):(t_3-t_4)=\frac{\delta_1}{\lambda_1 A}:\frac{\delta_2}{\lambda_2 A}:\frac{\delta_3}{\lambda_3 A}=R_1:R_2:R_3 \tag{4-13}$$

式（4-13）表明：在多层平壁稳态导热过程中，热阻大的层，温差也大，温差大小按热阻比例进行分配。

【例 4-2】某炉壁由内向外依次为耐火砖、保温砖和普通建筑砖（见图 4-10）。耐火砖：$\lambda_1=1.4$ W/(m·K)，$\delta_1=220$ mm；保温砖：$\lambda_2=0.15$ W/(m·K)，$\delta_2=120$ mm；普通建筑砖：$\lambda_3=0.8$ W/(m·K)，$\delta_3=230$ mm。已测得炉壁内、外表面温度为 900 ℃和 60 ℃。求单位面积的热损失和各层间接触面的温度。

解：将式（4-12）可得

$$q = \frac{Q}{A} = \frac{t_1 - t_4}{\frac{\delta_1}{\lambda_1} + \frac{\delta_2}{\lambda_2} + \frac{\delta_3}{\lambda_3}} = \frac{900 - 60}{\frac{0.22}{1.4} + \frac{0.12}{0.15} + \frac{0.23}{0.8}} = 675 \text{ W/m}^2$$

由式(4-11)可得

$$t_1 - t_2 = q\frac{\delta_1}{\lambda_1} = 675 \times \frac{0.22}{1.4} = 106 \text{ ℃}$$

$$t_2 - t_3 = q\frac{\delta_2}{\lambda_2} = 675 \times \frac{0.12}{0.15} = 540 \text{ ℃}$$

所以

$$t_2 = t_1 - 106 = 900 - 106 = 794 \text{ ℃}$$

$$t_3 = t_2 - 540 = 794 - 540 = 254 \text{ ℃}$$

将计算结果列表分析如下：

表 4-3

材料	温度降/℃	热阻/[($m^2 \cdot K$)/W]	材料	温度降/℃	热阻/[($m^2 \cdot K$)/W]
耐火砖	106	0.157	普通建筑砖	194	0.288
保温砖	540	0.80	总计	840	1.244

可见，在多层平壁导热过程中，各层壁的温差与其热阻成正比。保温砖热阻最大，分配于该层的温差也最大。这与电学中欧姆定律用于串联电阻类似。

四、圆筒壁的稳态热传导

在化工生产中所用设备、管道多为圆筒形，故通过圆筒壁的热传导极为常见。

(一)单层圆筒壁的稳态热传导

如图 4-11 所示，设圆筒的内、外半径分别为 r_1、r_2，内、外表面温度维持恒定，分别为温度 t_1 和 t_2，且管长 l 足够大，可以认为温度只沿半径方向变化，圆筒壁内的传热视为一维稳态热传导。

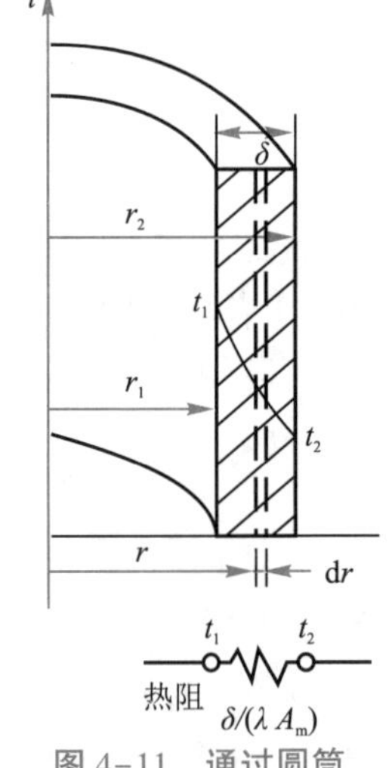

图 4-11　通过圆筒壁的热传导

与平壁不同，圆筒壁热传导的特点是：传热面积随半径而变化。现在半径 r 处取一厚度为 dr 的环形薄层，则此处传热面积 $A = 2\pi rl$。根据傅里叶定律，通过此环形薄层传导的热量为：

$$Q = -\lambda A\frac{\mathrm{d}t}{\mathrm{d}r} = -\lambda \cdot 2\pi rl\frac{\mathrm{d}t}{\mathrm{d}r} \tag{4-14}$$

若 $t_1 > t_2$，则$\frac{\mathrm{d}t}{\mathrm{d}r}$为负值，而 Q 为正值，热量沿径向向外传递，分离变量得：

$$Q\frac{\mathrm{d}r}{r} = -2\pi l\lambda \mathrm{d}t$$

设 λ 为常数，在圆筒壁内半径 r_1 和外半径 r_2 间进行积分：

$$Q\int_{r_1}^{r_2}\frac{\mathrm{d}r}{r} = -2\pi l\lambda\int_{t_1}^{t_2}\mathrm{d}t$$

$$Q\ln\frac{r_2}{r_1}=2\pi l\lambda(t_1-t_2)$$

整理得：

$$Q=2\pi l\lambda\frac{t_1-t_2}{\ln\frac{r_2}{r_1}} \tag{4-14a}$$

为了便于理解和对比，将式(4-14)改写成式(4-10a)的形式，如下式：

$$Q=\frac{2\pi l(r_2-r_1)\lambda(t_1-t_2)}{(r_2-r_1)\ln\frac{r_2}{r_1}}=\frac{\lambda}{(r_2-r_1)}2\pi l\frac{r_2-r_1}{\ln\frac{r_2}{r_1}}(t_1-t_2)=\frac{t_1-t_2}{\frac{\delta}{\lambda}\times\frac{1}{2\pi lr_m}}=\frac{t_1-t_2}{\frac{\delta}{\lambda A_m}} \tag{4-14b}$$

式中 δ——圆筒壁的厚度，$\delta=r_2-r_1$，m；

r_m——对数平均半径，$r_m=\frac{r_2-r_1}{\ln\frac{r_2}{r_1}}$，m；

A_m——平均导热面积，$A_m=2\pi r_m l$，m^2。

当$\frac{r_2}{r_1}<2$时，可用算数平均半径$r_m=\frac{r_1+r_2}{2}$代替对数平均半径。

比较式(4-10a)和式(4-14b)可知，单层圆筒壁的热阻为：

$$R=\frac{\delta}{\lambda A_m}=\frac{\ln\frac{r_2}{r_1}}{2\pi l\lambda}$$

由式(4-14)可见，$\frac{dt}{dr}=\frac{-Q}{2\pi l\lambda}\times\frac{1}{r}$，故即使$\lambda$为常数，温度梯度却不是常数，它随着$r$的增大而减小，故圆筒壁内稳态热传导时的温度分布是曲线(如图4-12所示)；同时，$q=\frac{Q}{A}=\frac{Q}{2\pi lr}$，即热通量$q$值也随着$r$值的增大而减小，并不是常数；但热流量$Q$不随半径而变。

(二)多层圆筒壁的稳态热传导

对于层与层之间接触良好的多层圆筒壁定常热传导，与多层平壁类似，也是串联热传递过程。如图4-12所示，以三层圆筒壁为例，有

$$Q=\frac{t_1-t_2}{\frac{\delta_1}{\lambda_1A_{m1}}}=\frac{t_2-t_3}{\frac{\delta_2}{\lambda_2A_{m2}}}=\frac{t_3-t_4}{\frac{\delta_3}{\lambda_3A_{m3}}} \tag{4-15}$$

$$Q=\frac{t_1-t_4}{\frac{\delta_1}{\lambda_1A_{m1}}+\frac{\delta_2}{\lambda_2A_{m2}}+\frac{\delta_3}{\lambda_3A_{m3}}}=\frac{t_1-t_4}{R_1+R_2+R_3}=\frac{\text{总温差}}{\text{总热阻}}=\frac{\text{总推动力}}{\text{总阻力}} \tag{4-15a}$$

R_1、R_2、R_3 分别表示各层热阻。

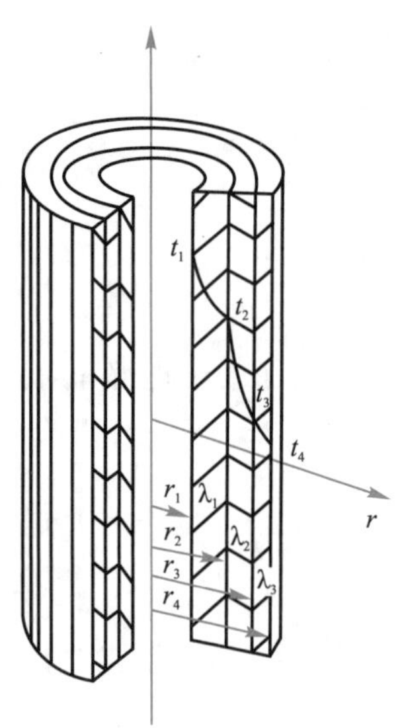

图 4-12 多层圆筒壁的热传导

应当注意,与多层平壁导热比较,多层圆筒壁导热的总推力仍为总温差,且等于各层温差之和;总热阻亦为各层热阻之和。但是,计算各层热阻所用的传热面积不等,需采用各层的平均面积。通过各截面的传热速率 Q 相同,但是通过各截面的热通量 q 却是不同的。

式(4-15a)也可改写为:

$$Q=\frac{t_1-t_4}{\dfrac{\ln\dfrac{r_2}{r_1}}{2\pi l\lambda_1}+\dfrac{\ln\dfrac{r_3}{r_2}}{2\pi l\lambda_2}+\dfrac{\ln\dfrac{r_4}{r_3}}{2\pi l\lambda_3}} \tag{4-15b}$$

各层的温差由式(4-15)可以推出:

$$(t_1-t_2):(t_2-t_3):(t_3-t_4)=\frac{\delta_1}{\lambda_1A_{m1}}:\frac{\delta_2}{\lambda_2A_{m2}}:\frac{\delta_3}{\lambda_3A_{m3}}=R_1:R_2:R_3 \tag{4-16}$$

式(4-16)说明:在多层圆筒壁稳态导热过程中,热阻大的层,温差也大,温差大小按热阻比例分配。

【例 4-3】ϕ38×2.5 mm 的钢管用作蒸汽管。为了减少热损失,在管外加保温层。第一层是 50 mm 厚的氧化镁粉,平均导热系数为0.07 W/(m·℃);第二层是 10 mm 厚的石棉层,平均导热系数为0.15 W/(m·℃)。若管内壁温度为 160 ℃,石棉层外表面温度为 30 ℃,试求每米管长的热损失和蒸汽管外表面及两保温层界面处的温度。

解:$$\frac{Q}{l}=\frac{t_1-t_4}{\dfrac{r_2-r_1}{\lambda_1\cdot 2\pi r_{m1}}+\dfrac{r_3-r_2}{\lambda_2\cdot 2\pi r_{m2}}+\dfrac{r_4-r_3}{\lambda_3\cdot 2\pi r_{m3}}}$$

$r_1=16.5$ mm,$r_2=19$ mm,$r_3=69$ mm,$r_4=79$ mm

因为 $\dfrac{r_2}{r_1}=\dfrac{19}{16.5}<2$,$r_{m1}=\dfrac{r_1+r_2}{2}=\dfrac{19+16.5}{2}=17.75$ mm

$$r_{m2}=\frac{r_3-r_2}{\ln\dfrac{r_3}{r_2}}=\frac{69-19}{\ln\dfrac{69}{19}}=38.77\text{ mm}$$

$\dfrac{r_4}{r_3}=\dfrac{79}{69}<2$,$r_{m3}=\dfrac{r_3+r_4}{2}=\dfrac{69+79}{2}=74$ mm

所以

$$\frac{Q}{l}=\frac{160-30}{\dfrac{2.5\times10^{-3}}{45\times2\pi\times17.75\times10^{-3}}+\dfrac{50\times10^{-3}}{0.07\times2\pi\times38.77\times10^{-3}}+\dfrac{10\times10^{-3}}{0.15\times2\pi\times74\times10^{-3}}}$$

$$= \frac{130}{4.99 \times 10^{-4} + 2.93 + 0.144} = 42.3 \text{ W/m}$$

$$\Delta t_3 = t_3 - t_4 = \frac{Q}{l} \times \frac{\ln \frac{r_4}{r_3}}{2\pi\lambda_3} = 42.3 \times 0.144 = 6.07 \text{ ℃}$$

$$t_3 = t_4 + 6.07 = 30 + 6.07 = 36.07 \text{ ℃}$$

$$\Delta t_1 = t_1 - t_2 = \frac{Q}{l} \times \frac{\ln \frac{r_2}{r_1}}{2\pi\lambda_1} = 42.3 \times 4.98 \times 10^{-4} = 0.021 \text{ ℃}$$

$$t_2 = t_1 - 0.021 = 160 - 0.021 = 159.979 \text{ ℃}$$

由计算可知,钢管管壁的热阻很小,为4.99×10^{-4}($m^2 \cdot K$)/W,对应的温差也很小,为0.021 ℃。钢管管壁的热阻与保温层的相比,小了几个数量级,在工程计算中可以忽略。

第三节 对流传热

一、对流传热分析

(一)对流传热机制

化工生产中经常遇到的是流体处于流动状态下与换热器壁面进行热量交换,这种热量传递总同时伴有流体分子运动所引起的热传导,因此,把流体与换热器壁面的传热称为对流传热,这类对流传热与流体的流动状况密切相关。

流体在壁面上流动型态可能是层流或湍流。流体做层流流动时,流体内不存在流体质点的湍动、碰撞与混合,所以在壁面法线上热量传递以分子导热方式进行,由于流体的导热系数很小,故导热热阻较大;流体做湍流流动时,壁面附近仍存在一层层流底层,该层内传热方式主要为热传导;在湍流主体中,由于存在激烈的质点脉动、碰撞和混合,热量随质点的移动和混合而被快速传递,传热方式主要为对流;在层流底层与湍流主体之间存在过渡区,该区域内存在较弱的质点脉动,因此分子导热和质点的移动混合对热量的传递都发挥着相当的作用。可见在湍流主体中,传热速率最快,热阻最小,温度分布均匀,可以近似认为湍流主体中温度基本趋于一致;过渡区由于存在一定的质点脉动、混合,传热速率较快,因此存在一定的热阻和较小的温度差;层流底层仅有分子导热,而热阻大,传热速率小,温度差最显著。

(二)对流传热的温度分布

若热流体与冷流体分别沿间壁两侧平行流动,则传热方向垂直于流动方向,故在流动方向任一截面 $A—A'$ 上从热流体到冷流体的温度分布,如图 4-13 中粗实线所示。热流体从其湍流主体温度 T 经过渡区、层流底层降至该侧壁面温度 T_w,传热壁另一侧温度为

t_w,又经冷流体侧的层流底层、过渡区降至冷流体湍流主体温度 t。

由图 4-13 可知:

(1)在过渡区和层流底层存在明显的温度梯度,由于推动力与阻力是正比关系的,所以传热的阻力主要集中在层流底层。

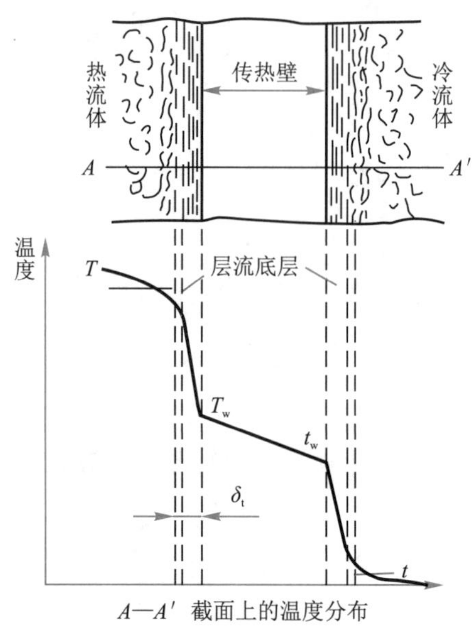

图 4-13 对流传热的温度分布

(2)在间壁换热任一侧流体的流动截面上,必存在温度分布,而温度变化主要集中在层流底层。在不同的流动截面上,由于冷、热流体之间沿间壁不断进行热交换,截面上各点温度值可能有变化,但这种温度分布关系是类似的。

(3)若设流体与间壁的导热系数不随温度而变,由于层流底层和间壁的传热都是通过热传导方式进行的,故这部分的温度为直线分布。金属管壁的导热系数一般较高,这部分热阻相对小得多,温度梯度也小得多。

(4)根据传热的一般概念,流体侧对壁面的传热推动力是湍流主体与壁面之间的温度差,但由于各流动截面上湍流主体温度不易确定,在工程计算中常以该流动截面上流体的平均温度代替湍流主体温度来计算温度差,于是,图 4-13 上热流体侧的温差为 $T-T_w$,冷流体侧的温差为 t_w-t,T、t 分别代表 $A—A'$截面上热、冷流体的平均温度,可由热量衡算直接算出。

(三)对流传热速率方程——牛顿冷却定律

由于影响对流传热的因素很多,工程计算时,假设流体侧的温度差和热阻都完全集中在壁面附近一层厚度为 δ_t 虚拟膜层内,在这层虚拟膜中仅以分子热传导方式传递热量,图 4-13 中已分别绘出冷、热流体两侧虚拟膜的界面,在虚拟膜中的温度必也呈线性分布,对热流体,虚拟膜两侧的温度差为 $T-T_w$,冷流体的温度差为 t_w-t。根据傅里叶定律,即可写出任一侧流体与管壁间的稳态对流传热速率:

$$Q=\frac{\Delta t}{\frac{\delta_t}{\lambda A}}=\frac{推动力}{阻力} \tag{4-17}$$

式中　Δt——该截面上对流传热的温度差，℃；对热流体，$\Delta t=T-T_w$，对冷流体，$\Delta t=t_w-t$。

λ——流体的平均导热系数，W/(m·℃)。

A——与热流方向垂直的壁面面积，m^2，在此面积上 Δt 保持不变。

δ_t——该截面处的虚拟膜厚，m。

这里，我们又使用了第一章中的当量化和折合的思路，即将实际的对流传热过程折合为一个通过虚拟膜厚为 δ_t 的单纯的导热过程。该膜既不是热边界层，也非流动边界层，而是一集中了全部传热温差并以导热方式传热的虚拟膜。流体主体的湍动程度愈大，虚拟膜和层流底层愈薄，则在相同的温差下可以传递更多的热量。若取

$$\alpha=\frac{\lambda}{\delta_t} \tag{4-18}$$

式(4-17)可简化：

$$Q=\frac{\Delta t}{\frac{1}{\alpha A}}=\alpha A\Delta t \tag{4-19}$$

式中　α——对流传热系数，W/(m²·℃)。

式(4-19)称为对流传热速率方程，即牛顿冷却定律。

牛顿冷却定律适用于间壁一侧流体在温差不变的截面上与管壁间的稳态对流传热。牛顿冷却定律以简单的形式描述了复杂的对流传热过程的速率关系，将所有影响对流传热热阻的因素都归入对流传热系数 α 中。

对流给热系数 α 的物理意义：当流体与壁面间的温度差值为 1 ℃时，在单位时间内通过单位传热面积所传递的热量。α 的大小反映了该侧流体对流传热过程的强度，因此，如何确定不同条件下的 α 值，是对流传热的研究中心问题。

对流传热系数 α 与导热系数 λ 不同，它不是流体的物性，而是受诸多因素影响，不仅与流体的性质、流体流动状态、传热面的形状等有关，此外，还与流体在传热过程中是否发生相变化也有关。一般来说，对于同一种流体，强制对流传热的 α 要大于自然对流的 α，有相变的 α 大于无相变的 α。表 4-4 列出了几种流体的对流传热系数。

表 4-4　不同流体对流传热系数的范围

换热方式	空气 自然对流	空气 强制对流	水 自然对流	水 强制对流	水蒸气 冷凝	有机蒸气 冷凝	水沸腾
α/ [W/(m²·℃)]	5~25	20~100	20~1 000	1 000~15 000	5 000~15 000	500~2 000	2 500~25 000

二、影响对流传热系数的因素

实验表明，影响对流传热系数的因素如下。

1.流体的物理性质

影响对流传热系数较大的物理性质有:密度ρ、黏度μ、导热系数λ、比热容c_p和体积膨胀系数β。

(1)密度ρ　流体的密度越大,单位体积流体具有的质量越大,若管径和流速一定,运动的惯性力越大,雷诺数越大,湍动程度越大,因此层流底层和虚拟膜层越薄,对流传热系数越大。

(2)黏度μ　流体的黏度越大,流体内黏性力越大,若管径和流速一定,雷诺数越小,流体的湍动程度越低,因此,层流底层和虚拟膜层越厚,对流传热系数越小。

(3)导热系数λ　流体的导热系数越大,对流传热系数越大。

(4)比热容c_p　流体的比热容越大,单位质量流体携带热量的能力越强,因此有利于提高对流给热效果。

(5)体积膨胀系数β　一般而言,β越大的流体,温差所产生的密度差越大,越有利于提高自然对流为主的对流传热效果。

2.流体的流动类型

从对流传热分析可知,层流的传热机制与湍流有本质区别,所以流体的流动状态对对流传热效果有显著的影响。层流时,基本上依靠分子扩散传递热量;湍流时,流体之间的碰撞混合大大地提高了热量传递速率,减小了层流底层的厚度,因此,对流传热系数越大。显然,湍流时的对流传热系数要比层流时大得多,且随雷诺数Re增大,α也增大。

3.流体的相态变化

通常在传热过程中若流体发生相变,如液体沸腾或蒸汽冷凝,其对流传热系数比无相变化时要大得多。

4.流体流动的原因

根据引起流体流动的原因,可将对流分为强制对流和自然对流两类。强制对流是指外力的作用(如泵、风机和搅拌器等)迫使流体产生的宏观运动;而自然对流则是由于流体内部存在温度差,产生密度差而引发的流体质点的宏观位移。

设流体被加热,流体主体温度t低于壁面处温度t_w,则紧靠壁面处的流体密度ρ_w小于流体主体的密度ρ而受到浮力;因密度差引起的单位体积上升力为$(\rho-\rho_w)g$,若流体的体积膨胀系数为β,并以Δt表示温度差(t_w-t),按体积膨胀系数公式(1-13b),$\rho \approx \rho_w(1+\beta\Delta t)$,于是单位体积流体上作用的上升力为:

$$(\rho-\rho_w)g \approx [\rho_w(1+\beta\Delta t)-\rho_w]g=\rho_w\beta g\Delta t \tag{4-20}$$

流体被冷却时情况与此相反,壁面流体将受到一个降力的作用。在这些升力或降力的作用下,将引起流体质点的附加运动和附加的热量传递。由此可见,流体中的热传导过程总伴有自然对流。在强制对流的条件下,自然对流也会或多或少地产生影响。

显然,在外力作用下强制对流比自然对流运动更激烈,强制对流传热系数通常要比自然对流传热系数大几倍至数十倍。

5.传热面的形状特征与相对位置

圆管、套管环隙、翅片管、平板等不同传热面形状,管径或管长的大小,管束的排列方式,传热面的水平放置或垂直放置,管内流动或管外流动等,都影响对流传热系数。通常,传热面的形状特征是通过一个或几个特征尺寸来表示的。

迄今为止,各种情况下对流传热系数尚不能完全通过理论推导得出具体的计算式,需由实验测定。为了减少实验工作量,下面运用量纲分析法将影响对流传热系数的各种因素组成量纲为一数群或准数,再借助实验确定这些准数在不同情况下的相互关系,得到相应的计算 α 的关系式。

三、量纲分析法——在对流传热中的应用

在第一章中曾用量纲分析法求得湍流时阻力损失的准数关联式,用同样的方法也可以求取对流传热系数的准数关联式。

(一)无相变化时,对流传热系数的准数关联式

1.流体无相变时,强制对流传热过程

根据理论分析及实验研究可知,影响对流传热系数 α 的因素有流速 u、特征尺寸 l、黏度 μ、导热系数 λ、密度 ρ、比热容 c_p,其函数表达式为:

$$\alpha = f(u, l, \mu, \lambda, \rho, c_p) \tag{4-21}$$

当采用幂函数形式表达时,式(4-21)可写成

$$\alpha = Au^a l^b \mu^c \lambda^d \rho^e c_p^f \tag{4-22}$$

式中共有 7 个物理量,涉及 4 个基本量纲,即质量 M、长度 L、时间 T、温度 Θ。根据 π 定理可知,量纲为一数群的数目 N 等于变量数 n 与基本量纲数 m 之差,则 $N=n-m=7-4=3$,即得到 3 个量纲为一数群(准数)。采用类似于第一章第七节所述的量纲分析方法,可以将(4-22)转化为如下准数关系式:

$$\frac{\alpha l}{\lambda} = A\left(\frac{lu\rho}{\mu}\right)^a \left(\frac{c_p\mu}{\lambda}\right)^f \tag{4-23}$$

上式共有量纲为一数群(准数)3 个。

2.流体无相变时,自然对流传热过程

前已述及,自然对流是由于流体在加热过程中密度发生变化而产生的流体流动。引起流动的原因是作用在单位体积流体上的浮力 $\rho g\beta\Delta t$,影响自然对流传热系数的因素可描述为如下关系式:

$$\alpha = f(l, \mu, \lambda, \rho, c_p, \rho g\beta\Delta t) \tag{4-24}$$

同理,通过量纲分析方法可得如下准数关系式:

$$\frac{\alpha l}{\lambda} = A\left(\frac{c_p\mu}{\lambda}\right)^f \left(\frac{l^3\rho^2 g\beta\Delta t}{\mu^2}\right)^h \tag{4-25}$$

上式中有量纲为一数群(准数)3 个。

(二)准数的符号及其涵义

式(4-23)、式(4-25)表示在无相变条件下,对特征尺寸为 l 的传热面的对流传热准

数关联式,式中涉及的4个准数的名称及其涵义见表4-5。

则式(4-23)可以写成:

$$Nu = ARe^{a}Pr^{f} \Rightarrow Nu = f(Re, Pr) \tag{4-26}$$

式(4-25)可以写成:

$$Nu = APr^{f}Gr^{h} \Rightarrow Nu = f(Pr, Gr) \tag{4-27}$$

表4-5　准数的符号和意义

准数名称	符号	意义
努赛尔特准数	$Nu = \frac{\alpha l}{\lambda}$	被决定准数,包含待定的对流传热系数
雷诺准数	$Re = \frac{lu\rho}{\mu}$	反映流体的流动型态和湍动程度
普朗特准数	$Pr = \frac{c_p\mu}{\lambda}$	反映与传热有关的流体物性
格拉斯霍夫准数	$Gr = \frac{l^3\rho^2 g\beta\Delta t}{\mu^2}$	表示由温度差引起的浮力与黏性力之比

(三)准数关联式的使用

式(4-26)、式(4-27)中系数 A 和指数 a、f、h 需经实验确定。因而不同实验条件下获得的准数关系式是一种半经验公式,使用时要注意下列问题。

(1)特征尺寸　参与对流传热过程的传热面几何尺寸往往不止一个。而关联式中所用特征尺寸 l 一般是反映传热面的几何特征,并对传热过程产生直接影响的主要几何尺寸。

如管内强制对流传热时,圆管的特征尺寸取管内径 d_i;如为非圆形管道,通常取当量直径 d_e;对大空间自然对流,取加热(或冷却)表面垂直高度为特征尺寸,因加热面高度对自然对流的范围和运动速度有直接的影响。在特殊情况下,对流传热涉及几个特征尺寸,它们在关联式中常以两个特征尺寸之比的幂次方形式出现,以保持特征方程的无量纲性。

(2)定性温度　在对流传热过程中,流体温度是变化的。确定准数中流体的物性参数所依据的温度即为定性温度。不同的作者得出的准数关联式中确定定性温度的方法往往不同,故在使用这些经验公式时,必须与原作者实际关联时所选用的定性温度一致。

(3)适用范围　关联式中 Re、Pr、Gr 等的实际数值应在实验所进行的数值范围内,不宜外推使用。

四、流体无相变时,对流传热系数的确定

(一)管内强制对流

1.流体在圆形直管内做强制湍流的传热系数

对于强制湍流,低黏度(小于常温水黏度的2倍)流体在光滑圆管中,通过大量实验

证实:

$$Nu = 0.023Re^{0.8}Pr^{n} \quad (4\text{-}28)$$

或
$$\alpha = 0.023\frac{\lambda}{d}\left(\frac{du\rho}{\mu}\right)^{0.8}\left(\frac{c_p\mu}{\lambda}\right)^{n} \quad (4\text{-}29)$$

上式可以简化为:

$$\alpha \propto \frac{u^{0.8}}{d^{0.2}} \propto \frac{V^{0.8}}{d^{1.8}} \quad (4\text{-}29a)$$

上式表明,对流传热系数与流速(流量)的0.8次方成正比,与管径的1.8次方成反比。

式中 n——当流体被加热时,$n=0.4$;当流体被冷却时,$n=0.3$。

V——流体的体积流量,m^3/s。

式(4-29)的应用条件如下:

①应用范围:$Re>10^4$,$0.7<Pr<120$,管长与管径之比$\frac{l}{d}>60$,低黏度流体,光滑管;②定性温度:取流体进、出口温度的算术平均值;③特征尺寸:Re、Nu 数中的 l 取管内径 d。

Pr 的指数与热流方向有关,主要是考虑到层流内层中温度对流体黏度和导热系数的影响。当流体被加热时,层流内层温度高于主体温度。对液体而言,温度升高,黏度减小,层流内层变薄;而大多数液体的导热系数虽然有所降低,但不显著,总的结果是使 α 增大。对式(4-29)适用的液体,其 Pr 常大于1,则 $Pr^{0.4}$必大于 $Pr^{0.3}$,故液体被加热时,取 $n=0.4$,正反映了 α 增大的这一实际结果。而当气体被加热时,层流内层温度升高,黏度增大,层流内层加厚,虽然气体的导热系数也略有增大,但总的效果是使热阻增大,α 减小。由于大多数气体的 Pr 小于1,故 $Pr^{0.4}$小于 $Pr^{0.3}$,所以气体被加热时取 $n=0.4$,也正反映了 α 减小的这一事实。

流体被冷却时,情况相反,取 $n=0.3$也同时适用于液体和气体。

(1)短管 当$\frac{l}{d}<60$时,相当于在湍流流动的进口段以内,流体进入管子以后,在此段内边界层逐渐增厚,但流动尚未充分发展,故平均热阻较小,实际的平均 α 值比式(4-29)计算值高,可将式(4-29)所得的 α 乘以 $1+\left(\frac{d}{l}\right)^{0.7}$ 进行校正。

(2)高黏度液体 液体黏度愈大,壁面与液体主体间由于温差而引起的黏度差别也愈大,单纯利用改变指数 n 的方法已得不到满意的结果,可按下式计算:

$$\alpha = 0.027\frac{\lambda}{d}\left(\frac{du\rho}{\mu}\right)^{0.8}\left(\frac{c_p\mu}{\lambda}\right)^{0.33}\left(\frac{\mu}{\mu_w}\right)^{0.14} \quad (4\text{-}30)$$

式中,μ_w 取壁温下的流体黏度,其他物理量的定性温度与特征尺寸与式(4-29)相同。式(4-30)的应用范围为:$Re>10^4$,$0.7<Pr<700$,$\frac{l}{d}>60$。在壁温数据未知的情况下,可采用下列近似值计算:①当液体被加热时,$\left(\frac{\mu}{\mu_w}\right)^{0.14}=1.05$;②当液体被冷却时,

$\left(\frac{\mu}{\mu_w}\right)^{0.14} = 0.95$。

2.流体在圆形直管内呈过渡流的对流传热系数

当 Re=2 300~10 000时,因湍动不充分,热阻大而 α 小。应将式(4-29)计算得出的 α 乘以修正系数 f:

$$f = 1 - \frac{6 \times 10^5}{Re^{1.8}} \tag{4-31}$$

3.流体在圆形直管内强制层流的传热系数

由于下述原因,使流体在管内强制层流传热过程趋于复杂。

(1)流体物性,特别是黏度受到管内不均匀温度分布的影响,使速度分布显著地偏离等温流动时的抛物线分布,如图4-14所示。

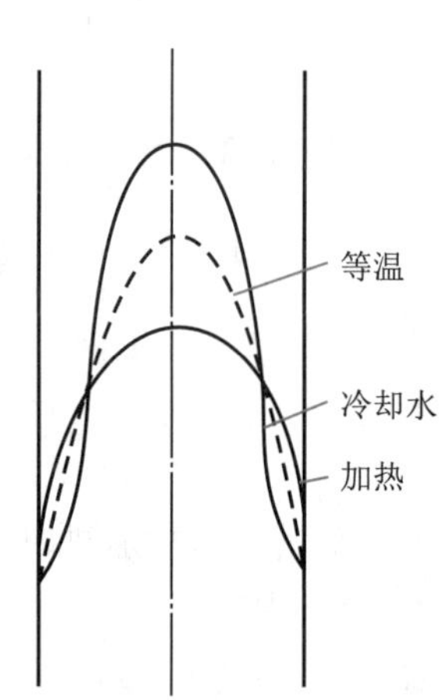

图4-14　热流方向对管内液体层流流动速度分布的影响

(2)强制层流时,自然对流的影响较为明显,自然对流产生了径向流动,强化了传热过程。

(3)层流时要达到稳定边界层所需的进口段长度较长(约100d),在实际的管长范围内,传热管的相对长度 l/d 将对全管平均对流传热系数有明显的影响。

因此,管内流体强制层流的理论解析结果不能用于设计计算,必须根据实验结果进行修正。当 Gr<25 000时,自然对流的影响较小且可忽略,α 可用下式计算:

$$\alpha = 1.86 \frac{\lambda}{d}\left(Re \times Pr \times \frac{d}{l}\right)^{\frac{1}{3}}\left(\frac{\mu}{\mu_w}\right)^{0.14} \tag{4-32}$$

适用范围:$Re<2\ 300, 0.6<Pr<6\ 700, Re \cdot Pr \cdot \frac{d}{l}>10$。

当 Gr>25 000时,若忽略自然对流的影响,会造成较大的误差,此时可将式(4-32)乘以校正因子 f:

$$f = 0.8(1 + 0.015Gr^{\frac{1}{3}}) \tag{4-33}$$

式中,定性温度、特征尺寸以及 $\left(\frac{\mu}{\mu_w}\right)^{0.14}$ 的近似计算方法同式(4-30)。

4.流体在圆形弯曲管道或非圆形管道内的强制对流

如果流体是在圆形弯曲管道或非圆形管道中流动换热,也可进行类似的修正。

(1)弯曲管道　流体在弯管内流动(图4-15)时,由于离心力的作用,扰动加强,使 α 增大,实验表明,弯管中的 α' 可按下式计算:

$$\alpha' = \alpha\left(1 + 1.77\frac{d}{R}\right) \tag{4-34}$$

式中　α'——弯管的对流传热系数,W/(m^2·℃);

α——直管的对流传热系数,W/(m^2·℃);

d——管内径,m;

R——弯管的曲率半径,m。

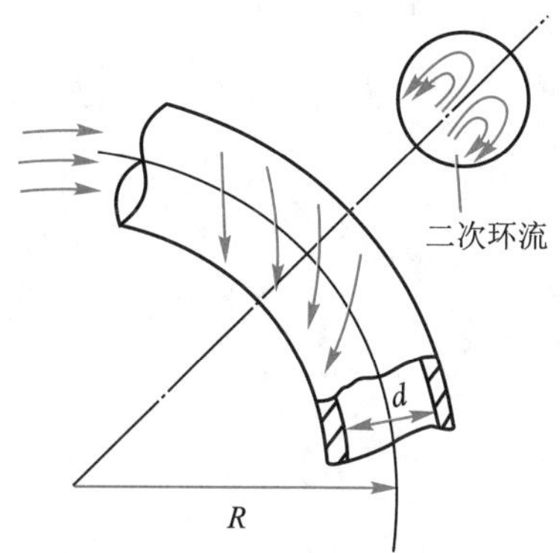

图 4-15 弯管内流体的流动

(2)非圆形管道 作为近似估算,对非圆形管道仍可采用上述各类关联式,但需将各式中特征尺寸 d 改用当量直径 d_e(见第一章)代替。这种方法比较简便,但准确性较差。

【例 4-4】如图 4-16 所示,有一列管式换热器,由 38 根 $\phi25\times2.5$ mm 的无缝钢管组成,苯在管内流动,由 20 ℃被加热到 80 ℃,苯的流量为10.2 kg/s。试求:(1)管壁对苯的对流传热系数;②若苯的流量提高一倍,对流传热系数有何变化?

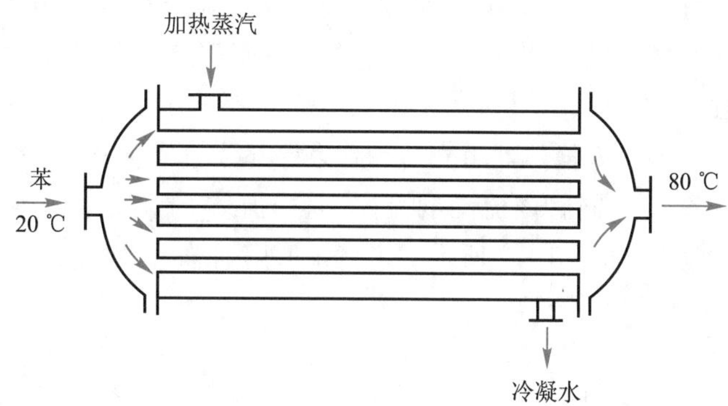

图 4-16 列管式换热器

解:(1)苯的平均温度

$$t=\frac{t_1+t_2}{2}=\frac{20+80}{2}=50\ ℃$$

查得物性如下:

$$\rho=850\ \text{kg/m}^3,c_p=1.80\ \text{kJ/(kg}\cdot℃)$$

$$\mu=0.45\times10^{-3}\ \text{Pa}\cdot\text{s},\lambda=0.14\ \text{W/(m}\cdot℃)$$

加热管内苯的流速为

$$u=\frac{q_{V,s}}{\frac{\pi}{4}d^2n}=\frac{\frac{10.2}{850}}{0.785\times0.02^2\times38}=1.0\ \text{m/s}$$

$$Re = \frac{du\rho}{\mu} = \frac{0.02 \times 1.0 \times 850}{0.45 \times 10^{-3}} = 3.78 \times 10^4 > 10^4$$

$$Pr = \frac{c_p\mu}{\lambda} = \frac{1.80 \times 10^3 \times 0.45 \times 10^{-3}}{0.14} = 5.79$$

计算表明本题的流动情况符合式(4-29)的实验条件,所以

$$\alpha = 0.023\frac{\lambda}{d}Re^{0.8}Pr^{0.4} = 0.023 \times \frac{0.14}{0.02} \times (3.78 \times 10^4)^{0.8} \times 5.79^{0.4} = 1\ 492\ \mathrm{W/(m^2 \cdot ℃)}$$

(2)若忽略定性温度的变化,当苯流量增大1倍时,管内流速为原来的2倍。由于 $\alpha \propto Re^{0.8} \propto u^{0.8}$,所以

$$\alpha' = \alpha\left(\frac{Re'}{Re}\right)^{0.8} = 1\ 492 \times 2^{0.8} = 2\ 598\ \mathrm{W/(m^2 \cdot ℃)}$$

由此可知,改变流速是改变对流传热系数的重要手段。流量改变,流体出口温度及定性温度均会变化,但在工程估算时可忽略此影响。

(二)管外强制对流——流体在装有折流挡板的列管式换热器管间流动

流体在单根圆管外垂直流过时,在管子前半周与平壁类似,其边界层不断增厚,在后半周由于边界层分离而产生漩涡,沿圆周各点上的局部对流传热系数各不相同。当流体垂直流过由多根平行管组成的管束时,湍动增强,故各排的对流传热系数也不尽相同。在工业换热计算中,用到的是平均对流传热系数。下面重点介绍列管式换热器管外平均强制对流传热系数。

如图4-16所示,列管式换热器由壳体和管束等部分组成,一种流体在壳体与管束间流动(壳侧流体,蒸汽),并同管内流动的流体(管内流体,苯)发生传热。管束的排列有正方形和正三角形两类,如图4-17所示。正三角形排列总为错列,正方形排列可有直列和错列,例如将图4-17(a)旋转45°。

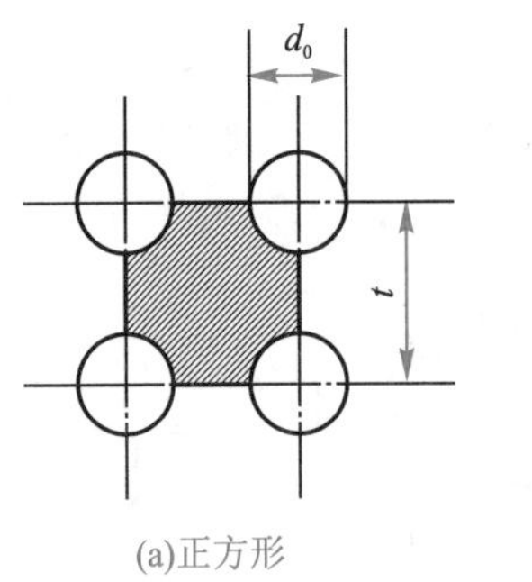

(a)正方形

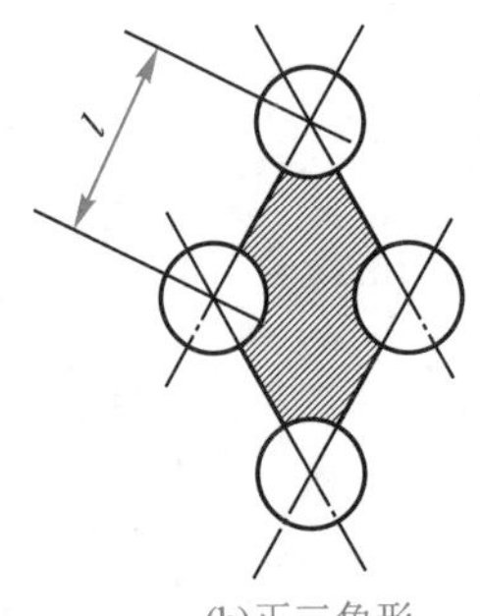

(b)正三角形

图4-17 管子的排列

为提高管外流体的对流传热系数,在壳侧一般沿管长方向上垂直装有若干块折流挡板,图4-18所示为一种圆缺形挡板,板直径近似壳内径,每块均切去一部分形成弓形流通截面,交替排列。折流挡板使流体在管外流动时,既有沿管束的流动,又有垂直于管束的流动,流向和流速也不断发生变化,因而在 $Re>100$ 时即可达湍流状态。折流挡板的

结构形式有多种,使用最普遍的有圆缺形和圆盘形两种挡板。安装折流挡板虽然可以提高对流传热系数,但同时也会增大流体阻力。若挡板与壳体内壁间、挡板与管束间的间隙过大,大部分流体就会从这些间隙流过,形成旁流,旁流严重时反而使对流传热系数减小。

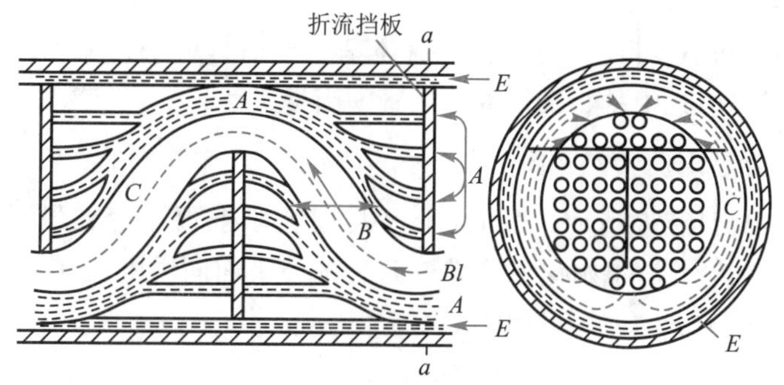

图 4-18　换热器壳侧的流动情况

当管外装有割去 25%(直径)的圆缺形折流挡板时,可按下式计算对流传热系数:

$$Nu = 0.36Re^{0.55}Pr^{\frac{1}{3}}\left(\frac{\mu}{\mu_w}\right)^{0.14} \tag{4-35}$$

或
$$\alpha = 0.36\frac{\lambda}{d_e}\left(\frac{d_e u_0 \rho}{\mu}\right)^{0.55}\left(\frac{c_p \mu}{\lambda}\right)^{\frac{1}{3}}\left(\frac{\mu}{\mu_w}\right)^{0.14} \tag{4-35a}$$

上式可简化为:

$$\alpha \propto \frac{u^{0.55}}{d^{0.45}} \propto \frac{V_s^{0.55}}{d_e^{1.55}} \tag{4-35b}$$

适用范围:$Re = 2\times10^3 \sim 1\times10^6$;式中除 μ_w 取壁温下的流体黏度外,其余物性的定性温度均取流体进、出口温度的算术平均值。当量直径 d_e 的数值要依据管子的排列方式而定。应当注意,这里当量直径的定义是:

$$d_e = \frac{4 \times 流体流动截面积}{传热周长} \tag{4-36}$$

若管子正方形排列[如图 4-17(a)所示]时:

$$d_e = \frac{4\left(l^2 - \frac{\pi}{4}d_0^2\right)}{\pi d_0} \tag{4-36a}$$

若管子正三角形排列[如图 4-17(b)所示]时:

$$d_e = \frac{4\left(\frac{\sqrt{3}}{2}l^2 - \frac{\pi}{4}d_0^2\right)}{\pi d_0} \tag{4-36b}$$

式中　l——相邻两管中心距,m;

d_0——管外径,m。

式(4-35a)中的壳侧流速 u_0 根据流体流过的最大面积 S 计算：

$$S = hD\left(1 - \frac{d_0}{l}\right) \tag{4-37}$$

式中 h——两折流挡板间的距离，m；

D——换热器壳体内径，m。

若换热器的管间不装折流挡板，管外流体基本上沿管束平行流动，此时可用管内强制对流的公式计算，但式中的特征尺寸改用管间当量直径。

(三)大容积自然对流传热系数

大容积自然对流指热(或冷)表面处于很大的空间内，既不存在强制流动，其四周也不存在其他阻碍自然对流的物体，如水蒸气管道的外表面向周围大气的对流散热。此时的对流传热仅与 Gr 和 Pr 有关，可用式(4-27)表示：

$$Nu = f(Pr, Gr)$$

许多研究者对管、板、球等形状的加热面，用空气、水、CO_2、H_2、油类等不同介质进行了大量的实验研究。结果表明，在大容积自然对流时，Nu 与(Pr，Gr)的关系如图4-19所示。当坐标值取对数时，图中曲线可近似地看作三段直线(1，2，3)，每一段均可表示为：

$$Nu = C(Gr \cdot Pr)^n \tag{4-38}$$

或

$$\alpha = C\,\frac{\lambda}{l}\left(\frac{\beta g \Delta t l^3 \rho^2}{\mu^2} \times \frac{c_p \mu}{\lambda}\right)^n \tag{4-38a}$$

各段直线方程的常数可由图4-19分段求出，见表4-6。

使用式(4-38a)应注意以下几点：

①对于水平管，特征尺寸取外径；对于垂直管或垂直板取管长或板高。

②Gr 中 $\Delta t = |t_w - t|$，t_w 为壁温，t 为周围流体温度。

③定性温度取平均温度，$t_m = \dfrac{t_w + t}{2}$。

④c、n 值的确定见表4-6。

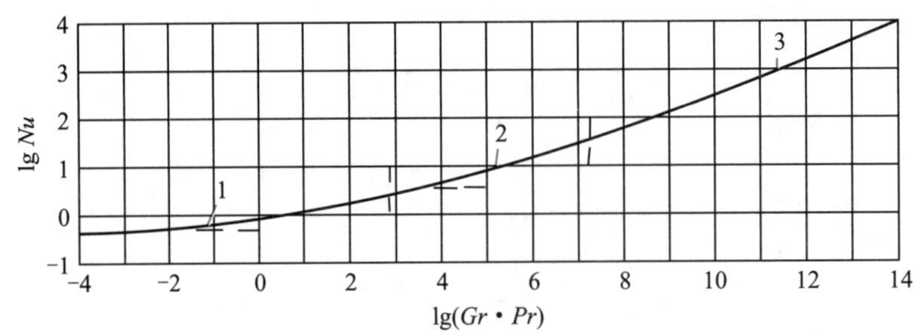

图4-19 大容积自然对流的给热系数

表 4-6 式(4-38a)中的 C 和 n 值

段数	$Gr \times Pr$	C	n
1	$1\times10^{-3}\sim5\times10^{2}$	1.18	1/8
2	$5\times10^{2}\sim2\times10^{7}$	0.54	1/4
3	$2\times10^{7}\sim10^{13}$	0.135	1/3

【例 4-5】有一垂直蒸汽管,管径 $\phi159\times4.5$ mm,管长 3.5 m,若管壁温度为 120 ℃,周围为 20 ℃的空气,试计算该管单位时间内由于自然对流而散失于周围空气中的热量。

解:定性温度取 $t_m = \dfrac{t_w + t}{2} = \dfrac{120 + 20}{2} = 70$ ℃

空气作为理想气体,此温度下 $\beta = \dfrac{1}{70 + 273} = 2.92 \times 10^{-3}\ \mathrm{K^{-1}}$

查其他物性数据:$\lambda = 0.029\,6\ \mathrm{W/(m \cdot K)}$,$\rho = 1.029\ \mathrm{kg/m^3}$

$\mu = 2.06\times10^{-5}\ \mathrm{Pa \cdot s}$,$c_p = 1.009\times10^{3}\ \mathrm{J/(kg \cdot K)}$,$Pr = 0.702$

$$Gr = \frac{\beta g \Delta t l^3 \rho^2}{\mu^2} = \frac{2.92 \times 10^{-3} \times 9.81 \times (120 - 20) \times 3.5^3 \times 1.029^2}{(2.06 \times 10^{-5})^2} = 3.06 \times 10^{11}$$

$$Gr \times Pr = 3.06 \times 10^{11} \times 0.702 = 2.15 \times 10^{11}$$

查表 4-6 知:$C = 0.135$,$n = \dfrac{1}{3}$

$$Nu = C(Gr \times Pr)^n = 0.135 \times (2.15 \times 10^{11})^{\frac{1}{3}} = 808.9$$

$$\alpha = Nu\frac{\lambda}{l} = 808.9 \times \frac{0.029\,6}{3.5} = 6.84\ \mathrm{W/(m^2 \cdot K)}$$

$$Q = \alpha A \Delta t = 6.84 \times 3.14 \times 0.159 \times 3.5 \times (120 - 20) = 1\,195\ \mathrm{W}$$

五、流体有相变化时的对流传热系数

发生相变化时的传热过程有其特殊的规律,本节讨论单组分流体冷凝和沸腾时对流传热系数的计算。

(一)蒸汽冷凝

1.蒸汽冷凝过程的热阻

饱和蒸汽冷凝是化工生产中常见的过程。根据相律,纯物质的饱和蒸汽在恒压下冷凝时,由于气-液两相共存,其温度不变且为某一定值。当饱和蒸汽与低于其温度的冷壁面接触时,即发生冷凝过程,释放出的热量等于其冷凝焓变(俗称为冷凝潜热)。在连续定常的冷凝过程中,压强可视为恒定,故气相中不存在温差,也就没有热阻。在冷凝传热过程中,蒸汽凝结而产生的冷凝液形成液膜将壁面覆盖,因此,蒸汽的冷凝只能在冷凝液表面上发生,冷凝时放出的潜热必须通过这层液膜才能传给冷壁。

由此可知,纯饱和蒸汽冷凝的热阻集中在壁面上的冷凝液内,故有较大的传热系数,而且壁面冷凝液的存在型态对传热系数有很大的影响。

2.蒸汽冷凝的方式

(1)膜状冷凝　若冷凝液能完全润湿壁面,将形成一层完整的冷凝液膜在重力作用下沿壁面向下流动。膜状冷凝时,液膜愈往下愈厚,故壁面愈高或水平放置的管径愈大,整个壁面的平均对流传热系数也就愈小。

(2)滴状冷凝　当冷凝液不能完全润湿壁面,例如饱和水蒸气冷凝到沾有油类物质的壁面时,在表面张力的作用下,冷凝液将在壁面上形成许多液滴,落下时又露出新的冷凝面。由于相当部分壁面直接暴露于蒸汽中,因此滴状冷凝的热阻要小得多。实验结果表明,滴状冷凝的传热系数比膜状冷凝的传热系数大5~10倍。

工业上遇到的大多为膜状冷凝,而且从工程上按膜状冷凝计算安全系数较大。故本节仅介绍纯饱和蒸汽膜状冷凝对流传热系数的计算方法。

3.膜状冷凝的传热系数

(1)蒸汽在水平管外冷凝　理论推导和实验结果证明,蒸汽在水平圆管外冷凝的对流传热系数可用下式计算。单根水平圆管

$$\alpha = 0.725\left(\frac{\rho^2 g\lambda^3 r}{d_0 \Delta t\mu}\right)^{\frac{1}{4}} \tag{4-39}$$

水平管束

$$\alpha = 0.725\left(\frac{\rho^2 g\lambda^3 r}{n^{\frac{2}{3}} d_0 \Delta t\mu}\right)^{\frac{1}{4}} \tag{4-40}$$

式中　r——蒸汽的比汽化焓,取饱和温度 t_s 下的数值,J/kg;

ρ——冷凝液的密度,kg/m³;

λ——冷凝液的导热系数,W/(m·K);

μ——冷凝液的黏度,Pa·s;

Δt——饱和蒸汽与壁面的温差,$\Delta t = t_s - t_w$,t_w 为壁面温度;

n——水平管束在垂直列上的管子数。

定性温度取 t_m,$t_m = \frac{t_s + t_w}{2}$;特征尺寸取管外径 d_0。

(2)蒸汽在垂直管外(或垂直板上)冷凝　如图4-20所示,蒸汽在垂直管外(或板上)冷凝时,液膜流动初始为层流,由顶端向下,随冷凝的进行,液膜逐渐加厚,局部对流传热系数减小;若壁的高度足够高,且冷凝液量较大时,则壁的下部冷凝液膜会转变为湍流流动,此时局部的对流传热系数反而会有所增大。和强制对流一样,可用雷诺数判断层流和湍流。对冷凝系统,定义

$$Re = \frac{d_e u\rho}{\mu} = \frac{\frac{4S}{b} \times \frac{W}{S}}{\mu} = \frac{\frac{4W}{b}}{\mu} = \frac{4M}{\mu} \tag{4-41}$$

式中　d_e——当量直径，m；

S——冷凝液的流通截面积，m^2；

b——冷凝液的润湿周边，对单根圆管，$b=\pi d_0$，m；对垂直板，为板的宽度，m；

W——冷凝液的质量流量，kg/s；

M——冷凝负荷，即单位长度润湿周边上冷凝液的质量流量，$M=\frac{W}{b}$，kg/(m·s)。

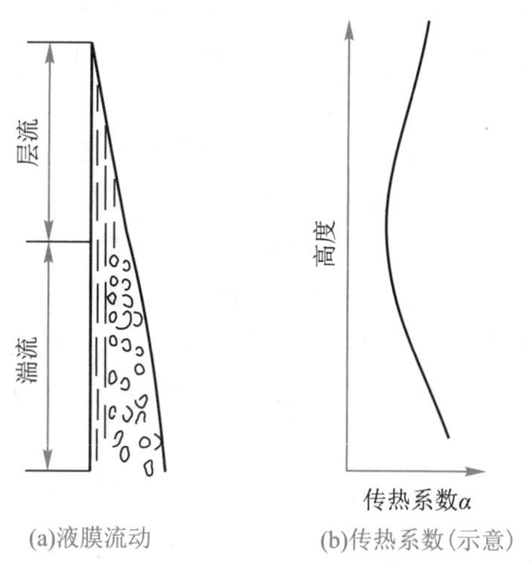

图 4-20　蒸汽在垂直壁面上的冷凝

工程计算中需要的是平均对流传热系数。

当 $Re\leqslant 2\ 100$(层流)时：

$$\alpha = 1.13\left(\frac{\rho^2 g\lambda^3 r}{\mu l\Delta t}\right)^{\frac{1}{4}} \tag{4-42}$$

当 $Re>2\ 100$(湍流)时：

$$\alpha = 0.007\ 7\left(\frac{\rho^2 g\lambda^3}{\mu^2}\right)^{\frac{1}{3}} Re^{0.4} \tag{4-43}$$

式中，特征尺寸 l 取垂直管长或板高，其余各量与定性温度同式(4-39)。

冷凝时的传热速率为：

$$Q = Wr = \alpha A\Delta t = \alpha bl\Delta t \tag{4-44}$$

将式(4-44)代入式(4-41)得：

$$Re = \frac{4\alpha l\Delta t}{r\mu} \tag{4-45}$$

式(4-45)可用于试差判断流动类型，参见例 4-6。

4.影响冷凝传热的因素

(1)不凝气体的影响　以上讨论仅限于纯蒸汽的冷凝，实际上，工业蒸汽中总会含有微量的不凝气体(如空气)。在连续运转过程中，不凝气体会逐渐积累并在液膜表面形成一层导热系数很低的气膜，从而使热阻增大，传热系数降低。例如，当蒸汽中含有 1%的不凝气体时,冷凝传热系数将降低60%左右。因此,在换热器的蒸汽冷凝侧,必须设有排放口,定期排放不凝气体。

(2)蒸汽过热程度的影响　过热蒸汽与固体表面的传热机制视壁温 t_w 的不同而不同。若壁温高于同压下饱和蒸汽的温度,则壁面上不发生冷凝,此时的传热过程属于气体冷却过程。当壁面温度低于蒸汽的饱和温度时,过热蒸汽先在气相下冷却至饱和温度,然后在壁面上冷凝,整个传热过程包括蒸汽冷却和冷凝两个过程。若蒸汽过热程度不高,则传热系数值与饱和蒸汽的相差不大;但如果过热程度较高,将有相当部分壁面用于过热蒸汽的冷却,在蒸汽内部产生温度梯度和热阻,从而大大降低传热系数。因此,工业上一般不采用过热蒸汽作为加热的热源。

(3)蒸汽的流速和流向的影响　当蒸汽和液膜间的相对速度不大(<10 m/s)时,蒸汽流速的影响可以忽略。但是,若蒸汽流速较大时,由于气液界面间摩擦力的增加,会影响液膜的流动。此时,若蒸汽和液膜流向相同,蒸汽将加速冷凝液的流动,使膜厚减小,对流传热系数 α 增大;若为逆向流动,则会使对流传热系数 α 减小,但若逆向流动的蒸汽速度很大,能冲散液膜使部分壁面直接暴露于蒸汽中,α 反而会增大。

通常,蒸汽进口设在换热器的上部,以避免蒸汽和冷凝液的逆向流动。

5.冷凝传热过程的强化

前已述及,冷凝传热过程的阻力集中于液膜,因此设法减小液膜厚度是强化冷凝传热的有效措施。

例如,对垂直壁面,可在壁面上开若干纵向沟槽使冷凝液沿沟流下,可减薄其余壁面上的液膜厚度,强化冷凝传热过程。

对于水平布置的管束,冷凝液从上部各排管子流到下部管排使液膜变厚,因此,如能设法减少垂直方向上管排的数目或将管束改为错列,皆可提高平均传热系数。

此外,设法获得滴状冷凝也是提高传热系数的一个方向。

【例4-6】101.3 kPa 的饱和水蒸气在单根管外冷凝。管径为 ϕ159×4.5 mm,管长为 2 m,管外壁温度为 98 ℃。分别计算该管垂直放置及水平放置时的蒸汽冷凝对流传热系数。

解:查得101.3 kPa 下水蒸气的饱和温度 $t_s=100$ ℃,其比汽化焓在数值上等于每千克蒸汽的冷凝潜热,$r=2\ 258$ kJ/kg。

冷凝液膜的平均温度 $t_m=\dfrac{100+98}{2}=99$ ℃,查水的物性常数为:

$$\rho=959.1\ \text{kg/m}^3,\mu=28.56\times10^{-5}\ \text{Pa}\cdot\text{s},\lambda=0.682\ \text{W/(m}\cdot\text{K)}$$

①垂直放置时,先假设液膜为层流流动,按式(4-42):

$$\alpha=1.13\left(\frac{\rho^2 g\lambda^3 r}{\mu l\Delta t}\right)^{\frac{1}{4}}=1.13\times\left[\frac{959.1^2\times9.81\times0.682^2\times2\ 258\times10^3}{28.56\times10^{-5}\times2\times(100-98)}\right]^{\frac{1}{4}}$$

$$=9\ 799\ \text{W/(m}^2\cdot\text{K)}$$

检验假设是否正确,由式(4-45)得

$$Re=\frac{4\alpha l\Delta t}{r\mu}=\frac{4\times9\ 799\times2\times2}{2\ 258\times10^3\times28.56\times10^{-5}}=243<2\ 100(\text{层流})$$

计算结果表明假设正确。

②水平放置的特征尺寸应取管外径 d_0，直接将式(4-39)和式(4-42)相除，可得

$$\frac{\alpha'}{\alpha}=\frac{0.725}{1.13}\left(\frac{l}{d_0}\right)^{\frac{1}{4}}=\frac{0.725}{1.13}\times\left(\frac{2}{0.159}\right)^{\frac{1}{4}}=1.21$$

所以，单根管水平放置时冷凝传热系数 α' 为

$$\alpha'=1.21\alpha=1.21\times 9\ 799=11\ 860\ \mathrm{W/(m^2\cdot K)}$$

这个计算结果指出了同样情况下，蒸汽在单根水平放置的管外冷凝的传热系数大于垂直放置的，其原因是，蒸汽在水平放置的管外冷凝时，冷凝液能及时流下，形成的液膜厚度薄，阻力小。

(二)沸腾传热

工业上液体沸腾有两种情况：一种是在管内流动的过程中受热沸腾，称为管内沸腾，如蒸发器中管内料液的沸腾；另一种是将加热面浸入大容积的液体中而引起的无强制对流的沸腾现象，称为池内沸腾。本节讨论液体在大容器内的沸腾。

1.池内沸腾

液体加热沸腾的主要特征是液体内部沿加热面不断有蒸汽泡产生并上升穿过液层。理论上液体沸腾时，气、液两相应处于平衡状态，即液体的沸点等于液体表面所处压强下相对应的饱和温度 t_s。但实验表明，只是液体上方的蒸汽温度等于 t_s，而沸腾液体的平均温度必定略高于相应的饱和温度，即液体处于过热状态。气泡存在的必要条件是气泡内部的蒸汽压大于外压和液体静压强之和，因此液体温度必须大于该蒸汽压下对应的饱和温度，液体的过热是小气泡生成的必要条件。小气泡首先在温度最高、过热度也最高的固体加热表面上产生，但也并不是加热表面上的任何一点都能产生气泡。实验发现，液体沸腾时气泡仅在加热表面的若干粗糙不平的点上产生，这些点称为汽化核心。在沸腾过程中，小气泡首先在汽化核心处生成并长大，在浮力的作用下脱离壁面。随着气泡的不断形成并上升，周围液体随时填补并冲刷壁面，贴壁液体层发生剧烈扰动，热阻大为降低；在气泡上浮过程中，既引起液体主体的扰动和对流，而且过热液体在气泡表面继续蒸发，使气泡进一步长大，过热液体和气泡表面的传热强度也很大。所以，液体沸腾时的对流传热系数比无相变时大得多。

2.沸腾曲线

如图 4-21 是常压下水在铂电热丝表面上沸腾时 α 与 Δt 的关系曲线。Δt 是壁温和操作压强下饱和温度之差。在曲线 AB 段，由于温差较小，紧贴加热表面的液体过热度很小，汽化核心很少，气泡长大速度也很慢，加热面附近液层受到的扰动不大，热量的传递以自然对流为主。对流传热系数随温差的增大而略有增大，此阶段称为自然对流区。

在曲线 BC 段，随着 Δt 增大，汽化核心数目增加，气泡长大的速度也迅速增加，气泡对液体产生强烈的搅拌作用，传热系数 α 随 Δt 的增加而迅速增大，此阶段称为核状沸腾。

在曲线 CD 段，随 Δt 的继续增加，气泡形成过快，气泡在脱离加热面前便互相连接，

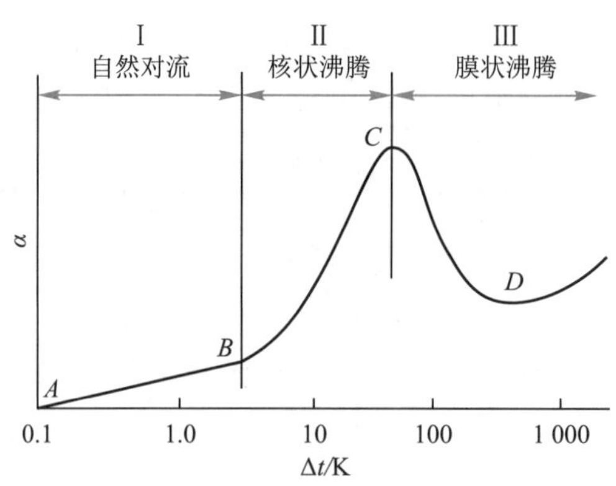

图 4-21 常压下水沸腾时 α 与 Δt 的关系

形成汽膜,把加热表面与液体隔开。由于汽膜热阻要比液膜大得多,故使 α 急剧下降,此阶段称为膜状沸腾。D 点以后,Δt 再增加,加热面的温度进一步提高,热辐射的影响愈显著,于是 α 再度随 Δt 的增大而迅速增大。

由核状沸腾转变为膜状沸腾的转折点称为临界点(C 点)。临界点所对应的温差称为临界温差 Δt_C,这时的热流通量称为临界热通量。工业上一般应维持在核状沸腾区操作,控制 Δt 不大于临界值 Δt_C,否则一旦转变为膜状沸腾,不仅 α 会急剧下降,而且管壁温度过高也易造成传热管烧毁的严重事故。水在常压下饱和沸腾的临界温度差约为 25 ℃,临界热通量约为1.25×10^6 W/m^2。

3.影响沸腾传热的因素

(1)液体物性　液体的导热系数、密度、黏度、表面张力(σ)等均对沸腾传热有影响,一般情况下,α 随 λ、ρ 增大而增大,随 μ 和 σ 的增大而减小。对于表面张力小、润湿能力大的液体,形成的气泡易离开壁面,对沸腾传热有利。故选择适当的添加剂以改变液体的表面张力,可提高沸腾给热系数。

(2)温差　前已述及,温差 Δt 是影响沸腾传热的重要参数,操作温差应控制在核状沸腾区。

(3)压强　提高操作压强即提高液体的饱和温度,从而使液体的黏度及表面张力均下降,有利于气泡的生成与脱离壁面。在核状沸腾区,相同的温差下得到较高的沸腾传热系数。

(4)加热表面状况　加热面的材料与粗糙度以及表面的沾污或氧化等情况都会影响沸腾传热。一般新的或清洁的表面 α 值较高。粗糙加热表面可以提供更多的汽化核心,使气泡运动加剧,强化传热过程。例如,可采用机械加工或腐蚀的方法使金属表面粗糙化,有报道用这种方法制造的铜表面,可提高传热系数 80%。但应当注意,大的凹穴或凸起反而会失去充当汽化核心的能力。

4.沸腾对流传热系数的计算

沸腾传热过程极其复杂,各种经验公式虽多,但都不完善,计算结果相差也较大,所以至今尚无可靠的一般准数关联式。但对不同的液体和表面状况,不同压强和温差下的沸腾传热已积累了大量的实验资料。对单组分纯物质的池内沸腾,可近似地用以下经验式估算其沸腾传热系数:

$$\alpha = 1.163m\Delta t^{n-1} \tag{4-46}$$

沸腾传热速率：

$$Q = \alpha A\Delta t = 1.163m\Delta t^{n}A \tag{4-47}$$

式中　α——核状沸腾传热系数，W/(m^2 · ℃)；

Δt——壁温与蒸汽饱和温度之差，$\Delta t = t_w - t_s$，℃；

A——传热面积，m^2；

m、n——常数(见表 4-7)。

【例 4-7】常压下水在水平管外成核状沸腾，Δt=5.7 ℃，试求其沸腾传热系数 α。

解：查表 4-7 知，m=245，n=3.14

$$\alpha = 1.163m\Delta t^{n-1} = 1.163 \times 245 \times 5.7^{3.14-1} = 1.18 \times 10^4 \text{ W/(m}^2 \cdot ℃)$$

表 4-7　式(4-47)中的 m 和 n 值

物料	压力(绝压)/10^5 Pa	m	n	Δt/℃	Δt_C	加热体
水	1.03	245	3.14	3~6	>6	水平管
水	1.03	560	2.35	6~19	19	垂直管
氧气	1.03	56	2.47	3~6	>6	垂直管
氮气	1.03	2.5	2.67	3~7	>7	垂直管
氟利昂-12	4.2	12.5	3.82	7~11	>11	水平管
丙烷	1.4~2.5	540	2.5	4~8	—	水平管
丙烷	12	765	2.0	8~14	28	垂直管
正丁烷	1.4~2.5	150	2.64	4~8	—	水平管
苯	1.03	0.13	3.87	25~50	50	垂直管
苯	8.1	14.3	3.27	8~22	22	垂直管
苯乙烯	1.03	262	2.05	11~28	—	水平板
甲醇	1.03	29.5	3.25	6~8	>8	垂直管
乙醇	1.03	0.58	3.73	22~33	33	垂直管
四氯化碳	1.03	2.7	2.90	11~22	—	垂直管
丙酮	1.03	1.90	3.85	11~22	22	水平板

六、对流传热小结

在学习本节内容时，要注意工程上处理问题的方法。对流传热是一个复杂的传热过程，但对流传热速率可简单地表示为传热推动力和热阻之比。同时，引入了对流传热虚拟膜的概念，又可将问题进一步简化为热传导过程，得到了形式简单的对流传热方程，使研究集中于如何求出对流传热系数。本节介绍了不同情况下对流传热系数的计算方法，公式较多，在使用这些公式时，要注意以下几点：

(1)要根据处理对象的具体特点，选择适当的公式。例如，是强制对流还是自然对流,是层流还是湍流,是蒸汽冷凝还是液体沸腾等。

(2)要注意所选公式的应用范围、特征尺寸的选择和定性温度的确定,以及在必要时进行修正的方法。

(3)应注意不同情况下哪些物理量对 α 值有影响,它们的影响大小可以通过其指数的大小来判断,从中也可分析强化对流传热的可能措施。

正确使用各物理量的单位。一般应采用法定计量单位制进行计算,如题给数据或从手册中查到的数据使用单位制与此不同,要换算后再代入。准数方程中,每一个准数都应当是无量纲的,其中各物理量的单位可互相消去。但对于纯经验公式,必须按照公式要求的单位代入。

(4)重视数量级概念,这有助于对计算结果正确性的判断和分析。一般情况下,对流传热系数 α 值的范围大致如下:

空气的自然对流:1~10 $W/(m^2 \cdot ℃)$;

空气的强制对流:10~250 $W/(m^2 \cdot ℃)$;

水沸腾:1 500~4.5×10^4 $W/(m^2 \cdot ℃)$;

水的强制对流:250~1.0×10^4 $W/(m^2 \cdot ℃)$;

水蒸气冷凝:5 000~1.5×10^4 $W/(m^2 \cdot ℃)$。

第四节 换热器的传热计算

工业上大量存在的间壁传热过程都是由固体间壁内部的导热及间壁两侧流体与固体表面间的对流传热组合而成的。在学习了热传导和对流传热的基础上,本节讨论传热全过程的计算,以解决工业上间壁换热器设计和操作分析问题。

换热器的传热计算通常包括两类,其一是根据工艺提出的条件确定换热器传热面积,称之为设计型计算;其二是对已知换热面积的换热器,核算其在某工作条件下能否胜任新的换热任务,通常是核算传热量、流体的流量或温度,称为校核型计算或操作型计算。但是,无论哪种类型的计算,都是以热平衡方程和总传热速率方程为基础的。

一、热平衡方程

热负荷 Q'是指换热器中单位时间内冷、热流体所交换的热量,此值是根据生产上换热任务的需求提出的。

对图 4-22 所示的列管式换热器进行热量衡算,因系统中无外功加入,且一般位能和动能项均可忽略,若换热器保温良好,热损失可以忽略不计,对于稳态传热,根据能量守恒定律,传热过程传递的热量(即热负荷)等于在单位时间内热流体放出的热量,等于热流体的焓变减少值,等于冷流体吸收的热量,还等于冷流体的焓变增加值。则热平衡方程为:

$$Q' = Q_{热} = Q_{冷} = W_h(H_1 - H_2) = W_c(h_2 - h_1) \tag{4-48}$$

式中 W_h、W_c——热、冷流体的质量流量,kg/s;

H_1、H_2——热流体的进、出口的焓,J/kg;

h_1、h_2——冷流体的进、出口的焓,J/kg。

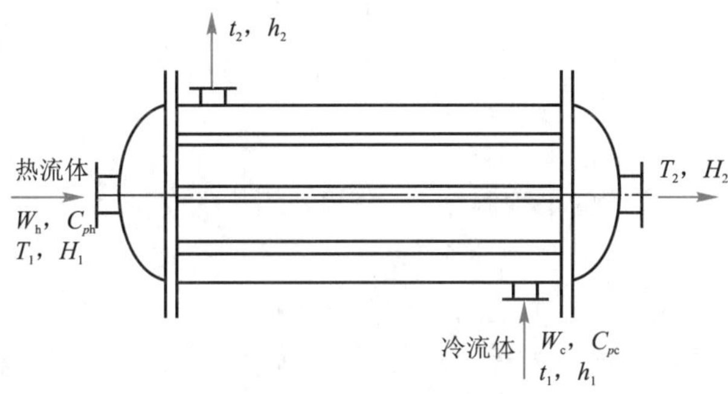

图 4-22 列管式换热器的热量衡算

焓的数值决定于载热体的物态和温度。通常气体和液体的焓以 0 ℃为计算基准,即规定 0 ℃的液体(或气体)的焓为 0,则物体在温度 t 时的焓等于单位物体从 0 ℃到 t 时吸收的热量,单位 J/kg。本书附录中列有水和水蒸气焓的数据,其他物质的焓可查有关手册。

若冷、热流体在换热过程中没有相变化,则热平衡方程为:

$$Q' = Q_{热} = W_h c_{ph}(T_1 - T_2) \tag{4-48a}$$

$$Q' = Q_{冷} = W_c c_{pc}(t_2 - t_1) \tag{4-48b}$$

式中 W_h、W_c——热、冷流体的质量流量,kg/s;

c_{ph}、c_{pc}——热、冷流体的平均比定压热容,J/(kg·℃);

T_1、T_2——热流体进、出口温度,℃;

t_1、t_2——冷流体进、出口温度,℃。

若换热器中流体发生相变化,应考虑相变化前后焓变的影响。例如,若热流体为饱和蒸汽,换热过程中在饱和温度下发生冷凝,而冷流体无相变化,则:

$$Q' = W_h r_h = W_c c_{pc}(t_2 - t_1) \tag{4-48c}$$

式中 r_h——饱和蒸汽的比汽化焓,J/kg。

若热流体饱和蒸汽(饱和温度 T_s)先冷凝再冷却,冷凝液出口温度 T_2 低于饱和温度 T_s 时,则应有:

$$Q' = W_h[r_h + c_{ph}(T_s - T_2)] = W_c c_{pc}(t_2 - t_1) \tag{4-48d}$$

若换热器中热流体无相变化,冷流体为饱和液体沸腾,请读者写出其热平衡方程。

二、总传热速率方程

根据傅立叶定律和牛顿冷却定律即可进行换热器的传热计算。但是,采用上述方程计算冷、热流体间的传热速率时,必须知道管壁的壁温,通常已知冷、热流体的温度,而壁温往往是未知的。为便于计算,应设计避开壁温而直接建立冷、热流体间的温度差为推动力的传热速率方程,即总传热速率方程。

经验表明,在稳态传热情况下,单位时间内通过换热器传递的热量正比于传热面积和两流体间的温度差,并同样可表示为传热推动力和传热热阻之比。

$$Q = KA\Delta t_m = \frac{\Delta t_m}{\frac{1}{KA}} = \frac{总推动力}{总阻力} \tag{4-49}$$

式中 Q——换热器的传热速率,W。

A——换热器的传热面积,m^2。

Δt_m——热、冷两流体的平均温度差,也就是传热的总推动力,℃(或 K)。

K——比例系数,称为总传热系数,W/(m^2·℃)或 W/(m^2·K);它与间壁两侧流体的对流传热系数均有关,是整个传热过程中的平均值。

式(4-49)称为总传热速率方程,总传热系数 K、传热面积 A 和传热平均温差 Δt_m 是传热过程的三要素。下面分别讨论总传热速率方程中各项的确定方法。

三、总传热速率方程中 Q、A 的确定

(一)传热速率 Q

上面我们介绍了热负荷 Q'的计算方法,一个能满足生产要求的换热器,必须使其传热速率等于或略大于热负荷,即 $Q \geqslant Q'$。而在实际设计换热器时,通常将传热速率与热负荷在数值上视为相等,即取 $Q=Q'$,所以通过热负荷的计算,便可确定换热器的传热速率,依此传热速率便可计算换热器在一定条件下所应具有的传热面积。

应当注意的是,热负荷和传热速率虽然在数值上一般看作相等,但其含义却不相同。热负荷是根据生产任务确定的,是生产上对换热器换热能力的要求,而传热速率是换热器本身在一定操作条件下的换热能力,是换热器本身的特性。

(二)传热面积 A

在列管式换热器中,两流体间的传热是通过管壁进行的,故管壁表面积可视为传热面积。

$$A = n\pi dl \tag{4-50}$$

式中 n——管数;

d——管径,m;

l——管长,m。

应予指出,管径 d 可根据情况选用管内径 d_i、管外径 d_0 或管内外直径的平均值 d_m,则对应的传热面积分别为管内表面积 A_i、管外表面积 A_0 或平均表面积 A_m。对于一定的传热任务,若能由式(4-50)确定传热面积,即可在选定管子规格以后,确定管子的长度或根数,并进而完成换热器的工艺设计或选型工作。

对于套管换热器:

$$A = \pi dl \tag{4-50a}$$

【例 4-8】用饱和水蒸气将原料液由 100 ℃加热至 120 ℃。原料液的体积流量为 100 m^3/h,密度为1 080 kg/m^3,平均比等压热容为2.93 kJ/(kg·℃)。已知换热器的总传热系数 680 W/(m^2·℃),热、冷流体的传热平均温度差为23.3 ℃,饱和蒸汽的比汽化焓

为2 168 kJ/kg。试求蒸汽用量和所需的传热面积。

解:热负荷计算:

由式(4-48b)可得:

$$Q' = Q_{冷} = W_c c_{pc}(t_2 - t_1) = \frac{100 \times 1\ 080}{3\ 600} \times 2.93 \times 10^3 \times (120 - 100) = 1.76 \times 10^6\ \mathrm{W}$$

由式(4-48c)得:

$$W_h = \frac{Q'}{r_h} = \frac{1.76 \times 10^6}{2\ 168 \times 10^3} = 0.812\ \mathrm{kg/s}$$

由式(4-49)可得所需的传热面积为:

$$A = \frac{Q}{K\Delta t_m} = \frac{1.76 \times 10^6}{680 \times 23.3} = 111\ \mathrm{m}^2$$

注意:传热面积必须和总传热系数 K 对应。

四、平均温度差 Δt_m 的确定

间壁两侧流体传热平均温度差的计算,必须考虑两流体的温度沿传热面的变化情况,以及流体相互间的流向。流向可分为并流、逆流、错流和折流四类,如图 4-23 所示。

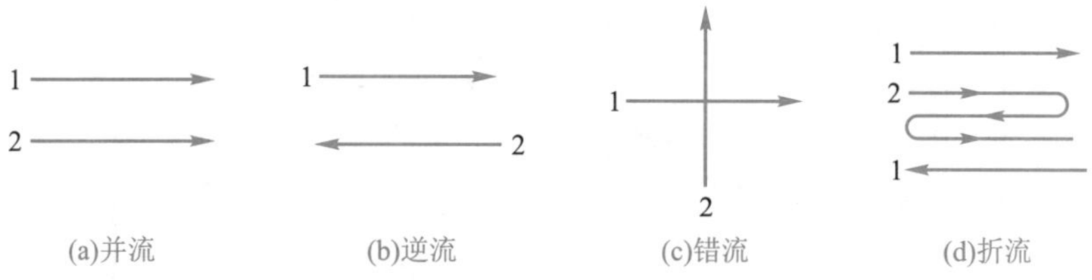

图 4-23 换热器中流体流向示意图

(一)恒温传热与变温传热

热、冷流体在稳态传热过程中,温度变化情况可分为以下两类。

1.恒温传热

在沿传热壁面的不同位置上,两种流体的温度皆不变化,称为恒温传热。例如,间壁一侧为饱和水蒸气在一定温度下冷凝,另一侧是液体在一定温度下沸腾,两流体温度沿传热面无变化,温差也处处相等,可表示为:

$$\Delta t_m = T - t \tag{4-51}$$

式中 T、t——热、冷流体的温度,℃。

因此,恒温传热时,温差的计算与流向无关。

2.变温传热

若间壁一侧或两侧的流体温度沿着传热壁面在不断变化,称为变温传热。下面讨论几种常见的情况。

(1)单侧流体温度变化的情况。例如,用饱和蒸汽冷凝加热冷流体,而冷流体的温度不断上升,如图 4-24(a)所示。又如用不发生相变化的热流体去加热另一在较低温度 t

下沸腾的液体,后者的温度始终保持在沸点不变,如图 4-24(b)所示。对于这种变温传热,计算热、冷流体温差时,不用分流向。

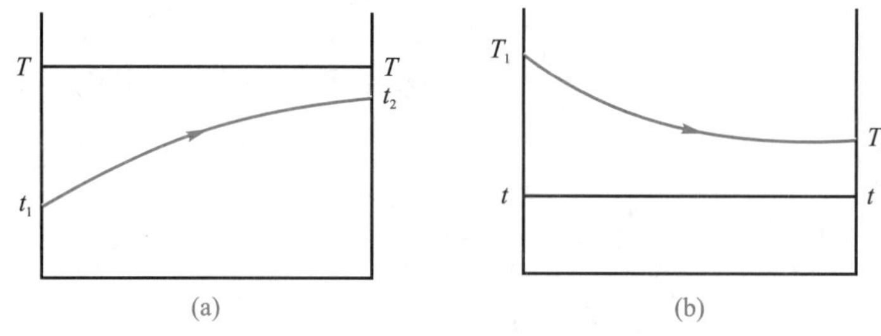

图 4-24 一侧流体变温时的温度变化

(2)两侧流体温度均发生变化时的情况。其中图 4-25(a)是逆流,即冷、热流体在传热面两侧流向相反;(b)是并流,即冷、热流体在传热面两侧流向相同。

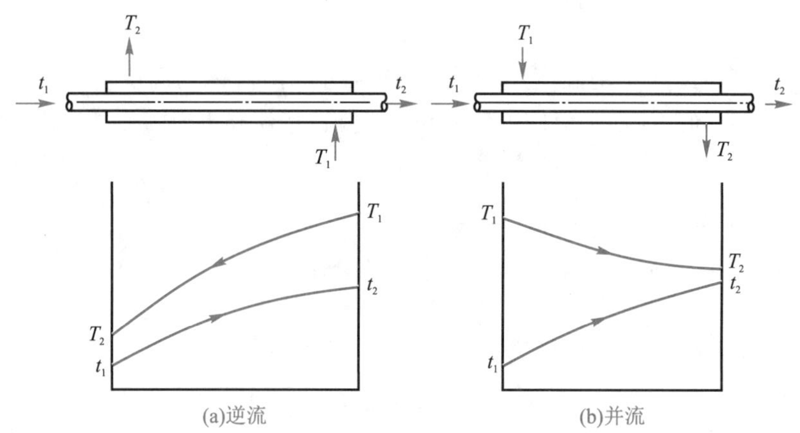

图 4-25 两侧流体变温时的温差变化

在变温传热时,沿传热面的局部温差是变化的。要进行传热计算,就必须求出传热过程的平均温度差 Δt_m。

现推导逆流和并流操作两侧变温传热时平均温差的计算式,其他情况下的 Δt_m 可利用这一结果进行适当的修正。

(二)平均温度差 Δt_m 的计算

1.平均温差 Δt_m 推导

假定:①稳态传热过程,W_h、W_c 均为常数;②沿传热面 C_{ph}、C_{pc} 和总传热系数 K 值均不变;③换热器的热损失可以忽略。

若在换热器中取一微元段为研究对象,其传热面积为 dA,经过 dA 的热流体因放热而温度下降 dT,冷流体因受热而温度上升 dt,传热量为 dQ(参见图 4-26)。列出此微元段内热量衡算(微分)式:

$$dQ = W_h C_{ph} dT = W_c C_{pc} dt \tag{4-52}$$

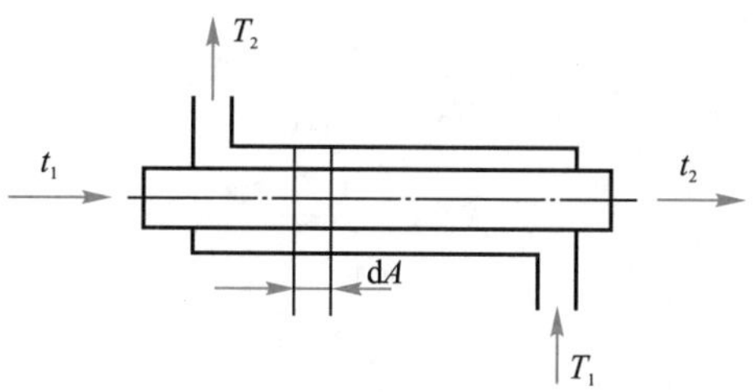

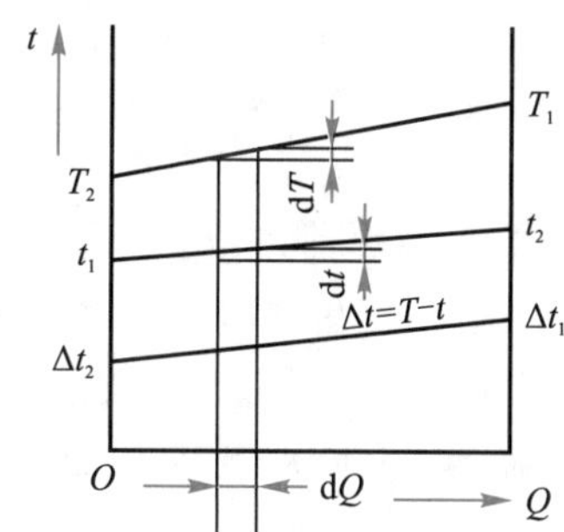

图 4-26 平均温差计算

于是有

$$\frac{dQ}{dT} = W_h C_{ph} = 常数$$

$$\frac{dQ}{dt} = W_c C_{pc} = 常数$$

于是有

$$\frac{d(T-t)}{dQ} = \frac{dT}{dQ} - \frac{dt}{dQ} = \frac{1}{W_h C_{ph}} - \frac{1}{W_c C_{pc}} = 常数$$

这说明 Q 与热、冷流体的温度分别成直线关系。在此条件下，Q 与热、冷流体间的局部温差 $\Delta t = T - t$ 也必然成直线关系，因此该直线的斜率可表示为：

$$\frac{d\Delta t}{dQ} = \frac{\Delta t_1 - \Delta t_2}{Q} \tag{4-53}$$

式中 Δt_1、Δt_2——换热器两端进、出口处，热、冷流体间的温度差；

Q——换热器的热负荷，对一定的换热要求，它们均为定值。

在微元段内，热、冷流体的温度可视为不变，写出总传热速率方程的微分式：

$$dQ = K\Delta t dA \tag{4-54}$$

式中，$\Delta t = T - t$，是微元段内的局部温度差。将式(4-54)代入式(4-53)，可得：

$$\frac{d\Delta t}{K\Delta t dA} = \frac{\Delta t_1 - \Delta t_2}{Q}$$

分离变量并积分，可得：

$$\frac{1}{K}\int_{\Delta t_2}^{\Delta t_1} \frac{d\Delta t}{\Delta t} = \frac{\Delta t_1 - \Delta t_2}{Q}\int_0^A dA$$

$$\frac{1}{K}\ln\frac{\Delta t_1}{\Delta t_2}=\frac{\Delta t_1-\Delta t_2}{Q}A$$

$$Q=KA\frac{\Delta t_1-\Delta t_2}{\ln\dfrac{\Delta t_1}{\Delta t_2}} \tag{4-55}$$

与总传热速率方程式(4-49)比较可得:

$$\Delta t_{\mathrm{m}}=\frac{\Delta t_1-\Delta t_2}{\ln\dfrac{\Delta t_1}{\Delta t_2}} \tag{4-56}$$

因此,热、冷流体的平均温度差是换热器进、出口处两种流体温度差的对数平均值,故称为对数平均温度差。读者也可以根据单侧流体温度发生变化推导 Δt_{m}。

在以上推导过程中,并未对流向是并流或逆流做出规定,故这个结果对并流和逆流都适用,只要用换热器两端热、冷流体的实际温度代入 Δt_1 和 Δt_2 就可计算出 Δt_{m}。

对于并流:$\Delta t_1=T_1-t_1, \Delta t_2=T_2-t_2$

对于逆流:$\Delta t_1=T_1-t_2, \Delta t_2=T_2-t_1$

通常,将两端温度差较大的一个作为 Δt_1,较小的一个作为 Δt_2,计算时比较方便。

当 $\Delta t_1/\Delta t_2\leqslant 2$,可用算术平均值代替对数平均值进行计算,其误差不超过4%。

当 $\Delta t_1=\Delta t_2$ 时,$\Delta t_{\mathrm{m}}=\Delta t_1=\Delta t_2$,不能直接用式(4-56)计算。

算术平均值实质上就是热、冷流体进、出口温度平均值的差,对数平均值恒小于算术平均值。换热器两端温差相差越大,对数平均值就越小于算术平均值。在极限情况下,当换热器两端温差有一个为零时,对数平均温差也为零,这意味着传递指定的热量,需要无限大的传热面积。

2.并流与逆流操作比较

在冷、热流体进出口温度相同的条件下,由于并流操作两端温差相差较大,其对数平均值必小于逆流操作。因此,就增加传热过程推动力而言,逆流操作优于并流操作,完成相同的传热任务,逆流可以减少传热面积(见例4-9)。同时,逆流时,冷热流体温度差较均匀。

逆流操作还可能节约冷却剂或加热剂的用量。因为并流时,t_2 总是低于 T_2;而逆流时,t_2 却可能高于、还可能低于或等于 T_2(参见图4-25)。这样,对于同样的传热量,逆流冷却时,冷却介质的温升可比并流时大,冷却剂的用量就可能少些。同理,逆流加热时,加热剂的用量也可少于并流。当然,在这种情况下,平均温差和传热面积都将变化,逆流的平均温度差就不一定比并流大。显然,在一般情况下,逆流操作总是优于并流,应尽量采用。

但是,对于某些热敏性物料的加热过程,并流操作可避免出口温度过高而影响产品质量,因为并流 t_2 总是低于 T_2,另外,在某些高温换热器中,逆流操作因冷却流体的最高温度 t_2 和 T_1 集中在一端,会使该处的壁温特别高。为降低该处的壁温,可采用并流,以延长换热器的使用寿命。

必须注意,由于热平衡的限制,并不是任何一种流动方式都能完成给定的生产任务。

【例 4-9】现用一列管式换热器加热原油，原油流量为2 000 kg/h，要求从 60 ℃加热至 120 ℃。某加热剂进口温度为 180 ℃，出口温度为 140 ℃，试求：(1)并流和逆流的平均温差；(2)若原油的比热容为 3 kJ/(kg·℃)，并流、逆流时的 K 均为 100 W/(m^2·℃)，求并流和逆流时所需的传热面积；(3)若要求加热剂出口温度降至 120 ℃，此时逆流和并流的 Δt_m 和所需的传热面积又是多少？逆流时的加热剂量可减少多少？(设加热剂的比热容和 K 不变)

解：(1)逆流

$$\Delta t_1 = T_2 - t_1 = 140 - 60 = 80\ ℃$$

$$\Delta t_2 = T_1 - t_2 = 180 - 120 = 60\ ℃$$

$$\Delta t_{m逆} = \frac{\Delta t_1 - \Delta t_2}{\ln \frac{\Delta t_1}{\Delta t_2}} = \frac{80 - 60}{\ln \frac{80}{60}} = 69.5\ ℃$$

并流

$$\Delta t_1 = T_1 - t_1 = 180 - 60 = 120\ ℃$$

$$\Delta t_2 = T_2 - t_2 = 140 - 120 = 20\ ℃$$

$$\Delta t_{m并} = \frac{120 - 20}{\ln \frac{120}{20}} = 55.8\ ℃$$

(2)计算热负荷

$$Q' = W_c C_{pc}(t_2 - t_1) = \frac{2\ 000}{3\ 600} \times 3 \times 10^3 \times (120 - 60) = 1.0 \times 10^5\ \mathrm{W}$$

取 $Q=Q'$，则：

$$A_{逆} = \frac{Q}{K\Delta t_{m逆}} = \frac{10^5}{100 \times 69.5} = 14.4\ \mathrm{m}^2$$

$$A_{并} = \frac{Q}{K\Delta t_{m并}} = \frac{10^5}{100 \times 55.8} = 17.9\ \mathrm{m}^2$$

(3)并流时 $\Delta t_2 = 120 - 120 = 0, \Delta t_{m并} = 0, A_{并} = \infty$

逆流时 $\Delta t_1 = 120 - 60 = 60\ ℃, \Delta t_2 = 180 - 120 = 60\ ℃$

$$\Delta t_{m逆} = \frac{\Delta t_1 + \Delta t_2}{2} = 60\ ℃$$

$$A_{逆} = \frac{10^5}{100 \times 60} = 16.7\ \mathrm{m}^2$$

因为 Q 不变，故

$$\frac{W'_h}{W_h} = \frac{c_{ph}(T_1 - T_2)}{c_{ph}(T_1 - T'_2)} = \frac{180 - 140}{180 - 120} = \frac{2}{3}$$

计算表明，加热剂的用量比原来减少了，但所需的传热面积增大了。注意逆流操作的两个优点不能同时成立。

3.折流和错流的平均温度差 Δt_m 的计算

在大多数的间壁式换热器中，两流体并非做简单的并流或逆流，而是比较复杂的流动。若参与换热的两种流体在传热面两侧彼此呈垂直方向流动,称为错流;若一侧流体只沿一个方向流动,另一侧流体反复折流,称为简单折流;若两侧流体均做折流,或既有折流又有错流,则称为复杂折流。

对于错流和折流时的平均温度差,可先按逆流进行计算,然后再乘以校正系数 ψ。即

$$\Delta t_m = \psi \Delta t_{m逆} \tag{4-57}$$

校正系数 ψ 与冷、热两种流体进、出口温度的变化量有关。定义:

$$P = \frac{t_2 - t_1}{T_1 - t_1} = \frac{冷流体的温升}{两流体的最初温差}$$

$$R = \frac{T_1 - T_2}{t_2 - t_1} = \frac{热流体的温降}{冷流体的温升}$$

根据 R、P 这两个参数,可从图 4-27 中查出 ψ 值。

图 4-27 给出了几种常见流动形式的温差校正系数与 R、P 的关系。对于列管式换热器,流体走完换热器管束或管壳的一个全长称为一个行程。管内流动的行程称为管程,流体流过管束一次为单管程,往返多次为多管程;管外流动的行程称为壳程,流体流过壳体一次为单壳程,往返多次为多壳程。

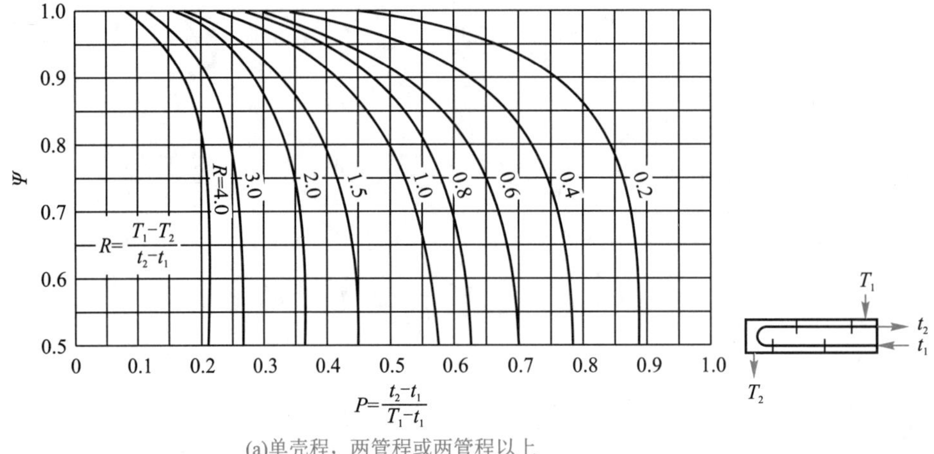

(a)单壳程，两管程或两管程以上

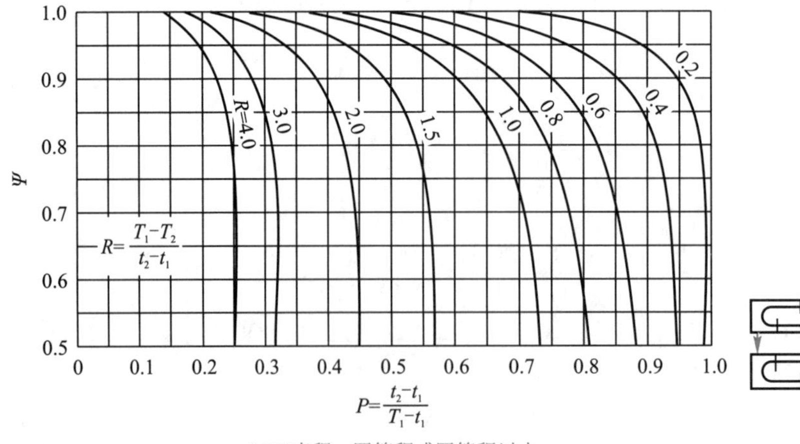

(b)双壳程，四管程或四管程以上

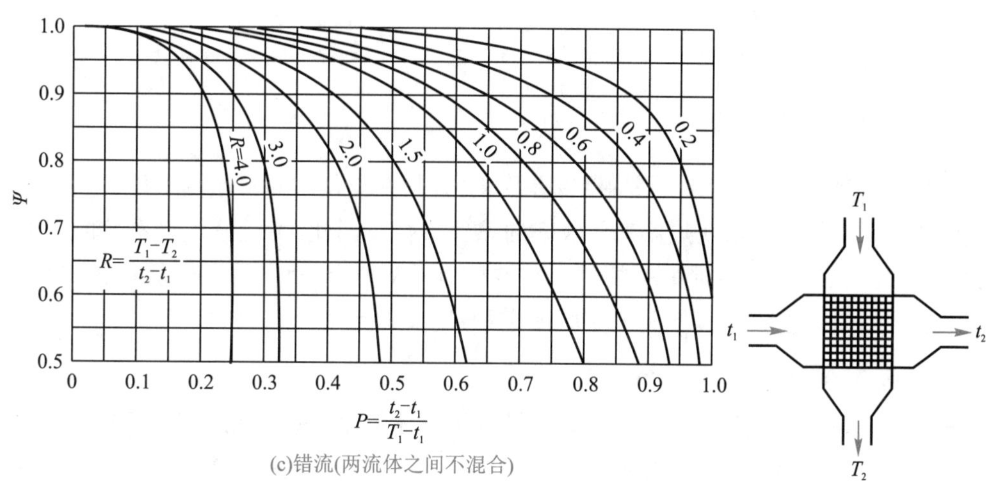

(c)错流(两流体之间不混合)

图 4-27 不同流动形式的 Δt_m 修正系数 ψ 值

由于校正系数 ψ 恒小于 1，故折流、错流时的平均温度差总小于逆流。在设计时要注意使 ψ 大于0.8，否则经济上不合理，也影响换热器操作的稳定性，因为此时若操作温度稍有变动（P 略增大），将会使 ψ 值急剧下降。所以，当计算得出的 ψ 小于0.8时，应改变流动方式后重新计算。

【例 4-10】如图 4-28 所示，在一单壳程、四管程的列管式换热器中，用水冷却油。冷水在壳程流动，进口温度为 15 ℃，出口温度为 32 ℃。油的进口温度为 100 ℃，出口温度为 40 ℃。试求两流体间的平均温度差。

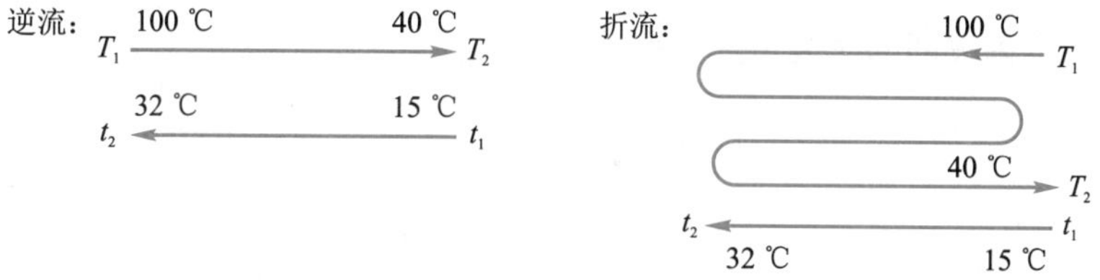

逆流： T_1 100 ℃ → 40 ℃ T_2；t_2 32 ℃ ← 15 ℃ t_1

折流： 100 ℃ T_1；40 ℃ T_2；t_2 32 ℃ ← 15 ℃ t_1

图 4-28 例题 4-10 图

解：已知 $T_1=100$ ℃，$T_2=40$ ℃，$t_1=15$ ℃，$t_2=32$ ℃

$$\Delta t_{m逆}=\frac{\Delta t_1-\Delta t_2}{\ln\frac{\Delta t_1}{\Delta t_2}}=\frac{(T_1-t_2)-(T_2-t_1)}{\ln\frac{T_1-t_2}{T_2-t_1}}$$

$$=\frac{(100-32)-(40-15)}{\ln\frac{100-32}{40-15}}=43.0\ ℃$$

$$R=\frac{T_1-T_2}{t_2-t_1}=\frac{100-40}{32-15}=3.53$$

$$P=\frac{t_2-t_1}{T_1-t_1}=\frac{32-15}{100-15}=0.20$$

查图 4-27(a)得 $\psi=0.90$

所以 $\Delta t_m=\psi\Delta t_{m逆}=0.9\times43.0=38.7$ ℃

五、总传热系数 K 的确定

总传热系数 K 等于当传热平均温度差为 1 ℃时,在单位时间内通过单位传热面积所传递的热量。K 值是衡量换热器工作效率的重要参数。因此,了解总传热系数的影响因素,合理确定 K 值,是传热计算中的一个重要问题。K 值有三种来源:经验值,来自于生产实践,但范围变化大;现场实测或实验测定;通过公式计算。

(一)总传热系数 K 的基本公式

根据图 4-4,在稳态传热的条件下,热量从热流体传至管壁一侧,通过管壁传至另一侧,然后又传给冷流体,各步传热速率必然是相同的。对应于每一步骤,其传热速率可分别用傅里叶定律或牛顿冷却定律来表示。根据图 4-26 所取的微元段和在传热方向上的温度分布图 4-13,则热流体与管外壁间的对流传热速率:

$$dQ=\alpha_o(T-T_w)dA_o=\frac{T-T_w}{\dfrac{1}{\alpha_o dA_o}} \tag{4-58}$$

通过管壁的热传导速率:

$$dQ=\frac{\lambda}{\delta}(T_w-t_w)dA_m=\frac{T_w-t_w}{\dfrac{\delta}{\lambda dA_m}} \tag{4-58a}$$

冷流体与管内壁间的对流传热速率:

$$dQ=\alpha_i(t_w-t)dA_i=\frac{t_w-t}{\dfrac{1}{\alpha_i dA_i}} \tag{4-58b}$$

式中 α_i、α_o——管内、外侧流体的对流传热系数,W/(m^2 · ℃);

dA_i、dA_o、dA_m——管内表面积、管外表面积和管平均面积表示的微元段传热面积,m^2。

根据等比定律,由式(4-58)、式(4-58a)及式(4-58b)可得:

$$dQ=\frac{T-t}{\dfrac{1}{\alpha_o dA_o}+\dfrac{\delta}{\lambda dA_m}+\dfrac{1}{\alpha_i dA_i}}=\frac{总温差}{总热阻}=\frac{总推动力}{总阻力}$$

与总传热速率方程微分式(4-54)比较可得:

$$\frac{1}{KdA}=\frac{1}{\alpha_o dA_o}+\frac{\delta}{\lambda dA_m}+\frac{1}{\alpha_i dA_i}$$

上式说明:对于圆筒壁传热,总传热系数 K 将随所取的传热面积 A 的不同而异,但 KdA 的乘积不变。若以管外表面积为基准,取 $dA=dA_o$,得

$$\frac{1}{K_o}=\frac{dA_o}{\alpha dA_o}+\frac{\delta dA_o}{\lambda dA_m}+\frac{dA_o}{\alpha_i dA_i}=\frac{1}{\alpha_o}+\frac{\delta d_o}{\lambda d_m}+\frac{d_i}{\alpha_i d_i} \tag{4-59}$$

同理,若以管内表面积为基准,取 $dA=dA_i$,则得

$$\frac{1}{K_i}=\frac{1}{\alpha_i}+\frac{\delta d_i}{\lambda d_m}+\frac{d_i}{\alpha_o d_o} \tag{4-59a}$$

同理,若以管的平均表面积为基准,取 $dA=dA_m$,则得

$$\frac{1}{K_m}=\frac{d_m}{\alpha_i d_i}+\frac{\delta}{\lambda}+\frac{d_m}{\alpha_o d_o} \tag{4-59b}$$

式中　d_i、d_o、d_m——换热管的内径、外径和平均直径,m。

式(4-59)、式(4-59a)、式(4-59b)称为总传热系数 K 的基本公式。

在传热计算中,用内表面积或外表面积作为传热面积计算的总传热系数不同,即 $K_i\neq K_o\neq K_m$,但 $K_iA_i=K_oA_o=K_mA_m$,工程上习惯以管外表面积 A_o 作为计算的传热面积,故以下的总传热系数 K 都是相对应于管外表面积 K_o,一般下标省略,取 $K=K_o$。

从上述推导过程看,这里的 K 是对应于微元面积 dA 的局部传热系数。严格地讲,在换热器中,流体的温度不断地沿传热面而变(流体有相变时除外),因此,流体的物性、对流传热系数及总传热系数都会有所变化。但是,工程计算中所使用的对流传热系数是按系统定性温度所确立的物性参数计算得到的,可视为常数。

(二)总传热系数 K 的计算通式

以上推导过程中,未涉及传热面上存在污垢的影响。实际上,换热器在运行一段时间后,在传热管的内、外两侧都会有不同程度的污垢沉积,使传热速率减小。实践证明,表面污垢会产生相当大的热阻,在传热计算中,污垢热阻常常不能忽略。由于污垢热阻的厚度和导热系数难以测量,工程计算时,通常是根据经验选用污垢热阻值。表 4-8 列出了工业上常见流体污垢热阻的大致范围以供参考。

若管内、外侧流体的污垢热阻用 R_{si}、R_{so} 表示,按串联热阻的概念,总传热系数 K 可由下式计算:

$$\frac{1}{K}=\left(\frac{1}{\alpha_o}+R_{So}\right)+\frac{\delta d_o}{\lambda d_m}+\left(R_{Si}+\frac{1}{a_i}\right)\frac{d_o}{d_i} \tag{4-59c}$$

上式即为计算换热器总传热系数 K 的计算通式。

式中　$\frac{1}{K}$——间壁换热的总热阻,(m² · ℃)/W;

$\left(\frac{1}{\alpha_o}+R_{So}\right)$——管外侧的热阻,包括流体的对流热阻和污垢热阻,(m² · ℃)/W;

$\frac{\delta d_o}{\lambda d_m}$——管壁的导热热阻,(m² · ℃)/W;

$\left(R_{Si}+\frac{1}{a_i}\right)\frac{d_o}{d_i}$——管内侧的热阻,包括管内侧的污垢热阻和对流热阻,(m² · ℃)/W。

对于易结垢的流体,换热器使用过久,污垢热阻会增加到使传热速率严重下降,故换

热器要根据工作条件定期清洗。

表 4-8　工业上常见流体的污垢热阻

<table>
<tr><th colspan="2">流体</th><th>污垢热阻 R/(m²·℃)/kW</th><th colspan="2">流体</th><th>污垢热阻 R/(m²·℃)/kW</th></tr>
<tr><td rowspan="7">水(1 m/s,t>50 ℃)</td><td>蒸馏水</td><td>0.09</td><td rowspan="3">水蒸气</td><td>优质(不含油)</td><td>0.052</td></tr>
<tr><td>海水</td><td>0.09</td><td>劣质(不含油)</td><td>0.09</td></tr>
<tr><td>清净的河水</td><td>0.21</td><td>往复机排出</td><td>0.176</td></tr>
<tr><td>未处理的凉水塔用水</td><td>0.58</td><td rowspan="4">液体</td><td>处理过的盐水</td><td>0.264</td></tr>
<tr><td>已处理的凉水塔用水</td><td>0.26</td><td>有机物</td><td>0.176</td></tr>
<tr><td>已处理的锅炉用水</td><td>0.26</td><td>燃料油</td><td>1.056</td></tr>
<tr><td>硬水、井水</td><td>0.58</td><td>焦油</td><td>1.76</td></tr>
<tr><td rowspan="2">气体</td><td>空气</td><td>0.26~0.53</td><td></td><td></td><td></td></tr>
<tr><td>溶剂蒸气</td><td>0.14</td><td></td><td></td><td></td></tr>
</table>

(三)总传热系数 K 的计算简化

(1)当换热面为平壁或薄管壁时,$A_o \approx A_i \approx A_m$,式(4-59c)可简化为

$$\frac{1}{K} = \frac{1}{\alpha_o} + R_{So} + \frac{\delta}{\lambda} + R_{Si} + \frac{1}{\alpha_i} \qquad (4-60)$$

当使用金属薄管壁时,管壁热阻可忽略;若为清洁流体,污垢热阻也可忽略。此时

$$\frac{1}{K} \approx \frac{1}{\alpha_o} + \frac{1}{\alpha_i} \qquad (4-61)$$

式(4-61)说明总传热系数 K 必小于任一侧流体的对流传热系数。

(2)在实际生产中,流体的进出口温度往往受到工艺要求的制约。欲提高 K 值,必须设法减小起决定作用的热阻,即控制热阻。

传热过程的总热阻是各串联热阻的叠加,原则上减小任何环节的热阻都可提高总传热系数 K。但当各个环节的热阻具有不同的数量级时,总热阻由其中数量级最大的热阻所决定。要有效地强化传热,必须着力减小热阻中最大的一个,即减少控制热阻。因此,提高 K 值是强化传热的重要途径。

对于水蒸气和空气的换热,如果管壁的污垢热阻、管壁导热热阻均可忽略不计,而水蒸气的对流传热系数很大,空气对流传热系数很小,则空气侧为控制热阻,总传热系数近似等于空气的对流传热系数,即 $K \approx \alpha_{空气}$。如例 4-11,欲提高总传热系数 K,提高空气侧的对流传热系数最有效。

在设计换热器时,往往可参照工艺条件相仿、在类似设备上所得的较为成熟的生产数据作为初步估算的依据。表 4-9 列出了列管式换热器中总传热系数 K 值的大致范围,可供参考。

表 4-9 列管式换热器 K 值大致范围

<table>
<tr><th colspan="2">冷流体</th><th colspan="2">热流体</th><th>总传热系数 K 值/[W/(m²·℃)]</th></tr>
<tr><td colspan="2">水</td><td colspan="2">水</td><td>700~1 800</td></tr>
<tr><td rowspan="3">有机物</td><td>黏度 μ<0.5 mPa·s</td><td colspan="2" rowspan="3">水</td><td>300~800</td></tr>
<tr><td>黏度 μ=0.5~1.0 mPa·s</td><td>200~500</td></tr>
<tr><td>黏度 μ>1.0 mP·s</td><td>50~300</td></tr>
<tr><td rowspan="2">有机物</td><td>黏度 μ<1.0 mPa·s</td><td colspan="2" rowspan="2">有机物</td><td>100~300</td></tr>
<tr><td>黏度 μ>1.0 mPa·s</td><td>50~250</td></tr>
<tr><td colspan="2">液体</td><td colspan="2">气体</td><td>10~60</td></tr>
<tr><td colspan="2">气体</td><td colspan="2">气体</td><td>10~40</td></tr>
<tr><td colspan="2">气体</td><td colspan="2">蒸气冷凝</td><td>20~250</td></tr>
<tr><td colspan="2">液体</td><td colspan="2">液体沸腾</td><td>100~800</td></tr>
<tr><td colspan="2">气体</td><td colspan="2">液体沸腾</td><td>10~60</td></tr>
<tr><td colspan="2">水</td><td colspan="2">水蒸气冷凝</td><td>1 500~4 700</td></tr>
<tr><td colspan="2" rowspan="3">水</td><td rowspan="3">有机物冷凝</td><td>黏度 μ<1.0 mPa·s</td><td>500~4 700</td></tr>
<tr><td>黏度 μ=0.5~1.0 mPa·s</td><td>200~700</td></tr>
<tr><td>黏度 μ>1.0 mPa·s</td><td>50~350</td></tr>
<tr><td colspan="2">有机物</td><td colspan="2">有机物冷凝</td><td>40~350</td></tr>
<tr><td colspan="2">水沸腾</td><td colspan="2">水蒸气冷凝</td><td>1 500~4 700</td></tr>
<tr><td colspan="2">有机物沸腾</td><td colspan="2">水蒸气冷凝</td><td>300~1 200</td></tr>
</table>

从表 4-9 中可以看到如下规律：气-气换热的 K 值很小，气-液换热的 K 值接近气-气换热的 K 值，而液-液换热的 K 值比气-气换热的 K 值大几十倍，这说明气-液换热的控制热阻在气体一侧。类似地，用蒸汽冷凝加热气体的换热过程，其 K 值接近气-气换热情况下的 K 值，说明此时的换热过程控制热阻在气体一侧。

【例 4-11】热空气在 $\phi25\times2.5$ mm 的钢管外流过，对流传热系数为 50 W/(m²·℃)，冷却水在管内流过，对流传热系数为1 000 W/(m²·℃)，试求：(1) 总传热系数 K；(2) 若管内对流传热系数增大一倍，K 有何变化？(3) 若管外对流传热系数增大一倍，K 有何变化？

解：已知 $\alpha_o=50$ W/(m²·K)，$\alpha_i=1\ 000$ W/(m²·℃)

查表 4-2 取钢管的导热系数 $\lambda=45$ W/(m·℃)

查表 4-8，取水侧污垢热阻：$R_{Si}=0.58\times10^{-3}$ (m²·℃)/W

取热空气侧污垢热阻：$R_{So}=0.5\times10^{-3}$ (m²·℃)/W

(1)由式(4-59c)可得

$$\frac{1}{K}=\left(\frac{1}{\alpha_o}+R_{So}\right)+\frac{\delta d_0}{\lambda d_m}+\left(R_{Si}+\frac{1}{\alpha_i}\right)\frac{d_0}{d_i}$$

$$=\frac{1}{50}+0.5\times10^{-3}+\frac{2.5\times10^{-3}\times25}{45\times22.5}+0.58\times10^{-3}\times\frac{25}{20}+\frac{25}{1\ 000\times20}$$

$$=0.02+0.000\ 5+0.000\ 062+0.000\ 725+0.001\ 25$$

$$=0.022\ 5\ \mathrm{m^2\cdot ℃/W}$$

$$K=44.4\ \mathrm{W/(m^2\cdot ℃)}$$

可见,空气侧对流热阻为0.02 $(\mathrm{m^2\cdot ℃})/\mathrm{W}$ 最大,占总热阻的88.9%;管壁热阻为 $6.2\times10^{-5}\ \mathrm{m^2\cdot ℃/W}$ 最小,占总热阻的0.28%。因此,总传热系数 K 值接近于空气侧的对流传热系数,即 α 较小的一个。

此时,若忽略管壁热阻与污垢热阻,可得 $K=47.1\ \mathrm{W/(m^2\cdot ℃)}$,误差约6%。

(2)若管内对流传热系数增大一倍,其他条件不变,即

$\alpha'_i=2\ 000\ \mathrm{W/(m^2\cdot ℃)}$,代入式(4-59c)可得 $\frac{1}{K'}=0.021\ 9$

$K'=45.6\ \mathrm{W/(m^2\cdot ℃)}$,传热系数仅提高了2.7%。

(3)若管外对流传热系数提高一倍,即 $\alpha'_0=100\ \mathrm{W/(m^2\cdot ℃)}$

则有 $\frac{1}{K''}=0.012\ 5$,$K''=79.8\ \mathrm{W/(m^2\cdot ℃)}$,传热系数提高了80%。

上述计算表明:①要想有效地提高 K 值,就必须设法减小主要热阻,本例中应设法提高空气侧的对流传热系数;②总传热系数 K 总小于两侧流体的对流传热系数,而且总是接近 α 较小的一个,即 $K=\alpha_{空气}$。

六、传热计算示例与分析

传热与其他单元操作的计算相同,传热计算也分为设计型与操作型两类。设计型计算是根据已定的生产要求,确定所需的换热面积;操作型计算用于判断一个现有的换热器能否完成指定的生产任务,或者预测某些参数的变化对换热能力的影响。两类计算均以热平衡方程和总传热速率方程为基础,但要计算的未知量不同,计算的步骤也有差别。

以无相变化两侧变温传热为例,有:

$$Q=W_h c_{ph}(T_1-T_2)=W_c c_{pc}(t_2-t_1)=KA\Delta t_m$$

三个方程中包含 Q、W_h、W_c、T_1、T_2、t_1、t_2、K、A 九个变量,c_{ph}、c_{pc} 一般为可知物性参数,Δt_m 是冷、热流体进、出口温度的函数,不是独立变量。因此,需给出其中六个独立变量才能解出其余三个未知变量。

(一)设计型计算示例

【例4-12】某厂要求将流量为1.25 kg/s的苯由80 ℃冷却至30 ℃,冷却水走管外与苯逆流换热,进口水温20 ℃,出口不超过50 ℃,见图4-29。已知:苯侧和水侧的对流传热系数分别为850 $\mathrm{W/(m^2\cdot ℃)}$ 和1 700 $\mathrm{W/(m^2\cdot ℃)}$,污垢热阻和管壁热阻可略,试求:换热器

的传热面积；已知：苯的平均比热容为 1.9 kJ/(kg · ℃)，水的平均比热容为 4.18 kJ/(kg · ℃)。

苯：80 ℃ ——→ 30 ℃

水：50 ℃ ←—— 20 ℃

图 4–29 例题 4–12 附图

解：$Q' = W_h c_{ph}(T_1 - T_2) = 1.25 \times 1.9 \times 10^3 \times (80 - 30) = 1.19 \times 10^5$ W

根据题意，式(4–59c)可简化为：$\dfrac{1}{K} = \dfrac{1}{\alpha_o} + \dfrac{1}{\alpha_i} = \dfrac{1}{1\,700} + \dfrac{1}{850} = 1.77 \times 10^{-3}$

$K = 565$ W/(m^2 · ℃)

对逆流换热，两端流体温度如图 4–29 所示。

$$\Delta t_m = \frac{\Delta t_1 - \Delta t_2}{\ln \dfrac{\Delta t_1}{\Delta t_2}} = \frac{(80-50)-(30-20)}{\ln \dfrac{80-50}{30-20}} = 18.2\ ℃$$

取 $Q = Q'$

$$A = \frac{Q}{K \cdot \Delta t_m} = \frac{1.19 \times 10^5}{565 \times 18.2} = 11.6\ \text{m}^2$$

【例 4–13】一卧式列管冷凝器，钢质换热管长为 3 m，直径为 $\phi 25 \times 2$ mm。水以 0.7 m/s 的流速在管内流过，并从 17 ℃被加热到 37 ℃。流量为1.25 kg/s，温度为 72 ℃的烃的饱和蒸气在管外冷凝成同温度的液体。烃蒸气的冷凝潜热为 315 kJ/kg。已测得：烃蒸气冷凝对流传热系数 $\alpha_o = 800$ W/(m^2 · ℃)，管内侧水的对流热阻为外侧烃蒸气热阻的 40%，污垢热阻又为管内侧水热阻的 70%，试求换热管的总根数及换热器的管程数。烃蒸气侧的污垢热阻、管壁热阻、热损失可忽略。

解：根据冷却水的总流量和单管内水的流量，确定每程管子的数目，再根据所需的传热面积确定管程数。

烃蒸气冷凝放热量：$Q = W_h \times r = 315 \times 1.25 = 394$ kW

取水的比热容为4.18 kJ/(kg · ℃)。

水的用量：$W_c = \dfrac{Q}{c_{pc}(t_2 - t_1)} = \dfrac{394}{4.18 \times (37 - 17)} = 4.713$ kg/s

单管内水的流量为：$W_{c1} = \pi \dfrac{d_i^2}{4} u\rho = 0.785 \times 0.021^2 \times 0.70 \times 1\,000 = 0.242\,3$ kg/s

每程所需的管子数：$n_1 = \dfrac{W_c}{W_{c1}} = \dfrac{4.713}{0.242\,3} = 19.5$

取每程管数为 20。

每程提供的传热面积为：$A_1 = \pi d_0 L n_1 = \pi \times 0.025 \times 3 \times 20 = 4.71$ m^2

由题给数据：$K = \dfrac{1}{\dfrac{1}{\alpha_o} + \left(\dfrac{1}{\alpha_i} + R_{Si}\right)\dfrac{d_o}{d_i}}$

$$= \frac{1}{\frac{1}{800} + \left(\frac{0.4}{800} + \frac{0.4 \times 0.7}{800}\right) \times \frac{25}{21}}$$

$$= 442.5\ \mathrm{W/(m^2 \cdot ℃)}$$

$$\Delta t_{\mathrm{m}} = \frac{(T - t_1) - (T - t_2)}{\ln \frac{T - t_1}{T - t_2}} = \frac{37 - 17}{\ln \frac{72 - 17}{72 - 37}} = 44.25\ ℃$$

完成传热任务所需的传热面积：$A = \frac{Q}{K\Delta t_{\mathrm{m}}} = \frac{394 \times 10^3}{442.5 \times 44.25} = 20.1\ \mathrm{m}^2$

需要管程数为：$N_{\mathrm{t}} = \frac{A}{A_1} = \frac{20.1}{4.71} = 4.27 \approx 4$

$n = N_{\mathrm{t}} n_1 = 4 \times 20 = 80$

即换热器为 4 管程，换热管总数为 80。

（二）操作型计算示例

【例 4-14】某厂使用初温为 25 ℃的冷却水将流量为1.4 kg/s 的气体从 50 ℃逆流冷却至35 ℃，换热器的面积为 20 m^2，经测定总传热系数 K 约为 230 W/(m^2 · ℃)。已知气体平均比热容为1.0 kJ/(kg · ℃)，试求冷却水用量及出口温度。

解：$Q = W_{\mathrm{h}} c_{ph}(T_1 - T_2) = 1.4 \times 1.0 \times 10^3 \times (50 - 35) = 2.1 \times 10^4\ \mathrm{W}$

取冷却水的平均比热容为4.18 kJ/(kg · ℃)，则

$$W_{\mathrm{c}} = \frac{Q}{c_{pc}(t_2 - t_1)} = \frac{2.1 \times 10^4}{4.18 \times 10^3 \times (t_2 - 25)} \tag{1}$$

根据总传热速率方程 $Q=KA\Delta t_{\mathrm{m}}$ 和流体两端温度的关系：

$$2.1 \times 10^4 = 230 \times 20 \times \frac{(50 - t_2) - (35 - 25)}{\ln \frac{50 - t_2}{35 - 25}} \tag{2}$$

试差求解式(2)得　　　　　$t_2 = 48.4\ ℃$

将 t_2 代入式(1)得　　　　$W_{\mathrm{c}} = 0.215\ \mathrm{kg/s}$

由于冷流体的流量和出口温度均未知，此题必须通过试差才能求，但是如果 Δt_{m} 可用算术平均值代替，就无须试差了。通常，可先用算术平均值代入公式求出试差初值，以节约试差时间。此外，冷流体的平均比热容是温度的函数，理论上也需要在解出 t_2 以后才能确定，但 C_{pc} 的数值随温度的变化并不大，取其估计值，在工程计算时还是允许的。

【例 4-15】质量流量为2.2×10^4 kg/h 的空气在列管式换热器内从 20 ℃加热到 80 ℃，空气在钢管内做湍流流动；116 ℃的饱和蒸汽在壳程冷凝放热。由于生产需要将空气的质量流量增加 20%，而空气的进出口温度保持不变，问：采用什么方法才能够完成新的加热任务？请做出定量计算并讨论计算结果。设管壁的导热热阻、管壁的污垢热阻均可忽略，已知空气的平均比热容为 1.0 kJ/(kg · ℃)。

解：空气流量增大后，若不改变蒸汽温度，则有

$$\Delta t_{m,1}=\Delta t_{m,2}=\frac{(116-20)-(116-80)}{\ln\frac{96}{36}}=61.17\ ℃$$

原工况(空气流量增大前的热负荷):

$Q=W_c c_{pc}(t_2-t_1)=2.2\times10^4\times1.0\times(80-20)=1.32\times10^6\ \mathrm{kJ/h}$

新工况(空气流量增大后的热负荷):

$Q=1.32\times10^6\times1.2=1.58\times10^6\ \mathrm{kJ/h}$

由于管壁及污垢热阻可略,可用式(4-61)计算 K 值:

$$\frac{1}{K}=\frac{1}{\alpha_o}+\frac{1}{\alpha_i}$$

由于 $\alpha_{蒸汽}$ 远大于 $\alpha_{空气}$,又因为空气在管内做湍流流动,由式(4-29)、式(4-29a)可得:

$$K\approx\alpha_{空气}=0.023\frac{\lambda}{d_i}Re^{0.8}Pr^{0.4}$$

$$K\approx\alpha_{空气}\propto u^{0.8}\cdot d^{-0.2}\tag{1}$$

(1)通过改变换热管的管径 d_i 和管长 L 来提高换热能力以满足新的换热任务。设改变前后的管径为 d_1,d_2,管长为 L_1、L_2,保持总管数 n 不变,则

新工况的传热速率:$Q_2=K_2A_2\Delta t_{m,2}=\alpha_2 n\pi d_2L_2\Delta t_{m,2}$

原工况的传热速率:$Q_1=K_1A_1\Delta t_{m,1}=\alpha_1 n\pi d_1L_1\Delta t_{m,1}$

则
$$\frac{Q_2}{Q_1}=\frac{\alpha_2d_2L_2}{\alpha_1d_1L_1}=\frac{u_2^{0.8}d_2^{0.8}L_2}{u_1^{0.8}d_1^{0.8}L_1}=1.2\tag{2}$$

根据流速的计算可得:

$$\frac{u_2}{u_1}=\frac{\dfrac{W_{c,2}}{\left(\dfrac{\pi}{4}\right)\cdot d_2^2\rho_2}}{\dfrac{W_{c,1}}{\left(\dfrac{\pi}{4}\right)\cdot d_1^2\rho_1}}=\frac{W_{c,2}d_1^2}{W_{c,1}d_2^2}=1.2\frac{d_1^2}{d_2^2}\tag{3}$$

把式(3)代入式(2),如果管长不变 $L_1=L_2$,可得

$$\left(1.2\frac{d_1^2}{d_2^2}\right)^{0.8}\left(\frac{d_2}{d_1}\right)^{0.8}=1.2$$

$$\left(\frac{d_1}{d_2}\right)^{0.8}=1.2^{0.2}$$

$\dfrac{d_1}{d_2}=1.2^{0.2/0.8}$,即管径 d_2 比原来减小 5%,可完成新的加热任务,但压降会增大。

若管径不变 $d_1=d_2$,则
$$\frac{u_2}{u_1}=\frac{W_{c,2}}{W_{c,1}}=1.2\tag{4}$$

将式(4)代入式(2)得:$L_2/L_1=1.2/1.2^{0.8}=1.2^{0.2}=1.037$,即管长要增加3.7%,可完成新的加热任务。

(2)若空气压降允许的情况下,可将换热器改为双管程,换热器面积和加热蒸汽温度不变,此时,管内流速变化为:

$$\frac{u_2}{u_1} = 1.2 \times 2 = 2.4$$

代入式(1)得

$$\frac{K_2}{K_1} = \frac{\alpha_2}{\alpha_1} = \left(\frac{u_2}{u_1}\right)^{0.8} = 2.4^{0.8} = 2.01 > \frac{Q_2}{Q_1} = 1.2$$

可以完成新的加热任务。

(3)若换热器的几何尺寸不变,即 $A_1 = A_2$,只改变饱和蒸汽的温度,从 116 ℃提高到 T,$\Delta t_{m,1} \neq \Delta t_{m,2}$,有

$$\Delta t_m = \frac{80 - 20}{\ln \dfrac{T - 20}{T - 80}}$$

$$\frac{Q_2}{Q_1} = 1.2 = \frac{\alpha_2 A_2 \Delta t_{m,2}}{\alpha_1 A_1 \Delta t_{m,1}} = \left(\frac{u_2}{u_1}\right)^{0.8} \times \frac{\dfrac{60}{\ln \dfrac{T-20}{T-80}}}{61.17} = 1.2^{0.8} \times \frac{60}{61.17} \times \ln \frac{T - 20}{T - 80}$$

$$\ln \frac{T - 20}{T - 80} = \frac{60}{61.17 \times 1.2^{0.2}} = 0.946$$

$$T = 118.1 \text{ ℃}$$

需将加热饱和蒸汽的温度提高到118.1 ℃,就可以完成新的加热任务。

通过本例需要指出以下几点:

①当一侧流体的对流传热系数小于另一侧的传热系数一个数量级以上且管壁及污垢热阻可忽略时,在工程计算时可近似认为前者约等于总传热系数 K,这也是常用的简化关系。如空气-水蒸气换热,$K = \alpha_{空气}$。

②流体在圆管内强制湍流的对流传热系数关系式(4-29)常用且重要。在管径不变、物性也近似不变时,可利用 $\alpha \propto Re^{0.8} \propto \dfrac{u^{0.8}}{d^{0.2}} \propto \dfrac{V^{0.8}}{d^{1.8}}$ 的关系分析传热系数随流量或流速的变化。

③需要了解某一给定变量发生变化对待求变量的影响时,可直接将新工况与原工况下包含这些变量的公式进行对比,消去未发生变化的各项,往往即可得出所求的结论。

④欲增加空气的质量流量,而保持空气的进出口温度不变,可采取减小换热器管径、增加管长、采用多管程、提高水蒸气的加热温度等方法。

【例 4-16】有一单程逆流换热器,热空气走管外,$\alpha_o = 50$ W/(m^2 · ℃),$T_1 = 120$ ℃,$T_2 = 80$ ℃,冷却水走管内,$\alpha_i = 2\ 000$ W/(m^2 · ℃),$t_1 = 15$ ℃,$t_2 = 90$ ℃。管壁和污垢热阻可以忽略。当冷却水流量增大一倍时,试求:(1)水和空气的出口温度。(2)传热速率 Q 比原来大多少?

解:(1)使用新、旧工况对比法求解:

原工况:$Q = W_h c_{ph}(T_1 - T_2) = W_c c_{pc}(t_2 - t_1) = KA\Delta t_m$ (1)

新工况：$Q' = W_h c_{ph}(T_1 - T'_2) = W'_c c_{pc}(t'_2 - t_1) = K'A\Delta t'_m$ (2)

由题给条件知：$W_c = 2W'_c$

由(1)/(2)得：$\dfrac{T_1 - T_2}{T_1 - T'_2} = \dfrac{t_2 - t_1}{2(t'_2 - t_1)} = \dfrac{K\Delta t_m}{K'\Delta t'_m}$ (3)

原工况：$\dfrac{1}{K} = \dfrac{1}{\alpha_o} + \dfrac{1}{\alpha_i} = \dfrac{1}{50} + \dfrac{1}{2\ 000} = 0.020\ 5$

$K = 48.8\ \text{W}/(\text{m}^2\cdot℃)$

根据式(4-29a)得：$\dfrac{\alpha'_i}{\alpha_i} = \left(\dfrac{W'_c}{W_c}\right)^{0.8} = 2^{0.8}, \alpha'_i = 2^{0.8}\alpha_i$

新工况：$\dfrac{1}{K'} = \dfrac{1}{\alpha_o} + \dfrac{1}{\alpha'_i} = \dfrac{1}{50} + \dfrac{1}{2^{0.8}\times 2\ 000} = 0.020\ 3$

$K' = 49.3\ \text{W}/(\text{m}^2\cdot℃)$

将已知条件带入式(3)，用试差法可解出 T_2 和 t_2，但如经过适当的数学处理，也可避免试差。

在逆流条件下：$\Delta t_m = \dfrac{(T_1 - t_2) - (T_2 - t_1)}{\ln\dfrac{T_1 - t_2}{T_2 - t_1}} = \dfrac{(120 - 90) - (80 - 15)}{\ln\dfrac{120 - 90}{80 - 15}} = 45.3\ ℃$

$$\Delta t'_m = \frac{(T_1 - t'_2) - (T'_2 - t_1)}{\ln\dfrac{T_1 - t'_2}{T'_2 - t_1}} = \frac{(T_1 - T'_2) - (t'_2 - t_1)}{\ln\dfrac{T_1 - t'_2}{T'_2 - t_1}} \qquad (4)$$

为了避免试差，需要设法消去 Δt_m 中的分子项，使分母项可以解出。按此，并应用等比定理整理式(3)为：

$$\frac{T_1 - T_2}{T_1 - T'_2} = \frac{(T_1 - T_2) - 0.5(t_2 - t_1)}{(T_1 - T'_2) - (t'_2 - t_1)} = \frac{K\Delta t_m}{K'\dfrac{(T_1 - T'_2) - (t'_2 - t_1)}{\ln\dfrac{T_1 - t'_2}{T'_2 - t_1}}} \qquad (5)$$

所以有 $\ln\dfrac{T_1 - t'_2}{T'_2 - t_1} = \dfrac{K'}{K}\times\dfrac{(T_1 - T_2) - 0.5(t_2 - t_1)}{\Delta t_m} = \dfrac{49.3}{48.8}\times\dfrac{(120-80)-0.5\times(90-15)}{45.3} = 0.055\ 8$

有
$$\frac{T_1 - t'_2}{T'_2 - t_1} = \frac{120 - t'_2}{T'_2 - 15} = 1.057 \qquad (6)$$

由式(3)
$$\frac{120 - 80}{120 - T'_2} = \frac{90 - 15}{2(t'_2 - 15)} \qquad (7)$$

联解式(6)、式(7)两式，得 $t'_2 = 61.9\ ℃, T'_2 = 69.9\ ℃$

(2) $\dfrac{Q'}{Q} = \dfrac{T_1 - T'_2}{T_1 - T_2} = \dfrac{120 - 69.9}{120 - 80} = 1.25$

即传热速率增加了 25%。

(1)本例说明解题中首先要弄清某一操作条件变化会引起哪些量发生变化。题中由于冷却水流量增大，使得冷热流体出口温度、热冷流体总温差发生变化，同时由于冷却水的对流传热系数与其流量成正比,即 $\alpha_i \propto W_c^{0.8}$,所以导致冷却水在对流传热系数增加的同时,使总传热系数增加、传热速率增大。

(2)对操作型题,经常使用对比法求解。此时往往假设流体的物性未变,这会带来一些误差,但作为工程计算是允许的。

(3)要了解用方程联立求解以代替试差的数学处理方法。请读者自行分析如两流体为并流换热,如何处理才能避免试差。

(4)本例中,气侧为传热控制步骤,冷却水流量增大,传热系数基本未变,传热速率的变化主要是平均推动力增大的结果。

通过对操作型问题的计算和分析,可以了解如何对传热过程实施调节。例如,若换热的目的是热流体冷却,当热流体的流量或进口温度发生变化,而工艺要求其出口温度保持不变时,可通过调节冷却介质的流量来改变换热器内的传热速率。但是,这种调节作用不能单纯地从热量衡算的观点理解为冷流体的流量大带走的热量多,流量小带走的热量少。根据总传热速率方程,正确的理解是,冷却介质流量的调节,改变了换热器的传热速率,传热速率的改变,可能来自 Δt_m 的变化,也可能来自 K 的变化,而多数是由共同作用引起的。

如果冷流体的对流传热系数远大于热流体的对流传热系数,调节冷却介质的流量,K 基本上不会变化,调节作用主要靠 Δt_m 变化;如果冷流体的对流传热系数远小于热流体或与之相当,改变冷却介质的流量,会使 K 和 Δt_m 皆有较大的变化,因此调节作用较强。

但若换热器在原工况下冷却介质的温升已经很小,则增大冷却介质流量不会使 Δt_m 有较大增加。此时,若热流体对流传热不是控制步骤,增大冷却介质流量可使 K 值增大,从而提高传热速率;若热流体对流传热是控制步骤,增大冷却介质的流量则无调节作用。

当然,改变冷却介质的进口温度也会有效地改变 Δt_m,但往往受到客观工程条件的限制。

对于以加热冷流体为目的的传热过程,也可通过改变加热介质有关参数予以调节,其作用原理相同。

(三)壁温计算

在某些对流传热系数关联式中,须知壁温才能计算;在选择换热器的类型和管子材料时,也需要知道壁温。

对于稳态的传热过程,将对流传热方程和热传导方程联立求解,就可以得出管壁两侧的温度。在一般管壁较薄的情况下,金属壁的热阻很小,可认为管壁两侧温度基本相等。

设管内、外截面上冷、热流体的平均温度分别为 t_i 和 t_o,取管壁温度为 t_w,设两侧壁温相等,如考虑污垢热阻的影响,根据冷、热流体传热速率相等,壁温可用下式计算:

$$\frac{t_o - t_w}{t_w - t_i} = \frac{\dfrac{1}{\alpha_o} + R_{So}}{\dfrac{1}{\alpha_i} + R_{Si}} \tag{4-62}$$

此式表明,传热面两侧温差之比,等于两侧热阻之比,故壁温 t_w 必接近于热阻较小一侧流体的温度。

【例 4-17】某废热锅炉中，管内高温气体进口温度 550 ℃，$\alpha_i = 150$ W/(m^2·℃)，管外水在 300 kPa(绝压)下沸腾，$\alpha_o = 10^4$ W/(m^2·℃)，试求以下两种情况下的总传热系数 K 和壁温：(1)管壁清洁无垢；(2)外侧有污垢存在，$R_{So} = 0.005$ (m^2·℃)/W。

解：(1) $\frac{1}{K} = \frac{1}{\alpha_o} + \frac{1}{\alpha_i} = \frac{1}{10^4} + \frac{1}{150} = 6.67 \times 10^{-3}$

$$K = 148\ \text{W/(m}^2\cdot℃)$$

在 300 kPa(绝压)下，水的饱和温度为133.3 ℃，

由式(4-62)得：

$$\frac{t_o - t_w}{t_w - t_i} = \frac{\frac{1}{\alpha_o}}{\frac{1}{\alpha_i}}$$

所以

$$\frac{133.3 - t_w}{t_w - 550} = \frac{\frac{1}{10^4}}{\frac{1}{150}}$$

$$t_w = 139.5\ ℃$$

计算表明，总传热系数 K 接近于 α(高温气体)，而壁温接近于热阻小(α 大)的一侧的流体温度，在题中为沸腾水的温度。

(2)因为 $R_{So} = 0.005$ (m^2·℃)/W

$$\frac{1}{K} = \frac{1}{\alpha_o} + R_{So} + \frac{1}{\alpha_i} = \frac{1}{10^4} + 0.005 + \frac{1}{150} = 1.18 \times 10^{-2}$$

$$K = 84.7\ \text{W/(m}^2\cdot℃)$$

$$\frac{133.3 - t_w}{t_w - 150} = \frac{\frac{1}{10^4} + 0.005}{\frac{1}{150}} = 0.765$$

$$t_w = 313.9\ ℃$$

管外侧存在污垢，热阻使总传热系数急剧下降而壁温大为升高。因此锅炉必须定期除去水垢，以免管壁温度过高而导致烧毁甚至引起爆炸事故。

第五节 热辐射

一、热辐射的基本概念

(一)热辐射概述

理论上，物体在一定温度下可以同时发射波长从零到无穷大的各种电磁波。但能被

物体吸收并转变为热能的热辐射波长在0.38~1 000 μm,大多集中于0.76~20 μm 的红外线区段。

热辐射就其本质而言,和光辐射完全相同,区别仅在于波长不同。故热辐射也遵循光辐射的折射、反射定律,在均一介质中直线传播。在真空和有些气体中可完全透过。

如图 4-30 所示,若投射在某一物体上的总辐射能为 Q,有部分能量 Q_A 被吸收,部分能量 Q_R 被反射,部分能量 Q_D 透过物体。

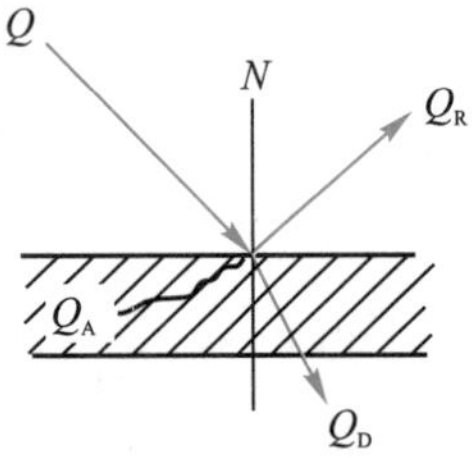

根据能量守恒定律:

$$Q = Q_A + Q_R + Q_D \tag{4-63}$$

或 $$\frac{Q_A}{Q} + \frac{Q_R}{Q} + \frac{Q_D}{Q} = 1$$

式中各比值 $\frac{Q_A}{Q} = A$,$\frac{Q_R}{Q} = R$ 和 $\frac{Q_D}{Q} = D$ 依次称为该物体对辐射的吸收率、反射率和透过率,于是上式可写为:

图 4-30　辐射能的吸收、反射和透过

$$A + R + D = 1 \tag{4-63a}$$

物体的吸收率、反射率和透过率的大小,与该物体的性质、温度、相态以及表面状况等因素有关。固体和液体在一般情况下不能透过热辐射,故透过率 $D \approx 0$,单原子和由对称双原子构成的气体(如 He、O_2、N_2 等),一般可视为透热体,即 $D \approx 1$,而多原子与不对称双原子气体(如 CO、CO_2、H_2O 等)则能有选择地吸收某些波段范围的辐射能。

物体的吸收率 A,表示物体吸收辐射能的能力,当 $A = 1$ 时,这种物体称为绝对黑体或黑体。实际上绝对黑体并不存在,但有些物体比较接近黑体,如无光泽的黑漆表面 $A = 0.96 \sim 0.98$。引入黑体的概念是研究和处理实际问题的需要,可以作为一种比较标准。

(二)黑体的辐射能力——斯蒂芬-玻尔兹曼定律

黑体的辐射能力 E_0,即单位时间内单位黑体表面向外界辐射的全部波长的总能量。理论证明:

$$E_0 = \sigma_0 T^4 \tag{4-64}$$

式中　σ_0——黑体的辐射常数,$\sigma_0 = 5.67 \times 10^{-8}\ \mathrm{W/(m^2 \cdot K^4)}$;

T——黑体的热力学温度,K。

式(4-64)称为斯蒂芬-玻尔兹曼定律。为了使用方便,通常将此式写为

$$E_0 = C_0 \left(\frac{T}{100}\right)^4 \tag{4-65}$$

式中　C_0——黑体的辐射系数,其值为5.67 $\mathrm{W/(m^2 \cdot K^4)}$。

由式(4-65)知,黑体的辐射能力与其表面绝对温度的四次方成正比,表明它对温度十分敏感,低温时辐射能往往可以忽略,高温时则往往成为传热的主要方式。

【例 4-18】试计算某一黑体表面温度分别为 37 ℃和 637 ℃时的辐射能力。

解:黑体在 37 ℃时

$$E_0 = C_0\left(\frac{T}{100}\right)^4 = 5.67 \times \left(\frac{273 + 37}{100}\right)^4 = 523.6\ \text{W/m}^2$$

黑体在 637 ℃时

$$E_0 = C_0\left(\frac{T}{100}\right)^4 = 5.67 \times \left(\frac{273 + 637}{100}\right)^4 = 3.89 \times 10^4\ \text{W/m}^2$$

(三)实际物体的辐射能力

在同一温度下,实际物体的辐射能力恒小于黑体的辐射能力。不同物体的辐射能力也有很大差别。实际物体与同温度黑体的辐射能力的比值称为该物体的黑度,用 ε 表示,可用实验测定。

$$\varepsilon = \frac{E}{E_0} \tag{4-66}$$

实际物体的黑度表征其辐射能力的大小,其值恒小于 1。由式(4-65)和式(4-66),可将实际物体的辐射能力表示为:

$$E = \varepsilon E_0 = \varepsilon C_0\left(\frac{T}{100}\right)^4 \tag{4-67}$$

物体的黑度不单纯是颜色的概念。实验证明,物体的黑度主要取决于物体的性质、表面温度和表面状况(如粗糙度、氧化程度)等。表 4-10 给出了某些常用工业材料的黑度值。由此表可以看出,金属表面的粗糙程度对黑度 ε 影响较大。非金属材料的黑度值通常都较高,一般在0.85~0.95之间,在缺乏资料时,可近似取0.90。

表 4-10 常用工业材料的黑度 ε 值

材料	温度/℃	黑度 ε	材料	温度/℃	黑度 ε
红砖	20	0.93	铜(氧化的)	200~600	0.57~0.87
耐火砖	—	0.8~0.9	铜(磨光的)	—	0.03
钢板(氧化的)	200~600	0.8	铝(氧化的)	200~600	0.11~0.19
钢板(磨光的)	940~1 100	0.55~0.61	铝(磨光的)	225~575	0.039~0.057
铸铁(氧化的)	200~600	0.64~0.78			

(四)灰体的辐射能力和吸收能力——克希荷夫定律

实际物体的吸收率与入射的辐射波长的关系比较复杂。为了使辐射传热工程问题得到简化,引入灰体的概念。灰体是对各种辐射波长具有相同吸收率的理想化物体。实验表明,大多数工程材料,对于波长在 0.76~20 μm 范围内的这部分热辐射能,其吸收率随波长的变化不大,故可将这些实际物体视为灰体。灰体的辐射能力也可用黑度 ε 来表征。

关于灰体的吸收率,已经证明:同一灰体的吸收率与其黑度在数值上相等,即

$$A = \varepsilon \tag{4-68}$$

此式称为克希荷夫定律。该式表明,灰体的辐射能力越大,其吸收能力也越大。因

此,实际物体对投入辐射的吸收率均可近似地用其黑度的数值。根据黑度的定义,式(4-68)也可表示为

$$\frac{E}{A} = E_0 \tag{4-69}$$

这是克希荷夫定律的另一种表达式,它说明灰体在一定温度下的辐射能力和吸收率的比值,恒等于同温度下黑体的辐射能力。

二、两固体间的热辐射

工业上常遇到的两固体间的热辐射,通常可视为灰体间的热辐射。两固体间由于辐射而进行热传递时,从一个物体向各个方向发出的辐射能,只有一部分到达另一物体的表面,而到达的这一部分能量又有部分反射出来而不能全部吸收;同理,从另一物体表面辐射和反射出来的辐射能,也只有一部分到达对方表面,这部分能量又有一部分被吸收、另一部分被反射。这种过程不断地反复进行。因此,在计算两固体间的相互辐射时,必须考虑到两固体的吸收率和反射率、形状和大小,以及两物体间的距离和相互位置。两固体间辐射传热总的结果,是热能从温度较高的物体传递给温度较低的物体。一般可用下式计算

$$Q_{1-2} = C_{1-2}\varphi A\left[\left(\frac{T_1}{100}\right)^4 - \left(\frac{T_2}{100}\right)^4\right] \tag{4-70}$$

式中 Q_{1-2}——辐射传热速率,W;

C_{1-2}——总辐射系数,W/(m^2·K^4);

A——辐射传热面积,当两物体间面积不相等时,取辐射面积较小的一个;

T_1、T_2——热、冷物体表面的热力学温度,K;

φ——几何因子或角系数,无因次。

对于工业上常遇到的情况,辐射面积 A、角系数 φ、总辐射系数 C_{1-2} 的求取可参见图 4-31 及表 4-11。

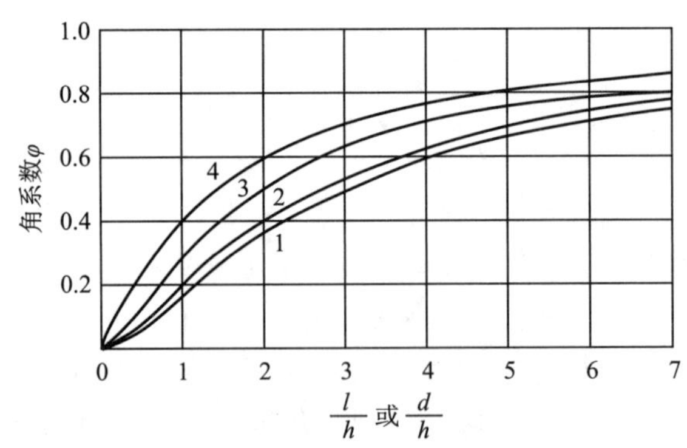

$$\frac{l}{h}\text{或}\frac{d}{h}=\frac{\text{边长(长方形用短的边长)或直径}}{\text{辐射面间的距离}}$$

1—圆盘形;2—正方形;3—长方形(边长比 2:1);4—长方形(狭长)

图 4-31 平行面间直接辐射热交换的角系数

表 4-11 角系数值与总辐射系数计算式

序号	辐射情况	面积 A	角系数 φ	总辐射系数 C_{1-2}
1	极大的两平行面	A_1 或 A_2	1	$\dfrac{C_0}{\dfrac{1}{\varepsilon_1}+\dfrac{1}{\varepsilon_2}-1}$
2	面积有限的两相等平行面	A_1	<1①	$\varepsilon_1\varepsilon_2C_0$
3	很大的物体 2 包住物体 1	A_1	1	ε_1C_0
4	物体 2 恰好包住物体 1 $A_1=A_2$	A_1	1	$\dfrac{C_0}{\dfrac{1}{\varepsilon_1}+\dfrac{1}{\varepsilon_2}-1}$
5	在 3、4 两种情况之间	A_1	1	$\dfrac{C_0}{\dfrac{1}{\varepsilon_1}+\dfrac{A_1}{A_2}\left(\dfrac{1}{\varepsilon_2}-1\right)}$

注:此处 φ 值可由图 4-31 查得。

【例 4-19】室内有一高为 0.5 m、宽为 1 m 的铸铁炉门,表面温度为 627 ℃,室温为 27 ℃。试求:(1)炉门辐射散热速率;(2)若炉门前很小距离处平行放置一块同样大小的已氧化的铝质遮热板,达到稳态时炉门与遮热板之间的辐射散热速率为多少?

解:由表 4-10,取铸铁的黑度为 0.78,铝板的黑度为 0.15。

(1)炉门为四壁包围,属于很大的物体 2 包住物体 1,如表 4-11 中的第 3 种情况,设壁温等于室温,则:

$$\varphi=1, C_{1-2}=\varepsilon_1C_0=0.78C_0, A=A_1=0.5\times1=0.5\ \text{m}^2$$

则:$Q_{1-2}=C_{1-2}\varphi A\left[\left(\dfrac{T_1}{100}\right)^4-\left(\dfrac{T_2}{100}\right)^4\right]$

$$=0.78\times5.67\times1\times0.5\times\left[\left(\frac{273+627}{100}\right)^4-\left(\frac{273+27}{100}\right)^4\right]$$

$$=1.43\times10^4\ \text{W}$$

(2)因炉门与遮热板相距很近,两者之间的辐射可视为两无限大平板间的热辐射,属于表 4-11 中的第 1 种情况,设遮热板的温度为 T_3,则:

$$C_{1-3}=\frac{C_0}{\dfrac{1}{\varepsilon_1}+\dfrac{1}{\varepsilon_3}-1}$$

$\varphi=1, A=A_1$,所以

$$Q_{1-3}=C_{1-3}\varphi A_1\left[\left(\frac{T_1}{100}\right)^4-\left(\frac{T_3}{100}\right)^4\right]=\frac{0.567}{\dfrac{1}{0.78}+\dfrac{1}{0.15}-1}\times1\times0.5\times\left[\left(\frac{900}{100}\right)^4-\left(\frac{T_3}{100}\right)^4\right] \quad (1)$$

遮热板为四周墙壁所包围,所以

$$Q_{3-2}=\varepsilon_3 C_0 \varphi A_3\left[\left(\frac{T_3}{100}\right)^4-\left(\frac{T_2}{100}\right)^4\right]=0.15\times5.67\times1\times0.5\times\left[\left(\frac{T_3}{100}\right)^4-\left(\frac{300}{100}\right)^4\right] \quad (2)$$

在稳态传热条件下，$Q_{1-3}=Q_{3-2}$，联解式(1)、式(2)可得：$T_3=755$ K

$$Q_{1-3}=Q_{3-2}=0.15\times5.67\times0.5\times\left[\left(\frac{755}{100}\right)^4-\left(\frac{300}{100}\right)^4\right]=1\ 347\ \text{W}$$

增加遮热板后散热量减少为原来的$\frac{1.43\times10^4-1\ 347}{1.43\times10^4}=9.5\%$，说明设置遮热板是减少炉门热损失的有效措施。若题中遮热板距炉门 0.1 m，试计算其辐射散热速率并分析两辐射面间距离变化对散热速率的影响。

三、辐射对流联合传热

化工生产中设备的外壁温度常高于周围的环境温度，因此热量会由壁面以对流和辐射两种形式散失。设备热损失应为对流与辐射两部分之和。

对流散失的热量为：
$$Q_C=\alpha_C A_w(T_w-T) \quad (4\text{-}71)$$

辐射散失的热量为：
$$Q_R=C_{1-2}\varphi A_w\left[\left(\frac{T_w}{100}\right)^4-\left(\frac{T}{100}\right)^4\right] \quad (4\text{-}72)$$

为了方便起见，可将式(4-72)也写成对流传热速率方程的形式：
$$Q_R=\alpha_R A_w(T_w-T) \quad (4\text{-}72a)$$

则壁面总的散热量为：
$$Q=Q_C+Q_R=(\alpha_C+\alpha_R)(T_w-T)=\alpha_T A_w(T_w-T) \quad (4\text{-}73)$$

以上各式中 α_C——对流传热系数，W/(m^2·K)；

α_R——辐射传热系数，W/(m^2·K)；

α_T——辐射对流联合传热系数，W/(m^2·K)；

A_w、T_w——设备外壁的面积和热力学温度，单位分别为 m^2、K；

T——设备周围环境温度，K。

对于有保温层的设备和管道等外壁对周围环境散热的联合传热系数 α_T，可用下列公式估算。

(1)空气自然对流时，当 $T_w<423$ K 时

在平壁保温层外：
$$\alpha_T=9.8+0.07(T_w-T) \quad (4\text{-}74)$$

在管道及圆筒壁保温层外：
$$\alpha_T=9.4+0.052(T_w-T) \quad (4\text{-}75)$$

(2)空气沿粗糙表面强制对流时

空气速度 $u\leqslant5$ m/s，$\alpha_T=6.2+4.2u$ (4-75a)

空气速度 $u>5$ m/s，$\alpha_T=7.8u^{0.78}$ (4-75b)

第六节 换热器

换热器是许多工业部门的通用设备,在化工生产中可用作加热器、冷却器、冷凝器、蒸发器和再沸器等。根据冷、热流体热量交换的方式,换热器可以分为三大类,即直接接触式、蓄热式和间壁式,详细介绍见本章第一节。

本节介绍间壁式换热器的型式与构造,并着重讨论最常用的列管式换热器。

一、间壁式换热器的类型

(一)夹套式换热器

如图4-32所示,这种换热器在容器外壁焊有一个夹套,夹套内通入加热剂或冷却剂。传热面就是夹套所在的整个容器壁,属于最早的一种间壁式换热器。其特点是结构简单,但传热面受容器壁面限制,总传热系数也不高。夹套式换热器广泛用于反应器的加热和冷却。釜内通常设置搅拌以提高釜内流体对流传热系数,并使釜内液体受热均匀。

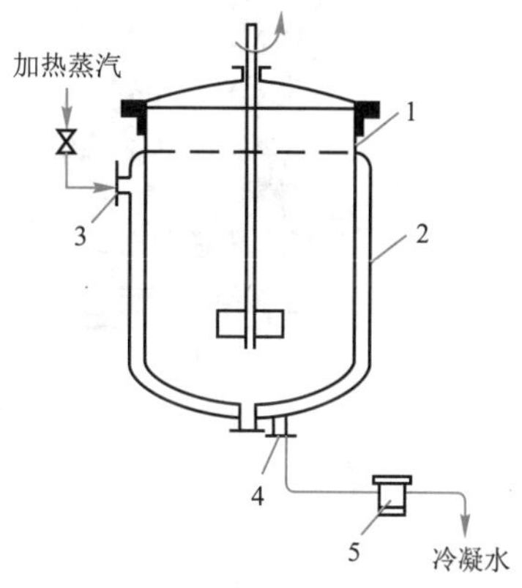

1—釜;2—夹套;3—蒸汽进口;4—冷凝水出口;5—冷凝水疏水器

图4-32 夹套式换热器

(二)沉浸式蛇管换热器

如图4-33所示,这种换热器是将金属管绕成各种与容器相适应的形状,并沉浸在容器内的液体中。优点是结构简单、制造方便、管内能承受高压并可选择不同材料以利防腐,管外便于清洗。缺点是管外容器中的流动情况较差,对流传热系数小,平均温差也较低,适用于反应器内的传热、高压下的传热以及强腐蚀性介质的传热。

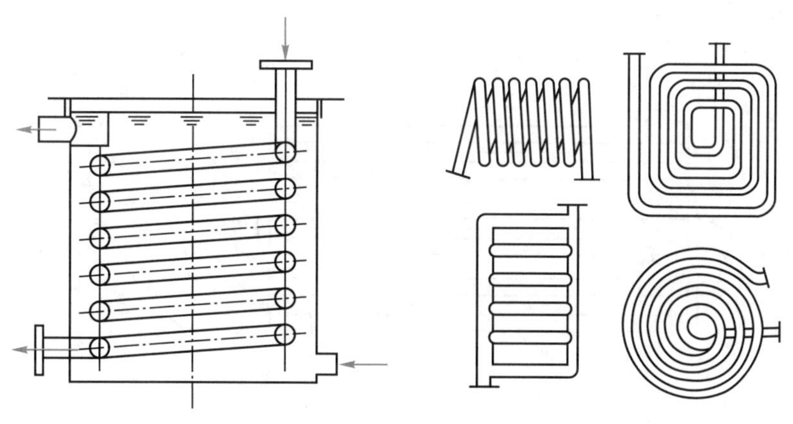

(a)沉浸式蛇管换热器 (b)蛇管的形状

图4-33 沉浸式蛇管换热器

(三)喷淋式换热器

如图 4-34 所示,主要作为冷却设备,这种换热器是将换热管成排地固定在钢架上,热流体在管内流动,与从上方自由喷淋而下的冷却水逆流换热。喷淋换热器的管外是一层湍动程度较高的液膜,并且这种换热器多放在空气流通之处,冷却水的蒸发也带走一部分热量,故比沉浸式换热器传热效果好。结构简单,管外便于清洗,水消耗量也不大,特别适用于高压流体的冷却。缺点是占地面积较大,喷淋也不易均匀。

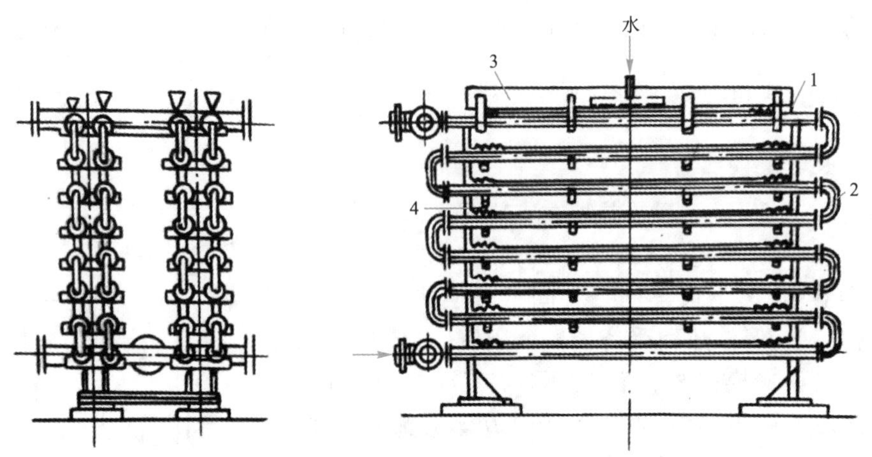

1—直管;2—U 形管;3—水槽;4—齿形槽板

图 4-34　喷淋式换热器

(四)套管式换热器

套管式换热器是由直径不同的直管制成同心套管,并用 U 形弯头连接而成(图 4-35)。这种换热器中的管内流体和环隙流体皆可选用较高的流速,故总传热系数较大,并且两流体可安排为纯逆流,对数平均推动力较大。优点是结构简单,能承受高压,传热面易于增减;缺点是单位传热面的金属耗量很大,不够紧凑,介质流量较小和热负荷不大,一般适用于压强较高的场合。

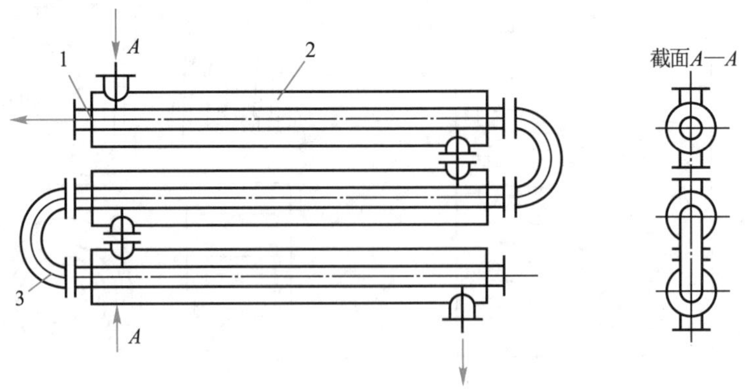

1—内管,2—外管;3—U 形肘管

图 4-35　套管式换热器

(五)列管式换热器

1.列管式换热器(又称管壳式换热器)组成

列管式换热器是应用最广的间壁式换热器,主要由壳体、管束、折流挡板、管板和封头等部分组成。管束两端固定在管板上,管板外是封头,供管程流体的进入和流出,保证各管中的流动情况比较一致,如图4-36所示为固定管板式换热器,图4-39为单壳程回程管固定管板式换热器。在列管换热器进行换热的两种流体,一种在管内流动,其行程称为管程;一种在管外流动,其行程称为壳程。管束的壁面即为传热面。

2.多管程及其作用

流体在管内每通过管束一次为一个管程,每通过壳体一次称为一个壳程。图4-36所示的换热器为单壳程单管程固定管板式换热器。为了提高管内流体流速,可在两端封头内设置适当的隔板,使全部管子分为若干组,管程流体依次通过每组管子往返多次,称为多管程。管程数增多虽可提高管内流速和管内对流传热系数,但流体流动阻力和机械能损失增大,传热平均推动力也会减小,故管程数不宜太多,以2程、4程、6程较为常见。

3.折流挡板及其作用

为提高管外流体的对流传热系数,通常在壳体内安装一定数量的横向折流挡板。折流挡板不仅可防止流体短路、增加壳程流体速度,还迫使流体按规定路径多次错流通过管束,使湍动程度大为增加。常用的折流挡板有圆缺形和圆盘形两种(图4-37和图4-38),圆缺形挡板应用最广泛。

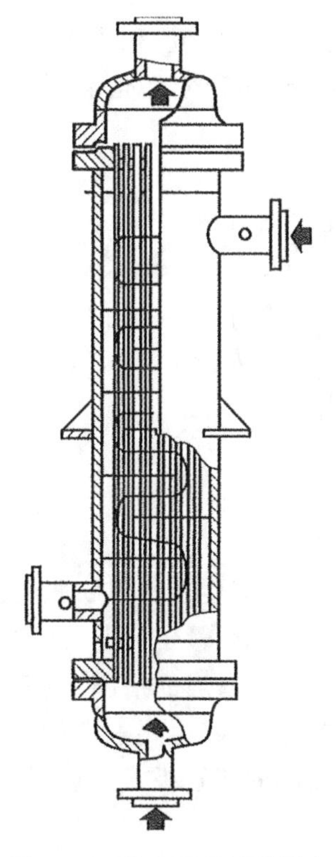

图4-36　单壳程单管程固定管板式换热器

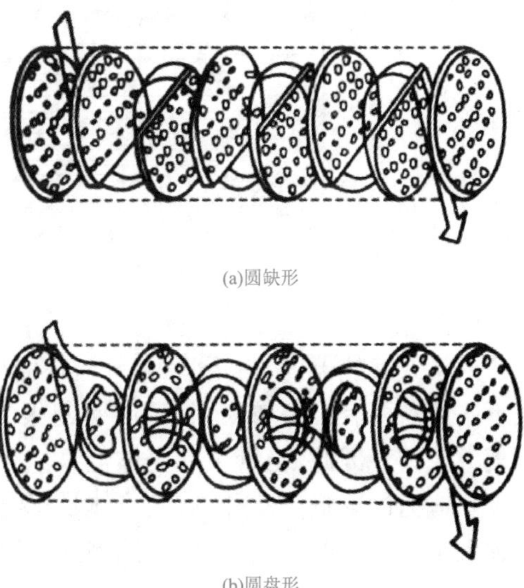

(a)圆缺形

(b)圆盘形

图4-37　流体在壳程内的折流

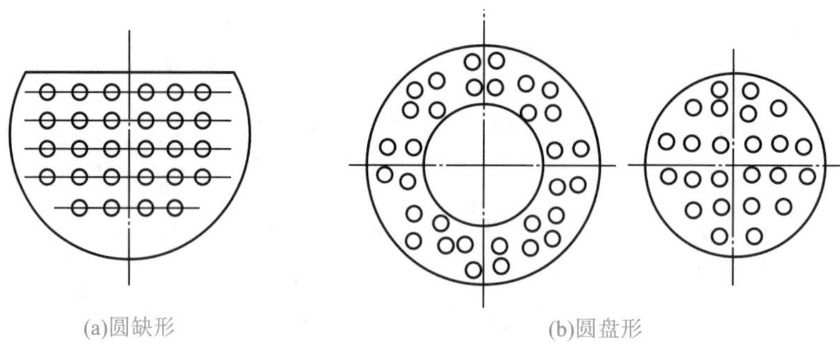

图 4-38　折流挡板的形式

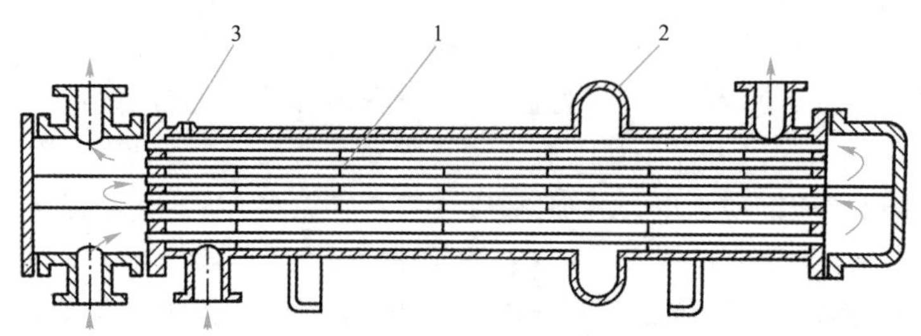

1—挡板;2—补偿圈;3—放气嘴

图 4-39　单壳程四管程固定管板式换热器

4.多壳程及其作用

为提高管外流速,可在壳体内安装纵向隔板使流体多次通过壳体空间,称为多壳程。图 4-40 所示为两壳程四管程换热器。但由于在壳体内安装纵向隔板较困难,需要时可采用多个相同的小直径换热器串联来代替多壳程。

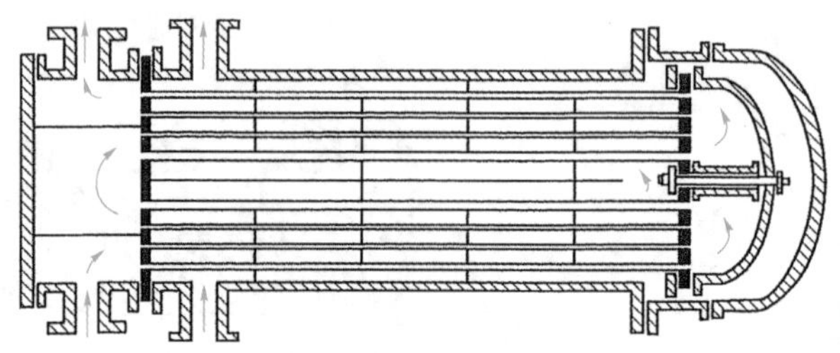

图 4-40　双壳程四管程浮头式换热器

5.列管换热器的分类

在列管式换热器内,由于管内、外流体温度不同,壳体和管束的温度及其热膨胀的程度也不同。若两者温差较大,就可能引起很大的内应力,使设备变形、管子弯曲、断裂甚至从板上脱落。因此,当管束和壳体温度差超过 50 ℃时,必须采取适当的措施,以消除或减少热应力的影响。此外,有的流体易于结垢,有的流体腐蚀性较大,也要求换热器便于清理和维修。目前,已有几种不同型式的换热器系列化生产,如固定管板式换热器、浮头式换热器及 U 形管换热器。

(1)固定管板式换热器　当管程和壳程流体的温差小于 50 ℃时,可采用固定管板即两端管板与壳体制成一体的结构形式，如图 4-36 所示。这种换热器的结构最为简单，加工成本低，但壳程清洗困难，要求管外流体是洁净的。当温差大于 50 ℃、小于 70 ℃，而壳体操作压强又不太高时，可在壳体上安装补偿圈（膨胀节）以减小热应力，如图 4-39 所示。

（2）浮头式换热器　当管程和壳程流体的温差大于 70 ℃时，可选用浮头式换热器。浮头式换热器中两端的管板有一端不与壳体连接，这一端的封头可在壳体内与管束一起沿管轴方向自由移动，此端称为浮头（图 4-40）。这种结构使管束的膨胀不受壳体膨胀的影响，完全消除了温差热应力，而且整个管束可从壳体中抽出，便于管内外的清洗和检修。因此，尽管其结构复杂，造价较高，但应用十分广泛。

（3）U 形管换热器　当管程和壳程流体的温差高于 70 ℃时，也可选用 U 形管换热器。U 形管换热器的每根换热管都弯成 U 形（图 4-41），两端固定在同一块管板上，封头用隔板分成两室，故相当于双管程。这样，每根管子皆可自由伸缩，与壳体无关，解决了温差补偿问题，结构也不复杂。缺点是管内清洗比较困难。这些换热器的系列型号、规格参见附录。

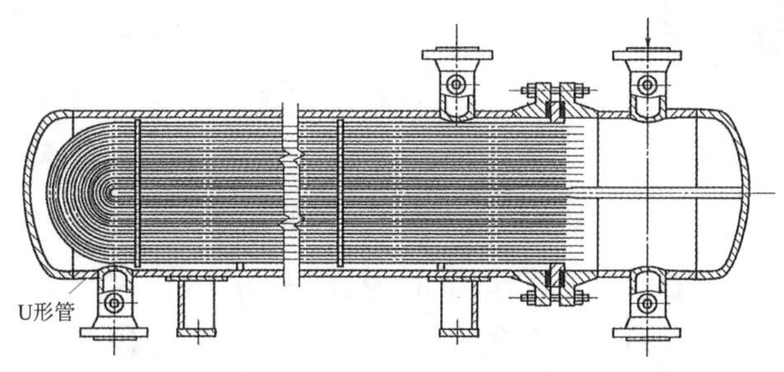

图 4-41　U 形管换热器

（六）其他高效换热器

以上各种传统的间壁换热器中普遍存在的问题是结构不够紧凑，金属耗量大，换热器单位体积所能提供的传热面积较少。随着工业的发展，不断涌现出新型高效的换热器。基本革新思路是：①在有限的体积内增加传热面积；②增加间壁两侧流体的湍动程度以提高传热系数。

1.螺旋板式换热器

螺旋板式换热器是由两张平行薄钢板卷制而成，在其内部形成一对同心的螺旋形通道。换热器中央设有隔板，将两个螺旋形通道隔开。两板之间焊有定距柱以维持通道间距，在螺旋板两侧焊有盖板。冷、热流体分别由相邻螺旋形通道流过，通过薄板进行换热，常用的螺旋板式换热器，根据流动方式不同，分为 Ⅰ 型、Ⅱ 型、Ⅲ 型和 G 型，如图 4-42 所示。

螺旋板换热器优点是总传热系数大，水与水换热时传热系数 K 可达2 000~3 000 W/($m^2\cdot K$)；结构紧凑，单位体积的传热面约为列管式的 3 倍；冷、热流体间为纯逆流流动，传热平均推动力大；由于流速较高以及离心力的作用，在较低的 Re（一般为1 400~1 800）

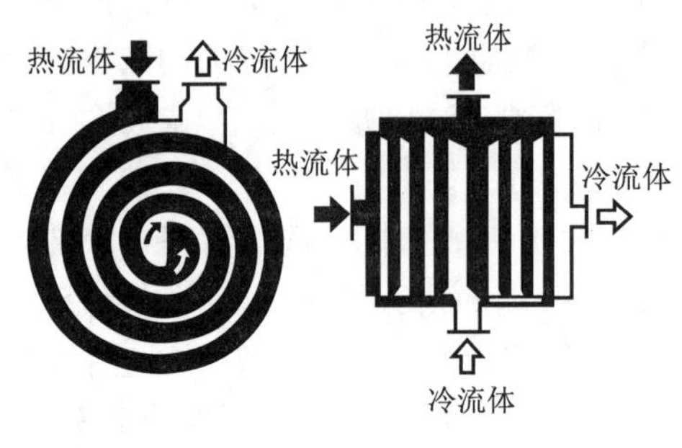

(a) Ⅰ型螺旋板式换热器

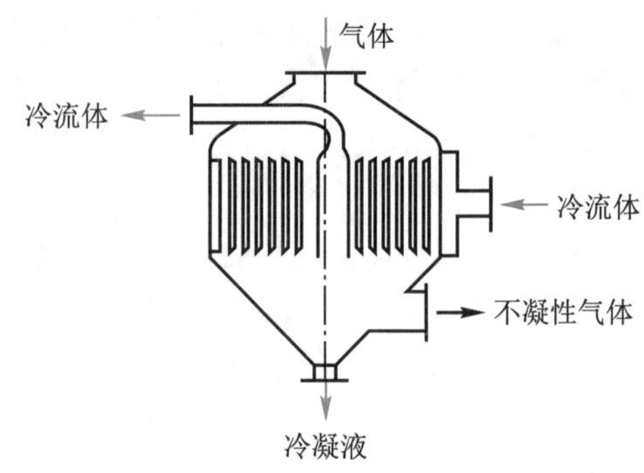

(b) Ⅱ型螺旋板式换热器

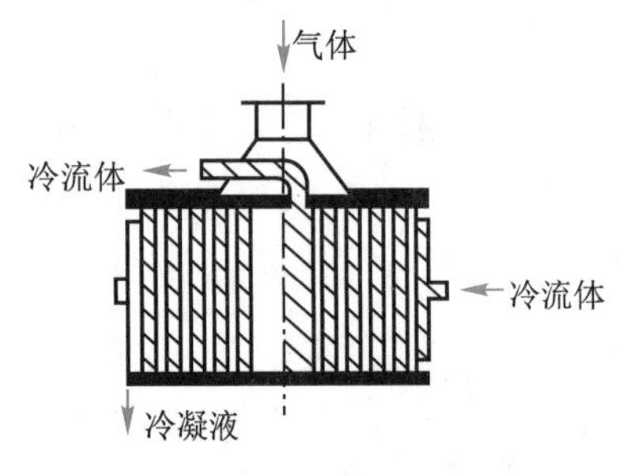

(c) Ⅲ型螺旋板式换热器

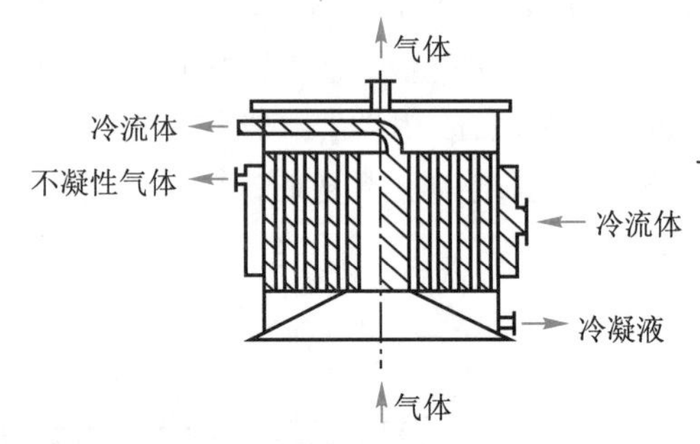

(d) G型螺旋板式换热器

图 4-42 螺旋板式换热器

下即可达湍流,使流体对器壁有冲刷作用而不易结垢和堵塞。主要缺点是操作压强和温度不能太高,目前操作压强不大于 2 MPa,温度在 400 ℃以下,因整个换热器为卷制而成,一旦发生泄漏,维修困难。

2.平板式换热器

平板式换热器是由传热板片、密封垫片和压紧装置三部分组成的。图 4-43 所示为若干矩形板片,其上四角开有圆孔,板片间用密封垫片隔开并可形成不同的流体通道。冷、热流体在板片两侧流过,通过板片进行换热。板片厚度为0.5~3 mm,通常压制成各种波纹形状,既增加刚度和实际传热面积,又使流体分布均匀,增加湍动程度。

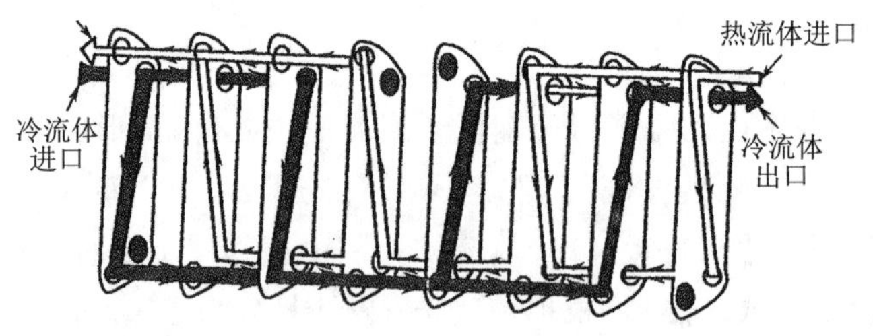

图 4-43 平板式换热器

平板式换热器的主要优点是:①总传热系数高,水与水之间的传热系数 K 值可达 1 500~4 700 W/(m^2 · K),而在列管式换热器中,K 值一般为1 100~2 300 W/(m^2 · K);②结构紧凑,单位体积设备提供的传热面积大,因而热损失也较小,板片间距为 4~6 mm

时,常用的板式换热器单位体积可具有 250~1 000 m^2 的传热面积,而列管式换热器一般约为 40~150 m^2 的传热面积;③操作灵活性大,检修清洗方便,这是因为板式换热器具有可拆结构,可根据需要调整板片数目、流动方式和两侧流体的流动程数。

平板式换热器的主要缺点是允许的操作压强和温度较低。通常操作压强不超过 2 MPa,否则易渗漏;操作温度受垫片材料耐热性限制,对合成橡胶垫片不超过 130 ℃,对压缩石棉垫片也不超过 250 ℃。另外,不宜于处理特别容易结垢的流体,单台处理量也比较小。

3.板翅式换热器

板翅式换热器是一种轻巧、紧凑、高效的换热装置,过去由于成本较高,仅用于少数高科技部门,现已逐渐用于其他工业并取得良好效果。

板翅式换热器由若干基本元件和集流箱等组成。基本元件由各种形状的翅片、平隔板、侧封条组装而成,如图 4-44 所示。将各基本元件适当排列(两元件之间隔板共用),并用钎焊固定,制成逆流式或错流式板束,如图 4-45 所示,然后将带有流体进、出口管的集流箱焊到板束上,就成为板翅式换热器。其材料通常为铝合金。

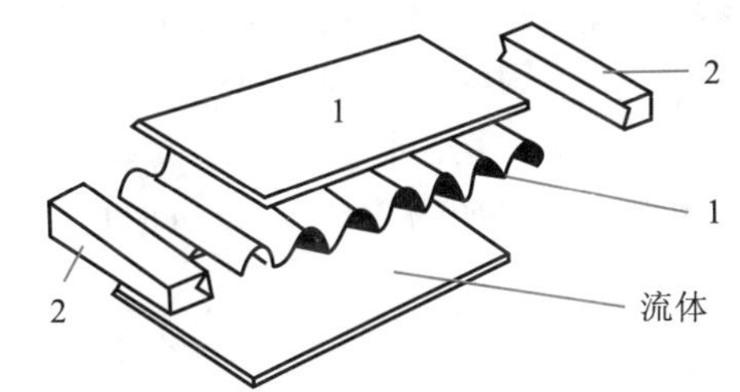

1—平隔板;2—侧封条;3—翅片(二次表面)

图 4-44 板翅式换热器单元体分解图

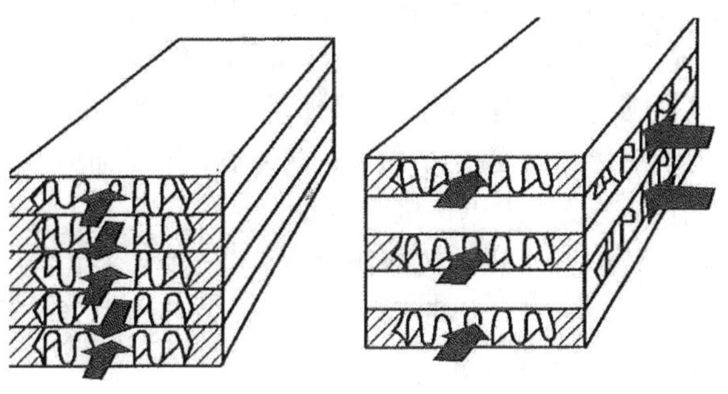

(a)逆流 (b)错流

图 4-45 板翅式换热器的板束

板翅式换热器结构高度紧凑,所用翅片既促进流体的湍动,传热系数高,又与隔板一起提供了传热面,单位体积的传热面积可达2 500~4 000 m^2。同时,翅片对隔板有支撑作用,允许操作压强也较高,可达 5 MPa。其缺点是制造工艺复杂,难以清洗和检修。

4.翅片管式换热器

翅片管是在普通金属管的两侧(一般为外侧)安装各种翅片制成,既增加了传热面积,又改善了翅片侧流体的湍动程度。常用的翅片有横向和纵向两种形式[图 4-46(a)、(b)]。

翅片与光管的连接应紧密无间,否则连接处热阻很大,影响传热效果。常用的连接方法有热套、镶嵌、缠绕、焊接等,也可采用整体轧制或机械加工的方法制造。

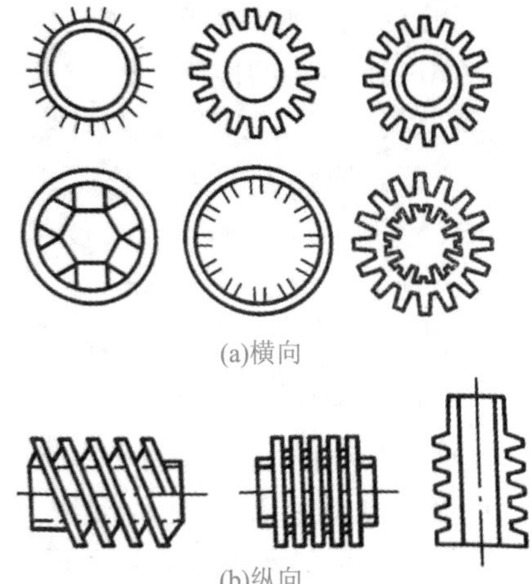

图 4-46　翅片管

化工生产中常遇到气体的加热和冷却问题。因气体的对流传热系数很小,故气体侧成为传热控制热阻。此时要强化传热就必须增加气体侧的对流传热面积。在换热管的气体侧设置翅片,这样既增大了气体侧的传热面积,又增强了气体的湍动程度,减少了气体侧的热阻,从而使气体侧对流传热系数提高。虽然加装翅片会使设备费提高,但一般当两种流体的对流传热系数之比超过 3∶1时,采用翅片管式换热器,在经济上是合理的。翅片管式换热器作为空气冷却器,在工业上应用很广,用空气代替冷却水,不仅可在缺水地区使用,在水源充足的地方采用空气冷却器,也取得了较好的经济效益。

翅片管对外侧传热系数很小的传热过程有显著的强化效果,用翅片管制成的空气冷却器在化工生产中应用很广。我国是一个水资源缺乏的国家,用空气冷却代替水冷却,对缺水地区十分适用,在水源比较充足的地方使用,也可取得一定的经济效益。

5.热管

热管是一种新型换热元件。最简单的热管是在抽除不凝气体的金属管内充以定量的某种工作液体,然后将两端封闭,如图 4-47 所示。当加热段受热时,工作液体受热沸腾,产生的蒸汽流至冷却段凝结放热。冷凝液沿具有微孔结构的吸液芯网在毛细管力的作用下回流至加热段再次沸腾。如此过程反复循环,热量由加热段传入,在冷却段传出。由于蒸发和冷凝都是有相变的对流传热过程,对流传热系数很大,较小的面积便可传递大的热量,故可利用热管的外表面作为冷、热流体换热的介质,也可采用外表面加翅片的方法进行强化,因此用于总传热系数很小的气-气传热过程也很有效。特别适用于低温差传热(如工业余热利用)以及要求迅速散热等场合。

热管的材质可用不锈钢、铜、铝等,按操作温度要求,工作液可选用液氮、液氨、甲醇、水及液态金属等,故在-200~2 000 ℃都可应用。这种新型装置具有传热能力大、应用范围广、结构简单、工作可靠等一系列优点。

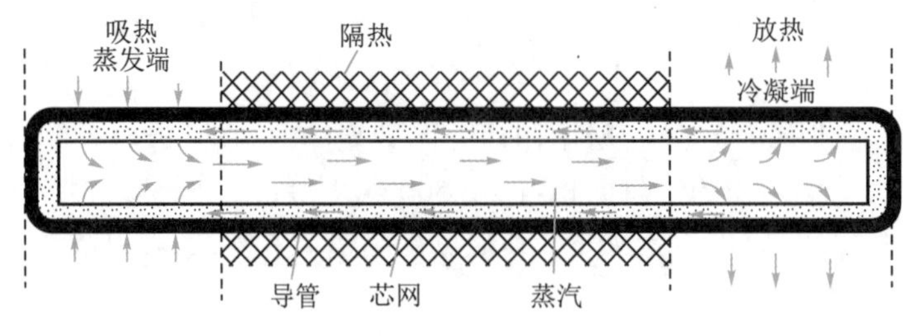

图 4-47　热管

二、列管式换热器的设计和选型

(一)列管式换热器设计时应考虑的问题

1.冷、热流体通道的选择

在列管式换热器中,流体走壳程还是走管程,可按下列经验性原则确定:

(1)不洁净易结垢的流体应走便于清洗的一侧。例如,对固定管板式换热器应走管程,而对U形管换热器应走壳程。

(2)腐蚀性流体宜走管程,以避免壳体和管束同时被腐蚀。

(3)压强高的流体宜走管程,以避免壳体承受过高压力。

(4)对流传热系数明显较低的物料易走管程,以利于提高流速。因为管内截面积通常都比壳程截面积小,多管程也易于实现。

(5)饱和蒸汽宜走壳程,以利于排出冷凝液。

(6)需要被冷却的物料宜走壳程,便于散热。但有时为了较充分利用高温流体的热量,减少热损失,也可走管程。

(7)流量小或黏度大的物料可走壳程,因为在折流挡板的作用下,$Re>100$ 即可达到湍流。

以上各点常常不能同时满足,应视实际情况抓主要矛盾,做出合理的选择。

2.流动方式的选择

一般情况下,应尽量采用逆流换热。但在某些对流体出口温度有严格限制的特殊情况下,例如热敏性物料的加热过程,为了避免物料出口温度过高而影响产品质量,可采用并流操作。

除逆流和并流之外,冷、热流体还可做多管程或多壳程的复杂折流流动。当流量一定时,管程和壳程越多,流速增大,传热系数越大,其不利的影响是流体阻力损失也越大,平均温差也有降低。要通过计算权衡其综合效果并进行调整,或改用几个逆流换热器串联。

3.流速的选择

流体在管程和壳程的流速,既影响对流传热系数,又影响流动阻力,也对管程冲刷程度和污垢生成有影响。所以,最适宜的流速要通过技术经济比较才能定出,一般管内、管外都要尽量避免出现层流状态。表4-12和表4-13列出了常用流速范围,可供设计时参考。

表4-12 列管式换热器内常用的流速范围

流体种类	流速/(m/s)	
	管程	壳程
一般液体	0.5~3	0.2~1.5
易结垢液体	>1	>0.5
气体	5~30	9~15

表 4-13 不同黏度液体在列管式换热器中的流速(在钢管中)

液体黏度/(mPa·s)	最大流速/(m/s)	液体黏度/(mPa·s)	最大流速/(m/s)
>1 500	0.6	35~100	1.5
500~1 500	0.75	1~35	1.8
100~500	1.1	<1	2.4

4.流体两端温度和温度差的确定

若换热器中两侧均为工艺流体,一般两端温差不宜小于 20 ℃。选定热源或冷源时,通常其进口温度已知,如对冷却水和空气的进口温度一般可取一年中最高的日平均温度;但其出口温度需要设计者选择,这也是一个经济权衡问题。例如,冷却水出口温度越高,其用量就越少,输送流体的动力消耗越小,操作费用降低;但是传热过程的平均推动力也就越小,所需的传热面积增大,使设备费用增加。一般高温端温差不应小于 20 ℃,低温端温差不应小于 5 ℃,平均温差不小于 10 ℃。此外,冷却水出口温度一般不宜高于 50~60 ℃,工业冷却水的出口温度一般不宜高于 45 ℃,以避免大量结垢;在采用多管程、多壳程的换热器时,冷却剂的出口温度不应高于工艺物流的出口温度;在冷凝带有惰性气体的工艺物料时,冷却剂的出口温度应较工艺物料的露点温度低 5 ℃以上;这些都是技术上的限制。

5.管子规格与排列方式的选择

(1)管子规格　换热管直径越小,换热器单位容积的传热面积越大,结构比较紧凑。考虑到制造和维修方便,对洁净的流体,管径可取得小一些,而对于管内同时存在气、液两相流动的一些情况,管径要取得更大些。我国试行的系列标准采用 ϕ19×2 mm、ϕ25×2 mm和 ϕ25×2.5 mm 等几种规格。

管长的选择要考虑清洗方便和管材的合理使用。在相同的传热面积下,管子较长时管程数减少,压力降也减小。国内生产的钢管长多为 6 m、9 m,故系列标准中管长有 1.5 m、2 m、3 m、4.5 m、6 m、9 m,其中 3 m 和 6 m 较为常用。此外,管长与壳内径的比例应适当,一般 L/D 为 4~6。

(2)管子的排列　管子在管板上常用的排列方式有正三角形排列、正方形直列和正方形错列三种,如图 4-48 所示。

(a)正三角形排列

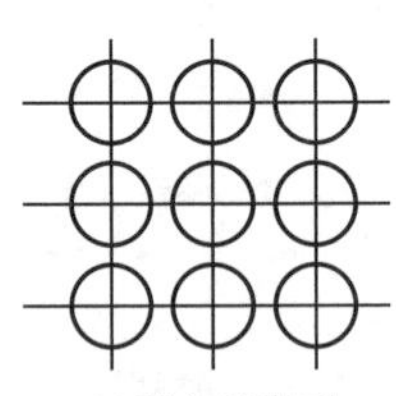
(b)正方形直列

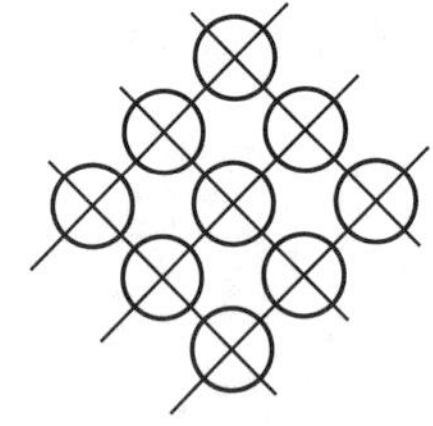
(c)正方形错列

图 4-48 管子在管板上的排列

与正方形直列相比,正三角形排列比较紧凑,管外流体湍动程度较高,传热系数大。正方形排列比较松散,传热效果较差,但管外清洗比较方便,适宜于易结垢液体。如将正方形直列的管束斜转 45°安装成正方形错列,传热效果会有所改善。

系列标准中,固定管板式换热器采用正三角形排列;U 形管换热器与浮头式换热器 $\phi19$ 的管子按正三角形排列,$\phi25$ 的管子多按正方形错列。

(3)管间距　管中心距 t 与管子及管板的连接方法有关,通常胀管法连接 $t=(1.3-1.5)d_0$,焊接连接时 $t=1.25d_0$。对 $\phi19$ 的管子,t 常取25.4 mm;$\phi25$ 的管子,t 常取 32 mm。

6.管程数和壳程数的确定

(1)管程数的确定　当换热器的换热面积较大而管子又不能很长时,就得排列较多的管子,为了提高流体在管内的流速,需将管束分程。但是程数过多,导致管程流动阻力加大,动力能耗增加,此外多程会使平均温度差下降,故设计时应权衡考虑。列管式换热器系列标准中,管程数有 1、2、4、6 四种。采用多管程时,通常应使每程的管子数相等。

管程数可按下式计算:

$$N_p=\frac{u}{u'}$$

式中　N_p——管程数;

u、u'——管程流体的适宜流速和单管程时的流速,m/s。

(2)壳程数的确定　当温度差校正系数 $\varphi<0.8$时,应采用壳方多程。

7.折流挡板

安装折流挡板的目的是提高管外流体的传热系数,为了取得良好效果,折流挡板的形状和间距必须适当。

对于常用的圆缺形挡板,弓形缺口太大或太小都会产生流动"死区",如图 4-49 所示,既不利于传热,又增大了流体阻力。一般弓形缺口的高度可取为壳体内径的 10%~40%,最常见的是 20%和 25%两种。

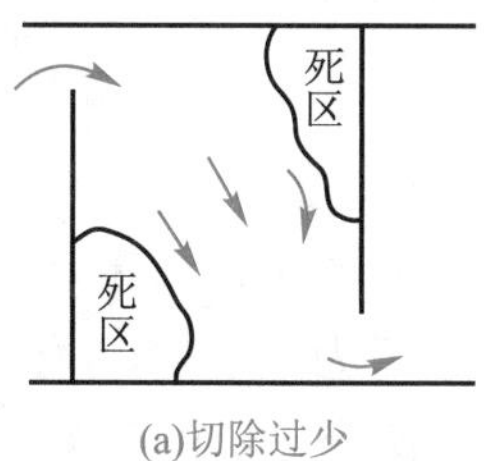

(a)切除过少

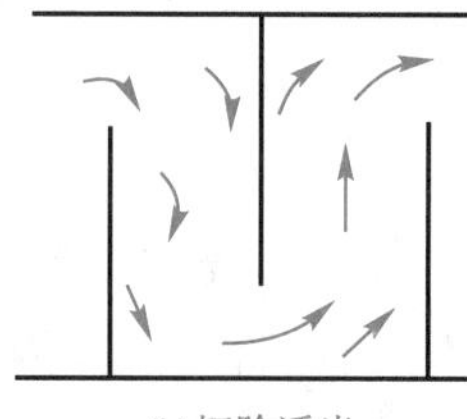
(b)切除适当

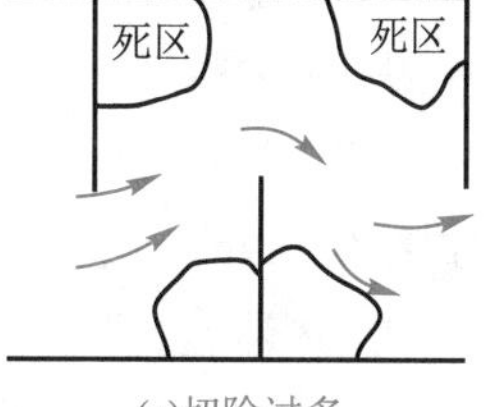

(c)切除过多

图 4-49　挡板切除对流动的影响

挡板间距对壳程的流动也有重要影响。间距过小,不便于制造和检修,阻力也较大;间距过大,不能保证流体垂直流过管束,使对流传热系数下降。一般取挡板间距为壳体内径的 0.2~1.0 倍。我国系列标准中采用的挡板间距为:固定管板式有 100 mm,150 mm,200 mm,300 mm,450 mm,600 mm,700 mm 7 种;浮头式有 100 mm,150 mm,200 mm,250 mm,300 mm,350 mm,450 mm,600 mm 8 种(参考附录二十)。

8.壳体直径 D

壳体直径一般可用下式计算:

$$D=t(n_c-1)+26 \tag{4-76}$$

式中　t——管中心距,m;

b——管束最外层管子中心到壳体内壁的距离，一般取 $b=(1-1.5)d_0$，m；

n_c——横过管束中心线上的管子数。

对于正三角形排列：$n_c=1.1\sqrt{n}$；对于正方形排列：$n_c=1.19\sqrt{n}$；其中 n 为换热器的总管数。

(二)流体通过换热器的流动阻力

流体通过换热器的流动阻力越大，其动力消耗也越高。设计和选用列管换热器时，应对管程和壳程的流动阻力分别进行估算。

1.管程流动阻力压降 Δp_i

管程流动阻力可按一般流体流动阻力计算公式计算。对于多管程换热器，以压降表示的管程总阻力 Δp_i 等于各程直管阻力 Δp_1 与回弯阻力和进出口等局部阻力 Δp_2 的总和。

$$\Delta p_i = (\Delta p_1 + \Delta p_2) f_i \cdot N_p \tag{4-77}$$

式中 Δp_1——因直管摩擦阻力引起的压力降，Pa，可按范宁公式计算；

Δp_2——因回弯阻力引起的压力降，Pa，可按回弯阻力等于管束进出口局部阻力及封头内流体转向的局部阻力之和，故阻力系数取 3；

f_i——管程结垢校正系数，对 $\phi25\times2.5$ mm 的管子取为 1.4，对 $\phi19\times2$ mm 的管子取为1.5；

N_p——管程数。

将范宁公式代入式(4-77)可得：

$$\Delta p_i = \left(\lambda \frac{l}{d_i} + 3\right) f_i N_p \frac{\rho u_i^2}{2} \tag{4-77a}$$

式中 u_i——管内流速，m/s；

L、d_i——单根管长与管内径，m；

其余符号同上式。

当管程流体流量一定时，$u_i \propto N_p$，所以管程的压降正比于管程数的三次方，即 $\Delta p_i \propto N_p^3$，对于同一换热器，若由单程改为双管程，管内流体传热系数可为原来的1.74倍，而阻力压降则增为 8 倍。因此，管程数的选择要兼顾传热与流体阻力两个方面的得失。

2.壳程流动阻力压降 Δp_0

壳程流体阻力的计算公式较多，由于流动状态比较复杂，不同公式计算结果往往很不一致。下面介绍一个较简单的计算式：

$$\Delta p_0 = \lambda_0 \frac{D(N_B + 1)}{d_e} \frac{\rho u_0^2}{2} \tag{4-78}$$

式中 $\lambda_0 = 1.72Re^{-0.19}$，$Re = \dfrac{d_e u_0 \rho}{\mu}$

D——壳内径，m；

N_B——折流板数目，$N_B \approx \dfrac{l}{h} - 1$，$h$ 为折流板间距。

当量直径 d_e，流速 u_0 的计算参见式(4-36)和式(4-37)。

壳程阻力基本上反比于折流板间距的三次方，若挡板间距减小一半，对流传热系数 α_0 约为原来的 1.46 倍，而阻力则约为原来的 8 倍。因此，选择挡板间距时，也要综合考虑。

表 4-14 列出了列管式换热器中工艺物流最大允许的压力降数值，可供参考。一般来说，对液体，其压降常在 $10^4 \sim 10^5$ Pa 左右；对气体，约为 $10^3 \sim 10^4$ Pa。

表 4-14　列管式换热器允许的压降范围　(MPa)

液体压强(绝压)	真空	0.1~0.17	0.17~1.1	1.1~3.1
允许压降(Δp)	$p/10$	0.005~0.035	0.035	0.035~0.18

(三)系列标准换热器的选用步骤

根据生产要求的换热任务，并选定适当的载热体及出口温度后，可计算出热负荷和逆流平均温度差 $\Delta t_{逆}$。根据传热速率方程，并结合式(4-57)，有 $Q = KA\Delta t_m = KA\psi\Delta t_{m逆}$。

要求取总传热面积 A，还需知道总传热系数 K 和校正系数。而 K 和校正系数均与换热器的型式、结构和尺寸以及传热面积有关。故选用换热器必须通过试差，可按下列步骤进行。

1.初选换热器的型号、规格和尺寸

(1)初步选定换热器的流动方式，计算 ψ，ψ 值应大于0.8，否则应改变流动方式重新计算。

(2)依据经验(或表 4-9)估计总传热系数 $K_{估}$，估算传热面积 $A_{估}$。

(3)根据 $A_{估}$数值，在系列标准中初选适当型号、规格的换热器。可参见附录二十(表中换热面积为计算换热面积，而在换热器型号中使用的是公称面积，它是 5 m^2 的倍数，由计算面积四舍五入而得。例如当计算面积为38.1 m^2 时，公称面积为 40 m^2)。

2.计算管、壳程的对流传热系数和压降

(1)参考表 4-12、表 4-13 选定流速，确定管程数，计算管程 α_i 和 Δp_i。注意应使 $\alpha_i > K_{估}$，$\Delta p_i < \Delta p_{允}$。

(2)参考表 4-12 的流速范围，选定挡板间距，计算壳程的 α_0 和 Δp_0 并做适当的调整。对壳程也应有 $\alpha_0 > K_{估}$，$\Delta p_0 < \Delta p_{允}$。

3.计算总传热系数 K、校核传热面积

选择适当的污垢热阻数值(表 4-8)，计算 $K_{计}$ 和 $A_{计}$。若 $K_{计} > K_{估}$、$A_{计} < A_{估}$，则原则上计算可行。考虑到传热计算式的准确程度及其他未可预料的因素，应使选用的换热器实际传热面积有 10%~25%的裕度，使 $A_{实}/A_{计} = 1.10 \sim 1.25$。否则重新估计一个 $K_{估}$，重复以上计算。

【例 4-20】某炼油厂拟用原油在列管式换热器中回收柴油的热量。已知原油流量为 44 000 kg/h，进口温度 70 ℃，要求其出口温度不高于 110 ℃；柴油流量为34 000 kg/h，进口温度为 175 ℃；试选一适当型号的列管式换热器。已知物性数据见表 4-15：

表 4-15

物料	$\rho/(kg/m^3)$	$c_p/[kJ/(kg\cdot℃)]$	$\lambda/[W/(m^2\cdot℃)]$	$\mu/(Pa\cdot s)$
原油	815	2.2	0.148	3×10^{-3}
柴油	715	2.48	0.133	0.64×10^{-3}

解:1.初选换热器的型号规格

当不计热损失时,换热器的热负荷为:

$$Q = W_c c_{pc}(t_2 - t_1) = \frac{44\ 000}{3\ 600} \times 2.2 \times 10^3 \times (110 - 70) = 1.08 \times 10^6\ \text{W}$$

柴油出口温度为:

$$T_2 = T_1 - \frac{Q}{W_h c_{ph}} = 175 - \frac{1.08 \times 10^6}{\frac{34\ 000}{3\ 600} \times 2.48 \times 10^3} = 129\ ℃$$

逆流平均温度差:

$$\Delta t_{m逆} = \frac{\Delta t_1 - \Delta t_2}{\ln \frac{\Delta t_1}{\Delta t_2}} = \frac{(175 - 110) - (129 - 70)}{\ln \frac{175 - 110}{129 - 70}} = 61.9\ ℃$$

初估 ψ 值:

$$R = \frac{T_1 - T_2}{t_2 - t_1} = \frac{175 - 129}{110 - 70} = 1.15$$

$$P = \frac{t_2 - t_1}{T_1 - t_1} = \frac{110 - 70}{175 - 70} = 0.381$$

初步决定采用单壳程、偶数管程的浮头式换热器。由图 4-27(a)查得校正系数 ψ=0.92,因为 $\psi\geqslant0.8$,可行。

$$\Delta t_m = \psi \Delta t_{m逆} = 0.92 \times 61.9 = 56.9\ ℃$$

参照表 4-9,初步估计传热系数 $K_估$=250 W/(m²·℃),则

$$A_估 = \frac{Q}{K_估\ \Delta t_m} = \frac{1.08 \times 10^6}{250 \times 56.9} = 75.9\ \text{m}^2$$

由于两流体温差较大,同时为了便于清洗,参照附录二十热交换器标准(摘录),初步选定 BES-600-1.6-90-6/25-4I 型浮头式内导流换热器。有关参数见表 4-16。

表 4-16 BES-600-1.6-90-6/25-41 型浮头式换热器主要参数

外壳直径 D/mm	600	管程数(N_p)	4
公称面积/m²	90	管数(N_t)	188
公称压力/MPa	1.6	管子排列方式	正方形错列
管子尺寸/mm	ϕ25×2.5	管中心距/mm	32
管长/m	6	计算换热器面积/m²	86.9

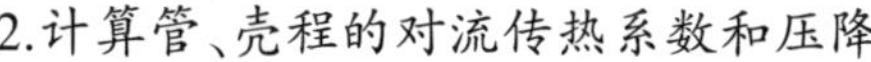

2.计算管、壳程的对流传热系数和压降

(1)管程

为充分利用柴油热量,采用柴油走管程,原油走壳程。

管程流通面积:

$$A_i = \frac{\pi}{4}d_i^2 \frac{N_t}{N_P} = \frac{\pi}{4} \times 0.02^2 \times \frac{188}{4} = 0.014\ 8\ \mathrm{m}^2$$

管内柴油流速:

$$u_i = \frac{W_h}{3\ 600\rho_i A_i} = \frac{34\ 000}{3\ 600 \times 715 \times 0.014\ 8} = 0.893\ \mathrm{m/s}$$

$$Re_i = \frac{du_i\rho_i}{\mu_i} = \frac{0.02 \times 0.893 \times 715}{0.64 \times 10^{-3}} = 1.99 \times 10^4$$

管程柴油被冷却,故由式(4-29)得:

$$\alpha_i = 0.023\frac{\lambda_i}{d_i}Re_i Pr_i^{0.3} = 0.023 \times \frac{0.133}{0.02} \times (1.99 \times 10^4)^{0.8} \times \left(\frac{2.48 \times 10^3 \times 0.64 \times 10^{-3}}{0.133}\right)^{0.3}$$

$$= 884\ \mathrm{W/(m^2 \cdot ℃)}$$

由式(4-77a),管程压降为:

$$\Delta p_i = \left(\lambda \frac{l}{d} + 3\right) f_i N_p \frac{u_i^2\rho_i}{2}$$

取管壁粗糙度 ε=0.15 mm,ε/d=0.007 5,查阅图 1-43 可得摩擦系数 λ=0.034

所以:$\Delta p_i = (0.034 \times \frac{6}{0.02} + 3) \times 1.4 \times 4 \times \frac{0.893^2 \times 715}{2} = 2.11 \times 10^4\ \mathrm{Pa}$

(2)壳程

选用缺口高度为 25%的弓形挡板,取折流板间距 h 为 300 mm,故折流板数目:

$$N_B = \frac{l}{h} - 1 = \frac{6}{0.3} - 1 = 19$$

壳程流道面积:$A_0 = hD\left(1 - \frac{d_0}{t}\right) = 0.3 \times 0.6 \times \left(1 - \frac{0.025}{0.032}\right) = 0.039\ 4\ \mathrm{m}^2$

壳程中原油流速:$u_0 = \frac{W_c}{3\ 600\rho_0 A_0} = \frac{44\ 000}{3\ 600 \times 815 \times 0.039\ 4} = 0.381\ \mathrm{m/s}$

正方形排列的当量直径为:$d_e = \frac{4(t^2 - \frac{\pi}{4}d_0^2)}{\pi d_0} = \frac{4 \times (0.032^2 - \frac{\pi}{4} \times 0.025^2)}{\pi \times 0.025} = 0.027\ \mathrm{m}$

$$Re_0 = \frac{d_e u_0 \rho_0}{\mu_0} = \frac{0.027 \times 0.381 \times 815}{3.0 \times 10^{-3}} = 2.79 \times 10^3$$

$$Pr_0 = \frac{c_p\mu}{\lambda} = \frac{2.2 \times 10^3 \times 3 \times 10^{-3}}{0.148} = 44.6$$

壳程中原油被加热,取$\left(\frac{\mu}{\mu_w}\right)^{0.14}$=1.05,所以按式(4-35a)

$$\alpha_0=0.36\frac{\lambda_0}{d_e}(Re_0)^{0.55}Pr_0^{\frac{1}{3}}\left(\frac{\mu}{\mu_w}\right)^{0.14}$$

$$=0.36\times\frac{0.148}{0.027}\times(2\ 790)^{0.55}\times(44.6)^{\frac{1}{3}}\times1.05=557\ \mathrm{W/(m^2\cdot ℃)}$$

壳程压降:

$$\lambda_0=1.72Re_0^{-0.19}=1.72\times2\ 790^{-0.19}=0.381$$

$$\Delta p_0=\lambda_0\frac{D(N_B+1)}{d_e}\cdot\frac{u_0^2\rho_0}{2}=0.381\times\frac{0.6\times(19+1)}{0.027}\times\frac{0.381^2\times815}{2}=1.0\times10^4\ \mathrm{Pa}$$

3.计算所需传热面积

总传热系数:$\dfrac{1}{K_{计}}=\dfrac{1}{\alpha_o}+R_{So}+\dfrac{\delta d_0}{\lambda d_m}+R_{Si}\dfrac{d_0}{d_i}+\dfrac{d_0}{\alpha_i d_i}$

取:$R_{si}=0.000\ 2\ (\mathrm{m^2\cdot ℃})/\mathrm{W}$,$R_{So}=0.001\ (\mathrm{m^2\cdot ℃})/\mathrm{W}$,忽略管壁热阻,则

$$\frac{1}{K_{计}}=\frac{1}{577}+0.001+0.000\ 2\times\frac{25}{20}+\frac{25}{884\times20}=4.4\times10^{-3}$$

$$K_{计}=227\ \mathrm{W/(m^2\cdot ℃)}$$

$$A_{计}=\frac{Q}{K_{计}\Delta t_m}=\frac{1.08\times10^6}{227\times56.9}=83.6\ \mathrm{m^2}$$

因为 $K_{计}<K_{估}$,$A_{计}>A_{估}$,原因在于壳程传热系数过低。调整折流板间距 h 为 200 mm,重新计算可得 $\alpha_0=722\ \mathrm{W/(m^2\cdot ℃)}$,$K_{计}=247\ \mathrm{W/(m^2\cdot ℃)}$,$A_{计}=76.8\ \mathrm{m^2}$,与原估值相符。由上页附表知该型换热器的面积为86.9 m²,故:$A_{实}/A_{计}=86.9/76.8=1.13$,即传热面有13%的裕度。但壳程压降 $\Delta p_0=3.13\times10^4$ Pa,增大了3.13倍。

核算表明所选换热器的规格是可用的。

三、传热过程的强化

所谓强化传热过程,就是力求用较小的传热面积或较小体积的传热设备来完成同样的传热任务以提高经济性。由传热速率方程知,增大总传热系数 K、传热面积 A、传热平均温差均可使传热速率提高。

(一)增大传热面积 A

从对各种换热器的介绍可知,增大传热面积不能单靠加大设备的尺寸来实现,必须改进设备的结构,使单位体积的设备提供较大的传热面积。

当间壁两侧对流传热系数相差很大时,增大 α 小的一侧的传热面积,会大大提高传热速率。例如,用螺纹管或翅片管代替光滑管可显著提高传热效果。此外,使流体沿流动截面均匀分布,减少“死区”,可使传热面得到充分利用。

(二)增大传热平均温差

平均温差大小主要由冷热两种流体的温度条件所决定。从节能的观点出发,近年来的趋势是尽可能在低温差条件下传热。因此,当换热管两边流体均为变温时,应尽可能从结构上采用逆流或接近逆流,以得到较大温差。如螺旋板换热器就具有大的特点。

（三）增大总传热系数 K

提高总传热系数，是强化传热过程的最现实和有效的途径。从总传热系数计算公式

$$K=\frac{1}{\frac{1}{\alpha_o}+R_{So}+\frac{\delta d_o}{\lambda d_m}+R_{Si}\frac{d_o}{d_i}+\frac{d_o}{\alpha_i d_i}}$$

可知，减小分母中任何一项，均可使 K 增大。但要有效地增大 K 值，应设法减小其中对 K 值影响最大、最有控制作用的那些热阻项。一般金属壁热阻、一侧为沸腾或冷凝时的热阻均不会成为控制因素，因此，应着重考虑无相变流体一侧的热阻和污垢热阻。

（1）加大流速，增大湍动程度，减小层流内层厚度，可有效地提高无相变流体的对流传热系数。

由式（4-29a）和式（4-35b）可知，若流体定性温度不变，则流体的物性数值保持常数，这时对流传热系数与流速（流量）和管径（或当量直径）的关系写成：

管内强制湍流：$\alpha\propto\frac{u^{0.8}}{d^{0.2}}\propto\frac{V^{0.8}}{d^{1.8}}$

壳程装有四分之一圆缺型折流挡板时：$\alpha\propto\frac{u^{0.55}}{d_e^{0.45}}\propto\frac{V^{0.55}}{d_e^{1.55}}$

可见提高流速可以增大对流传热系数。当 d 或 d_e 不变时，流速与对流传热系数的关系如下：

管内强制湍流：

$$\alpha_2=\alpha_1\left(\frac{u_2}{u_1}\right)^{0.8}\tag{4-79}$$

壳程装有四分之一圆缺型折流挡板时：

$$\alpha_2=\alpha_1\left(\frac{u_2}{u_1}\right)^{0.55}\tag{4-80}$$

应当指出的是，提高流体流速虽然可以提高传热效果，但同时又会使流体阻力损失迅速增加，所以采用提高流速的办法来提高对流传热系数是有限的。

（2）减小管径或当量直径。当流体的流量和定性温度不变，流体通道的管径或当量直径变化时，流体也会发生变化，根据式（4-29a），管内强制湍流有：

$$\alpha_2=\alpha_1\left(\frac{d_1}{d_2}\right)^{1.8}\tag{4-81}$$

管外有折流挡板时，根据式（4-35b）有：

$$\alpha_2=\alpha_1\left(\frac{d_{e,1}}{d_{e,2}}\right)^{1.55}\tag{4-82}$$

可见减少管径 d 或当量直径 d_e，可以使对流传热系数提高，但同时阻力损失迅速增大。因此换热器管径的选择应综合考虑。

（3）增大流体的扰动。通过设计特殊的传热壁面，使流体在流动中不断改变方向，提高湍动程度。如管内装扭曲的麻花铁片、螺旋圈等添加物；采用各种凹凸不平的波纹状

或粗糙的换热面,均可提高传热系数,但这样也往往伴有压降增加。近年来,发展了一种壳程用折流杆代替折流板的列管式换热器,即在管子四周加装一些直杆,既起固定管束的作用,又加强了壳程流体的湍动。此外,利用传热进口段的层流内层较薄、局部传热系数较高的特点,采用短管换热器,也有利于提高管内传热系数。

立式绕管换热器应用案例

(4)防止污垢和及时清除污垢,以减小污垢热阻。例如,增大流速可减轻垢层的形成和增厚;易结垢流体要走便于清洗的一侧;采用可拆卸结构的换热器等。

固定管板式换热器故障案例

(5)换热网络优化,在实际生产中企业会有许多工艺要求不同的换热设备构成换热网络。合理安排换热介质的流动次序,充分利用高温介质加热低温介质,并通过控制系统保持换热网络物流的供给性质(例如输入温度和流率)在一个给定的范围之内,避免受化工过程中其他因素的影响,对节能降耗具有重要的作用。

就研究领域而言,主要借助于激光测速、全速摄影和红外摄像等高科技仪器,利用数值模拟软件,研究换热器的流场分布和温度场分布,了解强化传热的机制。同时,随着微电子机械、生物芯片的开发,微尺度传热学理论正在迅速发展。

总之,强化传热的途径是多方面的。对于实际的传热过程,要具体问题具体分析,并对设备的结构与制造费用、动力消耗、检修操作等予以全面的考虑,采取经济合理的强化措施。

思 考 题

4-1　分析下列定律的意义和应用。

傅里叶定律　牛顿冷却定律　斯蒂芬-玻尔兹曼定律　克希荷夫定律

4-2　试说明下列准数的表达式及意义。

Re 准数　*Pr* 准数　*Gr* 准数　*Nu* 准数

4-3　试写出下列方程的表达式及式中各个符号的意义。

传热速率方程,热平衡方程,对流传热方程。

4-4　讨论下列概念的定义,并对各组概念的联系和区别做出比较。

{导热系数、总传热系数、对流传热系数}　{热流量(传热速率)、热通量(热流密度)}　{并流、逆流、错流、折流}　{黑体、灰体、实际物体}

{对数平均温差、算术平均温差}　{自然对流、强制对流}　{定性温度、特征尺寸}　{膜状冷凝、滴状冷凝}

4-5　说明换热设备中下列名称的特征及其差别。

{管式换热器、板式换热器}　{管程、壳程}　{三角形排列、正方形排列}　{直列、错列}　{传热面积、流通面积}

4-6　试写出单层圆筒壁任意半径处的温度表达式,并分析其温度分布情况。

4-7　圆管内强制湍流的对流传热系数 α 与流体的导热系数 λ、密度 ρ、黏度 μ、比热

容 c_p 有何关系？若流体的流量一定，对流传热系数与管径 d 有何关系？

4-8　在一台螺旋板式换热器中，冷、热流体流量均为 2 000 kg/h，热水进口温度 T_1 = 80 ℃；冷水进口温度 t_1 = 10 ℃。现要求将冷水加热至 50 ℃，问并流操作能否做到？（提示：并流操作冷流体可能达到的最高出口温度 $t_{2,\max}$ 等于热流体的出口温度）

4-9　在列管式换热器中，用饱和水蒸气走管外加热空气，试问：①总传热系数 K 接近于哪种流体的对流传热系数？②壁温接近于哪种流体的温度？（设管壁两侧污垢热阻可忽略不计）

4-10　在套管式换热器中，冷水和热气体逆流换热使热气体冷却。设流动均为湍流，气体侧的对流传热系数远小于水侧对流传热系数，污垢热阻和管壁热阻可忽略。试讨论：①若要求气体的生产能力增大 10%，应采取什么措施，并说明理由；②若因气候变化，冷水进口温度升高，要求维持原生产能力不变，应采取什么措施，说明理由。

4-11　在列管式换热器中，欲加大管内和壳层流体流速，可采取什么措施？会产生什么影响？

4-12　列管式换热器有哪儿种？试比较其优缺点和适用场合。

习　题

4-1　用平板法测定固体的导热系数，在平板一侧用电热器加热，另一侧用冷却器冷却，同时在板两侧用热电偶测量其表面温度，若所测固体的表面积为 0.02 m^2，厚度为 0.02 m，实验测得电流表读数为 0.5 A，电压表读数为 100 V，两侧表面温度分别为 200 ℃和 50 ℃，试求该材料的导热系数。

[答：λ = 0.333 W/(m · ℃)]

4-2　某平壁燃烧炉由一层 400 mm 厚的耐火砖和一层 200 mm 厚的绝缘砖砌成，操作稳定后，测得炉的内表面温度为 1 500 ℃，外表面温度为 100 ℃，试求导热的热通量及两砖间的界面温度。设两砖接触良好，已知耐火砖的导热系数为 $\lambda_1 = 0.8+0.000\,6t$，绝缘砖的导热系数为 $\lambda_2 = 0.3+0.000\,3t$，单位为 W/(m · ℃)。两式中的 t 可分别取为各层材料的平均温度。

[答：q = 2 017 W/m^2，t_2 = 977 ℃]

4-3　某蒸汽管外径为 159 mm，管外保温材料的导热系数 $\lambda = 0.11+0.000\,2t$，单位为 W/(m · ℃)（式中 t 为温度），蒸汽管外壁温度为 150 ℃。要求保温层外壁温度不超过 50 ℃，每米管长的热损失不超过 200 W/m，问保温层厚度应为多少？

[答：δ = 40.1 mm]

4-4　ϕ76×3 mm 的钢管外包一层厚 30 mm 的软木后，又包一层厚 30 mm 的石棉。软木和石棉的导热系数分别为 0.04 W/(m · ℃) 和 0.16 W/(m · ℃)。已知管内壁温度为 −110 ℃，最外侧温度为 10 ℃，求每米管道所损失的冷量。

[答：Q/L = −44.8 W/m]

4-5　在其他条件不变情况下，将习题 4-4 中保温材料交换位置，求每米管道损失的冷量。说明何种材料放在里层较好。

[答:$Q/L=-59.0$ W/m,导热系数小的]

4-6　常压空气在内径为 20 mm 的管内由 20 ℃加热至 100 ℃,空气的平均流速为 12 m/s,试求空气侧的对流传热系数。

[答:$\alpha=55.3$ W/(m^2 · ℃)]

4-7　水以 1.0 m/s 的流速在长 3 m、$\phi25\times2.5$ mm 的管内由 20 ℃加热至 40 ℃,试求水与管壁之间的对流传热系数。若水流量增大 50%,对流传热系数为多少?

[答:①$\alpha=4.58\times10^3$ W/(m^2 · ℃);②$\alpha'=6.34\times10^3$ W/(m^2 · ℃)]

4-8　在常压下用套管换热器将空气由 20 ℃加热至 100 ℃,空气以 60 kg/h 的流量流过套管环隙,已知内管 $\phi57\times3.5$ mm,外管 $\phi83\times3.5$ mm,求空气的对流传热系数。

[答:非圆管过渡流,$\alpha=37.6$ W/(m^2 · ℃)]

4-9　有一外径为 40 mm 的蒸汽管,管外壁温度为 100 ℃,周围空气与管壁的对流传热系数为 10 W/(m^2 · K),环境温度为 20 ℃。问:(1)每米管长热损失 Q/L 为多少?(2)若在管外包一层绝热材料,厚度为 30 mm,导热系数 $\lambda=0.8$ W/(m · K),设蒸汽管外壁温度、环境温度和空气对流传热系数均不变,则 Q/L 为多少?(3)若 $\lambda=0.2$ W/(m · K),Q/L 为多少?

[答:(1)$Q/L=101$ W/m;(2)$Q/L=160$ W/m;(3)$Q/L=76.3$ W/m]

4-10　室内分别水平放置两根长度相同、表面温度相同的蒸汽管,由于自然对流,两管都向周围散失热量,已知小管的($Gr\cdot Pr$)$=10^9$,大管直径为小管直径的 10 倍,求两管散失热量的比值为多少。

[答:$Q_{大}/Q_{小}=10$]

4-11　温度为 52 ℃的饱和苯蒸气在长 3 m、外径为 32 mm 的单根黄铜管表面上冷凝,铜管垂直放置,管外壁温度为 48 ℃,试求每小时苯蒸气的冷凝量?又若将管水平放置,苯蒸气的冷凝量为多少?

[答:(1)垂直放置时 12.8 kg/h;(2)水平放置时 25.5 kg/h]

4-12　流体的质量流量为 1 000 kg/h,试计算以下各过程中流体放出或得到的热量。

(1)煤油自 130 ℃降至 40 ℃,取煤油比热容为 2.09 kJ/(kg · ℃);

(2)NaOH 溶液,从 30 ℃加热至 100 ℃,其比热容为 3.77 kJ/(kg · K);

(3)常压下将 30 ℃的空气加热至 140 ℃;

(4)常压下 100 ℃的水汽化为同温度的饱和水蒸气;

(5)100 ℃的饱和水蒸气冷凝、冷却为 50 ℃的水。

[答:(1)5.23×10^4 W;(2)7.33×10^4 W;(3)3.08×10^4 W;(4)6.27×10^5 W;(5)6.86×10^5 W]

4-13　在一单壳程、双管程的管壳式换热器中,水在壳程内流动,进口温度为 30 ℃,出口温度为 65 ℃。油在管程流动,进口温度为 120 ℃,出口温度为 75 ℃,试求其传热平均温度差。

[答:43.6 ℃]

4-14　一列管式换热器,管子为 $\phi25\times2.5$ mm,管内流体的对流传热系数为

100 W/(m^2 · K),管外流体的传热系数为 2 000 W/(m^2 · K),已知两流体均为湍流换热,取钢管热导率 $\lambda=45$ W/(m · K),管内、外两侧污垢热阻均为 0.001 18 m^2 · K/W。

试问:(1)传热系数 K 及各部分热阻的分配;(2)若管内流体流量提高一倍,传热系数有何变化?(3)若管外流体流量提高一倍,传热系数有何变化?

[答:(1) $K=63.6$ W/(m^2 · K);(2) $K'=1.51\ K$;(3) $K''=1.01\ K$]

4-15 在某管壳式换热器中用冷水冷却热空气。换热管为 $\phi25\times2.5$ mm 的钢管,其导热系数为 45 W/(m · ℃)。冷却水在管程流动,其对流传热系数为 2 600 W/(m^2 · ℃),热空气在壳程流动,其对流传热系数为 52 W/(m^2 · ℃)。试求基于管外表面积的总传热系数 K,以及各分热阻占总热阻的百分数。设污垢热阻可忽略。

[答: $K_0=50.6$ W/(m^2 · ℃),壳程热阻占总热阻的百分数为 97.3%,管程热阻占总热阻的百分数为 2.4%,管壁热阻占总热阻的百分数为 0.3%]

4-16 在一套管换热器中,内管为 $\phi57\times3.5$ mm 的钢管,流量为 2 500 kg/h,平均比热容为 2.0 kJ/(kg · ℃)的热液体在内管中从 90 ℃冷却为 50 ℃,环隙中冷水从 20 ℃被加热至 40 ℃,已知总传热系数 K 为 200 W/(m^2 · ℃),试求:(1)冷却水用量(kg/h);(2)并流流动时的平均温度差及所需的套管长度(m);(3)逆流流动时平均温度差及所需的套管长度(m)。

[答:(1) $W_c=2\ 396$ kg/h;(2) $\Delta t_{m并}=30.8$ ℃, $l_{并}=50.4$ m;(3) $\Delta t_{m逆}=39.2$ ℃, $l_{逆}=39.6$ m]

4-17 在一单程管壳式换热器中,用冷水将常压下的纯苯蒸气冷凝成饱和液体。已知苯蒸气的体积流量为 1 600 m^3/h,常压下苯的沸点为 80.1 ℃,汽化热为 394 kJ/kg。冷却水的入口温度为 20 ℃,流量为 35 000 kg/h,水的平均比热容为 4.17 kJ/(kg · ℃)。总传热系数为 450 W/(m^2 · ℃)。设换热器的热损失可忽略,试计算所需的传热面积。

[答: $A=19.3$ m^2]

4-18 某生产过程中需用冷却水将油从 105 ℃冷却至 70 ℃。已知油的流量为 6 000 kg/h,水的初温为 22 ℃,流量为 2 000 kg/h。现有一传热面积为 10 m^2 的套管式换热器,问在下列两种流动形式下,换热器能否满足要求?

(1)两流体呈逆流流动;

(2)两流体呈并流流动。

[答:(1)逆流时能满足换热要求,(2)并流时不能满足换热要求]

4-19 在一套管换热器中,用冷却水将 4 500 kg/h 的苯由 80 ℃冷却至 35 ℃;冷却水在 $\phi25\times2.5$ mm 的内管中流动,其进、出口温度分别为 17 ℃和 47 ℃。已知水和苯的对流传热系数分别为 850 W/(m^2 · ℃)和 1 700 W/(m^2 · ℃),试求所需的管长和冷却水的消耗量。

[答:冷却水的消耗量 2 948 kg/h;管长 108 m]

4-20 一传热面积为 15 m^2 的列管换热器,壳程用 110 ℃的饱和水蒸气将管程某溶液由 20 ℃加热至 80 ℃,溶液的处理量为 2.5×10^4 kg/h,比热容为 4 kJ/(kg · ℃),试求此操作条件下换热器的总传热系数。

[答: $K=2\ 035$ W/(m^2 · ℃)]

4-21　某换热器的传热面积为 30 m^2,用 100 ℃的饱和水蒸气加热物料,物料的进口温度为 30 ℃,流量为 2 kg/s,平均比热容为 4 kJ/(kg·℃),换热器的总传热系数 K 为 125 W/(m^2·℃),求:(1)物料出口温度;(2)水蒸气的冷凝量(kg/h)。

[答:(1)t_2=56.3 ℃;(2)W_h=335 kg/h]

4-22　某厂拟用 100 ℃的饱和水蒸气冷凝,将常压空气从 20 ℃加热至 80 ℃,空气流量为 8 000 kg/h。现仓库有一台单程列管换热器,内有 $\phi 25\times 2.5$ mm 的钢管 300 根,管长 2 m。若管外水蒸气冷凝,其对流传热系数为 10^4 W/(m^2·K),两侧污垢热阻及管壁热阻均可忽略,试计算此换热器能否满足工艺要求。(提示:比较换热器的实际面积与计算需要的换热面积)

[答:$A_{计}$=43.3 m^2;$A_{实}$=47.1 m^2;换热器可用]

4-23　在一传热面积为 40 m^2 的平板式换热器中,用水冷却某种溶液,两流体呈逆流流动。冷却水的流量为 30 000 kg/h,其温度由 22 ℃升高至 36 ℃。溶液温度由 115 ℃降至 55 ℃。若换热器清洗后,在冷、热流体流量和进口温度不变的情况下,冷却水的出口温度升至 40 ℃,试估算换热器在清洗前壁面两侧的总污垢热阻。假设:(1)两种情况下,冷、热流体的物性可视为不变,水的平均比热容为 4.174 kJ/(kg·℃);(2)两种情况下,α_i、α_o 分别相同;(3)忽略壁面热阻和热损失。

[答:总污垢热阻 1.9×10^{-3}(m^2·℃)/W。提示:总污垢热阻等于清洗后减去清洗前的总热阻,总热阻等于$\dfrac{1}{K}$]

4-24　一定流量的物料在蒸汽加热器中从 20 ℃加热至 40 ℃,物料在管内为湍流,对流传热系数为 10^4 W/(m^2·℃),温度为 100 ℃的饱和水蒸气在管外冷凝,对流传热系数为 10^4 W/(m^2·℃)。现生产要求将物料流量增大一倍,求:(1)物料出口温度为多少;(2)蒸汽冷凝量增加多少(设管壁和污垢热阻可略)。

[答:(1)t'_2=36.7 ℃;(2)W'_h/W_h=1.67]

4-25　温度为 20 ℃的物料经套管换热器被加热至 45 ℃,对流传热系数为 1 000 W/(m^2·K);管外用 100 ℃的饱和水蒸气加热,对流传热系数为 10^4 W/(m^2·K);忽略管壁及污垢热阻,计算管壁的平均温度和总传热系数 K。

[答:t_w=93.9 ℃;K=909.1 W/(m^2·K)]

4-26　在传热面积为 25 m^2 的列管式换热器中测定换热器的总传热系数。冷水进口温度 20 ℃,走管内;热水进口温度为 70 ℃,走管外,逆流操作。当冷水流量为 2.0 kg/s 时,测得冷水、热水出口温度分别为 40 ℃和 30 ℃;当冷水流量增加一倍时,测得冷水出口温度为 31 ℃。设管壁和污垢热阻可略,试计算管内和管外的对流传热系数各为多少?(提示:对工况(1)$\dfrac{1}{K}=\dfrac{1}{\alpha_o}+\dfrac{1}{\alpha_i}$,对工况(2)$\dfrac{1}{K'}=\dfrac{1}{\alpha_o}+\dfrac{1}{\alpha'_i}$,且 $\alpha'_i=20.8\alpha_o$)

[答:对工况(1),α_i=1 304 W/(m^2·℃),α_o=510.5 W/(m·℃);对工况(2),α_i=2 270 W/(m·℃),α_o=510.5 W/(m·℃)]

4-27　有一根表面温度为 327 ℃的钢管,黑度为 0.7,直径为 76 mm,长度为 3 m,放在很大的红砖屋里,砖壁温度为 27 ℃。求达到稳态后钢管的辐射热损失。

［答：$Q=3\ 454$ W］

4-28　两无限大平板进行辐射传热，已知 $\varepsilon_1=0.2$，$\varepsilon_2=0.7$。若在两平板之间放置一块黑度 $\varepsilon_3=0.04$ 的遮热板，试计算传热速率减少的百分数。

［答：$Q_1/Q=10\%$］

4-29　流量为 30 kg/s 的某油品在列管换热器壳程流过，从 150 ℃降至 110 ℃，将管程的原油从 25 ℃加热至 60 ℃。现有一列管换热器的规格为：壳径 600 mm，壳方单程，管方四程，共有 368 根 $\phi19\times2$ mm、长 6 m 的钢管，管中心距为 25 mm，正三角形排列，壳程装有缺口（直径方向）为 25%的弓形挡板，挡板间距 200 mm。试核算此换热器能否满足换热要求。已知定性温度下两流体的物性如下：

液体名称	比热容 /[kJ/(kg·℃)]	黏度 /Pa·s	导热系数 /[W/(m·℃)]	污垢热阻 /[(m·℃)/W]
原油	1.986	0.002 9	0.136	0.001
油品	2.20	0.005 2	0.119	0.000 5

［答：$A_{计}=114\ \text{m}^2$，$A_{实}=131.7\ \text{m}^2$，可用］

4-30　某炼油厂拟采用管壳式换热器将柴油从 176 ℃冷却至 65 ℃。柴油的流量为 9 800 kg/h。冷却介质采用 35 ℃的循环水。要求换热器的管程和壳程压降不大于 30 kPa，试选择适宜型号的管壳式换热器。

第五章 蒸发与结晶技术

学习要求

1.掌握

蒸发单元操作的基本概念、基本原理;单效蒸发过程及其计算(包括水分蒸发量、加热蒸汽消耗量、有效温度差及传热面积的计算);溶液结晶的基本概念,溶液的相平衡与过饱和度在结晶过程中的运用,简单的结晶工艺计算。

2.理解

蒸发操作的特点;多效蒸发操作的流程及最佳效数;各种工业结晶方法的特点与选择。

3.了解

蒸发过程的工业应用与分类;常用蒸发器的结构、工作原理、特点和应用场合;蒸发器的选用;结晶分离的工业应用。

第一节 蒸发概述

一、蒸发的定义、基本原理及分类

将含非挥发性物质的稀溶液加热沸腾使部分溶剂汽化并使溶液得到浓缩的过程称为蒸发,它是化工、轻工、食品、医药等工业中常用的一个单元操作。

蒸发的主要目的如下:

(1)浓缩溶液。如电解食盐得到的氢氧化钠水溶液的浓缩、果汁的浓缩等。当需要从稀溶液获得固体溶质时,常常先通过蒸发操作使溶液浓缩,然后利用结晶、干燥等操作得到固体产品。

(2)回收纯溶剂。如有机磷农药苯溶液的浓缩脱苯等。

(3)除杂质,获得纯净的溶剂。如海水淡化。

蒸发是一种分离过程,可使溶液中的溶质与溶剂得到部分分离,但溶剂与溶质分离是靠热源传递热量使溶剂沸腾汽化。溶剂的汽化速率取决于传热速率,因此把蒸发归属于传热过程。被蒸发的物料是由挥发性溶剂和不挥发的溶质组成的溶液。在相同温度下,溶液的蒸气压比纯溶剂的蒸气压要小。在相同的压强下,溶液的沸点比纯溶剂的沸点要高,且一般随浓度的增加而升高。溶剂的汽化要吸收能量,热源耗量很大。如何充分利用能量和降低能耗，是蒸发操作的一个十分重要的课题。由于被蒸发溶液的种类和性质的不同，蒸发过程所需的设备和操作方式也随之有很大的差异。如有些热敏性物料在高温下易分解，必须设法降低溶液的加热温度，并减少物料在加热区的停留时间；有些物料有较大的腐蚀性；有些物料在浓缩过程中会析出结晶或在传热面上大量结垢使传热过程恶化等。因而蒸发设备的种类和型式很多，要根据不同的要求选用适当的型式。

蒸发可按蒸发器内的压力分为常压蒸发、加压蒸发和减压蒸发。减压蒸发又称为真空蒸发。按二次蒸汽利用的情况分为单效蒸发和多效蒸发。若所产生的二次蒸汽不再被利用或被用于蒸发器以外，称为单效蒸发；如果将二次蒸汽引至另一压力较低的蒸发器加热室，作为加热蒸汽来使用，这种操作称为多效蒸发。

二、蒸发专用名词

(1)生蒸气　工业生产中被蒸发的物料多为水溶液，且常用饱和水蒸气为热源通过间壁加热。习惯上称热源蒸汽为生蒸气。

(2)二次蒸汽　从蒸发器汽化生成的水蒸气称为二次蒸汽。

(3)完成液　料液经预热后进入蒸发器，在加热室中被加热汽化，浓缩后的溶液称为完成液。

三、典型蒸发流程简介

图 5-1 为典型单效蒸发流程示意图。蒸发装置包括蒸发器和冷凝器(如用真空蒸发，在冷凝器后应接真空泵)。用加热蒸汽(一般为饱和水蒸气)将水溶液加热，使部分水沸腾汽化。蒸发器下部为加热室，相当于一个间壁式换热器(通常为列管式)，溶液沿中央循环管下降，而沿加热管上升，应保证足够的传热面积和较高的传热系数。上部为蒸发室，沸腾的气、液两相在蒸发室中分离，因此也称为分离室，应有足够的分离空间和横截面积。在蒸发室顶部设有除沫装置以除去二次蒸汽中夹带的液滴。二次蒸汽进入冷凝器后用冷却水冷凝，冷凝水由冷凝器下部经水封排出，不凝气体由冷凝器顶部排出。不凝气体的来源有系统中原存的空气、进料液中溶解的气体或在减压操作时漏入的空气。

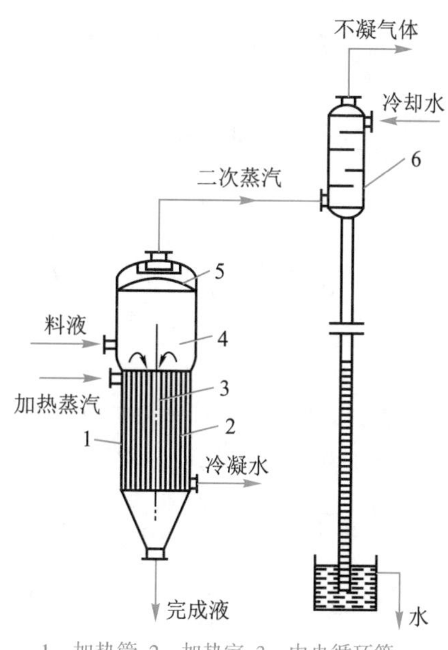

1—加热管；2—加热室；3—中央循环管；
4—蒸发室；5—除沫器；6—冷凝器

图 5-1　单效蒸发流程示意图

第二节 单效蒸发

蒸发过程的计算包括蒸发器的物料衡算、热量衡算和传热面积计算。本节讨论的是单效、间接加热、连续定态常压操作的水溶液的蒸发过程,可供其他溶液蒸发计算时参考。

一、单效蒸发器的物料衡算与热量衡算

按物料衡算与热量衡算的要求先画出过程衡算示意图(图 5-2),注明出、入系统各物流和物流变量。以 1 h 为物料衡算基准,令:

F——原料液量,kg/h;

w_0——原料液中溶质的质量分数;

w_1——完成液中溶质的质量分数;

W——水分蒸发量(即二次蒸汽量),kg/h;

D——加热蒸汽用量,kg/h。

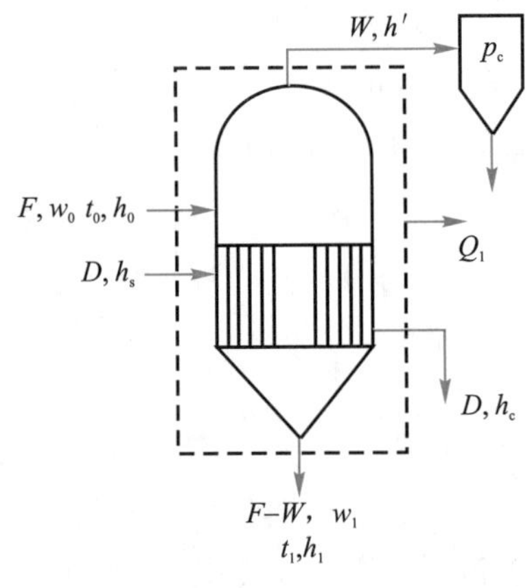

图 5-2 单效蒸发的物料衡算和热量衡算示意图

(一)物料衡算

设溶质在蒸发过程中不挥发,故进出口溶液中的溶质质量不变。

对蒸发器做溶质的物料衡算,可得

$$Fw_0 = (F - W)w_1 \tag{5-1}$$

由式(5-1)可得蒸发器的水分蒸发量:

$$W = F\left(1 - \frac{w_0}{w_1}\right) \tag{5-1a}$$

或完成液中溶质的质量分数:

$$w_1 = \frac{Fw_0}{F - W} \tag{5-1b}$$

【例 5-1】在单效连续蒸发器中,每小时将2 000 kg 的某水溶液由 10%浓缩至18.7%(均为质量分数),试计算所需蒸发的水分量。

解:已知 F=2 000 kg/h,w_0=0.10,w_1=0.187,按式(5-1a)得

$$W=2\ 000\times\left(1-\frac{0.10}{0.187}\right)=930\ \text{kg/h}$$

(二)热量衡算

对图 5-2 系统做热量衡算,可得

$$Dh_s + Fh_0 = (F - W)h_1 + Wh' + Dh_c + Q_L \tag{5-2}$$

式中 h_s——加热蒸汽的比焓,kJ/kg;

h'——二次蒸汽的比焓,kJ/kg;

h_c——冷凝水的比焓,kJ/kg;

h_1——完成液的比焓,kJ/kg;

h_0——原料液的比焓,kJ/kg;

Q_L——蒸发器的热损失,kJ/h。

由式(5-2)可得加热蒸汽用量为

$$D = \frac{Wh' + (F - W)h_1 - Fh_0 + Q_L}{h_s - h_c} \tag{5-2a}$$

一般溶液的比焓随其浓度和温度变化。对于浓缩热(或稀释热)不大的溶液,其焓值可由其平均比热容做近似计算。取 0 ℃液态的焓为零,则有:

$$h_0 = c_0 t_0$$

$$h_1 = c_1 t_1$$

式中　c_0——原料液在 $0 \sim t_0$ 时的平均等压比热容,kJ/(kg · K);

c_1——原料液在 $0 \sim t_1$ 时的平均等压比热容,kJ/(kg · K);

t_0——原料液进口温度,℃;

t_1——完成液出口温度,可认为等于溶液的沸点,℃。

对于溶解时热效应不大的溶液,其比热容 c_0、c_1 又可近似地用下式计算

$$c_0 = c_w(1 - w_0) + c_B w_0$$

$$c_1 = c_w(1 - w_1) + c_B w_1$$

式中　c_B——溶质的平均等压比热容,kJ/(kg · K);

c_w——水的平均等压比热容,kJ/(kg · K)。

将式(5-1b)代入可得:

$$c_1 = c_w\left(1 - \frac{Fw_0}{F - W}\right) + c_B \frac{Fw_0}{F - W}$$

上式化简得

$$(F - W)c_1 = Fc_0 - Wc_w \tag{5-3}$$

若加热蒸汽为饱和蒸汽,冷凝水在饱和温度下排出,则

$$h_s - h_c = r$$

式中　r——加热蒸汽的比汽化焓,kJ/kg;

r'——二次蒸汽的比汽化焓,kJ/kg,近似地取 $h' - c_w t_1 \approx r'$。

代入式(5-2a)得

$$D = \frac{Wh' + (F - W)c_1 t_1 - Fc_0 t_0 + Q_1}{h_s - h_c} = \frac{Wh' + (Fc_0 - Wc_w)t_1 - Fc_0 t_0 + Q_1}{h_s - h_c}$$
$$= \frac{W(h' - c_w t_1) + Fc_0(t_1 - t_0) + Q_1}{h_s - h_c} = \frac{Fc_0(t_1 - t_0) + Wr' + Q_1}{r} \tag{5-4}$$

即　$$Dr = Fc_0(t_1 - t_0) + Wr' + Q_1 \tag{5-4a}$$

式(5-4a)表明,加热蒸汽相变放出的热量用于:

(1)使原料液由 t_0 升温至沸点 t_1;

(2)使水在 t_1 温度下汽化生成二次蒸汽;

(3)补偿蒸发器的热损失。

定义 $\frac{D}{W}=e$,称为单位蒸汽消耗量,即每蒸发 1 kg 水需要消耗的加热蒸汽量,单位为 kg 蒸汽/kg 水。这是蒸发器的一项重要的技术经济指标。

若原料液在沸点下加入,则 $t_0=t_1$,忽略热损失,则 $Q_1=0$,式(5-4a)可简化为

$$e=\frac{D}{W}=\frac{r'}{r} \tag{5-5}$$

在较窄的饱和温度范围内,水的比汽化焓变化不大,若再近似认为 $r=r'$,则 $D\approx W$,$e\approx 1$;就是在上述各假设的条件下,采用单效蒸发时,汽化 1 kg 水消耗 1 kg 加热蒸汽。实际上,由于溶液的热效应的存在和热量损失不能忽略,$e\geqslant 1.1$。

【例 5-2】若例 5-1 中单效蒸发器的平均操作压强为 40 kPa,相应的溶液沸点为 80 ℃,该温度下的比汽化焓为2 307 kJ/kg。加热蒸汽的绝压为 200 kPa,原料液的平均比热容为3.70 kJ/(kg·K),蒸发器的热损失为 10 kW,原料液的初始温度为 20 ℃,忽略溶液的浓缩热和沸点上升的影响。试求加热蒸汽的消耗量。

解:查附录七、附录八得 200 kPa 下饱和水蒸气的比汽化焓 $r=2\ 205$ kJ/kg,80 ℃下的比汽化焓 $r'=2\ 307$ kJ/kg。

已知:$F=2\ 000$ kg/h,$c_0=3.70$ kJ/(kg·K),$t_1=80$ ℃,$t_0=20$ ℃,$Q_1=10$ kW $=10\times 3\ 600$ kJ/h。由例 5-1 已得 $W=930$ kg/h。

按式(5-4)得

$$D=\frac{2\ 000\times 3.70\times(80-20)+930\times 2\ 307+10\times 3\ 600}{2\ 205}=1\ 191\ \text{kg/h}$$

则

$$e=\frac{1\ 191}{930}=1.28\ \text{kg 蒸汽/kg 水}$$

二、单效蒸发器的沸点升高与 Δt_m 计算

对于一侧为水蒸气冷凝、另一侧为液体沸腾情况,理论上温差即加热蒸汽的饱和温度与液体在操作压强下的沸点温度之差,这个压强是由冷凝器操作决定的。在加热室中,管外的加热蒸汽温度与蒸汽压强的关系可直接由附录查得;但被蒸发的溶液沸点随管内液体种类、浓度和液面上方操作压强而变,在加热室不同高度处的沸点也不相同。如何选取这一沸点温度对热量衡算影响不大,但对实际温差(即有效温差)和传热面积的计算将有相当大的影响,下节将做详细讨论。

(一)最大可能温度差 Δt_{max}

如果不考虑由于溶质存在引起的溶液沸点升高,也不考虑加热室加热管中液柱的高度对液体内部实际压强的影响,以及被蒸发出的二次蒸汽从分离室流到冷凝器的管路阻力引起的压降,那么蒸发器中溶液的沸腾温度可视为等于冷凝器的操作压强 p_c 下水的沸

点 t_c，因此蒸发装置加热室两侧的最大可能温度差为

$$\Delta t_{max} = t_s - t_c \tag{5-6}$$

式中　t_s——加热管外加热蒸汽压强下的饱和温度，℃。

（二）温差损失

实际上上述的假设并不成立，加热室内溶液的平均沸点 t_B 要高于 t_c，令 $t_B - t_c = \Delta$，称为单效蒸发装置的总温度差损失

$$\Delta = \Delta' + \Delta'' + \Delta''' \tag{5-7}$$

式中　Δ'——由于溶质存在使溶液沸点升高引起的温差损失，℃；

Δ''——由于加热管中液柱高度引起沸点升高而导致的温差损失，℃；

Δ'''——由于二次蒸汽从分离室流至冷凝器的流动阻力引起的温差损失，℃。

下面分别讨论各种温差损失的求取。

1.Δ'的求取

最常用的为杜林法则，即一定浓度的某种溶液的沸点为相同压强下标准液体的沸点的线性函数。由于不同压强下水的沸点可由水蒸气表查得，故一般取纯水为标准液体。根据杜林法则，以溶液的沸点 t_B 为纵坐标，以同压强下水的沸点 t_w 为横坐标，只要已知某溶液在两个压强下的沸点值，并查出这两个压强下纯水的沸点，即可作图得一直线，其直线方程为

$$t_B = Kt_w + m \tag{5-8}$$

或

$$\frac{t'_B - t_B}{t'_w - t_w} = K \tag{5-8a}$$

式中　t'_B、t_B——该溶液在压强 p'、p 下的沸点，℃；

t'_w、t_w——p'、p 下水的沸点，℃；

K——杜林线的斜率，无因次。

图 5-3 为 NaOH 溶液在不同浓度下的杜林线图，图中不同的沸点对应于不同的压强。由图可得：每一浓度下溶液的杜林线与浓度为零（即纯水）的杜林线之间的垂直距离即为相应压强下该溶液的沸点升高值，即温差损失 Δ'。当溶液浓度较低时，其杜林线的斜率接近于 1，说明一定浓度的稀溶液的沸点升高值与压强变化关系不大，不同压力下的沸点升高值可取常压下的沸点升高数值，不会产生明显误差。

Δ'的值随溶液的性质、浓度及液面上方即蒸发室的操作压强而变化，一般稀溶液和有机溶液的 Δ'值较小，而无机盐溶液的值较大。

2.Δ''的求取

在蒸发器操作中，加热管内必有一定的液柱高度。按流体静力学方程，不同液柱深度处压强不同，因而溶液的沸点也不相同，随液层深度而增加。一般取溶液的平均沸点为加热管内静液柱中部的平均压强 p_m 下的沸点，作为近似估算。

$$p_m = p + \frac{\rho g l}{2} \tag{5-9}$$

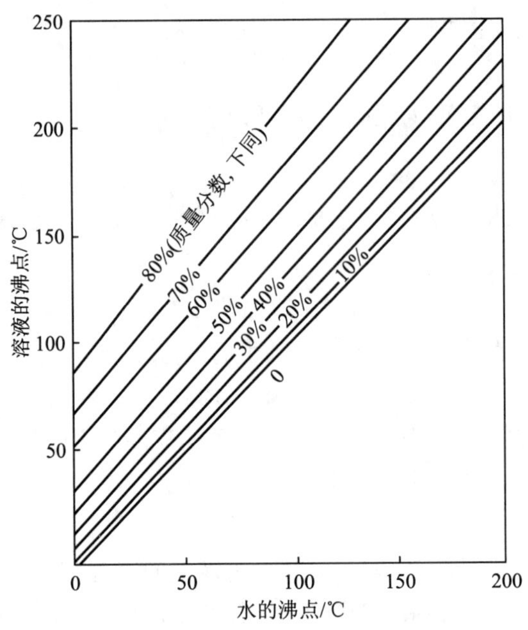

图 5-3　NaOH 水溶液的杜林线图

式中　p_m、p——静液柱中部的平均压强及分离室内的压强，Pa；

ρ——溶液的密度，kg/m^3；

l——加热管内液柱高度，m，一般为加热管长的 1/2～2/3。

由于溶液浓度对沸点升高的影响已在 Δ' 中计算，因此液柱高度引起的温差损失为

$$\Delta'' = t_{pm} - t_p \tag{5-10}$$

式中　t_{pm}、t_p——分别为压强 p_m、p 下水的沸点，℃。

3.Δ''' 的求取

由于二次蒸汽在管道内的流动阻力产生的压降，使分离室上方的压强高于冷凝器中的压强 p_c，这也是使 t_B 高于 t_c 的一个原因，因此引起的温差损失为 Δ'''，即流动阻力引起的温差损失。此值难以准确计算，与二次蒸汽的流速、分离室与冷凝器间连接的管道长度和管件以及除沫器等有关，通常根据经验可取为 1～1.5 ℃。

(三)蒸发装置的有效传热温度差 Δt_m

$$\Delta t_m = \Delta t_{max} - \Delta \tag{5-11}$$

【例 5-3】若浓度为18.32%(质量分数)的 NaOH 水溶液，在压力为29.4 kPa 时的沸点为74.4 ℃，试用杜林规则求其在 49 kPa 时，该溶液的沸点。

各种压力下水、NaOH 溶液的沸点如表 5-1 所列。

表 5-1

压力/kPa	NaOH 溶液的沸点/℃	水的沸点/℃
101.3	107	100

续表 5-1

压力/kPa	NaOH 溶液的沸点/℃	水的沸点/℃
29.4	74.4	68.7
49	—	80.9

解:先依式(5-8a)计算 NaOH 水溶液在浓度为18.32%(质量分数)时的 K 值,即

$$K=\frac{t'_B-t_B}{t'_w-t_w}=\frac{107-74.4}{100-68.7}=1.041$$

又由

$$K=\frac{t''_B-t_B}{t''_w-t_w}=1.041$$

得

$$\frac{t''_B-107}{80.9-100}=1.041$$

$$t''_B=87.1\ ℃$$

即溶液的沸点为87.1 ℃。

三、总传热系数 K

由于现有计算管内沸腾传热系数的关联式准确性较差,目前蒸发器计算中,α 值多根据实验数据选定,在传热章已讲过,在这就不再介绍。

四、单效蒸发器的传热面积计算

根据间壁式换热器的传热速率方程可得

$$A=\frac{Q}{K\Delta t_m} \tag{5-12}$$

式中 A——蒸发器加热室的传热面积,m^2;

Q——加热室的传热速率,即蒸发器的热负荷,W;

K——加热室的传热系数,W/(m^2·℃);

Δt_m——加热室间壁两侧流体间的有效温度差,℃。

(一)蒸发器的热负荷 Q

由于蒸发器的热损失占总供热负荷的比例较小,所以 Q 可近似按式(5-4a)计算

$$Q=D(h_s-h_c)=Dr \tag{5-13}$$

(二)传热系数 K

忽略管壁热阻,以管外表面积计的传热系数为

$$K=\frac{1}{\frac{1}{\alpha_o}+R_o+R_i\frac{d_o}{d_i}+\frac{1}{\alpha_i}\times\frac{d_o}{d_i}}$$

式中 α_o——加热管外蒸汽冷凝时的对流传热系数,W/(m^2·℃);

α_i——加热管内溶液沸腾时的对流传热系数,W/(m^2·℃),它是影响 K 值的一个重要因素,其大小与溶液性质、蒸发器结构以及操作条件有关;

R_o——管外污垢热阻,(m^2·℃)/W;

R_i——管内污垢热阻,(m^2·℃)/W,其值与溶液性质、管壁温度、蒸发器的结构以及管内液体的流动情况等有关,有时在蒸发过程中有溶质析出,形成较大的污垢热阻,在蒸发器计算中应根据经验取值,它常常是蒸发器热阻的主要部分。

【例 5-4】采用单效真空蒸发装置连续蒸发氢氧化钠水溶液,其浓度由0.20(质量分数)浓缩至0.50(质量分数),加热蒸汽压强为0.3 MPa(表压),已知加热蒸汽消耗量为4 000 kg/h,蒸发器的传热系数为1 500 W/(m^2·℃)。若加热器内液柱维持为 2 m,冷凝器的真空度为54.7 kPa,大气压强为 100 kPa,蒸发室内溶液密度为1 500 kg/m^3。试求蒸发器所需的传热面积(忽略热损失)及蒸发器的有效温度差。

解:(1)计算蒸发装置的最大可能温度差 Δt_{max}。

由附录八查得0.3 MPa(表压)的饱和水蒸气温度 $t_s=143.4$ ℃。

冷凝器的操作压强 $p_c=100-54.7=45.3$ kPa,用内插法可得相应的饱和温度 $t_c=78.3$ ℃。

按式(5-6)可得

$$\Delta t_{max}=t_s-t_c=143.4-78.3=65.1\ ℃$$

(2)计算温差损失 Δ。

①由二次蒸汽流动阻力引起的温差损失 $\Delta'''=1$ ℃。

②分离室中二次蒸汽的压强 p 应为与 t_p 相对应的饱和蒸汽压强,而 $t_p=t_c+\Delta'''=78.3+1=79.3$ ℃,由内插可得 $p=46.14$ kPa,因此加热管中的平均压强按式(5-9)为

$$p_m=p+\frac{\rho g l}{2}=46.14\times10^3+\frac{1\ 500\times9.81\times2}{2}=60.86\ \text{kPa}$$

则 p_m 下的水的沸点 $t_{pm}=86.0$ ℃。

按式(5-10)得

$$\Delta''=t_{pm}-t_p=86.0-79.3=6.7\ ℃$$

③在 p_m 下水的沸点为 86 ℃,当浓缩液浓度为 50% NaOH 时,由图 5-3 查得其沸点为 126 ℃,故

$$\Delta'=126-86=40\ ℃$$

按式(5-7)得

$$\Delta=\Delta'+\Delta''+\Delta'''=40+6.7+1=47.7\ ℃$$

计算蒸发器的有效温度差 Δt_m。

按式(5-11)得

$$\Delta t_m=\Delta t_{max}-\Delta=65.1-47.7=17.4\ ℃$$

(3)查附录八,得0.4 MPa 绝压下水蒸气的比汽化焓 $r=2\ 138$ kJ/kg,按式(5-13)

可得

$$Q = Dr = \frac{4\ 000}{3\ 600} \times 2\ 138 = 2\ 377\ \text{kW}$$

则由式(5-12)可得蒸发器的传热面积为

$$A = \frac{Q}{K\Delta t_{m}} = \frac{2\ 377 \times 10^{3}}{1\ 500 \times 17.4} = 91.1\ \text{m}^{2}$$

五、单效蒸发器的选型设计

蒸发器是蒸发装置中的主体设备，其型式有多种，基本可分为循环型与非循环型(单程型)两大类，现对常用的几种蒸发器的结构型式、特点做一些简单介绍，供选型参考。

(一)循环型蒸发器

1.中央循环管式蒸发器

中央循环管式蒸发器是早期应用较广的一种蒸发器，故称为标准式蒸发器。如图5-4所示，其下部加热室相当于垂直安装的固定管板式列管加热器，但其中心管直径远大于其余管子的管径，称为中央循环管，其周围的加热管称为沸腾管，管内溶液受热沸腾大量汽化，形成汽、液混合物并随气泡向上运动。中央循环管的截面积约为沸腾管总截面积的40%~100%，此处单位体积溶液的传热面积比沸腾管小得多，因此其中溶液的汽化程度低，汽、液混合物的密度要比沸腾管内大得多，导致分离室中的溶液由中央循环管中下降、从各沸腾管上升的自然循环流动，从而提高传热效果。这种蒸发器的优点是：结构简单，制造方便，操作可靠，投资费用较少。其缺点是：溶液的循环速度较低(一般在0.5 m/s以下)，传热系数较低，清洗和维修不够方便。一般适用于黏度适中、结垢不严重或有少量结晶析出的场合。

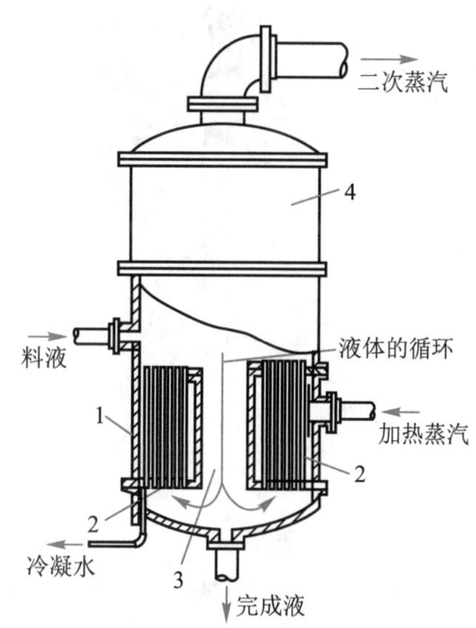

1—外壳；2—加热室；3—中央循环管；4—蒸发分离室

图5-4　中央循环管式蒸发器

2.悬筐式蒸发器

如图5-5所示，悬筐悬挂在蒸发器壳体的下部，加热蒸汽由中间引入，仍在管外冷凝，而溶液在加热室外壁与壳体内壁形成的环形通道内下降，并沿沸腾管上升。环形通道的总截面积约为沸腾管总截面积的100%~150%，溶液的循环速度可以提高，约为1~1.5 m/s，使传热系数得以提高。由于加热室可从蒸发器顶部取出，清洗、检修和更换方便；由于溶液的循环速度较高，蒸发器的壳体是与温度较低的循环液体相接触，其热损失也小。缺点是，结构较为复杂，单位传热面积的金属耗量较大。

这种蒸发器适用于易结垢或有结晶析出的溶液的蒸发。

3.外热式蒸发器

如图 5-6 所示,其加热室置于蒸发室的外侧。加热室与蒸发室分开的优点是:便于清洗和更换;既可降低蒸发器的总高,又可采用较长的加热管束;循环管不受蒸汽加热,两侧管中流体密度差增加,使溶液的循环速度加大(可达1.5 m/s),有利于提高传热系数。这种蒸发器的缺点是:单位传热面积的金属耗量大,热损失也较大。

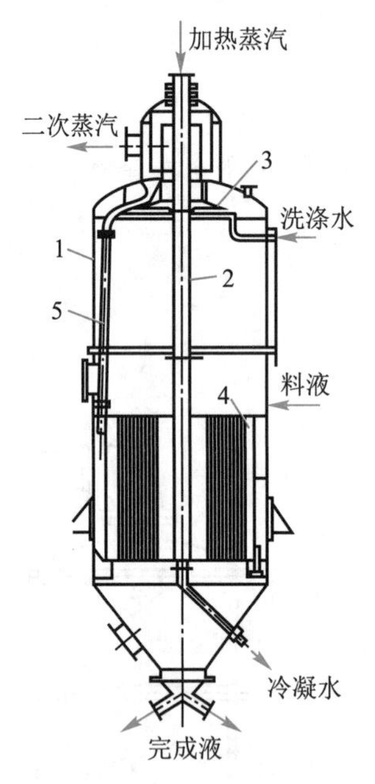

1—外壳;2—加热蒸汽管;3—除沫器;
4—加热室;5—液沫回流管

图 5-5 悬筐式蒸发器

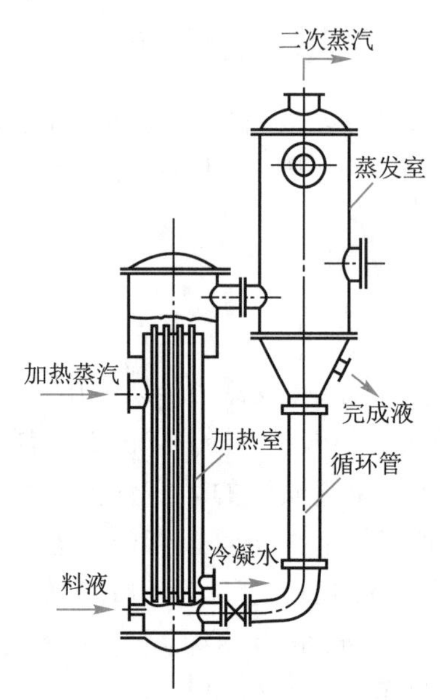

图 5-6 外热式蒸发器

4.列文式蒸发器

为了进一步提高循环速度和传热系数,并使蒸发器更适于处理易结晶、结垢及黏度大的物料,图 5-7 所示的列文式蒸发器在加热室的上方增设了一段沸腾室,这样加热室中的溶液受到这一段附加的静压强的作用,使溶液的沸点升高而不在加热管中沸腾,待溶液上升到沸腾室时压强降低,溶液才开始沸腾汽化,这就避免了结晶在加热室析出,垢层也不易形成。沸腾室的上部装有挡板以防止气泡合并增大,因而汽、液混合物可达较大的上升流速。蒸发器的循环管设在加热室外部且高度较高(一般为 7~8 m),其截面积为加热管总截面积的 200%~350%,有利于增加溶液循环的推动力,减小流动阻力,循环速度可达 2~3 m/s。其缺点是,设备较庞大,单位传热面积的金属耗量大,需要较高的厂房;加热管较长,由液柱静压强引起的温差损失大,必须保持较高的温差才能保证较高的循环速度。故加热蒸汽的压强也要相应提高。

5.强制循环式蒸发器

上述四种蒸发器内溶液均依靠加热管(沸腾管)与循环管内物料的密度差形成自然循环流动,循环速度难以进一步提高,因而在外热式基础上出现了强制循环蒸发器

(图 5-8),即在循环管下部设置一个循环泵,通过外加机械能迫使溶液以较高的速度(一般可达1.5~5.0 m/s)沿一定方向循环流动。溶液的循环速度可以通过调节泵的流量来控制。显然,由此带来的问题是这类蒸发器的动力消耗大,每平方米传热面积消耗功率约为0.4~0.8 kW。这种蒸发器宜于处理高黏度、易结垢或有结晶析出的溶液。

由上述可知,循环型蒸发器的共同特点是:溶液必须多次循环通过加热管才能达到要求的蒸发量,故在设备内存液量较多,液体停留时间长,器内不同位置溶液浓度变化不大且接近出口液浓度,减少了有效温差,并特别不利于热敏性物料的蒸发。

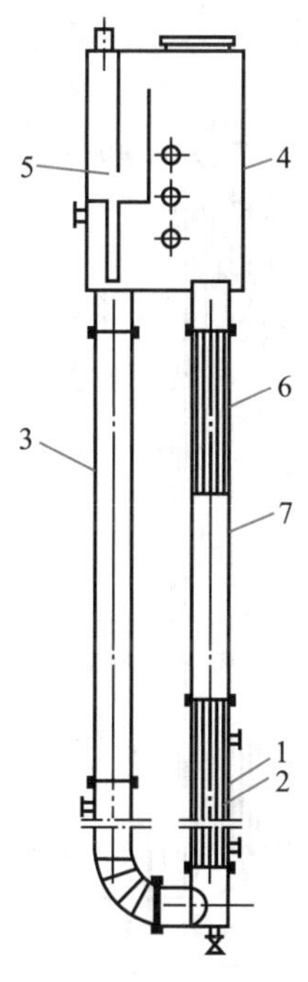

1—加热室;2—加热管;3—循环管;4—蒸发室;5—除沫器;6—挡板区;7—沸腾室

图 5-7　列文式蒸发器

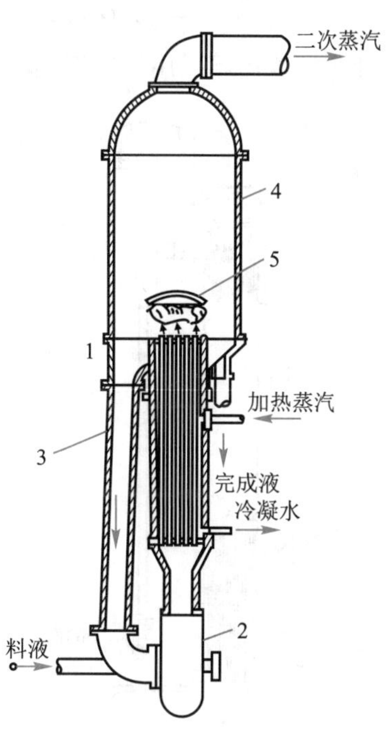

1—加热管;2—循环泵;3—循环管;4—蒸发室;5—除沫器

图 5-8　强制循环式蒸发器

(二)非循环型(单程型)蒸发器

这类蒸发器的基本特点是,溶液通过加热管一次即达到所要求的浓度。在加热管中液体多呈膜状流动,故又称膜式蒸发器,因而可以克服循环型蒸发器的本质缺点,并适于热敏性物料的蒸发,但其设计与操作要求较高。

1.升膜式蒸发器

如图 5-9 所示,加热室由垂直长管组成,管长为 3~15 m,常用管径为 25~50 mm,其长径比约为 100~150。料液经预热后由蒸发器底部进入,在加热管内迅速强烈汽化,生成的蒸汽带动料液沿管壁成膜上升,在上升过程中继续蒸发,进入分离室后,完成液与二次蒸汽进行分离。

为了有效地形成升膜,上升的二次蒸汽必须维持高速。常压下加热管出口处的二次蒸汽速度一般为 20~50 m/s,减压下可达 100~160 m/s 以上。

由于液体在膜状流动下进行加热,故传热与蒸发速度快,高速的二次蒸汽还有破沫作用,因此,这种蒸发器还适用于稀溶液(蒸发量较大)和易起泡的溶液,但不适用于高黏度、有结晶析出或易结垢的浓度较大的溶液。

2.降膜式蒸发器

如图 5-10 所示,溶液由加热室顶部加入,在重力作用下沿加热管内壁成膜状向下流动,液膜在下降过程中持续蒸发增浓,完成液由底部分离室排出。由于二次蒸汽与浓液并流而下,故有利于液膜的维持和黏度较高液体的流动。为使溶液沿管壁均布,须在加热室顶部每根加热管上设置液体分布器,能否均匀成膜是这种蒸发器设计和操作成功的关键。这种蒸发器仍不适用易结垢、有结晶析出的溶液。

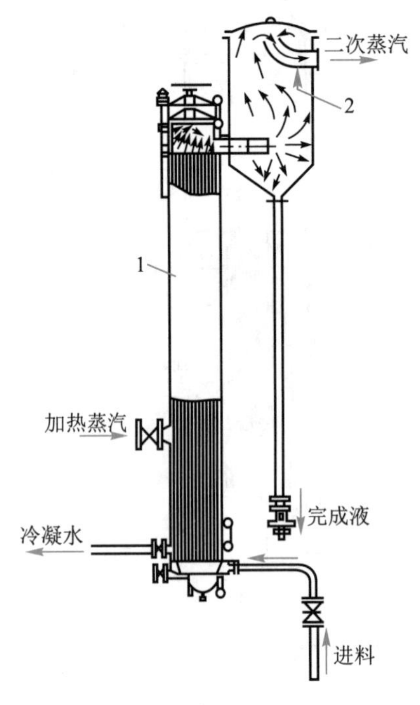

1—蒸发器;2—分离器

图 5-9 升膜式蒸发器

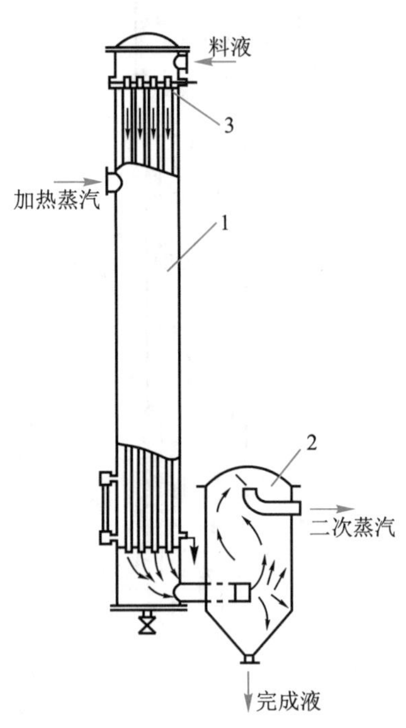

1—蒸发器;2—分离器;3—液体分布器

图 5-10 降膜式蒸发器

3.刮板式蒸发器

如图 5-11 所示,加热管为一粗圆管,中下部外侧为加热蒸汽夹套,内部装有可旋转的搅拌刮片。料液由蒸发器上部的进料口沿切线方向进入器内,被刮片带动旋转,在加热管内壁上形成旋转下降的液膜,在此过程中溶液被蒸发浓缩,完成液由底部排出,二次蒸汽上升至顶部经分离后进入冷凝器。刮片可做成固定式,刮片端部与加热管内壁的间隙固定为 0.75~1.5 mm,也可做成摆动式。

其优点是,依靠外力强制溶液成膜下流,溶液停留时间短,适合处理高黏度、易结晶或易结垢的物料;如设计得当,有时可直接获得固体产物。其缺点是,结构较复杂,制造安装要求高,动力消耗大,但传热面积却不大(一般为 3~4 m^2,最大约 20 m^2),因而处理量较小。

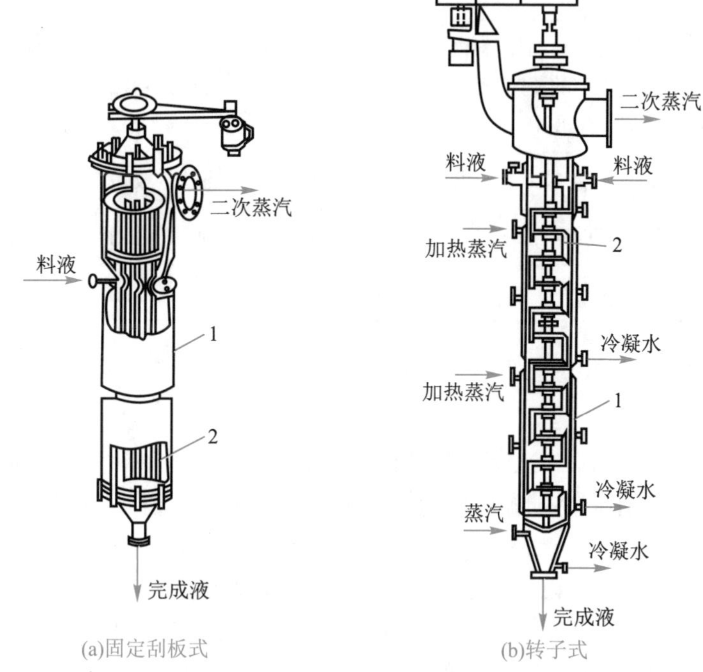

1—夹套;2—刮板

图 5-11 刮板式蒸发器

(三)蒸发器的选用

蒸发器的结构型式很多,选用时应结合具体的蒸发任务,如被蒸发溶液的性质、处理量、蒸发浓缩程度等工艺要求,选择适宜的型式。例如,对热敏性料液,要求较低的蒸发温度,并尽量缩短溶液在蒸发器内的停留时间,以选择膜式蒸发器为宜;对于处理量不大的高黏度、有结晶析出或易结垢的溶液,则可选择刮板式蒸发器。如果在选型时有几种型式的蒸发器均能适应溶液的性质和蒸发要求,则应进一步做经济比较来确定更适宜的型式。表 5-2 给出了常用蒸发器的主要性能比较以供选用时参考。

表 5-2 常用蒸发器的主要性能比较

蒸发器型式	制造价格	传热系数		溶液在加热管中的流速/(m/s)	料液停留时间	完成液浓度控制	浓缩比	处理量	对溶液适应性					
		稀溶液	高黏度						稀溶液	高黏度	易起泡	易结垢	热敏性	有结晶析出
标准式	最廉	较高	较低	0.1~0.5	长	易恒定	较高	一般	适用	尚适	尚可	尚可	较差	尚可
悬筐式	廉	较高	较低	约1.0	长	易恒定	较高	一般	适用	尚适	适用	尚可	较差	尚可
外热式	廉	高	较低	0.4~1.5	较长	易恒定	较高	较大	适用	较差	可适	尚可	较差	尚可
列文式	高	高	较低	1.5~2.5	较长	易恒定	较高	大	适用	较差	可适	尚可	较差	尚可
强制循环式	高	高	高	2.0~3.5	较长	易恒定	高	大	适用	适用	适用	适用	较差	适用

续表 5-2

蒸发器型式	制造价格	传热系数		溶液在加热管中的流速/(m/s)	料液停留时间	完成液浓度控制	浓缩比	处理量	对溶液适应性					
		稀溶液	高黏度						稀溶液	高黏度	易起泡	易结垢	热敏性	有结晶析出
升膜式	廉	高	低	0.4~1.0	短	难恒定	高	大	适用	较差	适用	尚可	适用	不适
降膜式	廉	高	较高	0.4~1.0	短	较难恒定	高	较大	适用	适用	可适	不适	适用	不适
刮板式	最高	高	高	—	短	较难恒定	高	较小	适用	适用	可适	适用	适用	适用

(四)蒸发装置的附属设备

1.除沫器

在蒸发器的分离室中,二次蒸汽与液体分离后,其中还会夹带一定量的液沫,为使其进一步分离以防止有用产品的损失或冷凝液被污染或堵塞管道等,还需用除沫器将液滴除去。

除沫器的型式很多,可以直接设置在蒸发器顶部,如图 5-12 中的(a)~(e);也可设置在蒸发器之外,如图 5-12 中的(f)~(h)。它们大都是使夹带液沫的二次蒸汽的速度和方向多次发生改变,利用液滴较大的惯性力以及液体对固体表面的润湿能力使之黏附于固体表面并与蒸汽分开。

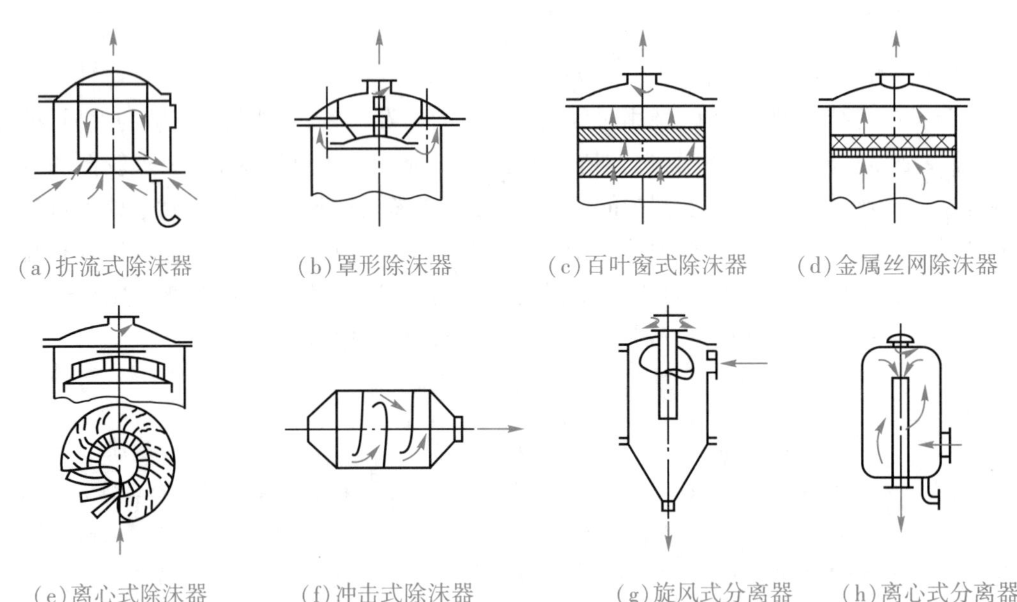

(a)折流式除沫器　(b)罩形除沫器　(c)百叶窗式除沫器　(d)金属丝网除沫器

(e)离心式除沫器　(f)冲击式除沫器　(g)旋风式分离器　(h)离心式分离器

图 5-12　除沫器(分离器)的主要型式

2.冷凝器

冷凝器的作用是使二次蒸汽冷凝。当冷凝液需要回收时,采用间壁式冷凝器;当二次蒸汽为水蒸气且不再利用时,一般均采用混合式(直接接触式)冷凝器,以节省投资,简化操作。图 5-13 所示为常用的混合式冷凝器。器内装有若干块钻有小孔的淋水板,冷却水从上而下沿淋水板往下淋洒，与上升的二次蒸汽逆流接触，水蒸汽被冷凝后与冷却水一起由下部流出，不凝气体则从顶部排出。

当蒸发过程在减压下进行时，不凝气体需经分离器后用真空装置（常用的有水环式真空泵、喷射泵或往复式真空泵）抽出，冷凝液和冷却水的混合物常依靠自己的位头沿气压管（也称大气腿）排出。气压管底部是一个水封装置，大气腿需有足够的高度以保证冷凝器中的水能依靠高位而自动流出，并避免外界空气的吸入。

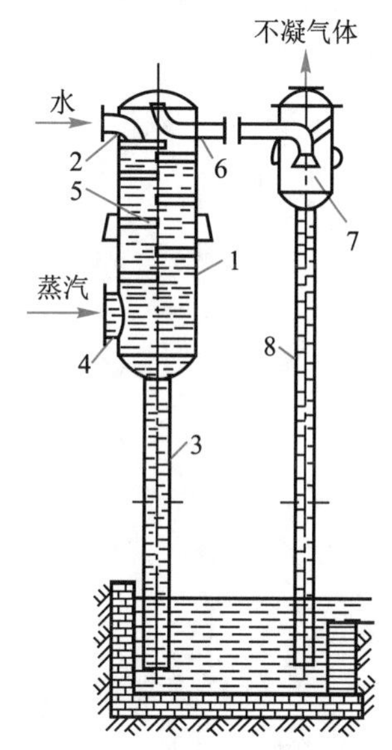

1—外壳；2—进水口；3，8—气压管；
4—蒸汽进口；5—淋水板；
6—不凝性气体管；7—分离器

图 5-13　混合式冷凝器

第三节　多效蒸发

多效蒸发的目的主要是通过二次蒸汽的再利用，以节约能耗，从而提高蒸发装置的经济性。

一、多效蒸发流程

图 5-14 是并流加料的三效蒸发操作流程，按加热蒸汽的流向，第一个蒸发器（称为第一效）中蒸出的二次蒸汽作为第二个蒸发器（第二效）的加热蒸汽；第二效蒸出的二次蒸汽作为第三效的加热蒸汽；第三效（此流程中的最后一个蒸发器，称为末效）蒸出的二次蒸汽进入冷凝器，用冷却水直接冷凝后由水封排出。各效的加热蒸汽温度 t_{si} 应高于各效加热管内溶液的沸腾温度 t_i，故应有 $t_{s1}>t_1>t_{s2}>t_2>t_{s3}>t_3>t_c$；这里的 t_c 仍为冷凝器内压强 p_c 下的饱和温度。

各效分离室的操作压强 p_i 也必须依次降低，即 $p_1>p_2>p_3>p_c$，以保证料液沸点逐效降低，这样二次蒸汽才能重复利用。

由于多效蒸发中溶液的流向可以有不同的方式，按溶液与加热蒸汽流向的相对关系可以有以下四种操作流程。

（一）并流加料流程

并流加料流程（参见图 5-14）中，料液流向与蒸汽流向相同，在生产中用得较多。其优点如下：

（1）溶液从压强高和温度高的蒸发器流向压强低和温度低的蒸发器，溶液可依靠效间的压差流动而不需泵送。

（2）溶液进入温度和压强较低的下一效时处于过热状态，因而会产生额外的汽化（也称为自蒸发），得到较多的二次蒸汽。

（3）完成液在末效排出，其温度最低，故总的热量消耗较低。

其缺点是：由于各效中溶液的浓度依次增高，而温度依次降低，因此溶液的黏度增加很快，使加热室的传热系数依次下降，这将导致整个蒸发装置生产能力的降低或传热面积的增加。由此可知，并流加料流程只适用于黏度不是很大的料液的蒸发。

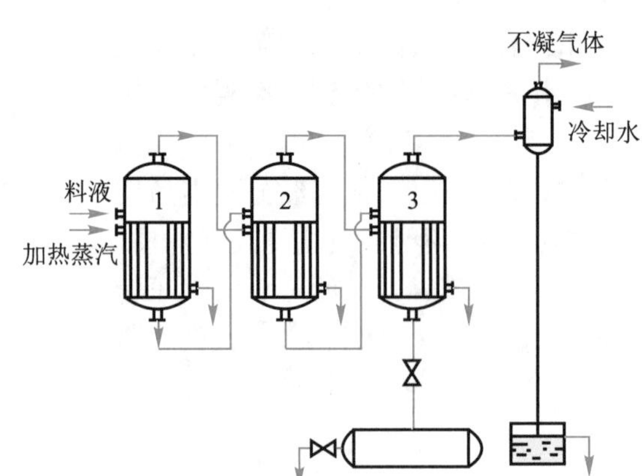

图 5-14　并流加料蒸发操作流程

(二)逆流加料流程

图 5-15 所示为逆流加料的三效蒸发流程。溶液的流向与蒸汽的流向相反。

其优点是:溶液浓度在各效中依次增高的同时,温度也随之增高,因而各效内溶液的黏度变化不大,使各效的传热系数差别也不大,这种流程适用于黏度随浓度和温度变化较大的溶液的蒸发。

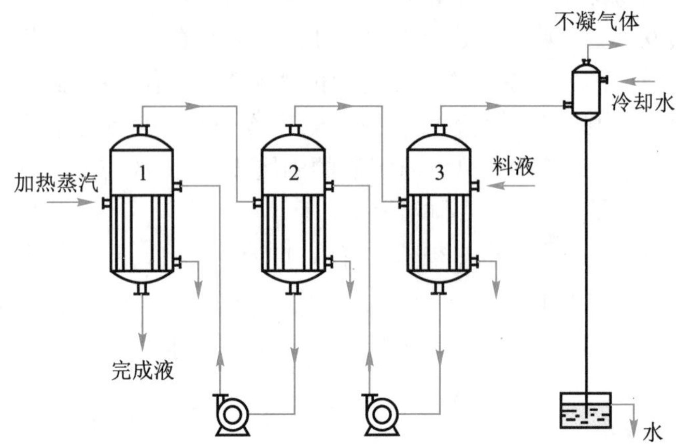

图 5-15　逆流加料蒸发操作流程

其缺点如下:

(1)溶液在效间是从低压流向高压,因而必须用泵输送。

(2)溶液在效间是从低温流向高温,每一效的进料相对而言均为冷液,没有自蒸发,产生的二次蒸汽量少于并流流程。

(3)完成液在第一效排出,其温度较高,带走热量较多,而且不利于热敏性料液的蒸发。

(三)分流加料(习惯上也称平流加料)流程

图 5-16 为分流加料流程,料液平行加入各效,完成液由各效分别排出。其特点是溶

液不在效间流动，适用于蒸发过程中有结晶析出的情况或要求得到不同浓度溶液的场合。

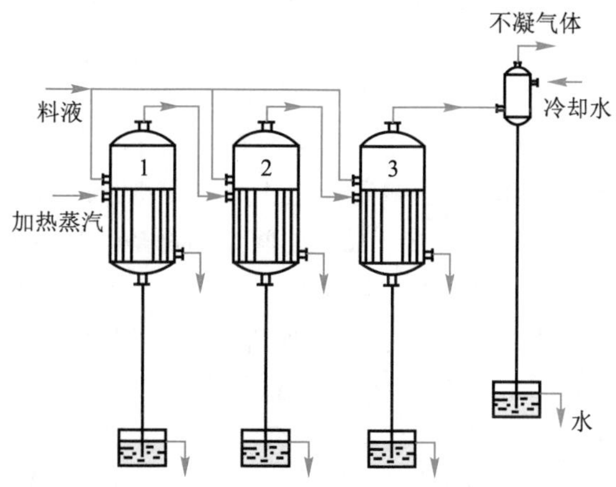

图 5-16　分流加料蒸发流程

（四）错流加料流程

在流程中采用部分并流加料和部分逆流加料，以利用逆流和并流流程各自的长处。一般在末几效采用并流加料。但操作比较复杂。

采用哪种蒸发操作流程，应根据所处理溶液的具体特性及操作要求来选定。

二、蒸发系统的热效率与节能

在单效蒸发中，已知每蒸发 1 kg 水需要消耗多于 1 kg 的加热蒸汽。在工业生产中，采用多效蒸发可以节约能源，减少热源蒸汽（即生蒸汽）的单位耗量，提高其利用率。

显然，当蒸发的生产能力一定时，采用多效蒸发所需的生蒸汽消耗量远小于单效。理论上的单位蒸汽消耗量 D/W，对单效为 1，双效为 1/2，三效为 1/3，n 效为 $1/n$；但实际上由于存在各种温差损失和热损失，所以达不到上述的指标。表 5-3 列出了五效蒸发器各效的 D/W 经验值。

表 5-3　蒸发过程的单位蒸汽消耗量（D/W）经验值　　kg/kg 水

效数	单效	双效	三效	四效	五效
理想值	1	0.5	0.33	0.25	0.2
实际平均值	1.1	0.57	0.4	0.3	0.27

由表 5-3 可见，随效数增加，所节省的生蒸汽消耗量愈来愈少，但设备费则随效数增多成正比增加，所以蒸发器的效数必存在最佳值，应当根据设备费和操作费之和为最小来确定。

一般在多效蒸发流程中，为了设备配置方便，常使用传热面积相同的蒸发器，这就涉及各效蒸发水量、各效有效传热温差和效间压降如何分配的问题，需要采用试差法进行计算。

第四节　结晶分离技术

一、概述

固体物质以晶体形态从溶液、熔融混合物或蒸汽中析出的过程称为结晶。在化工、冶金、制药、材料、生化等工业中,许多产品及中间产品都是以晶体形态出现的,都包含结晶这一单元操作。例如,海水制盐就是一个经典的结晶过程;一些重要抗生素(如青霉素、红霉素等)的生产一般都包含结晶操作。此外,在许多其他生物技术领域中,结晶的重要性也在与日俱增,如蛋白质的纯化和生产都离不开结晶操作。

与其他分离方法相比,结晶操作有如下特点:

(1)能从杂质含量较多的溶液或熔融混合物中分离出高纯度的晶体产品;

(2)过程能耗较低,因为结晶热仅为汽化潜热的 1/7~1/3;

(3)可用于高熔点混合物、同分异构体混合物、共沸物及热敏性物质等许多难分离物系的分离。

结晶可分为溶液结晶、熔融结晶、升华结晶及沉淀结晶四类。其中工业上应用最广的是溶液结晶,本节重点介绍溶液结晶的原理及结晶设备。

溶液结晶原理是对溶液进行降温或浓缩使其达到过饱和状态,促使溶质以晶体形态从溶液中析出。

溶质从溶液中结晶需经历两个步骤:首先要产生微观的晶粒作为结晶的核心,称为晶核;然后晶核长大为宏观的晶体,这个过程称为晶体成长。无论是成核过程还是晶体成长过程,都必须以浓度差(即溶液的过饱和度)作为推动力。溶液过饱和度的大小直接影响成核过程和晶体成长过程的长短,而这两个过程的长短又影响着晶体产品的粒度分布。因此,过饱和度是结晶过程中一个极其重要的参数。从溶液中结晶出来的晶体和剩余的溶液所构成的悬混物称为晶浆,去除晶体后所剩的溶液称为母液。

晶体的粒度分布是晶体产品的一个重要质量指标。结晶操作不仅对产品的纯度有一定的要求,还希望晶体有适当的粒度和较窄的粒度分布。晶体的粒度分布是指不同粒度的晶体质量(或粒子数目)与粒度的分布关系,可通过筛分法测定。将晶体样品进行筛分,由筛分结果标绘为筛下(或筛上)累计质量分数与筛孔尺寸的关系曲线,此曲线即为晶体的粒度分布。

二、结晶过程的相平衡

在一定条件下一种固体溶质可以溶解在某种溶剂之中而形成溶液。在固体溶质溶解的同时,溶液中还存在着一个相反的过程,即已溶解的溶质粒子重新变成固体溶质而从溶剂中析出。溶解与析出是可逆过程。当固体溶质与其溶液接触时,如果溶液尚未饱和,则固体溶质溶解;如果溶液恰好达到饱和,则固体溶质与溶液之间达到相平衡状态,此时溶解速率与析出速率相等,固体溶质在溶剂中溶解的量达到最大;如果溶液处于过饱和状态,则溶液中的逾量溶质迟早将会析出。

(一)溶解度曲线

溶质-溶液处于相平衡状态时,单位质量的溶剂中所能溶解的固体溶质的量,称为该固体溶质在溶剂中的溶解度,常用 g/100 g 溶剂或 mol 溶质/kg 溶剂等单位来表示。溶解度的大小与溶质及溶剂的性质、温度有关,压力的影响可以忽略。对于给定的溶质-溶剂体系,溶解度主要随温度变化。因此溶解度的数据通常用溶解度对温度所标绘的曲线来表示,称为溶解度曲线。图 5-17 表示了某些无机物在水中的溶解度曲线。

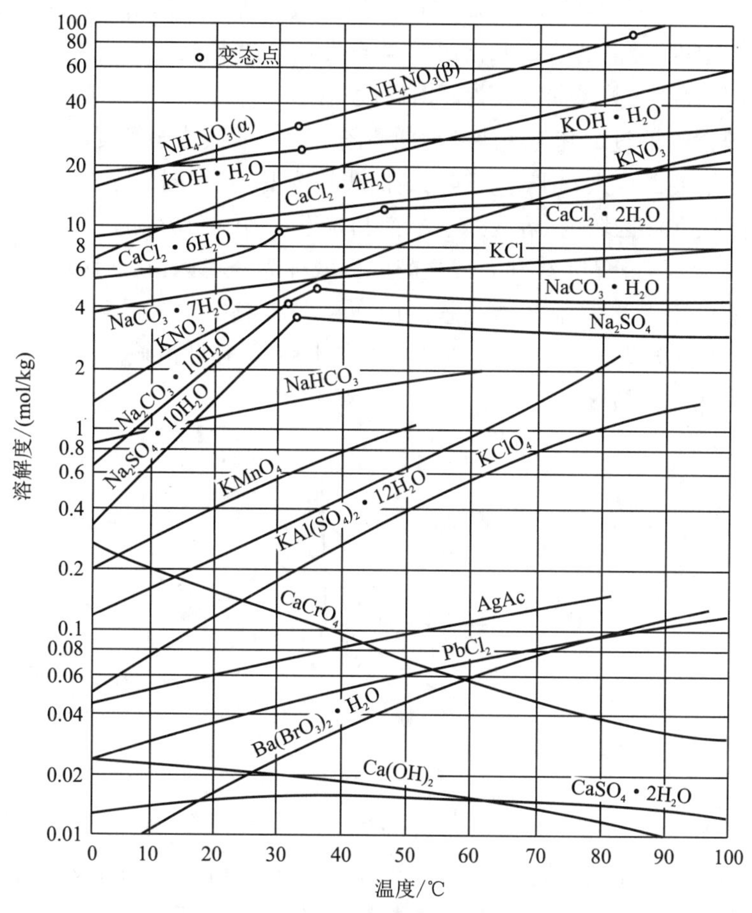

图 5-17　某些无机物在水中的溶解度曲线

由图 5-17 可见,大多数物质的溶解度随温度升高而明显增大,如 KNO_3、$KClO_4$ 等;有些物质的溶解度受温度变化的影响较小,曲线比较平坦,如 KCl、$NaHCO_3$ 等;另有一类物质,其溶解度随温度升高反而降低,如 $Ca(OH)_2$、$CaCrO_4$ 等;还有一些形成结晶水合物的物质。它们的溶解度曲线有折点(变态点)。例如,Na_2SO_4 在低于32.4 ℃时,从水溶液中结晶出来的是 $Na_2SO_4 \cdot 10H_2O$,而高于该温度结晶出来的则是无水 Na_2SO_4。

物质的溶解度曲线的特征对于结晶方法的选择起着决定性的作用。对于溶解度随温度变化敏感的物质,可选用变温方法结晶分离;对于溶解度随温度变化缓慢的物质,可用蒸发结晶的方法(移除一部分溶剂)分离。不仅如此,通过物质在不同温度下的溶解度数据还可计算结晶过程的理论产量。

(二)溶液的过饱和与介稳区

固-液相平衡时的溶液称为饱和溶液,此时溶液的浓度等于其溶解度。如果溶液中含有超过饱和量的溶质,则称为过饱和溶液。相同温度下,过饱和溶液与饱和溶液的浓度差称为溶液的过饱和度,它是结晶过程的推动力。

将一个完全纯净的溶液在不受任何外界扰动(如无搅拌,无振荡)及任何刺激(如无超声波等作用)的条件下缓慢降温,就可以得到过饱和溶液。但溶液的过饱和是有一定限度的,超过此限度,澄清的过饱和溶液将会自发地产生晶核。能自发产生晶核的过饱和溶液的浓度与温度的关系曲线称为超溶解度曲线。

图 5-18 是溶液的过饱和与超溶解度曲线图。图中 a 线为溶解度曲线,b 线为超溶解度曲线,它与溶解度曲线大致平行。这两条曲线将浓度-温度图分为三个区域。a 线以下的区域为稳定区,在此区域内,溶液处于不饱和状态,不可能产生晶核。a 线以上是过饱和区,此区又分为两部分。a 线和 b 线之间的区域称为介稳区,在此区域内,由于过饱和度不够大,溶液中不能自发地产生晶核。但如果向溶液中加入晶种(小颗粒的溶质晶体),这些晶种就会长成较大的晶体。b 线以上是不稳区,在此区域内,溶液的过饱和度已足够大,能自发地产生晶核。

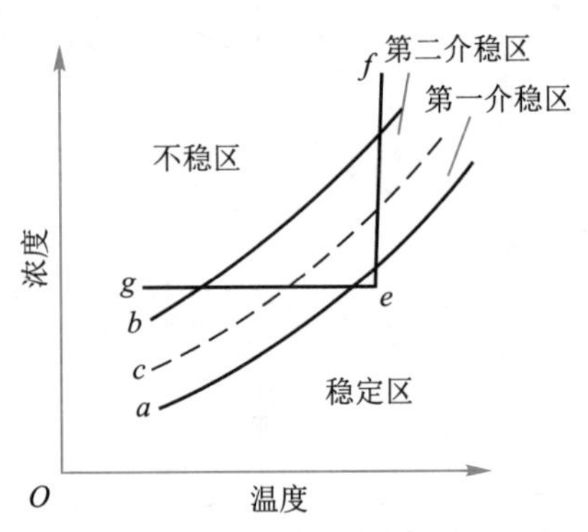

图 5-18 溶液的过饱和与超溶解度曲线

大量研究表明,一个特定物系只有一条确定的溶解度曲线,但超溶解度曲线的位置却要受到许多因素的影响,如有无搅拌、搅拌强度的大小、有无晶种、晶种的大小与多少、冷却速率的快慢等。换言之,一个特定物系可以有多个超溶解度曲线。

前已述及,结晶过程的推动力是溶液的过饱和度。在溶液结晶中,形成过饱和状态的基本方法有两种:一种方法是直接冷却溶液,使其温度降低,如图 5-18 中 eg 线所示,这种方法称为冷却结晶;另一种方法是将溶液浓缩,通常采用蒸发移除部分溶剂,如图 5-18 中 ef 线所示,这种方法称为蒸发(浓缩)结晶。实际结晶操作往往采用冷却与蒸发相结合的方法,以更有效地达到过饱和状态。显然,对于溶解度随温度变化较大的物系,采用冷却结晶更为有利，而对于溶解度随温度变化不大的物系，宜采用蒸发结晶的方法。

溶液的过饱和与介稳区的概念对工业结晶操作具有重要的指导意义。例如，在结晶过程中，若将溶液的状态控制在介稳区且较低的过饱和度内，则在较长时间内只能有少量的晶核产生，主要是加入晶种的长大，于是可获得粒度大而均匀的结晶产品。反之，将溶液状态控制在不稳区且较高的过饱和度，则会产生大量晶核，所得结晶产品的粒度必然较小。

三、影响结晶操作的因素

晶核是过饱和溶液中初始生成的微小晶粒，是晶体成长过程必不可少的核心。一般认为晶核的形成机制是溶液中快速运动的质点元素（原子、离子或分子）相互碰撞结合成为线体单元。当线体单元增长到一定限度后成为晶胚。晶胚极不稳定，有可能继续长大，亦可能重新分解为线体单元或单个质点。当晶胚进一步长大即成为稳定的晶核，晶核的大小为数十纳米至几微米。

（一）晶核的生长过程

晶核的形成方式可分为初级成核和二级成核。

在没有晶体存在的过饱和溶液中自发产生晶核的过程称为初级成核。在有晶体存在的过饱和溶液中进行的晶核的形成过程，称为二级成核。在过饱和溶液成核之前加入晶种诱导晶核生成，或在已有晶体析出的溶液中再进一步成核均属于二级成核。二级成核的机制是接触成核和剪切成核。接触成核是指当晶体之间或晶体与其他固体物接触时，晶体表面破碎成为新的晶核。在结晶器中晶体与搅拌桨叶、器壁或挡板之间的碰撞、晶体与晶体之间的碰撞都有可能产生接触成核。剪切成核是指由于过饱和溶液与正在成长的晶体之间的相对运动，在晶体表面产生的剪切力将附着于晶体之上的粒子扫落，而成为新的晶核。

研究表明，初级成核的速率比二级成核速率大得多，而且初级成核对溶液的过饱和度非常敏感，其成核速率很难控制。因此，除了超细粒子制备外，一般结晶过程都要尽量避免发生初级成核，而应以二级成核作为晶核的主要来源。

晶核形成后，在溶液过饱和度的推动下，溶质质点会继续在晶核表面上层层有序排列，使晶核或晶种微粒不断长大成为宏观的晶体，该过程称为晶体的成长。晶体成长的传质过程主要有两步：第一步是溶质从溶液主体向晶体表面扩散传递，它以浓度差为推动力；第二步是溶质在晶体表面上附着并沿表面移动至合适位置，按某种几何规律构成晶格，并放出结晶热。

（二）影响因素

影响结晶的工程因素很多，以下列出几个主要的影响因素。

（1）过饱和度的影响　温度和浓度都直接影响到溶液的过饱和度。过饱和度的大小影响晶体的成长速率，又对粒度、晶粒数量、粒度分布产生影响。通常，相对过饱和度在

3%~5%。例如,在低过饱和度下,β-石英晶体多呈短而粗的外形,而且晶体的均匀性较好。在高过饱和度下,β-石英晶体多呈细长形状,且晶体的均匀性较差。

(2)黏度的影响　溶液黏度大,流动性差,溶质向晶体表面的质量传递主要靠分子扩散作用。这时,由于晶体的顶角和棱边部位比晶面部位容易获得溶质,而出现晶体棱角长得快、晶面长得慢的现象,结果会使晶体长成形状特殊的骸晶。

(3)密度的影响　晶体周围的溶液因溶质不断析出而使局部密度下降,结晶放热作用又使该局部的温度较高而加剧了局部密度下降。在重力场的作用下,溶液的局部密度差会造成溶液的涡流。如果这种涡流在晶体周围分布不均,就会使晶体在溶质供应不均匀的条件下成长,结果会使晶体生长成形状歪曲的歪晶。

(4)位置的影响　在有足够自然空间的条件下,晶体的各晶面都将按生长规律自由地成长,获得有规则的几何外形。当晶体的某些晶面遇到其他晶体或容器壁面时,就会使这些晶面无法成长,形成歪晶。

(5)搅拌的影响　搅拌是影响晶体粒度分布的重要因素。搅拌强度大会使介稳区变窄,二次成核速率增加,晶体粒度变细;温和而又均匀的搅拌,则是获得粗颗粒结晶的重要条件。

四、结晶工艺计算

通过对结晶过程进行物料衡算和热量衡算,可确定结晶器的生产能力(即理论产量)和所需热负荷等数据。

在结晶操作中,原料液中溶质的含量是已知的。对于大多数物系,结晶过程终了时母液与晶体达到了平衡状态,可由溶解度曲线图查得母液中溶质的含量。对于结晶过程终了时仍有剩余过饱和度的物系,终了母液中溶质的含量需由实验测定。当原料液及终了母液中溶质的含量均为已知时,则可计算结晶过程的产品量。

(一)结晶系统的物料衡算

作物料衡算时,须考虑晶体是否为水合物;当晶体为非水合物时,晶体可按纯溶质计算。当晶体为水合物时,晶体中溶质的质量分数可按溶质相对分子质量与晶体相对分子质量之比计算。物料衡算主要是总物料衡算和溶质物料衡算(或水的物料衡算)。

图5-19所示为结晶器的进、出物流图,对图中虚线所示的控制体作溶质物料衡算,有

$$m_F\omega_1 = m'\omega_2 + (m_F - m_{水} - m')\omega_3 \tag{5-14}$$

式中　m_F——进料质量;

ω_1——进料溶液中的溶质质量分数;

m'——晶体质量;

ω_2——晶体中的溶质质量分数;

$m_{水}$——结晶器中蒸发出的水分质量;

ω_3——母液中的溶质质量分数。

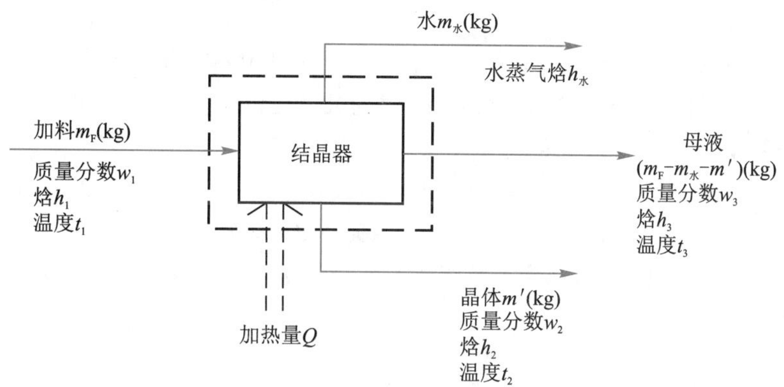

图 5-19　结晶器的进、出物流图

【例 5-5】100 kg 含 28%(质量分数)Na_2CO_3 的水溶液在结晶器中冷却到 20 ℃,结晶盐分子含 10 个结晶水,即 $Na_2CO_3 \cdot 10H_2O$。已知 20 ℃下 Na_2CO_3 的溶解度为17.7%(质量分数),溶液在结晶器中自蒸发 3 kg 水分,试求结晶产量 m' 为多少千克。

解:由已知条件可得 $m_水=3$ kg。因 Na_2CO_3 的相对分子质量为 106,

$Na_2CO_3 \cdot 10H_2O$ 的相对分子质量为 286,则 $\omega_2=106/286=0.371$。

由式(5-14)可得:

$$100\times0.28=m'\times0.371+(100-3-m')\times0.177$$

得出结晶产量 $m'=55.8$ kg,母液量为41.2 kg。

(二)真空冷却结晶过程的热量衡算

真空冷却结晶单位进料溶剂蒸发量为未知量,需通过热量衡算求出。由于真空冷却蒸发是溶液在绝热情况下的闪蒸,故蒸发量取决于溶剂蒸发时需要的汽化热、溶质结晶时放出的结晶热,以及溶液绝热冷却时放出的显热。对图 5-19 中虚线所示的控制体做热量衡算可得

$$m_F h_1 + Q = m_水 h_水 + m'h_2 + (m_F - m_水 - m')h_3 \tag{5-15}$$

式中　Q——外界对控制体的加热量;

h_1——单位质量进料溶液的焓;

h_2——单位质量晶体的焓;

h_3——单位质量母液的焓。

将式(5-15)整理后可得

$$m_水(h_水 - h_3) = m'(h_3 - h_2) + m_F(h_1 - h_3) + Q \tag{5-16}$$

上式表明,结晶器中水分汽化所需的热量为溶液结晶放热量、溶液降温放热量和外界加热量之和。上式也可写成

$$m_水 r = m' r_{结晶} + m_F c_p(t_1 - t_3) + Q \tag{5-17}$$

【例 5-6】100 kg 30 ℃含35.1%(质量分数)$MgSO_4$ 的水溶液在绝热条件下真空自蒸发降温至 10 ℃,结晶盐分子含 7 个结晶水,即 $MgSO_4 \cdot 7H_2O$。已知 10 ℃下 $MgSO_4$ 的溶解度为15.3%(质量分数),试求蒸发水分量 $m_水$ 和结晶产量 m' 各为多少千克。

已知该物系的溶液结晶热 $r_{结晶}$ 为 50 kJ/kg 晶体,溶液的平均比热容为3.1 kJ/(kg·℃),水

的汽化热为2 468 kJ/kg。

解:由题给条件已知 $Q=0$,$t_1=30$ ℃,$t_3=10$ ℃。因 $MgSO_4$ 的相对分子质量为120.4,$MgSO_4 \cdot 7H_2O$ 的相对分子质量为246.5,则 $\omega_2=120.4/246.5=0.488$。

由式(5-14)、式(5-17)可得

$$100\times0.351=m'\times0.488+(100-m_{水}-m')\times0.153 \tag{a}$$

$$m_{水}\times2\,468=m'\times50+100\times3.1\times(30-10) \tag{b}$$

由以上式(a)、式(b)两式联立可解得蒸发水分量 $m_{水}=3.74$ kg,结晶产量 $m'=60.81$ kg,母液量为35.45 kg。

五、结晶器

结晶设备的类型很多,有些结晶器只用于一种结晶方法,有些结晶器则适用于多种结晶方法。结晶器按结晶方法可分为冷却结晶器、蒸发结晶器、真空结晶器;按操作方式又可分为间歇式和连续式;按流动方式又可分为混合型和分级型、母液循环型和晶浆循环型。以下介绍几种主要结晶器的结构特点。

(一)冷却结晶器

间接换热釜式结晶器是目前应用最广的冷却结晶器。搅拌釜可装有冷却夹套或内螺旋管,在夹套或内螺旋管中通入冷却剂以移走热量。釜内搅拌以促进传热和传质速率,使釜内溶液温度和浓度均匀,同时使晶体悬浮、与溶液均匀接触,有利于晶体各晶面均匀成长。这种结晶器既可连续操作又可间歇操作。采用不同的搅拌速度可制得不同的产品粒度。经验表明,制备大颗粒结晶采用间歇式操作较好,制备小颗粒结晶则可采用连续式操作。

图 5-20 所示为外循环搅拌式冷却结晶器,它由搅拌结晶釜、冷却器和循环泵组成。从搅拌釜出来的晶浆与进料溶液混合后,在泵的输送下经过冷却器降温形成过饱和溶液进入搅拌釜结晶。泵使晶浆在冷却器和搅拌结晶釜之间不断循环,外置的冷却器换热面积可以做得较大,这样大大强化了传热速率。

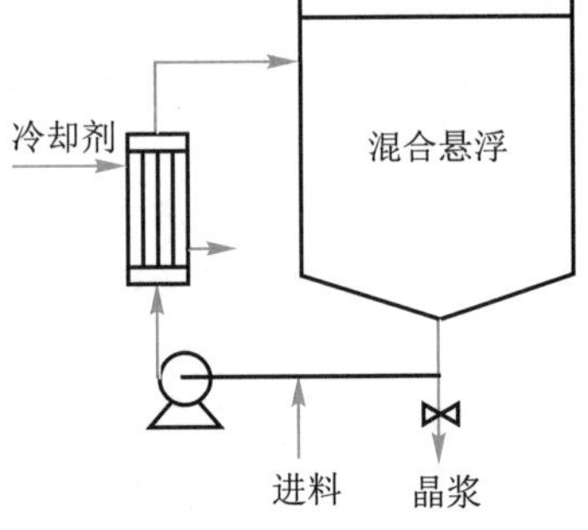

图 5-20　外循环搅拌式冷却结晶器

(二)移除部分溶剂的结晶器

图 5-21 所示为奥斯陆蒸发结晶器,结晶器由蒸发室与结晶室两部分组成。蒸发室在上,结晶室在下,中间由一根中央降液管相连接。结晶室的器身带有一定的锥度,下部截面较小,上部截面较大。母液经循环泵输送后与加料液一起在换热器中被加热,经再循环管进入蒸发室,溶液部分汽化后产生过饱和度。过饱和溶液经中央降液管流至结晶室底部,转而向上流动。晶体悬浮于此液体中,因流道截面的变化而形成了下大上小的液体速度分布,从而使晶体颗粒成为粒度分级的流化床。粒度较大的晶体颗粒富集在结晶室底部,与降液管中流出的过饱和度最大的溶液接触,使之长得更大。随着液体往上流动,速度渐慢,悬浮的晶体颗粒也渐小,溶液的过饱和度也渐渐变小。当溶液达到结晶室顶层时,已基本不含晶体

颗粒,过饱和度也消耗殆尽,作为澄清的母液在结晶室顶部溢流进入循环管路。这种操作方式是典型的母液循环式,其优点是循环液中基本不含晶体颗粒,从而避免发生泵的叶轮与晶体颗粒之间的碰撞而造成的过多二次成核,加上结晶室的粒度分级作用,使该结晶器所产生的结晶产品颗粒大而均匀。该结晶器的缺点是操作弹性较小,原因是母液的循环量受到了产品颗粒在饱和溶液中沉降速度的限制。

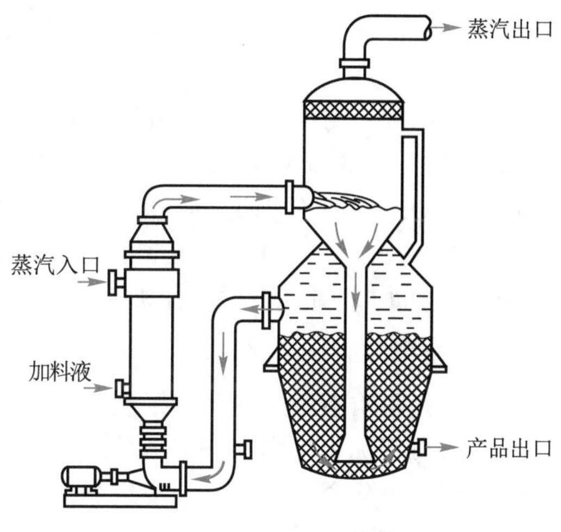

图 5-21　奥斯陆蒸发结晶器

六、其他结晶方法

除了前面讨论的溶液结晶方法外,还有许多其他结晶方法,如熔融结晶、沉淀结晶、升华结晶、喷射结晶、冰析结晶等。

(一)熔融结晶

熔融结晶是根据待分离物质之间的凝固点不同而实现物质结晶分离的过程。熔融结晶与溶液结晶的比较参见表 5-4。

表 5-4　熔融结晶与溶液结晶的比较

项目	熔融结晶	溶液结晶
原理	利用待分离组分凝固点的不同,使它们得以结晶分离	冷却或移除部分溶剂,使溶质从溶液中结晶出来
推动力	过冷度	过饱和度、过冷度
操作温度	在结晶组分的熔点附近	取决于物系的溶解度特性
过程的主要控制因素	传热、传质及结晶速率	传质及结晶速率
产品形态	液体或固体	呈一定分布的晶体颗粒
目的	分离纯化	分离、纯化、产品晶粒化
结晶器型式	塔式或釜式	釜式为主

熔融结晶过程多用于有机化合物的分离提纯,而专门用于冶金材料精制或高分子材料加工的区域熔炼过程也属于熔融结晶。

(二)沉淀结晶

沉淀结晶包括反应结晶和盐析结晶。

反应结晶是通过气体(或液体)与液体之间的化学反应,生成溶解度很小的产物。工业上通过反应结晶制取固体产品的例子很多,例如,由硫酸和含氨焦炉气反应生产 $(NH_4)_2SO_4$,由盐水及窑炉气生产 $NaHCO_3$ 等。通常化学反应速率比较快,溶液容易进入不稳区而产生过多晶核,因此反应结晶所生产的固体粒子一般较小。要制取足够大的固体粒子,必须将反应试剂高度稀释,并且反应结晶时间要足够长。

盐析结晶是通过往溶液中加入某种物质来降低溶质在溶剂中的溶解度,使溶液达到过饱和。所加入的物质称为稀释剂或沉淀剂,它可以是固体、液体或气体。此法之所以称为盐析结晶,是因为 NaCl 是一个最常用的沉淀剂。一个典型例子是从硫酸钠盐水中生产 $Na_2SO_4 \cdot 10H_2O$,通过向硫酸钠盐水中加入 NaCl 可降低 $Na_2SO_4 \cdot 10H_2O$ 的溶解度,从而提高 $Na_2SO_4 \cdot 10H_2O$ 的结晶产量。某些液体也常用作沉淀剂,例如,醇类和酮类可用于 KCl、NaCl 和其他溶质的盐析。

(三)升华结晶

升华是物质不经过液态直接从固态变成气态的过程。其反过程气态物质直接凝结为固态的过程称为凝华。升华结晶过程常常包括上述两个步骤。通过这种方法可以将一个升华组分从含有其他不升华组分的混合物中分离出来。例如,碘、萘等常采用这种方法进行分离提纯。

思考题

5-1 通过与一般的传热过程比较,简述蒸发操作的特点。

5-2 什么是温度差损失和溶液的沸点升高?简要分析产生的原因。

5-3 为什么蒸发时溶液沸点必高于二次蒸汽的饱和温度?

5-4 多效蒸发的作用是什么?各效应满足的基本条件是什么?

5-5 多效蒸发的流程及其特点是什么?为什么有最佳效数?

5-6 各种结构蒸发器的特点是什么?说明各自的改进方向。

5-7 溶液结晶操作有哪几种方法造成过饱和度?

5-8 溶液结晶要经历哪两个阶段?

5-9 选择结晶设备时要考虑哪些因素?

习题

5-1 一常压操作的单效蒸发器,蒸发 10% NaOH 水溶液,处理原料液批为 10 t/h,要求浓缩至 25%(以上均为质量分数),试计算水分蒸发值。

[答:6 000 kg/h]

5-2 上题中若加热蒸汽压强为 300 kPa(绝压),冷凝液在饱和温度下排出,加料温度为 20 ℃,原料液的平均等压比热容为3.77 kJ/(kg·K),忽略溶液的沸点升高和溶液的浓缩热,且不计热损失。试求加热蒸汽消耗量及单位蒸汽消耗量。

[答:7 693 kg/h;1.282 kg/h]

5-3 对例 5-1、例 5-2 的蒸发过程,若蒸发器的传热系数为2 000 W/(m^2·℃),求

蒸发器所需的传热面积。

［答:81.9 m^2］

5-4　在真空度为600 mmHg的单效蒸发器中,蒸发密度为1 200 kg/m^3 的某水溶液,设蒸发器内的液面高度为1.5 m,试求此时由于液柱静压头引起的沸点升高多少摄氏度?

［答:5.5 ℃］

5-5　一双效并流加料蒸发器,用以将10 000 kg/h NaOH水溶液的质量分数由10%蒸浓至50%,沸点进料,料液的比热容为3.77 kJ/(kg·K),加热用蒸汽温度为151.1 ℃,末效蒸发压力为15 kPa(绝压)。已知两蒸发器传热面积相等,其传热系数分别为 K_1 = 1 200 W/(m^2·℃),K_2=500 W/(m^2·℃),两效由于液柱静压头引起的温度差损失可分别取为1 ℃和5 ℃,试求所需的生蒸汽消耗量和蒸发器的传热面积。

［答:4 732 kg/h;168 m^2］

5-6　100 kg含29.9%(质量分数)Na_2SO_4 的水溶液在结晶中冷却到20 ℃,结晶盐含10个结晶水,即 $Na_2SO_4 \cdot 10H_2O$。已知20 ℃下 Na_2SO_4 的溶解度为17.6%(质量分数)。溶液在结晶器中自蒸发2 kg溶剂,试求结晶产量为多少千克。

［答:47.7 kg］

5-7　100 kg含37.7%(质量分数)KNO_3 的水溶液在真空结晶器中绝热自蒸发3.5 kg水蒸气,溶液温度降低至20 ℃,析出结晶,结晶盐不含结晶水。已知20 ℃下 KNO_3 的溶解度为23.3%(质量分数)。试求加料的温度为多少。[已知该物系的溶液结晶热为68 kJ/kg晶体,溶液的平均比热容为2.9 kJ/(kg·℃),水的汽化热为2 446 kJ/kg]

［答:44.9 ℃］

参考文献

[1]张浩勤,陆美娟. 化工原理[M]. 北京:化学工业出版社,2018.
[2]王淑波,蒋红梅. 化工原理[M]. 武汉:华中科技大学出版社,2012.
[3]大连理工大学主编. 化工原理[M]. 北京:高等教育出版社,2015.
[4]齐鸣斋,熊丹柳,叶启亮. 化工原理[M]. 北京:高等教育出版社,2014.
[5]陈敏恒,丛德滋,方图南,等. 化工原理[M]. 北京:化学工业出版社,2015.
[6]柴诚敬,贾绍义,等. 化工原理[M]. 北京:高等教育出版社,2016.

附　　录

附录一　化工常用法定计量单位及单位换算

1.常用单位

基本单位			具有专门名称的导出单位				允许并用的其他单位			
物理量	单位名称	单位符号	物理量	单位名称	单位符号	与基本单位关系式	物理量	单位名称	单位符号	与基本单位关系式
长度	米	m	力	牛[顿]	N	$1\ N=1\ kg\cdot m/s^2$	时间	分	min	1 min=60 s
质量	千克(公斤)	kg	压强、应力	帕[斯卡]	Pa	$1\ Pa=1\ N/m^2$		时	h	1 h=3600 s
时间	秒	s	能、功、热量	焦[耳]	J	$1\ J=1\ N\cdot m$		日	d	1 d=86400 s
热力学温度	开[尔文]	K	功率	瓦[特]	W	1 W=1 J/s	体积	升	L(1)	$1\ L=10^{-3}m^3$
物质的量	摩[尔]	mol	摄氏温度	摄氏度	℃	1 ℃=1 K	质量	吨	t	$1\ t=10^3\ kg$

2.常用十进倍数单位及分数单位的词头

词头符号	M	k	d	c	m	μ
词头名称	兆	千	分	厘	毫	微
表示因数	10^6	10^3	10^{-1}	10^{-2}	10^{-3}	10^{-6}

3.单位换算表

说明:单位换算表中,各单位名称上的数字代表所属的单位制:①cgs 制,②法定单位制,③工程制,④英制;没有标志的是制外单位。

(1)质量

① g(克)	② kg(千克)	③ $kgf\cdot s^2/m$[千克(力)·秒²/米]	④ lb(磅)
1	10^{-3}	1.02×10^{-4}	2.205×10^{-3}
1000	1	0.102	2.205
9807	9807	1	-
453.6	0.4536	-	1

(2)长度

① cm(厘米)	② m(米)	③ ft(英尺)	④ in(英寸)	① cm(厘米)	② m(米)	③ ft(英尺)	④ in(英寸)
1	10^{-2}	0.03281	0.3937	30.48	0.3048	1	12
100	1	3.281	39.37	2.54	0.0254	0.08333	1

注:其他长度换算关系为 1 埃(Å)= 10^{-10}米(m),1 码(yd)= 0.9144 米(m)。

(3)力

② N(牛顿)	③ kgf 千克(力)	④ lbf 磅(力)	① dyn (达因)	② N(牛顿)	③ kgf 千克(力)	④ lbf 磅(力)	① dyn (达因)
1	0.102	0.2248	10^5	4.448	0.4536	1	4.448×10^5
9.807	1	2.205	9.807×10^5	10^{-5}	1.02×10^{-6}	2.248×10^{-6}	1

(4) 压强(压力)

② Pa(帕斯卡)= N/m^2	① bar(巴)= $10^6 dyn/cm^2$	③ kgf/cm^2 (工程大气压)	atm (物理大气压)	mmHg(0℃) (毫米汞柱)	③ mmH_2O (毫米水柱)= kgf/m^2	④ lbf/in^2 (磅/英寸²)
1	10^{-5}	1.02×10^{-5}	9.869×10^{-6}	0.0075	0.102	1.45×10^{-4}
10^5	1	1.02	0.9869	750.0	1.02×10^4	14.50
9.807×10^4	0.9807	1	0.9678	735.5	10^4	14.22
1.013×10^5	1.013	1.033	1	760	1.033×10^4	14.7
133.3	0.001333	0.001360	0.001316	1	13.6	0.0193
9.807	9.807×10^{-5}	10^{-4}	9.678×10^{-5}	0.07355	1	1.422×10^{-3}
6895	0.06895	0.07031	0.06804	51.72	703.1	1

(5)运动黏度、扩散系数

① cm^2/s(厘米²/秒)	②③ m^2/s(米²/秒)	④ ft^2/s(英尺²/秒)	① cm^2/s(厘米²/秒)	②③ m^2/s(米²/秒)	④ ft^2/s(英尺²/秒)
1	10^{-4}	1.076×10^{-3}	929	9.29×10^{-2}	1
10^4	1	10.76			

注:运动黏度 cm^2/s 又称斯托克斯(沲),以 St 表示。

(6) 动力黏度(通称黏度)

① P(泊)= g/(cm·s)	① cP 厘泊	② Pa·s= kg/(m·s)	③ $kgf\cdot s/m^2$ [千克(力)·秒/米²]	④ lbf/(ft·s) [磅/(英尺·秒)]
1	10^2	10^{-1}	0.0102	0.06720
10^{-2}	1	10^{-3}	1.02×10^{-4}	6.720×10^{-4}
10	10^3	1	0.102	0.6720
98.1	9810	98.1	1	6.59
14.88	1488	1.488	0.1519	1

(7)能量,功,热量

② J(焦耳)=N·m	③ kgf·m [千克(力)·米]	kW·h(千瓦·时)	马力·时	③ kcal 千卡	④ B.t.U. 英热单位
1	0.102	2.778×10^{-7}	3.725×10^{-7}	2.39×10^{-4}	9.486×10^{-4}
9.807	1	2.724×10^{-6}	3.653×10^{-6}	2.342×10^{-3}	9.296×10^{-3}
3.6×10^{5}	3.671×10^{5}	1	1.341	860.0	3413
2.685×10^{6}	2.738×10^{5}	0.7457	1	641.3	2544
4.187×10^{3}	426.9	1.162×10^{-3}	1.558×10^{-3}	1	3.968
1.055×10^{3}	107.58	2.930×10^{-4}	3.926×10^{-4}	0.2520	1

注:其他换算关系:1 erg(尔格)=1 dyn·cm=10^{-7}J。

(8) 功率,传热速率

② W(瓦)	③ kgf·m/s [千克(力)·米/秒]	马力	③ kcal/s(千卡/秒)	④ B.t.u./s (英热单位/秒)
1	0.102	1.341×10^{-3}	2.389×10^{-4}	9.486×10^{-4}
9.807	1	0.01315	2.342×10^{-3}	9.296×10^{-3}
745.7	76.04	1	0.17803	0.7068
4187	426.9	5.614	1	3.968
1055	107.58	1.415	0.252	1

注:其他换算关系为 1 erg/s(尔格/秒)= 10^{-7} W(J/s)= 10^{-10} kW。

(9)比热容

② kJ/(kg·K) [千焦/(千克·开)]	① cal/(g·℃) [卡/(克·摄氏度)]	③ kcal/(kgf·℃) [千卡/(千克力·摄氏度)]	④ B.t.u./(lb·℉) [英热单位/(磅·℉)]
1	0.2389	0.2389	0.2389
4.187	1	1	1

(10)热导率

② W/(m.K)	③ kcal/ (m^2·h·℃)	① cal/ (cm·s·℃)	④ B.t.U./ (ft^2·h·℉)	② W/(m.K)	③ kcal/ (m^2·h·℃)	① cal/ (cm·s·℃)	④ B.t.U./ (ft^2·h·℉)
1	0.86	2.389×10^{-3}	0.5779	418.7	360	1	241.9
1.163	1	2.778×10^{-3}	0.6720	1.73	1.488	4.134×10^{-3}	1

(11)传热系数

② W/(m^2·K)	③ kcal/(m^2·h·℃)	① cal/(cm^2·s·℃)	④ B.t.U./(ft^2·h·℉)	② W/(m^2·K)	③ kcal/(m^2·h·℃)	① cal/(cm^2·s·℃)	④ B.t.U./(ft^2·h·℉)
1	0.86	2.389×10^{-5}	0.176	4.187×10^{4}	3.60×10^{4}	1	7374
1.163	1	2.778×10^{-5}	0.2048	5.678	4.882	1.356×10^{-4}	1

(12)表面张力

① dyn/cm	② N/m	③ kgf/m	④ lbf/ft	① dyn/cm	② N/m	③ kgf/m	④ lbf/ft
1	10^{-3}	1.02×10^{-4}	6.852×10^{-5}	9807	9.807	1	0.6720
10^{3}	1	0.102	6.852×10^{-2}	14592	14.592	1.488	1

(13)温度

② K	① ℃	°R	④ ℉	② K	① ℃	°R	④ ℉
1	K−273.16	1.8	$K\times\frac{9}{5}-459.7$	$\frac{5}{9}$	$\frac{°R-459.7}{1.8}$	1	°R−459.7
℃+273.16	1	$℃\times\frac{9}{5}+459.7$	$℃\times\frac{9}{5}+32$	$\frac{℉+459.7}{1.8}$	$\frac{℉-32}{1.8}$	℉+459.7	1

(14)标准重力加速度

g= 9.807 m/s^{2}②③ = 980.7 cm/s^{2}① = 32.17 ft/s^{2}④

(15)通用气体常数

R =8.314 kJ/(kmol·K)② =1.987 kcal/(kmol·K)① = 848 kgf·m/(kmol·K)③

= 82.06 atm·cm^3/(mol·K)= 0.08206 atm·m^3/(kmol·K)

= 1.987 B.t.U./(Ibmol·°R)④

=1544 Ibf·ft/(lbmol·°R)④

(16)斯蒂芬玻尔兹曼常数

$\sigma_0=5.67\times10^{-8}$ W/(m^2·K^4)② =5.71×10^{-5} erg/(s·cm^2·K^4)①

=4.88×10^{-8} kcal/(h·m^2·K^4)③ =0.173×10^{-8} B.t.U./(ft^2·h·°R^4)④

附录二　某些液体的重要物理性质

名称	分子式	密度ρ (20 ℃) /(kg·m^{-3})	沸点T_b (101.3 kPa) /℃	汽化焓$\Delta_c H$ (760 mmHg) /(kJ·kg^{-1})	比热容c_p (20 ℃) /[(kJ·kg^{-1}·℃$^{-1}$)]	黏度μ (20 ℃) /(mPa·s)	导热系数λ (20 ℃) /(W·m^{-1}·℃$^{-1}$)	体积膨胀系数(20℃) $\beta\times10^4$ /℃$^{-1}$	表面张力(20 ℃) $\sigma\times10^4$ /(N·m^{-1})
水	H_2O	998	100	2258	4.183	1.005	0.599	1.82	72.8
氯化钠盐水(25%)	—	1186 (25℃)	107	—	3.39	2.3	0.57 (30℃)	(4.4)	
氯化钙盐水(25%)	—	1228	107	—	2.89	2.5	0.57	(3.4)	
硫酸	H_2SO_4	1831	340(分解)	—	1.47(98%)	23	0.38	5.7	
硝酸	HNO_3	1513	8	481.1		1.17(10℃)			
盐酸(30%)	HCl	1149			2.55	2(31.5%)	0.42		
二硫化碳	CS_2	1262	46.3	352	1.005	0.38	0.16	12.1	32
戊烷	C_5H_{12}	626	36.07	357.4	2.24 (15.6℃)	0.229	0.113	15.9	16.2
己烷	C_6H_{14}	659	68.74	335.1	2.31 (15.6℃)	0.313	0.119		18.2
庚烷	C_7H_{16}	684	98.43	316.5	2.21 (15.6℃)	0.411	0.123		20.1
辛烷	C_8H_{18}	703	125.67	306.4	2.19 (15.6℃)	0.540	0.131		21.8
三氯甲烷	$CHCl_3$	1489	61.2	253.7	0.992	0.58	0.138 (30 ℃)	12.6	28.5 (10℃)
四氯化碳	CCl_4	1594	76.8	195	0.850	1.0	0.12		26.8
1,2-二氯乙烷	$C_2H_4Cl_2$	1253	83.6	324	1.260	0.83	0.14 (50 ℃)		30.8
苯	C_6H_6	879	80.10	393.9	1.704	0.737	0.148	12.4	28.6
甲苯	C_7H_8	867	110.63	363	1.70	0.675	0.138	10.9	27.9
邻二甲苯	C_8H_{10}	880	144.42	347	1.74	0.811	0.142		30.2
间二甲苯	C_8H_{10}	864	139.10	343	1.70	0.611	0.167	0.1	29.0
对二甲苯	C_8H_{10}	861	138.35	340	1.704	0.643	0.129		28.0
苯乙烯	C_8H_9	911 (15.6 ℃)	145.2	(352)	1.733	0.72			
氯苯	C_6H_5Cl	1106	131.8	325	1.298	0.85	0.14 (30 ℃)		32
硝基苯	$C_6H_5NO_2$	1203	210.9	396	1.47	2.1	0.15		41
苯胺	$C_6H_5NH_2$	1022	184.4	448	2.07	4.3	0.17	8.5	42.9
酚	C_6H_5OH	1050 (50 ℃)	181.8(融点40.9 ℃)	511		3.4 (50 ℃)			
萘	$C_{10}H_8$	1145 (固体)	217.9(融点80.2 ℃)	314	1.80 (100 ℃)	0.59 (100 ℃)			
甲醇	CH_3OH	791	64.7	1101	2.48	0.6	0.212	12.2	22.6
乙醇	C_2H_5OH	789	78.3	846	2.39	1.15	0.172	11.6	22.8
乙醇(95%)		804	78.2			1.4			
乙二醇	$C_2H_4(OH)_2$	1113	197.6	780	2.35	23			47.7
甘油	$C_3H_5(OH)_3$	1261	290(分解)	—		1499	0.59	5.3	63
乙醚	$(C_2H_5)_2O$	714	34.6	360	2.34	0.24	0.140	16.3	18
乙醛	CH_3CHO	783(18℃)	20.2	574	1.9	1.3(18℃)			21.2
糠醛	$C_5H_4O_2$	1168	161.7	452	1.6	1.15 (50℃)			43.5
丙酮	CH_3COCH_3	792	56.2	523	2.35	0.32	0.17		23.7
甲酸	HCOOH	1220	100.7	494	2.17	1.9	0.26		27.8
乙酸	CH_3COOH	1049	118.1	406	1.99	1.3	0.17	10.7	23.9
乙酸乙酯	$CH_3COOC_2H_5$	901	77.1	368	1.92	0.48	0.14 (10℃)		
煤油		780~820				3	0.15	10.0	
汽油		680~800				0.7~0.8	0.19 (30℃)	12.5	

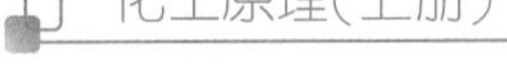

附录三　常用固体材料的密度和比热容

名称	密度 /(kg · m^{-3})	比热容 /(kJ · kg^{-1} · ℃$^{-1}$)	名称	密度 /(kg · m^{-3})	比热容 /(kJ · kg^{-1} · ℃$^{-1}$)
(1)金属			(3)建筑材料、绝热材料、附酸材料及其他		
钢	7850	0.461	干砂	1500~1700	0.796
不锈钢	7900	0.502	黏土	1600~1800	0.754
铸铁	7220	0.502			(-20~20℃)
铜	8800	0.406	锅炉炉渣	700~1100	—
青铜	8000	0.381	黏土砖	1600~1900	0.921
黄铜	8600	0.379	耐火砖	1840	0.963~1.005
铝	2670	0.921	绝热砖(多孔)	600~1400	—
镍	9000	0.461	混凝土	2000~2400	0.837
铅	11400	0.1298	软木	100~300	0.963
(2)塑料			石棉板	770	0.816
酚醛	1250~1300	1.26~1.67	石棉水泥板	1600~1900	—
脲醛	1400~1500	1.26~1.67	玻璃	2500	0.67
聚氯乙烯	1380~1400	1.84	耐酸陶瓷制品	2200~2300	0.75~0.80
聚苯乙烯	1050~1070	1.34	耐酸砖和板	2100~2400	—
低压聚乙烯	940	2.55	耐酸搪瓷	2300~2700	0.837~1.26
高压聚乙烯	920	2.22	橡胶	1200	1.38
有机玻璃	1180~1190		冰	900	2.11

附录四 干空气的重要物理性质(101.33 kPa)

温度 T/℃	密度 ρ/(kg·m^{-3})	比热容 c_p /(kJ·kg^{-1}·℃$^{-1}$)	导热系数 λ /(×10^2 W·m^{-1}·℃$^{-1}$)	黏度 μ/(×10^5 Pa·s)	普兰德数 Pr
-50	1.584	1.013	2.035	1.46	0.728
-40	1.515	1.013	2.117	1.52	0.728
-30	1.453	1.013	2.198	1.57	0.723
-20	1.395	1.009	2.279	1.62	0.716
-10	1.342	1.009	2.360	1.67	0.712
0	1.293	1.005	2.442	1.72	0.707
10	1.247	1.005	2.512	1.77	0.705
20	1.205	1.005	2.591	1.81	0.703
30	1.165	1.005	2.673	1.86	0.701
40	1.128	1.005	2.756	1.91	0.699
50	1.093	1.005	2.826	1.96	0.698
60	1.060	1.005	2.896	2.01	0.696
70	1.029	1.009	2.966	2.06	0.694
80	1.000	1.009	3.047	2.11	0.692
90	0.972	1.009	3.128	2.15	0.690
100	0.946	1.009	3.210	2.19	0.688
120	0.898	1.009	3.338	2.29	0.686
140	0.854	1.013	3.489	2.37	0.684
160	0.815	1.017	3.640	2.45	0.682
180	0.779	1.022	3.780	2.53	0.681
200	0.746	1.026	3.931	2.60	0.680
250	0.674	1.038	4.268	2.74	0.677
300	0.615	1.047	4.605	2.97	0.674
350	0.566	1.059	4.908	3.14	0.676
400	0.524	1.068	5.210	3.30	0.678
500	0.456	1.093	5.745	3.62	0.687
600	0.404	1.114	6.222	3.91	0.699
700	0.362	1.135	6.711	4.18	0.706
800	0.329	1.156	7.176	4.43	0.713
900	0.301	1.172	7.630	4.67	0.717
1000	0.277	1.185	8.071	4.90	0.719
1100	0.257	1.197	8.502	5.12	0.722
1200	0.239	1.206	9.153	5.35	0.724

附录五　水的重要物理性质

温度 T/℃	饱和蒸气压 p/kPa	密度 ρ /$(kg \cdot m^{-3})$	焓 H /$(kJ \cdot kg)$	比热容 c_p /$(kJ \cdot kg^{-1} \cdot ℃^{-1})$	导热系数 λ /$(\times 10^2\ W \cdot m^{-1} \cdot ℃^{-1})$	黏度 μ /$(\times 10^5\ Pa \cdot s)$	体积膨胀系数 β /$\times 10^4 ℃^{-1}$	表面张力 σ/$(\times 10^3\ N \cdot m^{-1})$	普兰德数 Pr
0	0.608	999.9	0	4.212	55.13	179.2	−0.63	75.6	13.67
10	1.226	999.7	42.04	4.191	57.45	130.8	0.70	74.1	9.52
20	2.335	998.2	83.90	4.183	59.89	100.5	1.82	72.6	7.02
30	4.247	995.7	125.7	4.174	61.76	80.07	3.21	71.2	5.42
40	7.377	992.2	167.5	4.174	63.38	65.60	3.87	69.6	4.31
50	12.31	988.1	209.3	4.174	64.78	54.94	4.49	67.7	3.54
60	19.92	983.2	251.1	4.178	65.94	46.88	5.11	66.2	2.98
70	31.16	977.8	293	4.178	66.76	40.61	5.70	64.3	2.55
80	47.38	971.8	334.9	4.195	67.45	35.65	6.32	62.6	2.21
90	70.14	965.3	377	4.208	68.04	31.65	6.95	60.7	1.95
100	101.3	958.4	419.1	4.220	68.27	28.38	7.52	58.8	1.75
110	143.3	951.0	461.3	4.238	68.50	25.89	8.08	56.9	1.60
120	198.6	943.1	503.7	4.250	68.62	23.73	8.64	54.8	1.47
130	270.3	934.8	546.4	4.266	68.62	21.77	9.19	52.8	1.36
140	361.5	926.1	589.1	4.287	68.50	20.10	9.72	50.7	1.26
150	476.2	917.0	632.2	4.312	68.38	18.63	10.3	48.6	1.17
160	618.3	907.4	675.3	4.346	68.27	17.36	10.7	46.6	1.10
170	792.6	897.3	719.3	4.379	67.92	16.28	11.3	45.3	1.05
180	1003.5	886.9	763.3	4.417	67.45	15.30	11.9	42.3	1.00
190	1225.6	876.0	807.6	4.460	66.99	14.42	12.6	40.8	0.96
200	1554.8	863.0	852.4	4.505	66.29	13.63	13.3	38.4	0.93
210	1917.7	852.8	897.7	4.555	65.48	13.04	14.1	36.1	0.91
220	2320.9	840.3	943.7	4.614	64.55	12.46	14.8	33.8	0.89
230	2798.6	827.3	990.2	4.681	63.73	11.97	15.9	31.6	0.88
240	3347.9	813.6	1037.5	4.756	62.80	11.47	16.8	29.1	0.87
250	3977.7	799.0	1085.6	4.844	61.76	10.98	18.1	26.7	0.86
260	4693.8	784.0	1135.0	4.949	60.43	10.59	19.7	24.2	0.87
270	5504.0	767.9	1185.3	5.070	59.96	10.20	21.6	21.9	0.88
280	6417.2	750.7	1236.3	5.229	57.45	9.81	23.7	19.5	0.90
290	7443.3	732.3	1289.9	5.485	55.82	9.42	26.2	17.2	0.93
300	8592.9	712.5	1344.8	5.736	53.96	9.12	29.2	14.7	0.97

附录六 水在不同温度下的黏度

温度/℃	黏度/cP(mPa·s)	温度/℃	黏度/cP(mPa·s)	温度/℃	黏度/cP(mPa·s)
0	1.7921	34	0.7371	69	0.4117
1	1.7313	35	0.7225	70	0.4061
2	1.6728	36	0.7085	71	0.4006
3	1.6191	37	0.6947	72	0.3952
4	1.5674	38	0.6814	73	0.3900
5	1.5188	39	0.6685	74	0.3849
6	1.4728	40	0.6560	75	0.3799
7	1.4284	41	0.6439	76	0.3750
8	1.3860	42	0.6321	77	0.3702
9	1.3462	43	0.6207	78	0.3655
10	1.3077	44	0.6097	79	0.3610
11	1.2713	45	0.5988	80	0.3565
12	1.2363	46	0.5883	81	0.3521
13	1.2028	47	0.5782	82	0.3478
14	1.1709	48	0.5683	83	0.3436
15	1.1404	49	0.5588	84	0.3395
16	1.1111	50	0.5494	85	0.3355
17	1.0828	51	0.5404	86	0.3315
18	1.0559	52	0.5315	87	0.3276
19	1.0299	53	0.5229	88	0.3239
20	1.0050	54	0.5146	89	0.3202
20.2	1.0000	55	0.5064	90	0.3165
21	0.9810	56	0.4985	91	0.3130
22	0.9579	57	0.4907	92	0.3095
23	0.9359	58	0.4832	93	0.3060
24	0.9142	59	0.4759	94	0.3027
25	0.8937	60	0.4688	95	0.2994
26	0.8737	61	0.4618	96	0.2962
27	0.8545	62	0.4550	97	0.2930
28	0.8360	63	0.4483	98	0.2899
29	0.8180	64	0.4418	99	0.2868
30	0.8007	65	0.4355	100	0.2838
31	0.7840	66	0.4293		
32	0.7679	67	0.4233		
33	0.7523	68	0.4174		

附录七　饱和水蒸气表（按温度排列）

温度 t/℃	绝对压强 p/kPa	蒸汽密度 ρ /(kg·m^{-3})	比焓/(kJ·kg^{-1})		比汽化焓 /(kJ·kg^{-1})
			液体	蒸汽	
0	0.6082	0.00484	0	2491	2491
5	0.8730	0.00680	20.9	2500.8	2480
10	1.226	0.00940	41.9	2510.4	2469
15	1.707	0.01283	62.8	2520.5	2458
20	2.335	0.01719	83.7	2530.1	2446
25	3.168	0.02304	104.7	2539.7	2435
30	4.247	0.03036	125.6	2549.3	2424
35	5.621	0.03960	146.5	2559.0	2412
40	7.377	0.05114	167.5	2568.6	2401
45	9.584	0.06543	188.4	2577.8	2389
50	12.34	0.0830	209.3	2587.4	2378
55	15.74	0.1043	230.3	2596.7	2366
60	19.92	0.1301	251.2	2606.3	2355
65	25.01	0.1611	272.1	2615.5	2343
70	31.16	0.1979	293.1	2624.3	2331
75	38.55	0.2416	314.0	2633.5	2320
80	47.38	0.2929	334.9	2642.3	2307
85	57.88	0.3531	355.9	2651.1	2295
90	70.14	0.4229	376.8	2659.9	2283
95	84.56	0.5039	397.8	2668.7	2271
100	101.33	0.5970	418.7	2677.0	2258
105	120.85	0.7036	440.0	2685.0	2245
110	143.31	0.8254	461.0	2693.4	2232
115	169.11	0.9635	482.3	2701.3	2219
120	198.64	1.1199	503.7	2708.9	2205
125	232.19	1.296	525.0	2716.4	2191
130	270.25	1.494	546.4	2723.9	2178
135	313.11	1.715	567.7	2731.0	2163
140	361.47	1.962	589.1	2737.7	2149
145	415.72	2.238	610.9	2744.4	2134
150	476.24	2.543	632.2	2750.7	2119
160	618.28	3.252	675.8	2762.9	2087
170	792.59	4.113	719.3	2773.3	2054
180	1003.5	5.145	763.3	2782.5	2019
190	1255.6	6.378	807.6	2790.1	1982
200	1554.8	7.840	852.0	2795.5	1944
210	1917.7	9.567	897.2	2799.3	1902
220	2320.9	11.60	942.4	2801.0	1859
230	2798.6	13.98	988.5	2800.1	1812
240	3347.9	16.76	1034.6	2796.8	1762
250	3977.7	20.01	1081.4	2790.1	1709
260	4693.8	23.82	1128.8	2780.9	1652
270	5504.0	28.27	1176.9	2768.3	1591
280	6417.2	33.47	1225.5	2752.0	1526
290	7443.3	39.60	1274.5	2732.3	1457
300	8592.9	46.93	1325.5	2708.0	1382

附录八 饱和水蒸气表(按压强排列)

绝对压强 p/kPa	温度 t/℃	蒸汽密度 ρ /(kg·m^{-3})	比焓/(kJ·kg^{-1})		汽化焓/(kJ·kg^{-1})
			液体	蒸汽	
1.0	6.3	0.00773	26.5	2503.1	2477
1.5	12.5	0.01133	52.3	2515.3	2463
2.0	17.0	0.01486	71.2	2524.2	2453
2.5	20.9	0.01836	87.5	2531.8	2444
3.0	23.5	0.02179	98.4	2536.8	2438
3.5	26.1	0.02523	109.3	2541.8	2433
4.0	28.7	0.02867	120.2	2546.8	2427
4.5	30.8	0.03205	129.0	2550.9	2422
5.0	32.4	0.03537	135.7	2554.0	2418
6.0	35.6	0.04200	149.1	2560.1	2411
7.0	38.8	0.04864	162.4	2566.3	2404
8.0	41.3	0.05514	172.7	2571.0	2398
9.0	43.3	0.06156	181.2	2574.8	2394
10.0	45.3	0.06798	189.6	2578.5	2389
15.0	53.5	0.09956	224.0	2594.0	2370
20.0	60.1	0.1307	251.5	2606.4	2355
30.0	66.5	0.1909	288.8	2622.4	2334
40.0	75.0	0.2498	315.9	2634.1	2312
50.0	81.2	0.3080	339.8	2644.3	2304
60.0	85.6	0.3651	358.2	2652.1	2394
70.0	89.9	0.4223	376.6	2659.8	2283
80.0	93.2	0.4781	390.1	2665.3	2275
90.0	96.4	0.5338	403.5	2670.8	2267
100.0	99.6	0.5896	416.9	2676.3	2259
120.0	104.5	0.6987	437.5	2684.3	2247
140.0	109.2	0.8076	457.7	2692.1	2234
160.0	113.0	0.8298	473.9	2698.1	2224
180.0	116.6	1.021	489.3	2703.7	2214
200.0	120.2	1.127	493.7	2709.2	2205
250.0	127.2	1.390	534.4	2719.7	2185
300.0	133.3	1.650	560.4	2728.5	2168
350.0	138.8	1.907	583.8	2736.1	2152
400.0	143.4	2.162	603.6	2742.1	2138
450.0	147.7	2.415	622.4	2747.8	2125
500.0	151.7	2.667	639.6	2752.8	2113
600.0	158.7	3.169	676.2	2761.4	2091
700.0	164.7	3.666	696.3	2767.8	2072
800.0	170.4	4.161	721.0	2773.7	2053
900.0	175.1	4.652	741.8	2778.1	2036
1×10^3	179.9	5.143	762.7	2782.5	2020
1.1×10^3	180.2	5.633	780.3	2785.5	2005
1.2×10^3	187.8	6.124	797.9	2788.5	1991
1.3×10^3	191.5	6.614	814.2	2790.9	1977
1.4×10^3	194.8	7.103	829.1	2792.4	1964
1.5×10^3	198.2	7.594	843.9	2794.5	1951
1.6×10^3	201.3	8.081	857.8	2796.0	1938
1.7×10^3	204.1	8.567	870.6	2797.1	1926
1.8×10^3	206.9	9.053	883.4	2798.1	1915
1.9×10^3	209.8	9.539	896.2	2799.2	1903
2×10^3	212.2	10.03	907.3	2799.7	1892
3×10^3	233.7	15.01	1005.4	2798.9	1794
4×10^3	250.3	20.10	1082.9	2789.8	1707
5×10^3	263.8	25.37	1146.9	2776.2	1629
6×10^3	275.4	30.85	1203.2	2759.5	1556
7×10^3	285.7	36.57	1253.2	2740.8	1488
8×10^3	294.8	42.58	1299.2	2720.5	1404
9×10^3	303.2	48.89	1343.5	2699.1	1357

附录九　液体黏度共线图

用法举例:求苯在 50 ℃时的黏度。

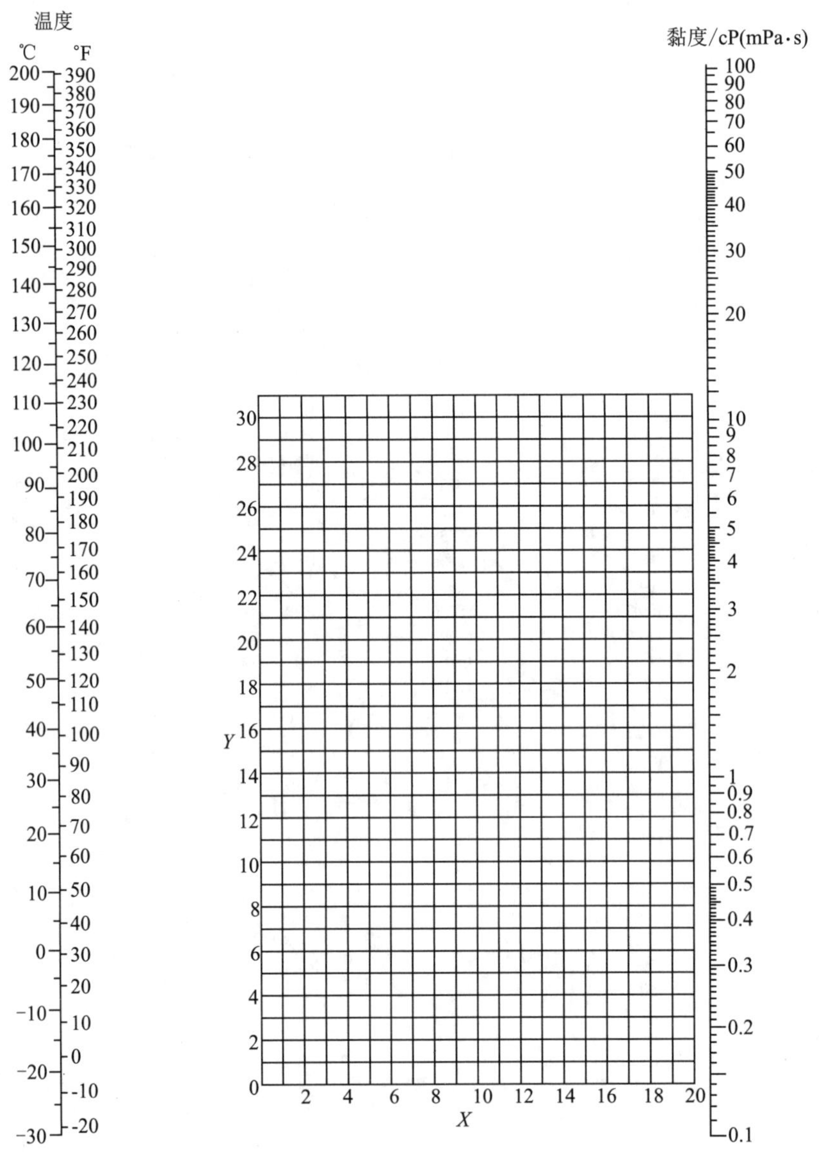

从液体黏度共线图坐标值表中查得苯的两个坐标值分别为 $X=12.5$,$Y=10.9$,在共线图上可找到这两个坐标值所对应的点,将此点与图中左方温度标尺上的 50 ℃点连成一直线,延长交于右方黏度标尺上,即可读得苯在 50 ℃的黏度为 0.44 cP(mPa · s)。

液体黏度共线图坐标值

序号	名称	X	Y	序号	名称	X	Y
1	水	10.2	13.0	36	氯苯	12.3	12.4
2	盐水(25%NaCl)	10.2	16.6	37	硝基苯	10.6	16.2
3	盐水(25%$CaCl_2$)	6.6	15.9	38	苯胺	8.1	18.7
4	氨	12.6	2.0	39	酚	6.9	20.8
5	氨水(26%)	10.1	13.9	40	联苯	12.0	18.3
6	二氧化碳	11.6	0.3	41	萘	7.9	18.1
7	二氧化硫	15.2	7.1	42	甲醇(100%)	12.4	10.5
8	二氧化氮	12.9	8.6	43	甲醇(90%)	12.3	11.8
9	二硫化碳	16.1	7.5	44	甲醇(40%)	7.8	15.5
10	溴	14.2	13.2	45	乙醇(100%)	10.5	13.8
11	汞	18.4	16.4	46	乙醇(95%)	9.8	14.3
12	硫酸(60%)	10.2	21.3	47	乙醇(40%)	6.5	16.6
13	硫酸(98%)	7.0	24.8	48	乙二醇	6.0	23.6
14	硫酸(100%)	8.0	25.1	49	甘油(100%)	2.0	30.0
15	硫酸(110%)	7.2	27.4	50	甘油(50%)	6.9	19.6
16	硝酸(60%)	10.8	17.0	51	乙醚	14.5	5.3
17	硝酸(95%)	12.8	13.8	52	乙醛	15.2	14.8
18	盐酸(31.5%)	13.0	16.6	53	丙酮(35%)	7.9	15.0
19	氢氧化钠(50%)	32	25.8	54	丙酮(100%)	14.5	7.2
20	戊烷	14.9	5.2	5.2	甲酸	10.7	15.8
21	已烷	14.7	7.0	56	乙酸(100%)	12.1	14.2
22	庚烷	14.1	8.4	57	乙酸(70%)	9.5	17.0
23	辛烷	13.7	10.0	58	乙酸酐	12.7	12.8
24	氯甲烷	15.0	3.8	59	乙酸乙酯	13.7	9.1
25	氯乙烷	14.8	6.0	60	乙酸戊酯	11.8	12.5
26	三氯甲烷	14.4	10.2	61	甲酸乙酯	14.2	8.4
27	四氯化碳	12.7	13.1	62	甲酸丙酯	13.1	9.7
28	二氯乙烷	13.2	12.2	63	丙酸	12.8	13.8
29	氯乙烯	12.7	12.2	64	丙烯酸	12.3	13.9
30	苯	12.5	10.9	65	氟利昂 11(CCl_3F)	14.4	9.0
31	甲苯	13.7	10.4	66	氟利昂 12(CCl_2F_2)	16.8	5.6
32	邻二甲苯	13.5	12.1	67	氟利昂 21($CHCl_2F$)	15.7	7.5
33	间二甲苯	13.9	10.6	68	氟利昂 22($CHCF_2$)	17.2	4.7
34	对二甲苯	13.9	10.9	69	氟利昂 113($CCl_3F \cdot CCF_2$)	12.5	11.4
35	乙苯	13.2	11.5	70	煤油	10.2	16.9

附录十　气体黏度共线图(常压下用)

用法同附录九(液体黏度共线图)。

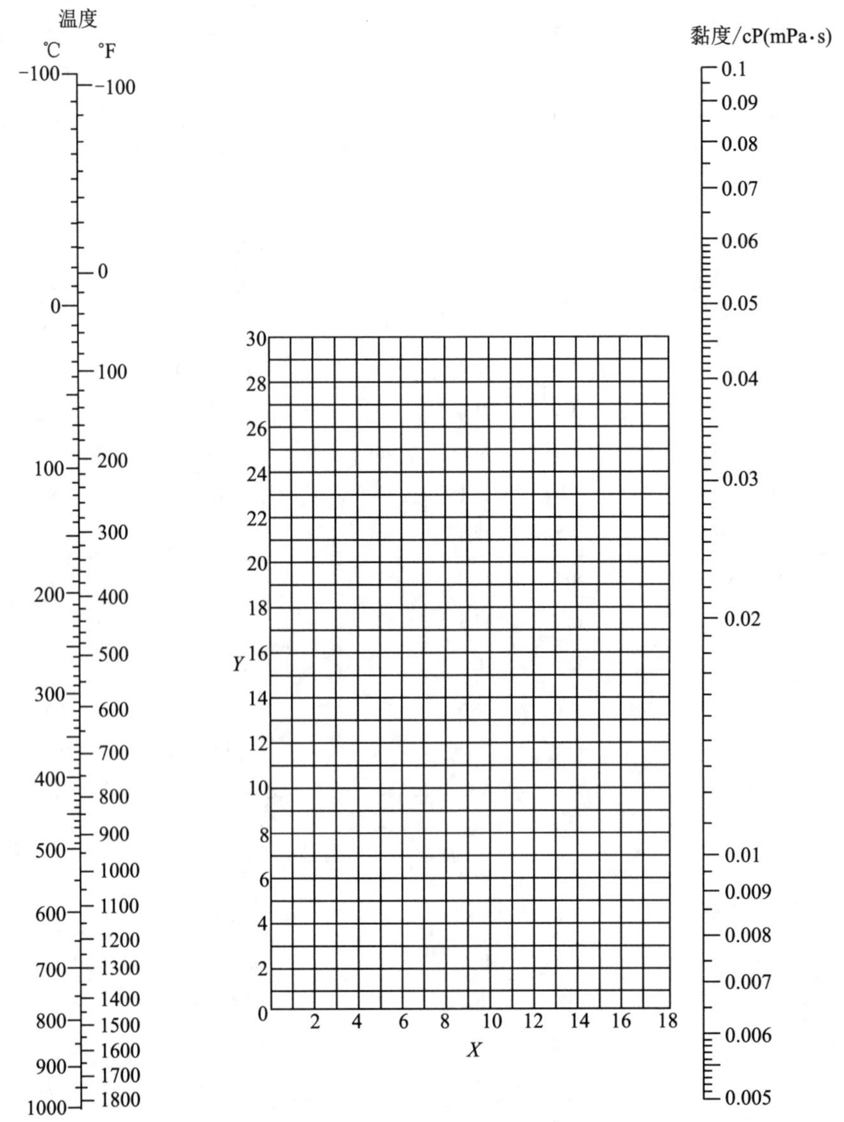

气体黏度共线图坐标值(常压下用)

序号	名称	X	Y	序号	名称	X	Y
1	空气	11.0	20.0	24	乙烷	9.1	14.5
2	氧	11.0	21.3	25	乙烯	9.5	15.1
3	氮	10.6	20.0	26	乙炔	9.8	14.9
4	氢	11.2	12.4	27	丙烷	9.7	12.9
5	$3H_2+N_2$	11.2	17.2	28	丙烯	9.0	13.8
6	水蒸气	8.0	16.0	29	丁烯	9.2	13.7
7	一氧化碳	11.0	20.0	30	戊烷	7.0	12.8
8	二氧化碳	9.5	18.7	31	己烷	8.6	11.8
9	一氧化二氮	8.8	19.0	32	三氯甲烷	8.9	15.7
10	二氧化硫	9.6	17.0	33	苯	8.5	13.2
11	二硫化碳	8.0	16.0	34	甲苯	8.6	12.4
12	一氧化氮	10.9	20.5	35	甲醇	8.5	15.6
13	氨	8.4	16.0	36	乙醇	9.2	14.2
14	汞	5.3	22.9	37	丙醇	8.4	13.4
15	氟	7.3	23.8	38	乙酸	7.7	14.3
16	氯	9.0	18.4	39	丙酮	8.9	13.0
17	氯化氢	8.8	18.7	40	乙醚	8.9	13.0
18	溴	8.9	19.2	41	乙酸乙酯	8.5	13.2
19	溴化氢	8.8	20.9	42	氟利昂 11	10.6	15.1
20	碘	9.0	18.4	43	氟利昂 12	11.1	16.0
21	碘化氢	9.0	21.3	44	氟利昂 21	10.8	15.3
22	硫化氢	8.6	18.0	45	氟利昂 22	10.1	17.0
23	甲烷	9.9	15.5	46	氟利昂 113	11.3	14.0

附录十一　液体比热容共线图

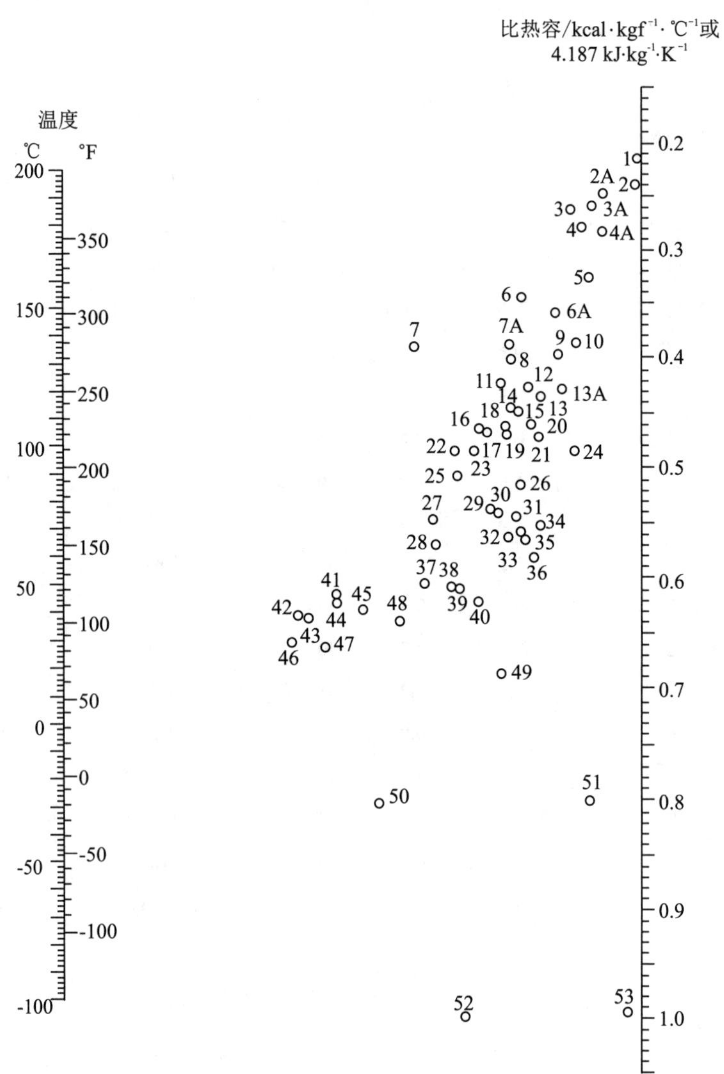

使用方法:用本图求液体在指定温度下的比热容时,可连接温度标尺上的指定温度与物料编号所对应的点,延长在比热容标尺上读得所需数据乘以 4.187 即得以 kJ/(kg · ℃)为单位的比热容值。

液体比热容共线图中的编号

编号	名称	温度范围/℃	编号	名称	温度范围/℃	编号	名称	温度范围/℃
53	水	10~200	6A	二氯乙烷	-30~60	47	异丙醇	-20~50
51	盐水(25%NaCl)	-40~-20	3	过氯乙烯	-30~40	44	丁醇	0~100
49	盐水(25%$CaCl_2$)	- 40~20	23	苯	10~80	43	异丁醇	0~100
52	氨	-70~50	23	甲苯	0~60	37	戊醇	-50~25
11	二氧化硫	-20~100	17	对二甲苯	0~100	41	异戊醇	10~100
2	二硫化碳	-100~25	8	间二甲苯	0~100	39	乙二醇	-40~200
9	硫酸(98%)	10~45	19	邻二甲苯	0~100	38	甘油	-40~20
48	盐酸(30%)	20~100	8	氯苯	0~100	27	苯甲醇	-20~30
35	己烷	-80~20	12	硝基苯	0~100	36	乙醚	-100~25
28	庚烷	0~60	30	苯胺	0~130	31	异丙醚	-80~200
33	辛烷	-50~25	10	苯甲基氯	-20~30	32	丙酮	20~50
34	壬烷	-50~25	25	乙苯	0~100	29	乙酸	0~80
21	癸烷	-80~25	15	联苯	80~120	24	乙酸乙酯	-50~25
13A	氯甲烷	-80~20	16	联苯醚	0~200	26	乙酸戊酯	0~100
5	二氧甲烷	-40~50	16	联苯-联苯醚	0~200	20	吡啶	-50~25
4	三氯甲烷	0~50	14	萘	90~200	2A	氟利昂 11	-20~70
22	二苯基甲烷	30~100	40	甲醇	-40~20	6	氟利昂 12	-40~15
3	四氯化碳	10~60	12	乙醇(100%)	30~80	4A	氟利昂 21	-20~70
13	氯乙烷	-30~40	6	乙醇(95%)	20~80	7A	氟利昂 22	-20~60
1	溴乙烷	5~25	50	乙醇(50%)	20~80	3A	氟利昂 113	-20~70
7	碘乙烷	0~100	45	丙醇	-20~100			

附录十二　气体比热容共线图(常压下用)

使用方法同附录十一(液体比热容共线图)。

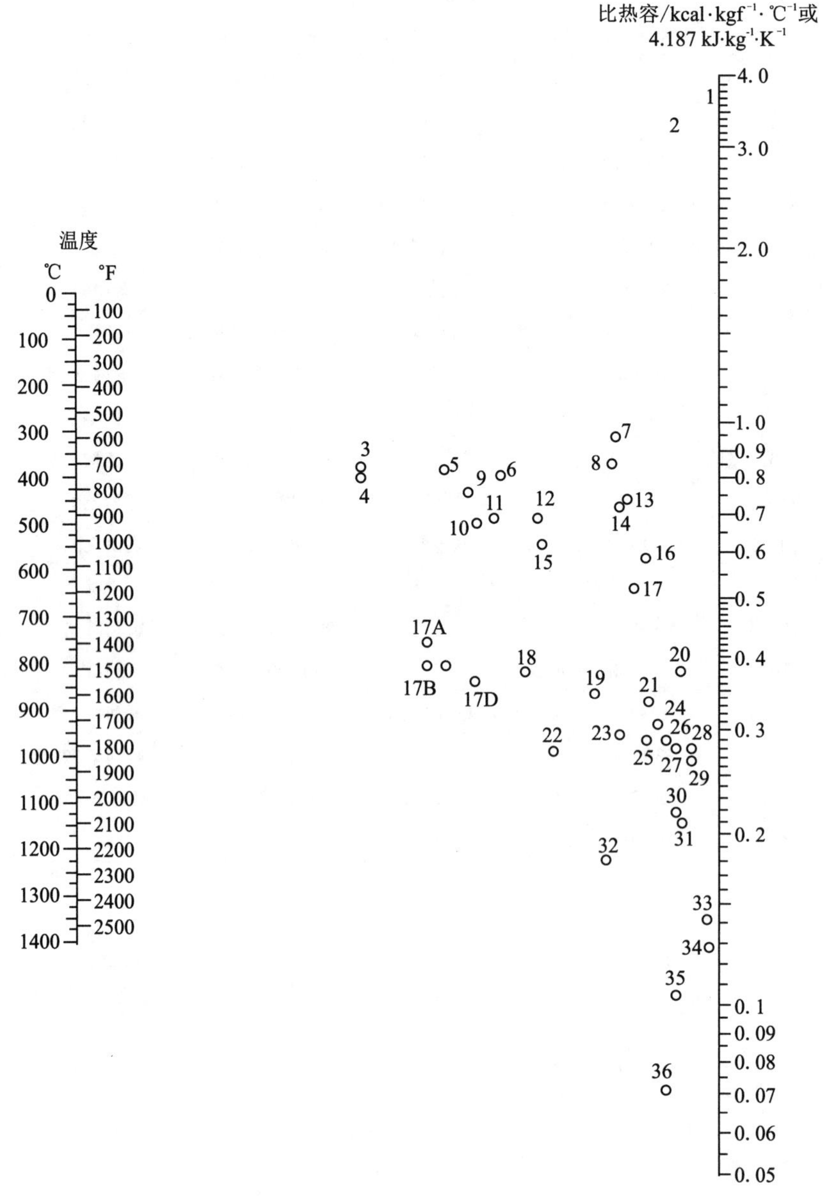

气体比热客共线图中的编号

编号	名称	温度范围/℃	编号	名称	温度范围/℃	编号	名称	温度范围/℃
27	空气	0~1400	24	二氧化碳	400~1400	9	乙烷	200~600
23	氧	0~500	22	二氧化硫	0~400	8	乙烷	600~1400
29	氧	500~1400	31	二氧化硫	400~1400	4	乙烯	0~200
26	氮	0~1400	17	水蒸气	0~1400	11	乙烯	200~600
1	氢	0~600	19	硫化氢	0~700	13	乙烯	600~1400
2	氢	600~1400	21	硫化氢	700~1400	10	乙炔	0~200
32	氯	0~200	20	氟化氢	0~1400	15	乙炔	200~400
34	氯	200~1400	30	氯化氢	0~1400	16	乙炔	400~1400
33	硫	300~1400	35	溴化氢	0~1400	17B	氟利昂 11	0~500
12	氨	0~600	36	碘化氢	0~1400	17C	氟利昂 21	0~500
14	氨	600~1400	5	甲烷	0~300	17A	氟利昂 22	0~500
25	一氧化氮	0~700	6	甲烷	300~700	17D	氟利昂 113	0~500
28	一氧化氮	700~1400	7	甲烷	700~1400			
18	二氧化碳	0~400	3	乙烷	0~200			

附录十三　气体热导率共线图(常压下用)

用法同附录九(液体黏度共线图)。

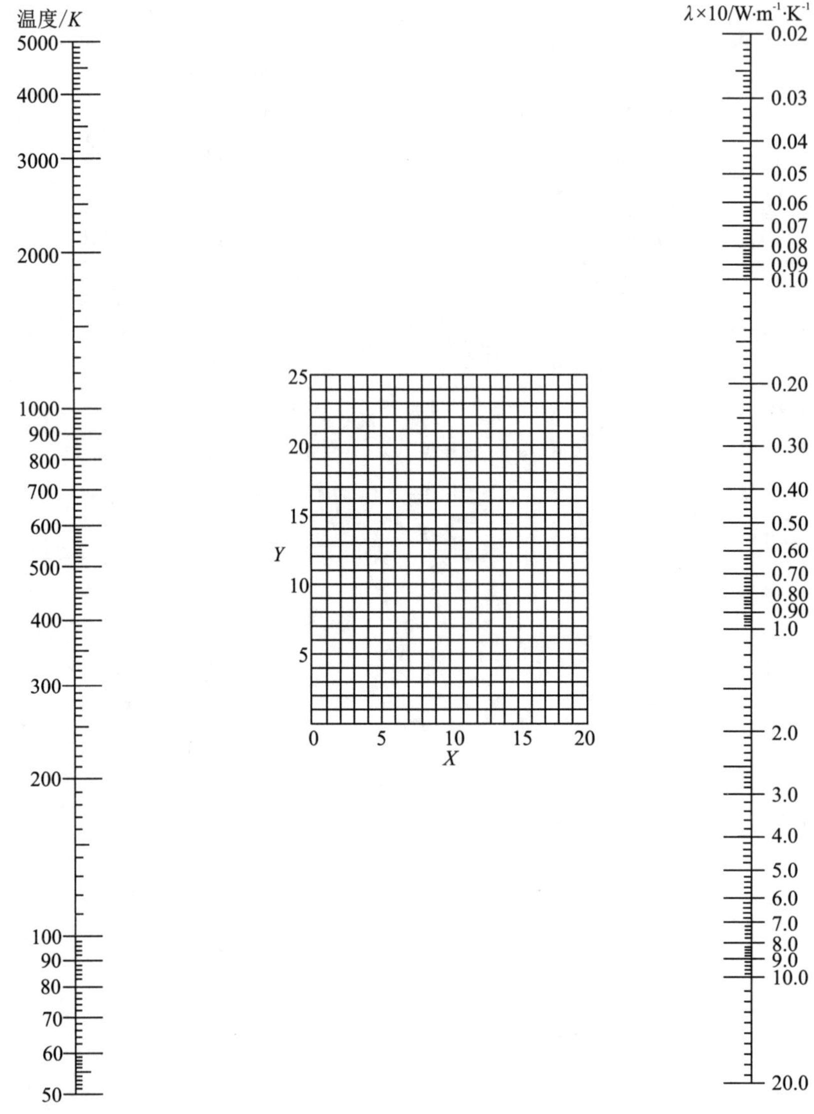

气体热导率共线图坐标值(常压下用)

气体或蒸气	温度范围/K	X	Y	气体或蒸气	温度范围/K	X	Y
丙酮	250~500	3.7	14.8	氟利昂 22 ($CHClF_2$)	250~500	6.5	18.6
乙炔	200~600	7.5	13.5	氟利昂 113 ($CCl_2F.CClF_2$)	250~400	4.7	17.0
空气	50~250	12.4	13.9	氦	50~500	17.0	2.5
空气	250~1000	14.7	15.0	氦	500~5000	15.0	3.0
空气	1000~1500	17.1	14.5	正庚烷	250~600	4.0	14.8
氨	200~900	8.5	12.6	正庚烷	600~1000	6.9	14.9
氩	50~250	12.5	16.5	正己烷	250~1000	3.7	14.0
氩	250~5000	15.4	18.1	氢	50~250	13.2	1.2
苯	250~600	2.8	14.2	氢	250~1000	15.7	1.3
三氟化硼	250~400	12.4	16.4	氢	1000~2000	13.7	2.7
溴	250~350	10.1	23.6	氯化氢	200~700	12.2	18.5
正丁烷	250~500	5.6	14.1	氪	100~700	13.7	21.8
异丁烷	250~500	5.7	14.0	甲烷	100~300	11.2	11.7
二氧化碳	200~700	8.7	15.5	甲烷	300~1000	8.5	11.0
二氧化碳	700~1200	13.3	15.4	甲醇	300~500	5.0	14.3
一氧化碳	80~300	12.3	14.2	氯甲烷	250~700	4.7	15.7
一氧化碳	300~1200	15.2	15.2	氖	50~250	15.2	10.2
四氯化碳	250~500	9.4	21.0	氖	250~5000	17.2	11.0
氯	200~700	10.8	20.1	氧化氮	100~1000	13.2	14.8
氘	50~100	12.7	17.3	氨	50~250	12.5	14.0
氘	100~400	14.5	19.3	氮	250~1500	15.8	15.3
乙烷	200~1000	5.4	12.6	氮	1500~3000	12.5	16.5
乙醇	250~350	2.0	13.0	一氧化二氮	200~500	8.4	15.0
乙醇	350~500	7.7	15.2	一氧化二氩	500~1000	11.5	15.5
乙醚	250~500	5.3	14.1	氧	50~300	12.2	13.8
乙烯	200~450	3.9	12.3	氧	300~1500	14.5	14.8
氟	80~600	12.3	13.8	戊烷	250~500	5.0	14.1
氩	600~800	18.7	13.8	丙烷	200~300	2.7	12.0
氟利昂 11(CCl_3F)	250~500	7.5	19.0	丙烷	300~500	6.3	13.7
氟利昂 12(CCl_3F_2)	250~500	6.8	17.5	二氧化硫	250~900	9.2	18.5
氟利昂 13(CCl_2F_2)	250~500	7.5	16.5	甲苯	250~600	6.4	14.8
氟利昂 21($CHCl_2F_3$)	250~450	6.2	17.5	氙	150~700	13.3	25.0

附录十四　液体比汽化焓（蒸发潜热）共线图

用法举例:求水在 $t=100$℃时的比汽化焓(蒸发潜热)。

从编号表中查得水的编号为 30,又查得水的临界温度 $t_c=374$ ℃,则 $t_c-t=374-100=274$ ℃,在图中的 t_c-t 标尺上定出 274 ℃点,并与编号 30 的圆圈中心点连成一直线,延长交于比汽化焓标尺上,可读得交点读数 540 kcal/kgf 或 2260 kJ/kg,即为水在 100 ℃温度下的比汽化焓(蒸发潜热)。

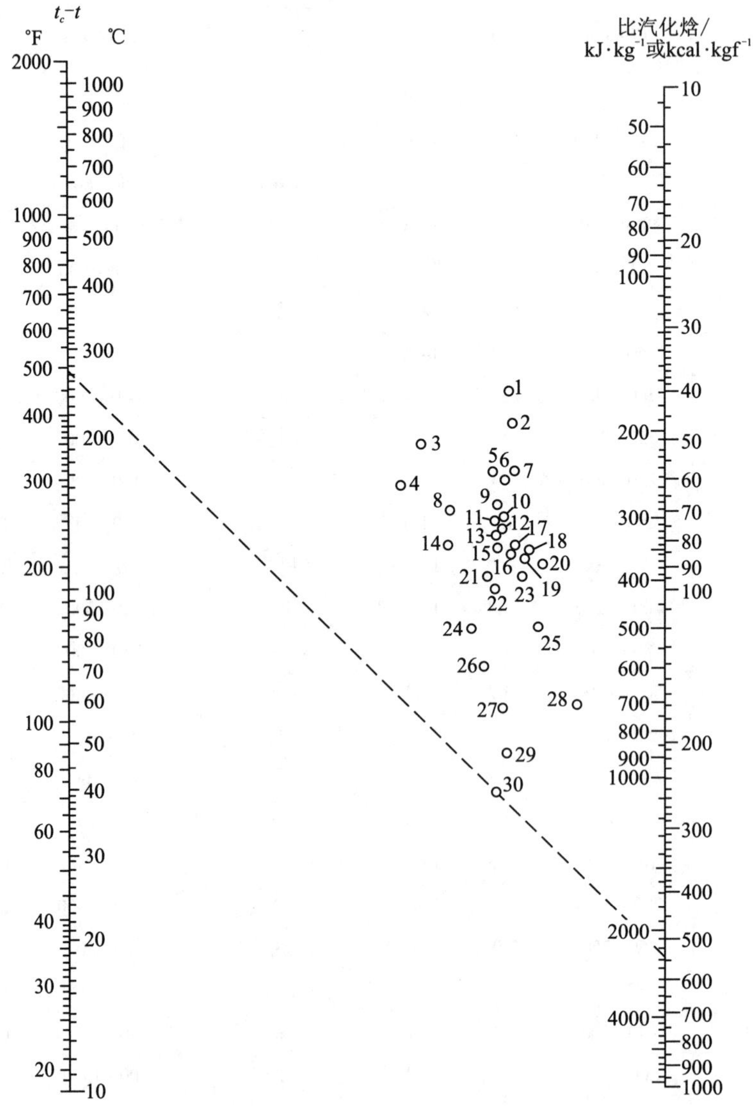

液体比汽化焓共线图中的编号

编号	名称	t_c /℃	t_c-t 范围 /℃	编号	名称	t_c /℃	t_c-t 范围 /℃
30	水	374	100～500	25	乙烷	32	25～150
29	氨	133	50～200	23	丙烷	96	40～200
19	一氧化氮	36	25～150	16	丁烷	153	90～200
21	二氧化碳	31	10～100	15	异丁烷	134	80～200
2	四氯化碳	283	30～250	12	戊烷	197	20～200
17	氯乙烷	187	100～250	11	己烷	235	50～225
13	苯	289	10～400	10	庚烷	267	20～300
3	联苯	527	175～400	9	辛烷	296	30～300
4	二硫化碳	273	140～275	20	一氯甲烷	143	70～250
14	二氧化硫	157	90～160	8	二氧甲烷	216	150～250
7	三氯甲烷	263	140～270	18	乙酸	321	100～225
27	甲醇	240	40～250	2	氟利昂 11	198	70～225
26	乙醇	243	20～140	2	氟利昂 12	111	40～200
28	乙醇	243	140～300	5	氟利昂 21	178	70～250
24	丙醇	264	20～200	6	氟利昂 22	96	50～170
13	乙醚	194	10～400	1	氟利昂 113	214	90～250
22	丙酮	235	120～210				

附录十五　液体表面张力共线图

用法同附录九(液体黏度共线图)。

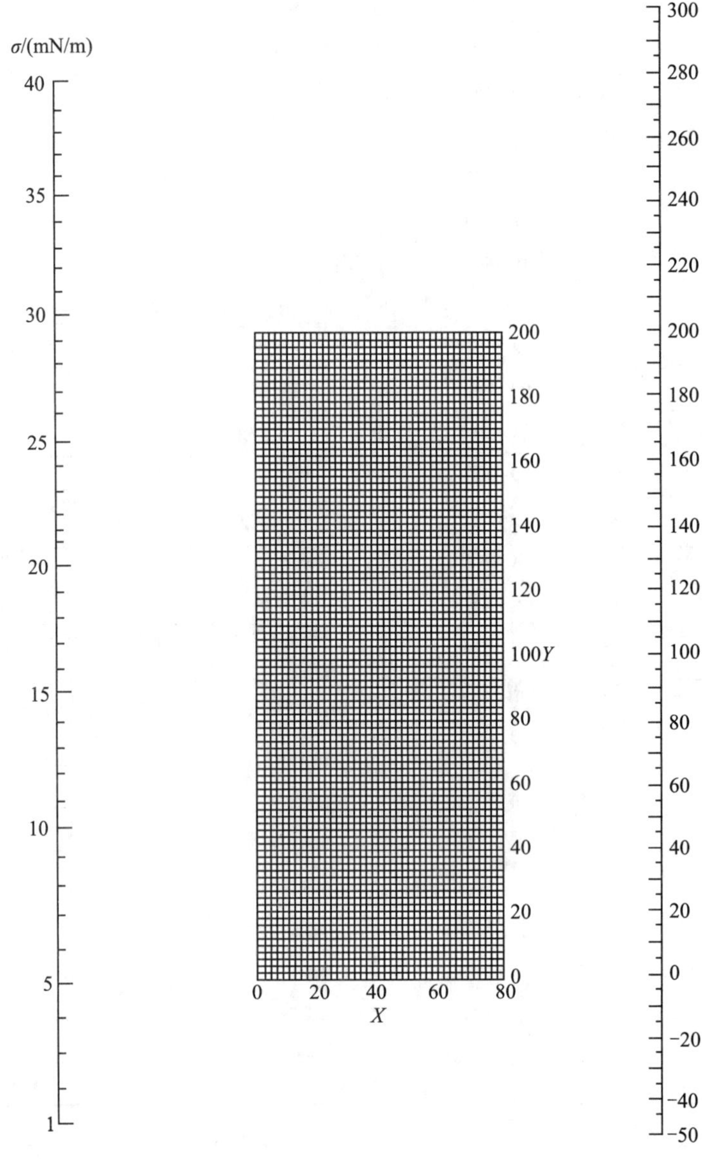

液体表面张力共线图坐标值

序号	名称	X	Y	序号	名称	X	Y
1	环氧乙烷	42	83	40	甲酸丙酯	24	97
2	乙苯	22	118	41	丙胺	25.5	87.2
3	乙胺	11.2	83	42	对丙(异丙)基甲苯	12.8	121.2
4	乙硫醇	35	81	43	丙酮	28	91
5	乙醇	10	97	44	丙醇	8.2	105.2
6	乙醚	27.5	64	45	丙酸	17	112
7	乙醛	33	78	46	丙酸乙酯	22.6	97
8	乙醛肟	23.5	127	47	丙酸甲酯	29	95
9	乙酰胺	17	192.5	48	3-戊酮	20	101
10	乙酰乙酸乙酯	21	132	49	异戊醇	6	106.8
11	二乙醇缩乙醛	19	88	50	四氯化碳	26	104.5
12	间二甲苯	20.5	118	51	辛烷	17.7	90
13	对二甲苯	19	117	52	苯	30	110
14	二甲胺	16	66	53	苯乙酮	18	163
15	二甲醚	44	37	54	苯乙醚	20	134.2
16	二氯乙烷	32	120	55	苯二乙胺	17	142.6
17	二硫化碳	35.8	117.2	56	苯二甲胺	20	149
18	丁酮	23.6	97	57	苯甲醚	24.4	138.9
19	丁醇	9.6	107.5	58	苯胺	22.9	171.8
20	异丁醇	5	103	59	苯甲胺	25	156
21	丁酸	14.5	115	60	苯酚	20	168
22	异丁酸	14.8	107.4	61	氨	56.2	63.5
23	丁酸乙酯	17.5	102	62	氧化亚氮	62.5	0.5
24	丁(异丁)酸乙酯	20.9	93.7	63	氯	45.5	59.2
25	丁酸甲酯	25	88	64	氯仿	32	101.3
26	三乙胺	20.1	83.9	65	对氯甲苯	18.7	134
27	1,3,5-三甲苯	17	119.8	66	氯甲烷	45.8	53.2
28	三苯甲烷	12.5	182.7	67	氯苯	23.5	132.5
29	三氯乙酯	30	113	68	吡啶	34	138.2
30	三聚乙醛	22.3	103.8	69	丙腈	23	108.6
31	已烷	22.7	72.2	70	丁腈	20.3	113
32	甲苯	24	113	71	乙腈	33.5	111
33	甲胺	42	58	72	苯腈	19.5	159
34	间甲酚	13	161.2	73	氰化氢	30.6	66
35	对甲酚	11.5	160.5	74	硫酸二乙酯	19.5	130.5
36	邻甲酚	20	161	75	硫酸二甲酯	23.5	158
37	甲醇	17	93	76	硝基乙烷	25.4	126.1
38	甲酸甲酯	38.5	88	77	硝基甲烷	30	139
39	甲酸乙酯	30.5	88.8	78	萘	22.5	165

续表

序号	名称	X	Y	序号	名称	X	Y
79	溴乙烷	31.6	90.2	87	乙酸异丁酯	16	97.2
80	溴苯	23.5	145.5	88	乙酸异戊酯	16.4	103.1
81	碘乙烷	28	113.2	89	乙酸酐	25	129
82	对甲氧基苯丙烯	13	158.1	90	噻吩	35	121
83	乙酸	17.1	116.5	91	环己烷	42	86.7
84	乙酸甲酯	34	90	92	硝基苯	23	173
85	乙酸乙酯	27.5	92.4	93	水(查出之数乘 2)	12	162
86	乙酸丙酯	23	97				

附录十六 无机溶液在大气压下的沸点

温度/℃ 溶液	101	102	103	104	105	107	110	115	120	125	140	160	180	200	220	240	260	280	300	340
	无机溶液的浓度（质量分数）/%																			
$CaCl_2$	5.66	10. 31	14. 16	17.36	20.00	24.24	29.33	35.68	40.83	54.80	57.89	68.94	75.85	64.91	68. 73	72. 64	75. 76	78. 95	81. 63	86. 18
KOH	4.49	8. 52	11. 96	14.82	17.01	20.88	25.65	31.97	36.51	40.23	48.05	54.89	60.41							
KCl	8.42	14. 31	18. 96	23.02	26.57	32.62	36.47	（近于108. 5℃）												
K_2CO_3	10.31	18. 37	24. 24	28.57	32.24	37.69	43.97	50.86	56.04	60.40	66.94						（近于133. 5℃）			
KNO_3	13.19	23. 66	32. 23	39.20	45.10	54.65	65.34	79.53												
$MgCl_2$	4.67	8. 42	11. 66	14.31	16.59	20.23	24.41	29.48	33.07	36.02	38.61									
$MgSO_4$	14.31	22. 78	28. 31	32.23	35.32	42.86								（近于108℃）						
NaOH	4.12	7. 40	10. 15	12.51	14.53	18.32	23.08	26.21	33.77	37.58	48.32	60.13	69.97	77.53	84.03	88.89	93.02	95.92	98.47	（近于314℃）
NaCl	6.19	11. 03	14. 67	17.69	20.31	25.09	28.92			（近于108℃）										
$NaNO_3$	8.26	15. 61	21. 87	17.53	32.43	40.47	49.87	60.94	68.94											
Na_2SO_4	15.26	24. 81	30. 73	31.83		（近于103. 2℃）														
Na_2CO_3	9.42	17. 22	23. 72	29.18	33.86															
$CuSO_4$	26.95	39. 98	40. 83	44.47	45.12				（近于104. 2℃）											
$ZnSO_4$	20.00	31. 22	37. 89	42.92	46.15															
NH_4NO_3	9.09	16. 66	23. 08	29.08	34.21	42.52	51.92	63.24	71.26	77.11	87.09	93.20	69.00	97.61	98.89					
NH_4Cl	6.10	11. 35	15. 96	19.80	22.89	28.37	35.98	46.94												
$(NH_4)_2SO_4$	13.34	23. 41	30. 65	36.71	41.79	49.73	49.77	53.55				（近于108. 2℃）								

附录十七　管子规格

1.低压流体输送用焊接钢管(GB/T 3091—2015)

外径不大于 219.1 mm 的钢管公称口径、外径、公称壁厚和不圆度　　(mm)

公称口径 (DN)	外径(D)			最小公称壁厚	不圆度
	系列 1	系列 2	系列 3	t	不大于
6	10.2	10.0	—	2.0	0.20
8	13.5	12.7	—	2.0	0.20
10	17.2	16.0	—	2.2	0.20
15	21.3	20.8	—	2.2	0.30
20	26.9	26.0	—	2.2	0.35
25	33.7	33.0	32.5	2.5	0.40
32	42.4	42.0	41.5	2.5	0.40
40	48.3	48.0	47.5	2.75	0.50
50	60.3	59.5	59.0	3.0	0.60
65	76.1	75.5	75.0	3.0	0.60
80	88.9	88.5	88.0	3.25	0.70
100	114.3	114.0	—	3.25	0.80
125	139.7	141.3	140.0	3.5	1.00
150	165.1	168.3	159.0	3.5	1.20
200	219.1	219.0	—	4.0	1.60

注1:表中的公称口径系近似内径的名义尺寸,不表示外径减去两倍壁厚所得的内径。

2:系列 1 是通用系列, 属推荐选用系列;系列 2 是非通用系列;系列 3 是少数特殊、专用系列。

管端用螺纹和沟槽连接的钢管外径、壁厚　　(mm)

公称口径 (DN)	外径 (D)	壁厚(t)	
		普通钢管	加厚钢管
6	10.2	2.0	2.5
8	13.5	2.5	2.8
10	17.2	2.5	2.8
15	21.3	2.8	3.5
20	26.9	2.8	3.5
25	33.7	3.2	4.0
32	42.4	3.5	4.0
40	48.3	3.5	4.5
50	60.3	3.8	4.5
65	76.1	4.0	4.5
80	88.9	4.0	5.0
100	114.3	4.0	5.0
125	139.7	4.0	5.5
150	165.1	4.5	6.0
200	219.1	6.0	7.0

注:表中的公称口径系近似内径的名义尺寸,不表示外径减去两倍壁厚所得的内径。

2.**输送流体用无缝钢管**(GB/T 8163—2018)

①热轧无缝钢管(摘录)

外径	壁厚/mm		外径	壁厚/mm		外径	壁厚/mm	
	从	到		从	到		从	到
32	2.5	8	76	3.0	19	219	6.0	50
38	2.5	8	89	3.5	(24)	273	6.5	50
42	2.5	10	108	4.0	28	325	7.5	75
45	2.5	10	114	4.0	28	377	9.0	75
50	2.5	10	127	4.0	30	426	9.0	75
57	3.0	13	133	4.0	32	450	9.0	75
60	3.0	14	140	4.5	36	530	9.0	75
63.5	3.0	14	159	4.5	36	630	9.0	(24)
68	3.0	16	168	5.0	(45)			

注:壁厚系列有 2.5 mm,3 mm,3.5 mm,4 mm,4.5 mm,5 mm,5.5 mm,6 mm,6.5 mm,7 mm,7.5 mm,8 mm,8.5 mm,9 mm,9.5 mm,10 mm,11 mm,12 mm,13 mm,14 mm,15 mm,16 mm,17 mm,18 mm,19 mm,20 mm 等;括号内尺寸不推荐使用。

②冷拔(冷轧)无缝钢管

冷拔无缝钢管质量好,可以得到小直径管,其外径可为 6~200 mm,壁厚为 0.25~14 mm,其中最小壁厚及最大壁厚均随外径增大而增加,系列标准可参阅有关手册。

③热交换器用普通无缝钢管(摘自 GB 9948—2013)

外径/mm	壁厚/mm	外径/mm	壁厚/mm
19	2,2.5	57	4,5,6
25	2,2.5,3	89	6,8,10,12
38	3,3.5,4		

附录十八　泵规格(摘录)

1.IS 型单级单吸离心泵

泵型号	流量 /($m^3 \cdot h^{-1}$)	扬程/m	转速 /($r \cdot min^{-1}$)	汽蚀余量/m	泵效率/%	功率/kW	
						输功率	电机功率
IS50-32-125	7.5	22	2900		47	0.96	2.2
	12.5	20	2900	2.0	60	1.13	2.2
	15	18.5	2900		60	1.26	2.2
	3.75		1450				0.55
	6.3	5	1450	2.0	54	0.16	0.55
	7.5		1450				0.55
IS50-32-160	7.5	34.3	2900		44	1.59	3
	12.5	32	2900	2.0	54	2.02	3
	15	29.6	2900		56	2.16	3
	3.75		1450				0.55
	6.3	8	1450	2.0	48	0.28	0.55
	7.5		1450				0.55
1S50-32-200	7.5	525	2900	2.0	38	2.82	5.5
	12.5	50	2900	2.0	48	3.54	5.5
	15	48	2900	2.5	51	3.84	5.5
	3.75	13.1	1450	2.0	33	0.41	0.75
	6.3	12.5	1450	2.0	42	0.51	0.75
	7.5	12	1450	2.5	44	0.56	0.75
1S50-32-250	7.5	82	2900	2.0	28.5	5.67	11
	12.5	80	2900	2.0	38	7.16	11
	15	78.5	2900	2.5	41	7.83	11
	3.75	20.5	1450	2.0	23	0.91	15
	6.3	20	1450	2.0	32	1.07	15
	7.5	19.5	1450	2.5	35	1.14	15
1S65-50-125	15	21.8	2900		58	1.54	3
	25	20	2900	2.0	69	1.97	3
	30	18.5	2900		68	2.22	3
	7.5		1450				0.55
	12.5	5	1450	2.0	64	0.27	0.55
	15		1450				0.55

续表

泵型号	流量 /($m^3 \cdot h^{-1}$)	扬程/m	转速 /($r \cdot min^{-1}$)	汽蚀余量/m	泵效率/%	功率/kW	
						输功率	电机功率
1S65-50-160	15	35	2900	2.0	54	2.65	5.5
	25	32	2900	2.0	65	3.35	5.5
	30	30	2900	2.5	66	3.71	5.5
	7.5	8.8	1450	2.0	50	0.36	0.75
	12.5	8.0	1450	2.0	60	0.45	0.75
	15	7.2	1450	2.5	60	0.49	0.75
1S65-40-200	15	63	2900	2.0	40	4.42	7.5
	25	50	2900	2.0	60	5.67	7.5
	30	47	2900	2.5	61	6.29	7.5
	7.5	13.2	1450	2.0	43	0.63	1.1
	12.5	12.5	1450	2.0	66	0.77	1.1
	15	11.8	1450	2.5	57	0.85	1.1
IS65-40-250	15		2900				15
	25	80	2900	2.0	63	10.3	15
	30		2900				15
IS65-40-315	15	127	2900	2.5	28	18.5	30
	25	125	2900	2.5	40	21.3	30
	30	123	2900	3.0	44	22.8	30
1S80-65-125	30	22.5	2900	3.0	64	2.87	5.5
	50	20	2900	3.0	75	3.63	5.5
	60	18	2900	3.5	74	3.93	5.5
	15	5.6	1450	2.5	55	0.42	0.75
	25	5	1450	2.5	71	0.48	0.75
	30	4.5	1450	3.0	72	0.51	0.75
1S80-65-160	30	36	2900	2.5	61	4.82	7.5
	50	32	2900	2.5	73	5.97	7.6
	60	29	2900	3.0	72	6.59	7.5
	15	9	1450	2.5	66	0.67	1.5
	25	8	1450	2.5	69	0.75	1.5
	30	7.2	1450	3.0	68	0.86	1.5
1S80-50-200	30	53	2900	2.5	55	7.87	15
	50	50	2900	2.5	69	9.87	15
	60	47	2900	3.0	71	10.8	15
	15	13.2	1450	2.5	51	1.06	2.2
	25	12.5	1450	2.5	65	1.31	2.2
	30	11.8	1450	3.0	67	1.44	2.2

续表

泵型号	流量/($m^3 \cdot h^{-1}$)	扬程/m	转速/($r \cdot min^{-1}$)	汽蚀余量/m	泵效率/%	功率/kW	
						输功率	电机功率
1S80-50-160	30	84	2900	2.5	52	13.2	22
	50	80	2900	2.5	63	17.3	
	60	75	2900	3.0	64	19.2	
IS80-50-250	30	84	2900	2.5	52	13.2	22
	50	80	2900	2.5	63	17.3	22
	60	75	2900	3.0	64	19.2	22
1S80-50-315	30	128	2900	2.5	41	25.5	37
	50	125	2900	2.5	54	31.5	37
	60	123	2900	3.0	57	35.3	37
1S100-80-125	60	24	2900	4.0	67	5.86	11
	100	20	2900	4.5	78	7.00	11
	120	16.5	2900	5.0	74	7.28	11
IS100-80-160	60	36	2900	3.5	70	8.42	15
	100	32	2900	4.0	78	11.2	15
	120	28	2900	5.0	75	12.2	15
	30	9.2	1450	2.0	67	1.12	2.2
	50	8.0	1450	2.5	75	1.45	2.2
	60	6.8	1450	3.5	71	1.57	2.2
IS100-65-200	60	54	2900	3.0	65	13.6	22
	100	50	2900	3.5	78	17.9	22
	120	47	2900	4.8	77	19.9	22
	30	13.5	1450	2.0	60	1.84	4
	50	12.5	1450	2.0	73	2.33	4
	60	11.8	1450	2.5	74	2.61	4
IS100-65-250	60	87	2900	3.5	81	23.4	37
	100	80	2900	3.8	72	30.3	37
	120	74.5	2900	4.8	73	33.3	37
	30	21.3	1450	2.0	55	3.16	5.5
	50	20	1450	2.0	68	4.00	5.5
	60	19	1450	2.5	70	4.44	5.5
IS100-65-315	60	133	2900	3.0	55	39.6	75
	100	125	2900	3.5	66	51.6	75
	120	118	2900	4.2	67	57.5	75

2.D、DG 多级分段式离心泵

泵型号	流量 /(m³·h⁻¹)	扬程/m	转速 /(r·min⁻¹)	汽蚀余量/m	泵效率/%	功率/kW	
						输功率	电机功率
D DG12-25×3	7.5	84.6	2950	2.0	44	3.93	7.5
	12.5	75		2.0	54	4.73	
	15.0	69		2.5	53	5.32	
D DG12-25×4	7.5	112.8	2950	2.0	44	5.24	11
	12.5	100		2.0	54	6.30	
	15.0	92		2.5	53	7.09	
D DG25-30×3	15	102	2950	2.2	50	8.33	15
	25	90		2.2	62	9.88	
	30	82.5		2.6	63	10.7	
D DG25-30×4	15	136	2950	2.2	50		18.5
	25	120		2.2	62		
	30	110		2.6	63		
D DG46-30×3	30	102	2950	2.4	64	13.02	22
	46	90		3.0	70	16.11	
	55	81		4.6	68	17.84	
D DG46-30×4	30	136	2950	2.4	64	17.36	30
	46	120		3	70	21.48	
	55	108		4.6	68	23.79	
DG46-50×3	28	172.5	2950	2.5	53	24.8	37
	46	150		2.8	63	29.9	
	50	144		3.0	63.2	31.0	
DG46-50×4	28	230		2.5	53	33.1	45
	46	200		2.8	63	39.8	
	500	192		3.0	63.2	41.3	
D DG85-67×3	55	222		3.3	54	61.5	90
	85	201		4	65	71.5	
	100	183		4.4	65	76.6	
D DG85-67×4	55	296		3.3	54	82.1	110
	85	268		4	65	95.4	
	100	244		4.4	65	102.2	

3.S 型单级双吸离心泵

泵型号	流量 /($m^3 \cdot h^{-1}$)	扬程/m	转速 /($r \cdot min^{-1}$)	汽蚀余量/m	泵效率/%	功率/kW	
						输功率	电机功率
100S90	60	95	2950	2.5	61	23.9	37
	80	90			65	28	
	95	82			63	31.2	
100S90A	50	78	2950	2.5	60	16.9	30
	72	75			64	21.6	
	86	70			63	24.5	
150S50	130	52	2950	3.9	72.9	25.3	37
	160	50			80	27.3	
	220	40			77.2	31.1	
150S50A	112	44	2950	3.9	72	18.5	30
	144	40			75	20.9	
	180	35			70	24.5	
150S50B	108	38	2950	3.9	65	17.2	22
	133	36			70	18.6	
	160	32			72	19.4	
200S42	216	48	2950	6	81	34.8	45
	280	42			84.2	37.8	
	342	35			81	40.2	
200S42A	198	43	2950	6	76	30.5	37
	270	36			80	33.1	
	310	31			76	34.4	
200S63	216	60	2950	5.8	74	55.1	75
	280	63			82.7	50.4	
	351	50			72	67.8	
250S24	360	27	1450	3.5	80	33.1	45
	485	24			85.8	35.8	
	576	19			82	38.4	
250S65	360	71	1450	3	75	92.8	160
	485	65			78.6	108.5	
	612	56			72	129.6	

4.Y 型离心油泵(摘录)

泵型号	流量 $/(m^3 \cdot h^{-1})$	扬程/m	转速 $/(r \cdot min^{-1})$	允许汽蚀余量/m	泵效率/%	功率/kW	
						辅功率	电机功率
50Y60	13.0	67	2950	2.9	38	6.24	7.5
50Y60A	11.2	53	2950	3.0	35	4.68	7.5
50Y60B	9.9	39	2950	2.8	33	3.18	4
50Y60×2	12.5	120	2950	2.4	34.5	11.8	15
50Y60×2A	12	105	2950	2.3	35	9.8	15
50Y60×2B	11	89	2950	2.52	32	8.35	11
65Y60	25	60	2950	3.05	50	8.18	11
65Y60A	22.5	49	2950	3.0	49	6.13	7.5
65Y60B	20	37.5	2950	2.7	47	4.35	5.5
65Y100	25	110	2950	3.2	40	18.8	22
65Y100A	23	92	2950	3.1	39	14.75	18.5
65Y100B	21	73	2950	3.05	40	10.45	15
65Y100×2	25	200	2950	2.85	42	35.8	45
65Y100×2A	23	175	2950	2.8	41	26.7	37
65Y100×2B	22	150	2950	2.75	42	21.4	30
80Y60	50	58	2950	3.2	56	14.1	18.5
80Y100	50	100	2950	3.1	51	26.6	37
80Y100A	45	85	2950	3.1	52.5	19.9	30
80Y100×2	50	200	2950	3.6	53.5	51	75
80Y100×2A	47	175	2950	3.5	50	44.8	55
80Y100×2B	43	153	2950	3.35	51	35.2	45
80Y100×2C	40	125	2950	3.3	49	27.8	37

5.F 型耐腐蚀泵

泵型号	流量 $/(m^3 \cdot h^{-1})$	扬程/m	转速 $/(r \cdot min^{-1})$	汽蚀余量/m	泵效率/%	功率/kW	
						输功率	电机功率
25F—16	3.60	16.00	2960	4.30	30.00	0.523	0.75
25F—16A	3.27	12.50	2960	4.30	29.00	0.39	0.55
40F—26	7.20	25.50	2960	4.30	44.00	1.14	1.50
40F—26A	6.55	20.00	2960	4.30	42.00	0.87	1.10
50F—40	14.4	40	2900	4	44	3.57	7.5
50F—40A	13.1	32.5	2900	4	44	2.64	7.5
50F—16	14.4	15.7	2900		62	0.99	1.5
50F—16A	13.1	12	2900			0.69	1.1

续表

泵型号	流量 /($m^3 \cdot h^{-1}$)	扬程/m	转速 /($r \cdot min^{-1}$)	汽蚀余量/m	泵效率/%	功率/kW	
						输功率	电机功率
65F—16	28.8	15.7	2900	4	52	2.37	4.0
65F—16A	26.2	12	2900			1.65	2.2
100F—92	94.3	92	2900	6	64	39.5	55.0
100F—92A	88.6	80				32.1	40.0
100F—92B	100.8	70.5				26.6	40.0
150F—56	190.8	55.5	2900	6	67	43	55.0
150F—56A	170.2	48				34.8	45.0
150F—56B	167.8	42.5				29	40.0
150F—22	190.8	22	2900	6	75	15.3	30.0
150F—22A	173.5	17.5				11.3	17.0

注:电机功率应根据液体的密度确定,表中值仅供参考。

附录十九 4-72型离心通风机规格(摘录)

机号	转速	全压	流量	效率	功率
2.8A	2900	606-994	1131-2356	—	1.5
3.2A	2900	792-1300	1688-3517	—	2.2
	1450	198-324	844-1758		1.1
4A	2900	1320-2014	4012-7419	—	5.5
	1450	329-501	2006-3709		1.1
5A	2900	2019-3187	7728-15455	—	15
	1450	502-790	3864-7728		2.2
6A	1450	724-1139	6677-13353	—	4
	960	317-498	4420-8841		1.5

机号	转速/$(r \cdot min^{-1})$	全压/Pa	流量/$(m^3 \cdot h^{-1})$	效率/%	所需功率/kW
6C	2240	2432.1	15800	91	14.1
	2000	1941.8	14100	91	10.0
	1800	1569.1	12700	91	7.3
	1250	755.1	8800	91	2.53
	1000	480.5	7030	91	1.39
	800	294.2	5610	91	0.73
8C	1800	2795	29900	91	30.8
	1250	1343.6	20800	91	10.3
	1000	863.0	16600	91	5.52
	630	343.2	10480	91	1.51
10C	1250	2226.2	41300	94.3	32.7
	1000	1422.0	32700	94.3	16.5
	800	912.1	26130	94.3	8.5
	500	353.1	16390	94.3	2.3
6D	1450	1020	10200	91	4
	960	441.3	6720	91	1.32
8D	1450	1961.4	20130	89.5	14.2
	730	490.4	10150	89.5	2.06
16B	900	2942.1	121000	94.3	127
20B	710	2844.0	186300	94.3	190

传动方式:A—电动机直联;B,C,E—皮带轮传动;D—联轴器传动。

附录二十　热交换器系列标准(摘录)

1.固定管板式(摘自 JB/T 28712.2—2012)

(1)换热管为 ϕ19 mm 的换热器基本参数

公称直径 DN /mm	公称压力 PN /MPa	管程数 N	管子根数 n	中心排管数	管程流通面积 /m²	计算换热面积/m²						
						换热管长度 L/mm						
						1500	2000	3000	4500	6000	9000	12000
159	1.60 2.50 4.00 6.40	1	15	5	0.0027	1.3	1.7	2.6	—	—	—	—
219			33	7	0.0058	2.8	3.7	5.7	—	—	—	—
273	1.60 2.50 4.00 6.40	1	65	9	0.0115	5.4	7.4	11.3	17.1	22.9	—	—
		2	56	8	0.0049	4.7	5.4	9.7	14.7	19.7	—	—
325		1	99	11	0.0175	8.3	11.2	17.1	26.0	34.9	—	—
		2	88	10	0.0078	7.4	10.0	15.2	23.1	31.0	—	—
		4	68	11	0.0030	5.7	7.7	11.8	17.9	23.9	—	—
400	0.60 1.00 1.60 2.50 4.00	1	174	14	0.0307	14.5	19.7	30.1	45.7	61.3	—	—
		2	164	15	0.0145	13.7	18.6	28.4	43.1	57.8	—	—
		4	146	14	0.0065	12.2	16.6	25.3	38.3	51.4	—	—
450		1	237	17	0.0419	19.8	26.9	41.0	62.2	83.5	—	—
		2	220	16	0.0194	18.4	25.0	38.1	57.8	77.5	—	—
		4	200	16	0.0088	16.7	22.7	34.6	52.5	70.4	—	—
500		1	275	19	0.0486	—	31.2	47.6	72.2	96.8	—	—
		2	256	18	0.0226	—	29.0	44.3	67.2	90.2	—	—
		4	222	18	0.0098	—	25.2	38.4	58.3	78.2	—	—
600		1	430	22	0.0760	—	48.8	74.4	112.9	151.4	—	—
		2	416	23	0.0368	—	47.2	72.0	109.8	146.5	—	—
		4	370	22	0.0163	—	42.0	64.0	97.2	130.3	—	—
		6	360	20	0.0106	—	40.8	62.3	94.5	126.8	—	—
700		1	607	27	0.1073	—	—	105.1	159.4	213.8	—	—
		2	574	27	0.0507	—	—	99.4	150.8	202.1	—	—
		4	542	27	0.0239	—	—	93.8	142.3	190.9	—	—
		6	518	24	0.0153	—	—	89.7	136.0	182.4	—	—

续表

公称直径 DN /mm	公称压力 PN /MPa	管程数 N	管子根数 n	中心排管数	管程流通面积 /m²	计算换热面积/m² 换热管长度 L/mm						
						1500	2000	3000	4500	6000	9000	12000
800	0.60 1.00 1.60 2.50 4.00	1	797	31	0.1408	—	—	138.0	209.3	280.7	—	—
		2	776	31	0.0686	—	—	134.3	203.8	273.3	—	—
		4	722	31	0.0319	—	—	125.0	189.8	254.3	—	—
		6	710	30	0.0209	—	—	122.9	186.5	250.0	—	—
900		1	1009	35	0.1783	—	—	174.7	265.0	355.3	536.0	—
		2	988	35	0.0873	—	—	171.0	259.5	347.9	524.9	—
		4	938	35	0.0414	—	—	162.4	246.4	330.3	498.3	—
		6	914	34	0.0269	—	—	158.2	240.0	321.9	485.6	—
1000		1	1267	39	0.2239	—	—	219.3	332.8	446.3	673.1	—
		2	1234	39	0.1090	—	—	213.6	324.1	434.6	655.6	—
		4	1186	39	0.0524	—	—	205.3	311.5	417.7	630.1	—
		6	1148	38	0.0338	—	—	198.7	301.5	404.3	609.9	—
1100		1	1501	43	0.2652	—	—	—	394.2	528.6	797.4	—
		2	1170	43	0.1299	—	—	—	386.1	517.7	780.9	—
		4	1450	43	0.0641	—	—	—	380.9	510.6	770.3	—
		6	1380	42	0.0406	—	—	—	362.4	486.0	733.1	—
1200		1	1837	47	0.3246	—	—	—	482.5	646.9	975.9	—
		2	1816	47	0.1605	—	—	—	476.9	639.5	964.7	—
		4	1732	47	0.0765	—	—	—	454.9	610.0	920.1	—
		6	1716	46	0.0505	—	—	—	450.7	604.3	911.6	—
1300	0.25 0.60 1.00 1.60 2.50	1	2133	51	0.3752	—	—	—	557.6	747.7	1127.8	—
		2	2080	51	0.1838	—	—	—	546.3	732.5	1105.0	—
		4	2074	50	0.0916	—	—	—	544.7	730.4	1101.8	—
		6	2028	48	0.0597	—	—	—	532.6	714.2	1077.4	—
1400		1	2557	55	0.4519	—	—	—	—	900.5	1358.4	—
		2	2502	54	0.2211	—	—	—	—	881.1	1329.2	—
		4	2404	55	0.1062	—	—	—	—	846.6	1277.1	—
		6	2378	54	0.0700	—	—	—	—	837.5	1263.3	—

续表

公称直径 DN /mm	公称压力 PN /MPa	管程数 N	管子根数 n	中心排管数	管程流通面积 /m^2	计算换热面积/m^2						
						换热管长度 L/mm						
						1500	2000	3000	4500	6000	9000	12000
1500	0.25 0.60 1.00 1.60 2.50	1	2929	59	0.5176	—	—	—	—	1031.5	1555.0	—
		2	2874	58	0.2539	—	—	—	—	1012.1	1526.8	—
		4	2768	58	0.1223	—	—	—	—	974.8	1470.5	—
		6	2692	56	0.0793	—	—	—	—	948.0	1430.1	—
1600		1	3339	61	0.5901	—	—	—	—	1175.9	1773.8	—
		2	3282	62	0.3382	—	—	—	—	1155.8	1743.5	—
		4	3176	62	0.1403	—	—	—	—	1118.5	1687.2	—
		6	3140	61	0.0925	—	—	—	—	1105.8	1668.1	—
1700		1	3721	65	0.6576	—	—	—	—	1310.4	1976.1	—
		2	3646	66	0.3131	—	—	—	—	1284.0	1936.9	—
		4	3544	66	0.1566	—	—	—	—	1248.1	1882.7	—
		6	3512	63	0.1034	—	—	—	—	1236.8	1869.7	—
1800		1	4247	71	0.7505	—	—	—	—	1495.7	2256.2	—
		2	4186	70	0.3699	—	—	—	—	1474.2	2223.8	—
		4	4070	69	0.1798	—	—	—	—	1433.3	2162.2	—
		6	4048	67	0.1192	—	—	—	—	1425.6	2150.5	—
1900		1	4673	75	0.8258	—	—	—	—	1644.0	2480.8	3317.6
		2	4618	75	0.4080	—	—	—	—	1624.7	2451.6	3278.6
		4	4566	75	0.2017	—	—	—	—	1606.4	2424.0	3241.7
		6	4528	74	0.1334	—	—	—	—	1593.0	2403.8	3214.7
2000		1	5281	79	0.9332	—	—	—	—	1857.9	2803.6	3749.3
		2	5200	79	0.4595	—	—	—	—	1829.4	2760.6	3691.8
		4	5084	79	0.2246	—	—	—	—	1788.6	2699.0	3609.4
		6	5042	78	0.1485	—	—	—	—	1773.8	2676.7	3579.6
2100	0.60	1	5739	83	1.0142	—	—	—	—	2019.1	3046.8	4074.4
		2	5680	83	0.5019	—	—	—	—	1998.3	3015.4	4032.5
		4	5628	83	0.2486	—	—	—	—	1980.0	2987.8	3995.6
		6	5580	82	0.1643	—	—	—	—	1963.1	2962.3	3961.6

续表

公称直径DN/mm	公称压力PN/MPa	管程数 N	管子根数 n	中心排管数	管程流通面积/m^2	计算换热面积/m^2						
						换热管长度 L/mm						
						1500	2000	3000	4500	6000	9000	12000
2200	0.60	1	6401	87	1.1312	—	—	—	—	2252.0	3398.2	4544.4
		2	6336	87	0.5598	—	—	—	—	2229.1	3363.7	4498.3
		4	6186	87	0.2733	—	—	—	—	2176.3	3284.1	4391.8
		6	6144	—	0.1810	—	—	—	—	2161.5	3261.8	4362.0
2300		1	6927	91	1.2241	—	—	—	—	2437.0	3677.4	4917.9
		2	6828	91	0.6033	—	—	—	—	2402.2	3624.9	4847.6
		4	6762	91	0.2987	—	—	—	—	2379.0	3589.8	4800.7
		6	6746	0	0.1987	—	—	—	—	2373.3	3581.4	4789.4
2400		1	7649	95	1.3517	—	—	—	—	2691.0	4060.7	5430.5
		2	7564	95	0.6683	—	—	—	—	2661.1	4015.6	5370.1
		4	7414	95	0.3275	—	—	—	—	2608.4	3936.0	5263.6
		6	7362	94	0.2168	—	—	—	—	2590.1	3908.4	5226.7

注：管程流通面积为各程平均值。管程流通面积以碳钢管尺寸计算。

(2)换热管为 ϕ25 mm 的换热器基本参数

公称直径DN/mm	公称压力PN/MPa	管程数 N	管子根数 n	中心排管数	管程流通面积/m^2	计算换热面积/m^2						
						换热管长度 L/mm						
						1500	2000	3000	4500	6000	9000	12000
159	1.60 2.50 4.00 6.40	1	11	3	0.0035	1.2	1.6	2.5	—	—	—	—
219			25	5	0.0079	2.7	3.7	5.7	—	—	—	—
273		1	38	6	0.0119	4.2	5.7	8.7	13.1	17.6	—	—
		2	32	7	0.0050	3.5	4.8	7.3	11.1	14.8	—	—
325		1	57	9	0.0179	6.3	8.5	13.0	19.7	26.4	—	—
		2	56	9	0.0088	6.2	8.4	12.7	19.3	25.9	—	—
		4	40	9	0.0031	4.4	6.0	9.1	13.8	18.5	—	—
400	0.60 1.00 1.60 2.50 4.00	1	98	12	0.0308	10.8	14.6	22.3	33.8	45.4	—	—
		2	94	11	0.0148	10.3	14.0	21.4	32.5	43.5	—	—
		4	76	11	0.0060	8.4	11.3	17.3	26.3	35.2	—	—
450		1	135	13	0.0424	14.8	20.1	30.7	46.6	62.5	—	—
		2	126	12	0.0198	13.9	18.8	28.7	43.5	58.4	—	—
		4	106	13	0.0083	11.7	15.8	24.1	36.6	49.1	—	—

续表

公称直径 DN /mm	公称压力 PN /MPa	管程数 N	管子根数 n	中心排管数	管程流通面积 /m^2	计算换热面积/m^2						
						换热管长度 L/mm						
						1500	2000	3000	4500	6000	9000	12000
500	0.60 1.00 1.60 2.50 4.00	1	174	14	0.0546	—	26.0	39.6	60.1	80.6	—	—
		2	164	15	0.0257	—	24.5	37.3	56.6	76.0	—	—
		4	144	15	0.0113	—	21.4	32.8	49.7	66.7	—	—
600		1	245	17	0.0769	—	36.5	55.8	84.6	113.5	—	—
		2	232	16	0.0364	—	34.6	52.8	80.1	107.5	—	—
		4	222	17	0.0174	—	33.1	50.5	76.7	102.8	—	—
		6	216	16	0.0113	—	32.2	49.2	74.6	100.0	—	—
700		1	355	21	0.1115	—	—	80.0	122.6	164.4	—	—
		2	342	21	0.0537	—	—	77.9	118.1	158.4	—	—
		4	322	21	0.0253	—	—	73.3	111.2	149.1	—	—
		6	304	20	0.0159	—	—	69.2	105.0	140.8	—	—
800	0.60 1.00 1.60 2.50 4.00	1	467	23	0.1466	—	—	106.3	161.3	216.3	—	—
		2	450	23	0.0707	—	—	102.4	155.4	208.5	—	—
		4	442	23	0.0347	—	—	100.6	152.7	204.7	—	—
		6	430	24	0.0225	—	—	97.9	148.5	119.2	—	—
900		1	605	27	0.1900	—	—	137.8	209.0	280.2	422.7	—
		2	588	27	0.0923	—	—	133.9	203.1	272.3	410.8	—
		4	554	27	0.0435	—	—	126.1	191.4	256.6	387.1	—
		6	538	26	0.0282	—	—	122.5	185.8	249.2	375.9	—
1000		1	749	30	0.2352	—	—	170.5	258.7	346.9	523.3	—
		2	742	29	0.1165	—	—	168.9	256.3	343.7	518.4	—
		4	710	29	0.0557	—	—	161.6	245.2	328.8	495.0	—
		6	698	30	0.0365	—	—	158.9	241.1	323.3	487.7	—
1100		1	931	33	0.2923	—	—	—	321.6	431.2	650.4	—
		2	894	33	0.1404	—	—	—	308.8	414.1	624.6	—
		4	848	33	0.0666	—	—	—	292.9	392.8	592.5	—
		6	830	32	0.0434	—	—	—	286.7	384.4	579.9	—
1200		1	1115	37	0.3501	—	—	—	385.1	516.4	779.0	—
		2	1102	37	0.1730	—	—	—	380.6	510.4	769.9	—
		4	1052	37	0.0826	—	—	—	363.4	487.2	735.0	—
		6	1026	36	0.0537	—	—	—	354.4	475.2	716.8	—

续表

公称直径 DN /mm	公称压力 PN /MPa	管程数 N	管子根数 n	中心排管数	管程流通面积 /m^2	计算换热面积/m^2						
						换热管长度 L/mm						
						1500	2000	3000	4500	6000	9000	12000
1300	0.25 0.60 1.00 1.60 2.50	1	1301	39	0.4085	—	—	—	449.4	602.6	908.9	—
		2	1274	40	0.2000	—	—	—	440.0	590.1	890.1	—
		4	1214	39	0.0953	—	—	—	419.3	562.3	848.2	—
		6	1192	38	0.0624	—	—	—	411.7	552.1	832.8	—
1400		1	1547	43	0.4858	—	—	—	—	716.5	1080.8	—
		2	1510	43	0.2371	—	—	—	—	699.4	1055.0	—
		4	1454	43	0.1141	—	—	—	—	673.4	1015.8	—
		6	1424	42	0.0745	—	—	—	—	659.5	994.9	—
1500		1	1753	45	0.5504	—	—	—	—	811.9	1224.7	—
		2	1700	45	0.2669	—	—	—	—	787.4	1187.7	—
		4	1688	45	0.1325	—	—	—	—	781.8	1179.3	—
		6	1590	44	0.0832	—	—	—	—	736.4	1110.9	—
1600		1	2023	47	0.6352	—	—	—	—	937	1413.4	—
		2	1982	48	0.3112	—	—	—	—	918.0	1384.7	—
		4	1900	48	0.1492	—	—	—	—	880.0	1327.4	—
		6	1884	47	0.0986	—	—	—	—	872.6	1316.3	—
1700		1	2245	51	0.7049	—	—	—	—	1039.8	1568.5	—
		2	2216	52	0.3479	—	—	—	—	1026.3	1548.2	—
		4	2180	50	0.1711	—	—	—	—	1009.7	1523.1	—
		6	2156	53	0.1128	—	—	—	—	998.6	1506.3	—
1800		1	2559	55	0.8035	—	—	—	—	1185.3	1787.7	—
		2	2512	55	0.3944	—	—	—	—	1163.4	1755.1	—
		4	2424	54	0.1903	—	—	—	—	1122.7	1693.2	—
		6	2404	53	0.1258	—	—	—	—	1113.4	1679.6	—
1900		1	2899	59	0.9107	—	—	—	—	1342.0	2025.0	2708.1
		2	2854	59	0.4483	—	—	—	—	1321.2	1993.6	2666.1
		4	2772	59	0.2177	—	—	—	—	1283.2	1936.3	2589.5
		6	2742	58	0.1436	—	—	—	—	1269.3	1915.4	2561.4
2000		1	3189	61	1.0019	—	—	—	—	1476.2	2227.6	2979.0
		2	3120	61	0.4901	—	—	—	—	1444.3	2179.4	2914.6
		4	3110	61	0.2443	—	—	—	—	1439.7	2172.4	2905.2
		6	3078	60	0.1612	—	—	—	—	1424.8	2150.1	2875.3

续表

公称直径 DN /mm	公称压力 PN /MPa	管程数 N	管子根数 n	中心排管数	管程流通面积 $/m^2$	计算换热面积$/m^2$ 换热管长度 L/mm						
						1500	2000	3000	4500	6000	9000	12000
2100	0.6	1	3547	65	1.1143	—	—	—	—	1642.0	2477.7	3313.4
		2	3494	65	0.5488	—	—	—	—	1617.4	2440.7	3263.9
		4	3388	65	0.2661	—	—	—	—	1568.4	2366.6	3164.9
		6	3378	64	0.1769	—	—	—	—	1563.7	2359.6	3155.6
2200		1	3853	67	1.2104	—	—	—	—	1783.6	2691.4	3599.3
		2	3816	67	0.5994	—	—	—	—	1766.4	2665.6	3564.7
		4	3770	67	0.2961	—	—	—	—	1745.2	2633.5	3521.8
		6	3740	68	0.1958	—	—	—	—	1731.3	2612.5	3493.7
2300		1	4249	71	1.3349	—	—	—	—	1966.9	2968.1	3969.2
		2	4212	71	0.6616	—	—	—	—	1949.8	2942.2	3934.7
		4	4096	71	0.3217	—	—	—	—	1896.1	2861.2	3826.3
		6	4076	70	0.2134	—	—	—	—	1886.8	2847.2	3807.6
2400		1	4601	73	1.4454	—	—	—	—	2129.9	3214.0	4298.0
		2	4548	73	0.7144	—	—	—	—	2105.3	3176.9	4248.5
		4	4516	73	0.3547	—	—	—	—	2090.5	3154.6	4218.6
		6	4474	74	0.2342	—	—	—	—	2071.1	3125.2	4179.4

注:管程流通面积为各程平均值。管程流通面积以碳钢管尺寸计算。

(3)固定管板式换热器折流板间距 (mm)

<table>
<tr><th>公称直径 DN</th><th>管长</th><th colspan="6">折流板间距</th></tr>
<tr><td rowspan="2">≤500</td><td>≤3000</td><td>100</td><td rowspan="2">200</td><td rowspan="2">300</td><td rowspan="2">450</td><td rowspan="2">600</td><td rowspan="2">—</td></tr>
<tr><td>4500~6000</td><td>150</td></tr>
<tr><td>600~800</td><td>1500~6000</td><td>150</td><td>200</td><td>300</td><td>450</td><td>600</td><td>—</td></tr>
<tr><td rowspan="2">900~1300</td><td>≤6000</td><td rowspan="2">—</td><td>200</td><td rowspan="2">300</td><td rowspan="2">450</td><td rowspan="2">600</td><td>—</td></tr>
<tr><td>7500,9000</td><td>—</td><td>750</td></tr>
<tr><td rowspan="2">1400~1600</td><td>6000</td><td rowspan="2">—</td><td rowspan="2">—</td><td>300</td><td rowspan="2">450</td><td rowspan="2">600</td><td rowspan="2">750</td></tr>
<tr><td>7500,9000</td><td>—</td></tr>
<tr><td>1700~1800</td><td>6000~9000</td><td>—</td><td>—</td><td>—</td><td>450</td><td>600</td><td>750</td></tr>
<tr><td>1900~2400</td><td>6000~12000</td><td>—</td><td>—</td><td>—</td><td>450</td><td>600</td><td>750</td></tr>
</table>

2.浮头式换热器(摘自 JB/T 28712.1—2012)

GB/T 28712 的本部分规定了浮头式换热器(以下简称“换热器”)和浮头式冷凝器(以下简称“冷凝器”)的型式、公称压力公称直径、计算换热面积等基本参数。

本部分适用公称直径不大于 1900 mm、公称压力不大于 6.4 MPa 的内导流换热器。

本部分适用公称直径不大于 1000 mm、公称压力不大于 4.0 MPa 的外导流换热器。

本部分适用公称直径不大于 1800 mm、公称压力不大于 4.0 MPa 的冷凝器。

(3)内导流换热器和冷凝器的主要参数

DN /mm	N	n^{a}		中心排管数		管程流通面积/m²					$A_1{}^{b}$/m²							
		d/mm				$d\times\delta_t$ mm					L=3000 mm		L=4500 mm		L=6000 mm		L=9000 mm	
		19	25	19	25	19×1.25	19×2	25×1.5	25×2	25×2.5	19	25	19	25	19	25	19	25
325	2	60	32	7	5	0.0064	0.0053	0.00602	0.0055	0.0050	10.5	7.4	15.8	11.1				
	4	52	28	6	4	0.00278	0.0023	0.00263	0.0024	0.0022	9.1	6.4	13.7	9.7				
(426) 400	2	120	74	8	7	0.01283	0.0106	0.0138	0.0126	0.0116	20.9	16.9	31.6	25.6	42.3	34.4		
	4	108	68	9	6	0.00581	0.0048	0.00646	0.0059	0.0053	18.8	15.6	28.4	23.6	38.1	31.6		
500	2	206	124	11	8	0.0220	0.0182	0.0235	0.0215	0.0194	35.7	28.3	54.1	42.8	72.5	57.4		
	1	192	116	10	9	0.01029	0.0085	0.01095	0.0100	0.0091	33.2	26.4	50.4	40.1	67.6	53.7		
600	2	324	198	14	11	0.03461	0.0286	0.03756	0.0343	0.0311	55.8	44.9	84.8	68.2	113.9	91.5		
	4	308	188	14	10	0.01646	0.0136	0.01785	0.0163	0.0148	53.1	42.6	80.7	64.8	108.2	86.9		
	6	284	158	14	10	0.010043	0.0083	0.00996	0.0091	0.0083	48.9	35.8	74.4	54.4	99.8	73.1		
700	2	468	268	16	13	0.05119	0.0414	0.05081	0.0464	0.0421	80.4	60.6	122.2	92.1	164.1	123.7		
	4	448	256	17	12	0.02396	0.0198	0.02431	0.0222	0.0201	76.9	57.8	117.0	87.9	157.1	118.1		
	6	382	224	15	10	0.01355	0.0112	0.01413	0.0129	0.0116	65.6	50.6	99.8	76.9	133.9	103.4		
800	2	610	366	19	15	0.06522	0.0539	0.0694	0.0634	0.0575			158.9	125.4	213.5	168.5		
	4	588	352	18	14	0.03146	0.0260	0.0324	0.0305	0.0276			153.2	120.6	205.8	162.1		
	6	518	316	16	14	0.01839	0.0152	0.01993	0.0182	0.0165			134.9	108.3	181.3	145.5		
900	2	800	472	22	17	0.08555	0.0707	0.08946	0.0817	0.0741			207.6	161.2	279.2	216.8		
	4	776	456	21	16	0.0415	0.0343	0.04325	0.0395	0.0353			201.4	155.7	270.8	209.4		
	6	720	426	21	16	0.02565	0.0212	0.0269	0.0246	0.0223			186.9	145.5	251.3	195.6		
1000	2	1006	606	24	19	0.10769	0.0890	0.11498	0.105	0.0952			260.6	206.6	350.6	277.9		
	4	980	588	23	18	0.05239	0.0433	D.05572	0.0509	0.0462			253.9	200.4	341.6	269.7		
	6	892	564	21	18	0.0371	0.0262	0.0357	0.0326	0.0295			231.1	192.2	311.0	258.7		

续表

DN /mm	N	n^a		中心排管数		管程流通面积/m²					$A_1{}^b/m^2$							
		d/mm				$d\times\delta_t$ mm					$L=3000$ mm		$L=4500$ mm		$L=6000$ mm		$L=9000$ mm	
		19	25	19	25	19×1.25	19×2	25×1.5	25×2	25×2.5	19	25	19	25	19	25	19	25
1100	2	1240	736	27	21	0.1331	0.1100	0.1391	0.1270	0.1160			320.3	250.2	431.3	336.8		
	4	1212	716	26	20	0.0649	0.0536	0.0579	0.0620	0.0562			313.1	243.4	421.6	327.7		
	6	1120	692	24	20	0.03981	0.0329	0.04369	0.0399	0.0362			289.3	235.2	389.6	316.7		
1200	2	1452	880	28	22	0.1561	0.1290	0.1664	0.1520	0.1380			374.4	298.6	504.3	402.2	764.2	609.4
	4	1424	860	28	22	0.07611	0.0629	0.08153	0.0745	0.0675			367.2	291.8	494.6	393.1	749.5	595.6
	6	1348	828	27	21	0.04792	0.0396	0.05333	0.0478	0.0434			347.6	280.9	468.2	378.4	709.5	573.4
1300	4	1700	1024	31	21	0.09087	0.0751	0.09713	0.0887	0.0804					589.3	467.1		
	6	1616	972	29	24	0.0576	0.0476	0.06132	0.0560	0.0509					560.2	443.3		
1400	4	1972	1192	32	26	0.1054	0.0871	0.11579	0.1030	0.0936					682.6	542.9	1035.6	823.6
	6	1890	1130	30	24	0.0674	0.0557	0.0714	0.0652	0.0592					654.2	514.7	992.5	780.8
1500	4	2304	1400	34	29	0.1234	0.1020	0.1330	0.1210	0.1100					795.9	636.3		
	6	2252	1332	34	28	0.08047	0.0663	0.08421	0.0769	0.0697					777.9	605.4		
1600	4	2632	1592	37	30	0.1404	0.1160	0.1511	0.1380	0.1250					907.6	722.3	1378.7	1097.3
	6	2520	1518	37	29	0.08954	0.0742	0.0964	0.0876	0.0795					869.0	688.8	1320.0	1047.2
1700	4	3012	1856	40	32	0.1611	0.1330	0.1763	0.1610	0.1460					1036.1	840.1		
	6	2834	1812	38	32	0.10104	0.0835	0.10742	0.0981	0.0949					974.0	820.2		
1800	4	3384	2056	43	34	0.18029	0.149	0.1949	0.178	0.161					1161.3	928.4	1766.9	1412.5
	6	3140	1986	37	30	0.11193	0.0925	0.12593	0.115	0.104					1077.5	896.7	1639.5	1364.4
1900	4	3660	2228	42	36	0.19566	0.1617	0.21123	0.1929	0.175					1251.8	1003.0		
	6	3650	2172	40	34	0.1295	0.107	0.1373	0.1254	0.114					1248.4	977.5		

注：a.排管数按转角正方形排列计算。

b.计算换热面积按光管及公称压力 2.5 MPa 管板厚度确定。